FLUGZEUGSTATIK

VON

DIPL.-ING. ALOYS VAN GRIES

MIT 207 TEXTFIGUREN

SPRINGER-VERLAG BERLIN HEIDELBERG GMBH

1921

ISBN 978-3-642-50345-0 ISBN 978-3-642-50654-3 (eBook)
DOI 10.1007/978-3-642-50654-3

Ursprünglich erschienen bei Julius Springer in Berlin 1921
Softcover reprint of the hardcover 1st edition 1921

Vorwort.

Diese Abhandlung über Flugzeugstatik ist zunächst für den Flugzeugbauer bestimmt. Sie soll erst in zweiter Linie den Statiker, der sich hauptsächlich mit Berechnungen des Hoch- und Brückenbaues beschäftigt hat, auf Teile eines neuen weiten Feldes seiner Tätigkeit aufmerksam machen. Sie ist kein Lehrbuch im strengen Sinne, sondern mehr eine systematische und kritische, aber zwanglose Zusammenstellung der verschiedenen für die Flugzeugstatik vorgeschlagenen und ihr angepaßten Rechnungsarten.

Bei der Behandlung der einzelnen Fragen ist vieles aus der Entwicklung des Flugzeugbaues zu erklären. Die Grundlagen der Statik werden als bekannt vorausgesetzt und manches zusammengefaßt, was der geübte Statiker sich leicht selbst entwickeln kann. Manches Einfache wird jedoch im Zusammenhang dargestellt. Ich hielt es für richtig, die Elemente der höheren Mathematik nicht unbenutzt zu lassen. Da jedoch die meisten statischen Fragen auch ohne diese Rechnungsarten gelöst werden können, so ist es möglich, auch so in den Stoff einzudringen.

In vielen Punkten will die Abhandlung nur Anregung geben, die aufgeworfenen Fragen von verschiedenen Seiten beleuchten. Zu einer völligen Durcharbeitung sind die heute vorliegenden statischen Aufgaben des Flugzeugbaues zu zahlreich und zu umfassend. Außerdem war die Entwicklung des Flugzeugbaues in den letzten Jahren noch recht sprunghaft. Es war oft nicht möglich, vorher zu sagen, welchen Punkten nach einiger Zeit noch besonderes Interesse zukommen wird.

Der Rahmen der Arbeit ist nach der aerodynamischen Seite weiter gefaßt. Das Besondere der Flugzeugstatik liegt aber meines Erachtens gerade in ihrem Zusammenhang mit der Aerodynamik.

Der Verfasser leitete während des Krieges einige Zeit die Stelle für Flugzeugstatik bei der Flugzeugmeisterei in Adlershof. Es kann deshalb hier manches erwähnt werden, was sonst vielleicht schwerer zugänglich wäre. Die Arbeit nimmt öfter Bezug auf die von der

Flugzeugmeisterei, Abteilung A, Gruppe 3, herausgegebene Normalberechnung. Diese wird teilweise erweitert und vertieft, um die während des Krieges gewonnenen Erfahrungen festzuhalten.

In der Abhandlung selbst sind drei Hauptteile unterschieden.

Zunächst werden allgemein Grundlagen der Berechnung und Gesichtspunkte für den Aufbau einer Flugzeugzelle dargelegt.

Dann sollen im besonderen Anwendungen und Anordnungen einzelner Zellenteile gezeigt werden.

Schließlich werden besondere ganze Beispiele und neue Systeme vom statischen Gesichtspunkt aus betrachtet.

Der zur Verfügung stehende Raum hat manche Kürzung verlangt. Trotzdem hoffe ich in Theorie und Praxis Anregungen gegeben zu haben, die der Weiterentwicklung dienen werden. Freilich kommen manche Besonderheiten, wie das Duraluminium, der Eindecker und vielleicht auch die Gleichungen Clapeyronscher Art nicht so ausführlich zur Geltung, wie es manchen Spezialfreunden dieser Dinge vielleicht erwünscht erscheinen könnte.

Im Großen und Ganzen ist das folgende ein Vermächtnis aus Adlershof und eine Zusammenfassung Adlershofer Gedanken.

Herrn Dr. H. Heimann und Herrn Dipl.-Ing. R. Eisenlohr bin ich für ihre wertvollen Anregungen und Unterstützung beim Lesen der Verbesserung zu besonderem Dank verpflichtet. Ebenso dem Verlag, dem ich für die besondere Mühe, die er auf die Abbildungen verwandte, bestens danke.

Für Hinweise auf Fehler und Mängel dieser Abhandlung, die bei der ersten ausführlichen Bearbeitung dieses Stoffes nicht zu vermeiden sind, werde ich Fachleuten stets dankbar sein.

Mögen die hier gegebenen Anregungen dazu beitragen, unseren Flugzeugen immer mehr sichere und leichte Schwingen zu geben.

Überlingen am schönen Bodensee, September 1919.

Inhaltsverzeichnis.

Erster Teil.

Allgemeines über den Aufbau von Raumfachwerken für Flugzeuge.

Zweiter Teil.

Einzelteile und Einzelanordnung des Flugzeugs.

Dritter Teil.

Besondere Beispiele und neue Systeme.

Berichtigungen.

Seite 37: Zeile 14 von oben lies: a'_3 statt a_3

„ 21 „ „ „ a_1' „ a_1

„ 38: „ 9 „ unten „ $\frac{a_6}{s}$ „ $\frac{a_6}{h}$

„ 55: „ 16 „ „ „ s_3 „ s_2

„ 68: „ 2 „ oben „ D'_7 „ D_7

„ 73: „ 22 „ „ „ G_5 „ C_5

„ 73: „ 23 „ „ „ G_1 „ C_1

„ 90: „ 1 u 2 „ unten „ α' „ α

„ 101: In Fig. 37 tritt an Stelle des Kabels $9 \div 20$ das Kabel $8 \div 19$.

„ 128: Zeile 20 von unten lies: in Gleichung 71 im Zähler $+\nu''$ statt $-\nu''$.

„ 128: „ 6 „ „ „ M_I statt M_{II}.

„ 128: „ 6 „ „ „ $-\nu'(1+k_1^3)(k_1+k_2)+\nu''(k_2^3+k_1^3)\,k_1$
statt $-\nu'(1+k_1)(k_1^3+k_2)-\nu''(k_1+k_2)\,k_2$.

„ 177: „ 10 „ oben lies: in Gleichung $98 = -\frac{2}{\pi^2}\cdot g\cdot s_2^2 = -2gk^2$
statt $= \frac{2}{\pi^2} g\cdot s_2^2 = 2gk^2$.

„ 206: „ 2 „ „ „ $\alpha = \frac{l'}{F}\cdot\frac{E_1}{E_2}$ statt $\alpha = \frac{l^1}{F\cdot\nu'}$.

„ 206: „ 18 „ unten vertausche δ_{ma} und δ_{mb}.

„ 207: „ 8, 9 und 10 fällt der Faktor 10^3 weg.

„ 220: „ 1 von unten lies: „hinten“ statt „vorn“.

„ 274: „ 3 „ oben „ r_5 statt ν_5.

„ 322: In Fig. 155 unten rechts sind die Worte: Kabel und Stiele miteinander zu vertauschen.

„ 338: Zeile 1 von unten lies: $(l+c)^2$ statt l^2.

„ 340: „ 10 „ oben „ M_1 statt M_2.

„ 12 „ „ „ M_2 statt M_1.

Erster Teil.

Allgemeines über den Aufbau von Raumfachwerken für Flugzeuge.

1. Einführung.

In der historischen Entwicklung des Flugzeugbaus wurde der Aufbau der Flugzeuge früher weniger von den Grundsätzen der Statik beeinflußt, als es vielleicht der Natur und Wichtigkeit der Sache entsprach. Heute freilich ist die Festigkeitsberechnung und die Statik als wesentliche Grundlage für den Bau der Flugzeuge anerkannt. Sie nimmt dem Flugzeugbauer viele Verantwortung ab.

Die Hauptbedeutung der statischen Berechnung liegt darin, daß durch sachgemäße Durchrechnung und Anordnung Flugzeuggewicht gespart wird. Das Eigengewicht ist aber einer der wesentlichsten Faktoren für die Leistungen des Flugzeugs.

Die Festigkeitslehre auf der einen Seite und die Aerodynamik auf der andern Seite geben die Grundsätze an, welche den Aufbau, und damit das Gewicht und die Leistungen der Flugzeuge bestimmen.

Von welchen Gesichtspunkten aus die Statik der Baukonstruktionen den Aufbau der Flugzeuge betrachtet, dazu soll das Folgende einige Beiträge liefern.

Es wird in den 3 Hauptteilen betrachtet:

I. Die Berechnung und der Aufbau einer ganzen Flugzeugzelle als Raumfachwerk.

Die Grundlagen und der Gang der Berechnung mit Beispielen.

II. Die Aufgaben der einzelnen Glieder des Tragwerkes im Rahmen des Ganzen und ihre zweckmäßige Anordnung vom statischen Gesichtspunkt.

III. Verschiedene Möglichkeiten im statischen Aufbau und zweckmäßige Systeme der ganzen Flugzeugzelle mit Beispielen.

Die statische Berechnung des Flugzeugs unterscheidet sich von den statischen Berechnungen im Brückenbau oder im Hochbau schon äußerlich in einer Reihe von Punkten.

1. Zunächst sind die Kräfte, die bei gewöhnlichen Flugzeugen auftreten, im Vergleich zu anderen Gebieten der Technik verhältnismäßig klein. Eine Kraft von 20 oder 30 kg spielt z. B. bei der Berechnung einer Flügelrippe immerhin schon eine Rolle. Auch bei recht großen Flugzeugen sind die auftretenden größten Kräfte nicht sehr beträchtlich.

2. Das hauptsächlich im Flugzeugbau verwendete Material ist immer noch Holz. Die statischen Berechnungen von Holzkonstruktionen sind bisher im Hochbau zu keiner allzu großen Genauigkeit entwickelt worden. Die dringende Notwendigkeit hierzu lag meist nicht vor. Im Gegensatz dazu kann man im Flugzeugbau mit einem ausgewählten Holzmaterial rechnen. Außerdem hat man die Gewißheit, daß vorgeschriebene Maße auf Millimeter genau eingehalten werden.

Auch bei der Verwendung von Duraluminium und Stahl treten wegen der üblichen dünnen Wandstärken oft besondere und schwierige Verhältnisse auf, die sich von den im Eisenbau üblichen schweren Blechkonstruktionen wesentlich unterscheiden.

3. Bei einer verspannten Flugzeugzelle, wie sie bis jetzt meist angewendet wird, sind äußerst elastische Glieder, z. B. die hochbeanspruchten Kabel, mit wenig deformierbaren Druckstreben und Holmen zu einem Fachwerksystem verbunden. Auch dadurch ergeben sich Verhältnisse, die von den sonst üblichen statischen Systemen wesentlich abweichen. Ihre Eigenart wird im folgenden näher betrachtet. — Die auftretenden und zulässigen Formänderungen sind wegen der meist beschränkten Konstruktionshöhe im Flugzeugbau wesentlich größer wie bei den Konstruktionen des Eisenbaues. Außerdem bedingen sie hier Änderungen der aerodynamischen Verhältnisse.

4. Die Berechnung wird nicht mit einfacher Last und mit einem gewissen Sicherheitsfaktor durchgeführt, wie es sonst meist in der Statik der Baukonstruktionen üblich ist, sondern mit einem gewissen Lastvielfachen. Der Fall der Knickbiegung, der ebenfalls sonst nur wenig auftritt, gibt Veranlassung dazu.

Es muß von vornherein betont werden, daß die Grundlagen der statischen Berechnung verhältnismäßig sehr ungenau sind. Die Gründe hierfür werden noch eingehend dargelegt. Es ist nicht möglich, in gleicher Weise wie etwa im Brückenbau die Größen der Lasten einigermaßen sicher festzulegen. Daraus ergibt sich trotz der Wichtigkeit der Gewichtsersparnis schon von selbst die Notwendigkeit, alle sonst üblichen und möglichen Feinheiten der Rechnung beiseite zu lassen. Auf Seite 78 ist auf die besonderen Verhältnisse hingewiesen, welche gerade die statisch unbestimmte Berechnung ungenau werden lassen. Eine gewisse Beschränkung auf das Wesentliche tut oft not. Die statische Berechnung gibt hier nur ein ganz ungefähres Bild. Dies muß man immer beachten. In vielen Fällen werden Annäherungsformeln, welche im allgemeinen die Grenzen erkennen lassen, durchaus genügen. Ein Verzicht auf Näherungsformeln bedeutet ein vollkommenes Verkennen der tatsächlichen statischen und aerodynamischen Verhältnisse.

Die physikalischen Grundlagen für den Ansatz der äußeren Kräfte an der Flügelzelle sind in erster Linie in Kabelspannungs- und Durchbiegungsmessungen des ganzen Flugzeuges im Fluge gegeben. Auch Gleitflugversuche mit gestoppten Zeiten und Höhen erlauben beispielsweise Schlüsse auf Größe und Art der auftretenden Belastung.

(Die auf das ganze Flugzeug wirkenden gesamten Beschleunigungskräfte lassen sich in ihrer Summe mit Hilfe eines Gewichtes und einer Federwage leicht bestimmen.)

Außerdem liefert die Nachrechnung von Brüchen, wenn festgestellt werden kann, welcher Teil zuerst in der Luft brach, einen Anhalt für die auftretenden größten Kräfte und Beanspruchungen.

Auch der Aufbau und die Nachrechnung ausländischer Flugzeuge, an die tatsächlich gleiche Forderungen wie an unsere Flugzeuge gestellt werden, geben einen Anhalt für unsere Belastungsannahmen; ebenso die in andern Ländern vorgeschriebenen Rechnungsverfahren und Sicherheiten.

Die Ergebnisse der Modellversuche im Windkanal sind zunächst nur mittelbar für die Zwecke der statischen Berechnung zu verwenden. Ihr Schwergewicht liegt auf der aerodynamischen Seite und in der plangemäß abgeänderten Versuchsausführung.

Je mehr die Grundlagen und die Durchführung der Berechnung sich in jedem einzelnen Falle der Wirklichkeit nähern und je mehr eine gleichmäßige Güte des Materials verbürgt ist, desto mehr kann man mit der geforderten Sicherheit, d. h. mit den geforderten Vielfachen der Belastung heruntergehen und dadurch Flugzeuge von geringem Baugewicht erhalten.

Die wichtigsten Unterlagen geben die Kabelkraftmessungen in der Luft.

Methoden der Kabelkraftmessung. Die Messung der Stabkräfte in den Holmen der Flugzeugzelle macht bei durchlaufenden Holmen technische Schwierigkeiten. Nur an den Gelenken und Holmanschlüssen dürften die Holmkräfte einfacher zu messen sein.

Die Messung der Zugkräfte in den Kabeln ist dagegen wesentlich einfacher durchzuführen. — So wertvoll die Messung einzelner Kräfte auch sein kann, die Feststellung sämtlicher Kabelkräfte und die Erfassung des gesamten Kräftebildes in einer Flugzeugzelle ist bei weitem am wichtigsten.

Aus der Messung sämtlicher Kabelkräfte kann man die wertvollsten Schlüsse über die im einzelnen wie im ganzen wirklich vorliegenden statischen und aerodynamischen Verhältnisse ziehen. Daß die Messung dann umständlicher auszuführen ist, versteht sich von selbst.

Zur Messung der Kabelkräfte im Fluge wollen wir zunächst einige Wege auseinandersetzen:

1. Direkte Messung der Kabellängung.
2. Photogrammetrische Aufmessung.
3. Öldruckdosen nach Bendemann.
4. Hoffsches Meßgerät.
5. Schwingungsmesser.

Zu 1. Die unmittelbare Messung der Verlängerung eines im Flug beanspruchten Kabels ist nicht allzu schwierig, aber auch nicht allzu genau. Man kann längs der zu messenden Flugzeugkabel, etwa auf der Rückseite im Windschatten, einen dünnen Stahldraht als Meßdraht spannen. Der Längenunterschied Δl des belasteten Tragkabels gegenüber dem unbelasteten Meßdraht entspricht dann der auftretenden Kraft:

$$S = \frac{E \cdot F}{s} \Delta l \quad \ldots \ldots \ldots \ldots \quad (1)$$

Hierbei wird $E \cdot F$, das Produkt aus Elastizitätszahl und Querschnittsfläche des Kabels, durch einen Vorversuch in dem etwa zu erwartenden Kräftebereich bestimmt. Es ist zu empfehlen, außerdem vorher im Stand durch unmittelbares Belasten einzelner Knotenpunkte des Flugzeuges die Genauigkeit der ganzen Meßvorrichtung zu prüfen. Um dabei größere Kräfte ausüben zu können, wird man, wenn keine andere Vorrichtung zur Verfügung steht, meist einfach ein Balkengerüst als Hebel verwenden. Sonst leistet auch ein Flaschenzug gute Dienste. Die Größe der Versuchslast, die auf einen Knotenpunkt entfällt, kann ungefähr an die halbe geforderte Bruchlast herangehen. Sie kommt dann etwa den größten, im Fluge auftretenden Kräften gleich. Die Ablesung geschieht entweder an einer Teilung, die an dem zu messenden Kabelende selbst angebracht ist, oder der Meßdraht wird in den Flugzeugrumpf hineingeführt. Dabei ist gegebenenfalls die Längenänderung der Holme, über die der Draht geführt wird, zu berücksichtigen. Die Nachprüfung des Gesamtergebnisses mit einem Beschleunigungsmesser ist immer von Bedeutung.

Zu 2. Die Methode der Lichtbildmessung ist nur durchführbar, wenn ein Steriokomparator für die Auswertung zur Verfügung steht. Bei Verwendung einer möglichst großen Steriokammer ergeben sich aus den verschiedenen Lagen der Knotenpunkte des Fachwerks auf beiden Bildern deren räumliche Koordinaten. Die gegenseitige Verschiebung zweier durch ein Kabel verbundener Knotenpunkte liefert dann wieder die in dem Kabel auftretende Kraft.

Zu 3. Die gesteuerten Öldosen der deutschen Versuchsanstalt für Luftfahrt nach Professor Bendemann haben vor anderen Spannungsanzeigern den Vorteil, daß sie keine bleibende Längenänderungen in dem Kabel bedingen und durch Undichtigkeiten und Luftblasen nicht gestört werden. Das Besondere dieser in die Kabel der Flugzeugzelle eingeschalteten Dosen besteht in folgendem: Wenn in dem Kabel Zug auftritt und die Öldose einen Ausschlag gibt, wird so lange von einem Druckbehälter frisches Öl nachgepumpt, bis das ursprüngliche Gleichgewicht wieder hergestellt ist. Zur Messung von Drücken in Stielen und Schwimmerstreben sind entsprechende Druckdosen gebaut worden. (Siehe hierzu die Abhandlung von Dr. W. Hoff in der Zeitschrift für Flugtechnik und Motorluftschiffahrt, 1914, S. 3, 17 und 149, sowie T. B. I, S. 62. Dort sind die Instrumente und ihre Anwendung eingehend behandelt.)

Zu 4. Das Hoff'sche Meßgerät ist in der Zeitschrift für Flugtechnik und Motorluftschiffahrt, Jahrgang 1914, beschrieben. Das zu messende Kabel wird in einem kleinen Winkel aus seiner ursprünglichen Richtung abgeknickt. Aus dem entsprechenden Kräftedreieck werden die auftretenden Kräfte bestimmt.

Zu 5. Schwingungsmeßapparate werden für den Flugzeugbau von der Firma Siemens hergestellt. Die kleinen handlichen Apparate arbeiten mit Resonanzerscheinungen. Jedem Meßgerät ist eine genaue Beschreibung beigegeben. Besonders zur schnellen Messung der Vorspannung der Kabel sind die Apparate geeignet. —

Von gleicher Bedeutung wie die Kabelspannungsmessungen sind auch die Durchbiegungsmessungen der Holme im Flug. Es handelt sich darum, Form, Charakter und Größe der wirklich auftretenden Durchbiegungen festzustellen. Liegen einige Meßstellen genügend nahe beieinander, so kann man den Krümmungsradius des belasteten Holmes bestimmen und danach das wirklich auftretende Moment M, das auch bei Knickbiegung dem Krümmungsradius ϱ direkt proportional ist:

$$M = \frac{EJ}{\varrho}$$

Zur Durchführung der Messung könnte man an eine optische Einrichtung mit Spiegeln denken. Man kann auch in genau gleichen Abständen und in genau gleicher Höhe auf den Flugzeugholmen kleine Haken befestigen, deren Verschiebung gegeneinander vor und während des Fluges durch ein Lichtbild festgelegt wird.

Hat man die Durchbiegungen im Fluge gemessen, so ist es schließlich möglich, durch aufgebrachte Sandlasten auf dem Prüfstand die gleichen Durchbiegungen wieder hervorzurufen, um dadurch auch ohne Rechnung ein zutreffendes Bild über die tatsächlich wirkenden Luftkräfte zu gewinnen. Die Beobachtungen müssen sich dann aber wenigstens auf alle Holme eines Flügels erstrecken.

Bei einem neuen Flugzeug ist nach einem Fluge immer zu beobachten, ob bleibende Dehnungen der Diagonalen eingetreten sind. Die Vorspannungen der Kabel können durch einen Schwingungsmesser bestimmt werden. —

Bruchprüfung des ganzen Flugzeugs. Die Sandbelastungsprüfungen der Flugzeuge sind während des Krieges bei der Flugzeugmeisterei weit ausgebildet worden und zu einem hohen Grad der Zuverlässigkeit gelangt.

Sie haben den Vorteil, daß alle Teile des Flugzeugs einwandfrei und gewissermaßen mechanisch auf ihre Festigkeit untersucht werden, so daß das Prüfungsergebnis kaum anfechtbar ist. Exzentrizität, Einspannungsgrad, Elastizitätszahl und alle anderen Unsicherheiten der Rechnung werden in dem wirklich ausgeführten Versuch unmittelbar berücksichtigt. Die Grundlage der Belastungsprüfung, der zugrunde gelegte Belastungsfall, stellt keine wesentliche Beschränkung dar. Auch für die rechnerische Durchführung liegen die gleichen Sicherheiten und Unsicherheiten in der Belastungsannahme vor. Selbst die Wirkung von nicht statisch ruhender Belastung läßt sich teilweise im Versuch darstellen. Die Anordnung und Durchführung eines Knickversuches beispielsweise an einem einzelnen Flugzeugholm bietet dagegen die größten Schwierigkeiten. Sie wird niemals in allen Punkten zugleich dieselbe Genauigkeit erreichen können wie die vollständige Prüfung des ganzen Flugzeugs.

Als Nachteil kommt jedoch sehr in Betracht, daß die Durchführung der Gesamtbelastungsprüfung in jedem Falle das ganze Flugzeug kostet, also reichlich teuer ist. Auch gibt die Sandbelastung immer nur ein Ergebnis nach der negativen Seite; d. h. man kann nach der Prüfung nicht übersehen, welche Teile zu stark ausgeführt waren. Deshalb wurden die Rechnungsverfahren der Flugzeugstatik entwickelt, um zunächst die Sandbelastung zu ersetzen. Die Annahme einer „Bruchlast“ für die Rechnung findet darin ihre historische Erklärung. Es wurde daher später angestrebt, das Flugzeug nicht mit voller Bruchlast zu belasten, sondern etwa bei halber Bruchlast die Durchbiegungen zu messen. Aus der Übereinstimmung von gemessenen und errechneten Durchbiegungen wäre auf das Zutreffen der Rechnung zu schließen.

Um schnelle überschlägliche Ergebnisse zu bekommen, kann man auch das ganze Flugzeug, ohne es wie bei der Sandbelastung auf den Rücken zu legen, unmittelbar bei einem Außenstiel auf den Flügeln lagern. Gewicht von Motor und Rumpf wirken dann als Belastung in der Mitte. Es leuchtet ein, daß eine derartige Anordnung in keiner Weise die Genauigkeit der Sandbelastungsprüfung ersetzt. Auch muß jedesmal vorher nachgerechnet werden, ob nicht etwa die außenliegenden Stiele dabei zu große Kräfte erfahren. In erster Näherung ist diese Prüfung jedoch zu empfehlen. Sie ist ohne besonderen Aufwand leicht und schnell durchführbar. —

2. Die aerodynamischen und statischen Grundlagen der Festigkeitsberechnung.

Eine Flugzeugzelle kann allgemein als ein in Flugzeugmitte eingespannter räumlicher Balken aufgefaßt werden, der durch Luftkräfte und Massenkräfte auf Biegung und Verdrehung beansprucht wird. Die Gewichte von Rumpf, Motor, Betriebsstoffen und Nutzlast in Flugzeugmitte oder nahe dabei und der Luftschraubenzug stellen die Gegenkräfte oder Stützenwiderstände dieses Balkens dar. Sie stehen im geraden, unbeschleunigten Fluge mit den Luftbelastungen der Flügel im Gleichgewicht. Bei Geschwindigkeitsänderungen kommen dazu noch Kräfte der Massenwirkung.

Faßt man das ganze Flugzeug als freies Raumfachwerk auf, so könnte man auch von einer Hauptlast in Systemmitte sprechen, die durch die Flächenbelastung der Flügel auf der Luft lagert und mit den Luftkräften im Gleichgewicht steht. Wir haben dann ein „freies Fachwerk“ ohne das in der statischen Literatur verwendete „Erdfachwerk“.

Die Übertragung der Lasten geschieht im allgemeinen folgendermaßen:

Die Luftkräfte am Flügel wirken unmittelbar auf die Bespannung. Bei der üblichen Bauart werden sie von dem Bespannungsstoff auf die Längsglieder, die Rippen, und von dort auf die Querkonstruktionen, die Holme, übertragen (vgl. Fig. 8 u. 9). Die von den Rippen auf die Holme übertragene Last kann recht gut als eine gleichmäßig verteilte Belastung angesehen werden.[1])

Die Holme wiederum geben bei verspannten Konstruktionen die Rippenlasten in den Knotenpunkten als Lasten auf das Raumfachwerk ab. Das Fachwerk schließlich hat den Zweck, diese Knotenlasten von ihren Angriffspunkten von außen nach den Auflagern, nach dem Rumpf hin zu übertragen. Die Holme haben also eine doppelte Bedeutung. Sie übertragen als biegungsfeste Balken die Querbelastungen nach den Knotenpunkten und nehmen gleichzeitig als Stäbe des Fachwerks axiale Zug- oder Druckkräfte auf. Die Gegenkräfte der Luftkräfte, d. h. die Gewichte, kommen also schließlich als Knotenbelastungen zur Wirkung, wenn auch die Luftkräfte zunächst entsprechend dem Flugzustand an dem ganzen Flügel angreifen.

Grundsätzlich wird bei der Berechnung der Belastungszustand als ein ruhender aufgefaßt. Dieses Vorgehen entspricht der Berechnung von Schiffen. Bei Böen und bei dem oft plötzlichen Auftreten der Belastungen im Flug ist dieses Verfahren jedoch nicht einwandfrei. Es ist aber bis jetzt kein anderer einfacher Weg der Berechnung bekannt, da Unterlagen und Versuche über die Art des plötzlichen Auftretens der Luftkräfte noch fehlen. Cowley und Lewy haben in den Proceedings of the Royal Society, London 1919, diese Frage zum erstenmal ausführlich behandelt.

Die Flügelgewichte selbst und außenliegende Einzellasten liefern zu den Stabkräften des Fachwerkes keinen Beitrag, da hier die Luftkräfte und die Massenkräfte in entgegengesetzter Richtung an dem gleichen Massenpunkt angreifen. Vor Beginn der Berechnung muß also das Gesamtgewicht und das Flügelgewicht annähernd festgelegt sein.

Die Luftkräfte an den Flügeln sind deshalb immer von vornherein nur als ein Vielfaches von „Gesamtgewicht weniger Flügelgewicht“ anzusetzen. Das Gesamtgewicht weniger Flügelgewicht soll Rechnungsgewicht heißen. Zieht man das Flügelgewicht nicht von vornherein ab, und wird das volle Gesamtgewicht des Flugzeuges als Belastung angenommen, so kann man genauer etwa die

[1]) Nähme man die Rippenlasten als Einzellasten an, so kämen die später Seite 123 dargelegten Formeln für Einzellasten in Betracht. Die dabei nötige Rechenarbeit steht aber in keinem Verhältnis zu dem Erfolg und vor allen Dingen zu der Genauigkeit der ganzen Lastannahme; denn bei der Unsicherheit der äußeren Lasten ist die eine Annahme so richtig und so falsch wie die andere. Das Ergebnis wird trotz des größeren Aufwandes nicht genauer.

eine Hälfte des in jedem Feld vorhandenen Flügelgewichtes in den Knotenpunkten und die andere Hälfte auf die Holme gleichmäßig verteilen und an diesen Stellen abziehen.

Nach Dr. Everling ist von den bekannten ausgeführten Flugzeugen das Eigengewicht eines m^2-Flügels am leichtesten bei Sopwith, und zwar $3{,}0\ \mathrm{kg/m^2} = \frac{76\ \mathrm{kg}}{25\ \mathrm{m^2}}$, am schwersten bei dem Infanterieflugzeug von Junkers $7{,}9\ \mathrm{kg/m^2} = \frac{401\ \mathrm{kg}}{51\ \mathrm{m^2}}$. Als Mittelwert kann wohl meist $5{,}1\ \mathrm{kg/m^2}$ angesehen werden.

Nach der Zusammenstellung von Everling in den Techn. Ber. II, Seite 286, ergibt sich das Flügelgewicht als Anteil des Gesamtgewichtes zu:

Kleinstwert	11,1 v. H.
Mittelwert	14,5 v. H.
Höchstwert	20,6 v. H.

Diese Annahme genügt für alle Festigkeitsberechnungen[1]).

---

[1]) Die Zahlen und Verhältnisse für die Gesamtgewichte von vielen Flugzeugen hat Everling in den Technischen Berichten II, Seite 570 und III, Seite 39 angegeben. Es empfiehlt sich für die erste statische Berechnung, nicht allzu hohe Gesamtgewichte einzuführen, da diese rückwirkend wiederum schwerere Flügel bedingen.

Mises empfiehlt, das Gesamtgewicht überschläglich als das Eineinhalbfache aus Motorgewicht und Zuladung anzunehmen.

Die genaue Feststellung des genauen Gesamtgewichtes ist auch bei fertigen Flugzeugen von Bedeutung zum Vergleich, wie schwer im einzelnen wirklich gebaut worden ist.

Von besonderem praktischen Interesse ist der Anteil, den die Nutzlast bei ausgeführten Flugzeugen am Gesamtgewicht hat.

Nach nicht ganz verbürgten Mitteilungen hat Farman bei seinem Goliath G-Flugzeug (540 PS) mit einem Gesamtgewicht von 5000 kg eine Nutzlast von 3000 kg erreicht. Es ergibt sich also ein Verhältnis von Nutzlast zu Gesamtgewicht von 0,60. Diese Zahl ist sehr hoch und läßt sich z. T. nur auf Kosten der Geschwindigkeit erreichen. Gute Lastenschlepper des Krieges erreichten nicht viel mehr wie $^2/_3$ davon. Z. B. Sablatnigs (240 PS.) einmotoriges Nachtflugzeug mit einem Gesamtgewicht von 1600 (1830) kg eine Nutzlast von 530 (670) kg.

Als Mittelwerte für das Verhältnis von Gesamtgewicht zu Nutzlast (Betriebsstoffe + Zuladung) ergab sich:

bei 5 R-Flugzeugen 0,33;
bei G-Flugzeugen 0,39;
bei 2 Infanterie-Flugzeugen 0,46.

Die benutzten Zusammenstellungen von Everling zeigen also, daß der von Farman angegebene Wert im Vergleich zu den Kriegsflugzeugen sehr günstig liegt, wenn er nicht stark übertrieben ist.

Bei seefähigen Wasserflugzeugen mit 2 Schwimmern kann man als Mittelwert weiterhin annehmen:

Das Leergewicht = 63,7 % des Gesamtgewichtes,
" " = 176,0 % der Zuladung,
" " = 6,8 kg pro PS_e.

Für neue Entwürfe wird das Gewicht des Flugzeugs nach der geforderten Nutzlast, d. h. vor allen Dingen nach der Flugdauer und der Anzahl der Personen zu bestimmen sein. Es ist dann auf dieser Grundlage mit ausgeführten Flugzeugen zu vergleichen. —

Mit der Verschiedenheit der Flügelprofile, der aerodynamischen Anordnung von Zelle und Ruder, der Schwerpunktslage u. a. ändert sich die Größe, Richtung und Lage der Luftkräfte von Flugzeug zu Flugzeug. Bei dem gleichen Typ wiederum sind die Luftkräfte an den verschiedenen Stellen des Flügels verschieden.

Erstrebenswert wäre es also, zunächst eingehende aerodynamische Untersuchungen und Berechnungen als gute Grundlage der statischen Berechnung eines jeden einzelnen Flugzeuges vorausgehen zu lassen. Hier sei an die oft veröffentlichte Verteilung der Luftkräfte an einem Nieuport-Flügel erinnert.

„Das fliegende Flugzeug muß immer und in erster Linie als Versuchsobjekt angesehen werden.“

Modelluntersuchungen im Windkanal liefern uns zwar einige Angaben über Lage und Richtung der angreifenden Luftkräfte. Die aus den auftretenden Geschwindigkeits- und Beschleunigungsänderungen sich ergebende Größe der Luftkräfte muß trotzdem angenommen werden. Sie ist außer von dem schon erwähnten Gewicht, von der Flächengröße, der Schwerpunktslage und der Anordnung der Flügel- und Ruderflächen auch davon abhängig, unter welchem Winkel beispielsweise der Flieger ein Flugzeug in einem besonderen Falle abfängt, welchen Krümmungsradius die Flugbahn im Kurvenflug hat, mit welcher Geschwindigkeit das Flugzeug zum Sturzflug ansetzt im Vergleich zu der Geschwindigkeit, mit der es gerade noch schwebt: alles Verhältnisse, die sich sehr ändern. Trotzdem kann man für bestimmte Flugzeugarten und Belastungsfälle bestimmte Grenzen annehmen. Näherungsweise wird das Lastvielfache der Masse und dem Quadrat der Geschwindigkeitsunterschiede $(v_1^2 - v_2^2)$ entsprechen. Den größten Wert erhält diese Differenz, wenn man für v_1 die Höchstgeschwindigkeit und für v_2 die geringste Schwebegeschwindigkeit einsetzt. Dieses Verfahren liefert aber offenbar zu große Werte. Auch bei scharfem Abfangen wird dieser Geschwindigkeitsunterschied im Fluge nicht in der geringsten Zeit erreicht. Wollte man auch hier wieder die Forderungen den einzelnen besonderen Verhältnissen anpassen, so müßte sich das geforderte Lastvielfache nach den Geschwindigkeitsunterschieden ergeben, welche durch die einzelnen, verschiedenen Flügelprofile und Flugzeugfestwerte bedingt sind. Eine angenäherte Rechnung ist für den Fall des Abfangens im folgenden durchgeführt. Aus praktischen Gründen der Ausführung und da zur Zeit über die Art und den Einfluß der Beschleunigung und Geschwindigkeitsänderung im Fluge auf das Kräftebild im Tragwerk nur wenig einwandfreie Versuche vorliegen und ausgewertet sind, haben sich in Deutschland vier feste Hauptbelastungsfälle entwickelt. Diese werden zunächst ein für allemal angewendet. Nur so kann das Ziel der Rechnung: genau genug, aber auch schnell zu einem Ergebnis zu kommen, erreicht werden. Bei der starken Änderung der Luftkräfte ergibt sich die Notwendigkeit, typische Belastungsfälle entsprechend den typischen Flugzuständen herauszugreifen.

Es ist sicher besser, mit nicht ganz vollkommenen Grundlagen zu rechnen als überhaupt nicht zu rechnen und alle Abmessungen nach Gutdünken anzunehmen. Auf gute Grundlagen und Versuche hin werden stets von den überwachenden Behörden Ausnahmen für die Berechnung zugelassen.

Diese vier zugrunde gelegten Hauptbelastungsfälle haben sich im Laufe der Zeit schon recht entwickelt. Sie stimmen mit den wirklich auftretenden Kräften als Mittelwerte sicher einigermaßen überein und werden bis zur Seite 23 noch besonders besprochen. Auch in anderen Gebieten der Statik der Baukonstruktionen, z. B. im Brückenbau, werden vergleichsweise Lastenzüge angenommen, die auch nur angenommen sind und mit den jedesmal Vorkommenden auch nicht übereinstimmen.

Es wäre später „bei der Muße des Friedens“ vielleicht möglich, zunächst ein Flugzeug in der üblichen Art und Weise zu bauen und dann durch Messungen an diesem fliegenden Flugzeug das wirklich auftretende Kräftesystem genau zu erfassen. Als Ergebnis der aufgestellten Rechnung würde dann ein zweites Flugzeug gebaut, das sich in seinen Abmessungen dem gemessenen Kräftezustand genauer anpaßt. Auf diese Weise könnte sicher das Letzte an Gewicht herausgeholt werden, wenn man sinngemäß den Einfluß der etwa geänderten Elastizitätsverhältnisse berücksichtigt.

Im folgenden sollen diese Hauptbelastungsfälle, d. h. die aerodynamischen Grundlagen für die statische Berechnung näher betrachtet werden. Wir unterscheiden:

Den A-Fall für das Abfangen aus steilem Sturzflug,
den B-Fall für den Gleitflug bei hoher Geschwindigkeit,
den C-Fall für den steilen Sturzflug und
den D-Fall für den Rückenflug und Oberdruck. —

Aerodynamische Betrachtung der Hauptbelastungsfälle.

Hauptbelastungsfall A.

Der Hauptbelastungsfall A (Abfangen) ist der wichtigste von allen Belastungsfällen. Zahlreiche Versuchsflüge mit Kabelspannungsmessungen, die der Verfasser auswerten ließ, haben gezeigt, daß stets beim Abfangen die größten Beanspruchungen des Fachwerks eintreten. Auch der C-Fall (Sturzflug) hat nach diesen Versuchen nicht die Bedeutung wie der A-Fall. Die Beschleunigung oder Verzögerung kann beim Sturzflug nicht so groß werden. Man könnte zunächst vielleicht den Eindruck gewinnen, als ob das fliegende Flugzeug in erster Linie den Stirnwiderstand überwinden müßte. Aber schon bald findet man aus Profiluntersuchungen und bei Berücksichtigung der Größe des geschleppten Gewichtes, daß die Hauptlast nahezu senkrecht von unten kommt und durch die senkrechte Tragwand aufgenommen werden muß.

Der A-Fall besteht nun darin, daß das Flugzeug bei einer verhältnismäßig großen Geschwindigkeit plötzlich gegen die Luft gepreßt wird, und zwar unter einem Anstellwinkel, der bedeutend größer ist, als er der vorhandenen Geschwindigkeit entspricht.

Bei großen Anstellwinkeln bewegt sich der Druckmittelpunkt weit nach der Flügelvorderkante zu. Durch das plötzliche Heranpressen des Flugzeugs bei einem übermäßig großen Anstellwinkel wird die Geschwindigkeit rasch verkleinert, und aus dieser Verzögerung der Massen entstehen bedeutende Kräfte. Die schnelle Verzögerung wird beim Abfangen immer wesentlich größer sein wie beim Gleitflug und auch beim Sturzflug. Deshalb ist das geforderte Lastvielfache hier im A-Fall auch am größten.

Bei dem großen Anstellwinkel ändert sich die Lage des Druckmittels der Flügelprofile nicht derart, daß eine etwa angeordnete Flächenverwindung oder eine Deformation des Flügels unter der Belastung durch die Luftkräfte auf die Lage und Größe dieser äußeren Kräfte von Einfluß wäre.

Nach den Bau- und Lieferungsvorschriften (B. L. V.) von 1916 wird die Lage des Druckmittelpunktes s bei 0,333 der Flügeltiefe von vorn angenommen. In der folgenden Tafel 1 sind jedoch einige extreme und charakteristische Rippenprofile aus den technischen Berichten der Flugzeugmeisterei zusammengestellt, für die sich danach recht große Unterschiede in der Lage des Druckmittelpunktes ergeben.

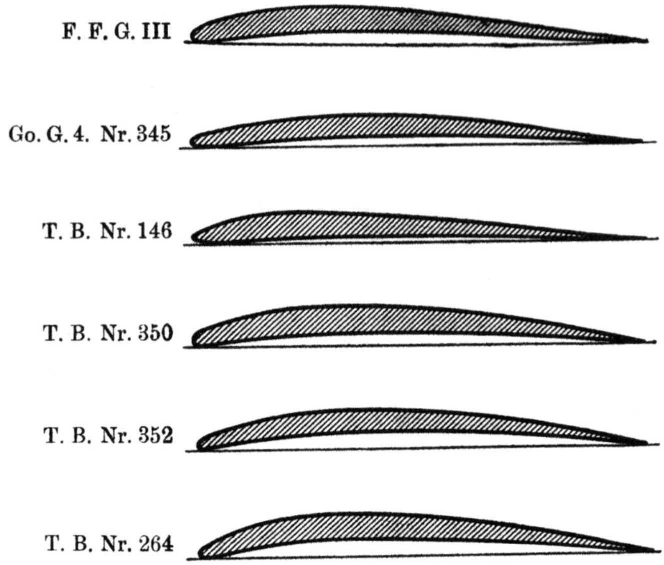

Fig. 1.

Bei einem großen Auftriebswert, z. B. $c_a = 0{,}90$, rückt der Druckmittelpunkt der drei ersten Profile bedeutend weiter wie $0{,}333 \cdot t$ nach vorn. Es ergibt sich:

$$\frac{s}{t} = 0{,}296\,, \quad 0{,}294 \quad \text{und} \quad 0{,}316\,.$$

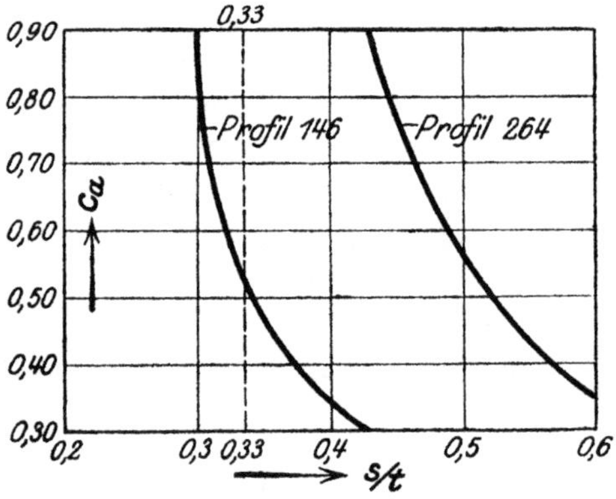

Fig. 2.

In den ersten Jahren des Flugzeugbaues rechnete man mit einer Lage bei $0{,}38 \cdot t$, was bei diesen Profilen sicher recht unzutreffend wäre.

Für die letzten drei Profile, die für schwerbeladene Wasserflugzeuge verwendet wurden, stehen jedoch diesen Werten, bei dem gleichen Auftriebsbeiwert, noch bedeutend weiter nach rückwärts gerückte Lagen des Druckmittelpunktes gegenüber:

$$\frac{s}{t} = 0{,}364\,, \quad 0{,}380 \quad \text{und} \quad 0{,}432$$

(siehe Fig. 2).

Diese Beispiele zeigen eindringlich und scharf, daß es vielfach sehr nötig ist, die Berechnung den besonderen Verhältnissen anzupassen, da die Abweichungen sehr viel für die ganze Berechnung ausmachen.

Zusammenstellung der Lage des Druckmittelpunktes $\frac{s}{t}$ bei 6 verschiedenen Profilen.

Tafel 1.

c_a	Profil Nr. 146	F. F. G. III	Go. G. 4 Nr. 345	Profil Nr. 350	Profil Nr. 352	Profil Nr. 264
0,30	0,426	0,432	0,504	0,616	0,640	0,644
0,35	0,394	0,404	0,450	0,574	0,596	0,602
0.40	0,370	0,384	0,418	0,540	0,562	0,570
0,45	0,354	0,370	0,390	0,508	0,528	0,544
0,50	0,340	0,358	0,372	0,484	0,500	0,520
0,55	0,330	0,330	0,356	0,464	0,478	0,504
0,60	0,324	0,324	0,342	0,443	0,458	0,484
0,65	0,316	0,318	0,332	0,418	0,442	0,478
0,70	0,314	0,316	0,328	0,408	0,426	0,464
0,75	0,308	0,304	0,320	0,400	0,412	0,456
0,80	0,304	0,304	0,316	0,384	0,396	0,444
0,85	0,300	0,300	0,316	0,378	0,384	0,436
0,90	0,296	0,294	0,316	0,364	0,380	0,432

Bei der Berechnung des Lastvielfachen bleibt stets eine Reihe willkürlicher Annahmen. Um auch für andere Fälle anschaulich zu bleiben, möchte ich vorschlagen, für die Gesamtbelastung A den Krümmungsradius ϱ der Flugbahn zu schätzen, und auch die Geschwindigkeit nach einer kurzen Vergleichsrechnung über die größte Sturzgeschwindigkeit anzunehmen. Auf der anderen Seite könnten die Beiwerte des Widerstandes c_w leicht aus der etwa bekannten wagrechten Geschwindigkeit des Flugzeugs übernommen werden.

Die Gleichung

$$A = \frac{G \cdot v^2}{g \cdot \varrho} \quad \ldots \ldots \ldots \quad (2)$$

enthält also zunächst den entsprechend der Flugzeugtype, den geforderten Leistungen und der Belastung geschätzten Krümmungsradius ϱ der Flugbahn. Dabei ist es klar, daß an einen Sporteinsitzer andere Anforderungen gestellt werden, als an einen schwer beladenen Lastenschlepper. Die Geschwindigkeit v, aus der das Flugzeug abgefangen werden soll, wird immer kleiner sein als die größte Fallgeschwindigkeit, welche das Flugzeug überhaupt erreichen kann. Diese beschleunigungslose Fallgeschwindigkeit ergibt sich aus der

Beziehung: Flugzeuggewicht = Gesamtwiderstand.

$$G = c_w \cdot F \cdot \frac{\gamma}{2\,g} \cdot v_x^{\,2} \quad \ldots\ldots\ldots \quad (3)$$

In dieser Gleichung, deren Bezeichnungen auf Seite 17 und 18 erklärt sind, soll der Wert c_w nicht berechnet, sondern durch die gemessene wagrechte Geschwindigkeit ausgedrückt werden.
Es ergibt sich dann die Beziehung:

$$c_w = \frac{75 \cdot N_e \cdot \eta}{v_{horiz}^{3} \cdot F \cdot \frac{\gamma}{2\,g}} \quad \ldots\ldots\ldots \quad (4)$$

Dieses in Gleichung 3) eingesetzt, liefert für die Sturzgeschwindigkeit (bei der Annahme, daß der Luftstrom in beiden Fällen die Flügel unter dem gleichen Anstellwinkel trifft)

$$v_x = v_{horiz} \cdot \sqrt{\frac{G \cdot v_{horiz}}{75 \cdot N_e \cdot \eta}} \quad \ldots\ldots\ldots \quad (5)$$

Will man diese Annahme nicht machen, so kann man aus Gl. (4) leicht den Beitrag der schädlichen Widerstände ermitteln und aus der Profilmessung den Beitrag des Flügelwiderstandes hinzufügen. Auf Seite 18 ist ein entsprechendes Verfahren für den C-Fall entwickelt.

Den Einfluß der Luftschrauben und die besonderen dem Flugzeugtyp zugrunde liegenden Forderungen wollen wir durch eine Verkleinerung der Sturzgeschwindigkeit berücksichtigen. Sie muß recht groß angenommen werden, da der Führer nur eine gewisse Größtbeschleunigung ertragen kann und da auch sonst die Flügelrippen vorne im C-Fall vorher brechen würden.

Wir haben damit für die auftretende Belastung die Gleichung

$$A = \frac{G^2 \cdot v_{horiz}^{3}}{75 \cdot N_e \cdot \eta \cdot g \cdot \varrho} \quad \ldots\ldots\ldots \quad (6)$$

Es kann m. E. sehr wohl vorkommen, daß das Flugzeug beim Abfangen unter einem größeren Anstellwinkel, als die ursprüngliche Berechnung ergab, gegen die Luft gepreßt wird. Er scheint nicht ganz zulässig, auf einem immerhin willkürlich gewählten Höhensteuerausschlag die Lage des Druckmittelpunktes beim Abfangen zu begründen. Andererseits ist es wichtig, bei großen Anstellwinkeln die Modellmessung des Flügelprofils zu Rate zu ziehen, da, wie wir darlegten, die Lage des Druckmittelpunktes bei hohen Werten von c_a sich von Profil zu Profil stark ändert.

Nach diesem Vorgang stellt sich die Berechnung mit $\varrho = 400$ m, $G = 4000$ kg, $N_e = 520$ PS_e für ein Großflugzeug folgendermaßen:

$$v_x = 41 \cdot \sqrt{\frac{4000 \cdot 41}{75 \cdot 520 \cdot 0{,}75}} = 96\,\text{m/sek} = 340\,\text{km/st} \text{(äußerster Grenzwert!)}$$

$$A = \frac{4000 \cdot 96^2}{10 \cdot 400} = 9200\,\text{kg} \qquad \mathfrak{S} = \frac{9200}{4000} = \mathbf{2{,}3\ fach}$$

Wenn man stets gleiche Sicherheit erreichen will, so ergibt sich in dem Beispiel folgender Zusammenhang zwischen Geschwindigkeit v und Krümmungsradius ϱ:

$v = 90$ m/sec	$\varrho = 355$ m
$v = 80$ „	$\varrho = 277$ m
$v = 70$ „	$\varrho = 213$ m
$v = 60$ „	$\varrho = 156$ m
$v = 50$ „	$\varrho = 109$ m
$v = 30$ „	$\varrho = 39$ m

Ist also eine 4 fache Last der Festigkeitsberechnung zugrunde gelegt, so ist die schließliche Bausicherheit

$$\frac{4}{2{,}3} \cong 1{,}7 \text{ fach.}$$

Diese Entwicklungen zeigen aber auch, daß durch ganz rohes Fliegen wesentlich größere Kräfte hervorgerufen werden können und daß somit jedes noch so feste Flugzeug zerstörbar ist. Wenn schließlich die Flügel so fest gebaut sind, daß sie die größten Beschleunigungskräfte aushalten, so werden eben Ruder und Flossen zum Bruch kommen.

Im gleichen Sinne wie der A-Fall wirken die vom Fahrgestell aus übertragenen Stöße. —

Der Hauptbelastungsfall B.

Der B-Fall ist aerodynamisch nicht so scharf gekennzeichnet wie der A- und C-Fall.

Wir legen den B-Fall als steilen Gleitflug bei hoher Geschwindigkeit fest. Es ist dafür wesentlich, daß der Druckmittelpunkt aus seiner normalen Lage von etwa 0,37 der Flügeltiefe weiter nach hinten wandert. Bei den verschiedenen Anstellwinkeln, die zu den verschiedenen steilen Gleitflügen gehören, wird die Last sich stets in einer anderen Lage auf der Flügelsehne befinden, um endlich für den steilen Sturzflug in den C-Fall überzugehen.

Aus der Reihe dieser verschiedenen Fälle ist derjenige herausgegriffen, bei dem der Druckmittelpunkt in einem Drittel der Flügelsehne von hinten liegt.

Das geforderte Lastvielfache für die so festgelegte Lage des Druckmittelpunktes hat ebenfalls etwas Willkürliches an sich. Es wurde aber aus der Erfahrung heraus so bestimmt, daß man Flugzeuge, die tatsächlich im steilen Gleitflug standhielten, durch Sandbelastungen zerbrach. Das festgestellte Lastvielfache wurde dem B-Fall zugrunde gelegt. Im allgemeinen werden bei der Größe des geforderten Lastvielfachen die im Fluge wirklich auftretenden größten Kräfte unterhalb der Proportionalitätsgrenze des Materials bleiben.

Andererseits ist der B-Fall von einer gewissen Bedeutung. Es ist beispielsweise festgestellt, daß ein Riesenflugzeug in Breslau bei dem Belastungszustand des B-Falles in der Luft brach.

Während die Kräfte des A-Falles im wesentlichen auf dem Flügel senkrecht stehen, kommt im B-Fall noch ein wagrechter Stirnwiderstand hinzu. Die Mittelkraft ist 1 : 3 geneigt (siehe Fig. 6).

Die nach hinten geneigte Teilkraft selbst ist aber in diesem Falle nicht so sehr von Bedeutung wie die weit nach hinten gerückte Lage des Druckmittelpunktes. —

Der Hauptbelastungsfall C.

Der C-Fall ist als Sturzflug derart festgelegt, daß in diesem Falle der Auftrieb gleich Null sein soll.

Wie aus den Flügelprofilmessungen im Windkanal hervorgeht, verbleibt für diesen Fall $c_a = 0$ ein Drehmoment, c_m genannt, und ein Widerstandsbeiwert c_w'. Dieses Moment c_m entsteht dadurch, daß in dem vorderen Teil des Flügelprofils von oben nach unten gerichtete Kräfte und in dem hinteren Teile des Profiles umgekehrt gerichtete Kräfte auftreten[1]).

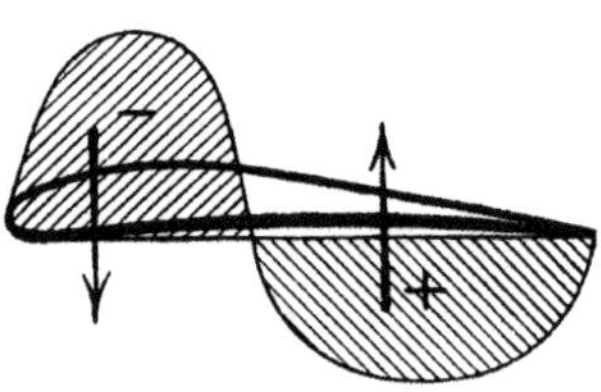

Fig. 3.

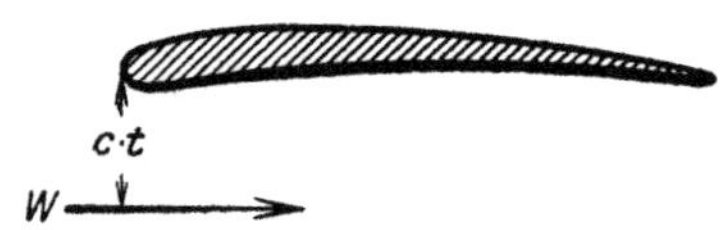

Fig. 4.

Die Belastungsfläche hat dann etwa nebenstehende Gestalt (Fig. 3). Mit $c_a = 0$ ist der positive und negative Teil der Belastungsfläche absolut einander gleich.

Teilt man nun das Moment dieser Luftkräfte durch den Widerstand bzw. durch den Beiwert, so erhält man den Hebelarm $c \cdot t$, an dem eine Einzellast W angenommen werden kann, welche die gleiche Wirkung wie die verteilten Luftkräfte auf das Fachwerk ausübt. Eine Vereinigung der Kräfte oben und unten an den beiden Flügeln ist dagegen nicht ohne weiteres möglich.

[1]) Bei den Göttinger Messungen ist das Moment auf die Profilvorderkante bezogen. Wie schon von anderer Seite angeregt, wäre es nicht unerwünscht, den Punkt in $^1/_3$ der Tiefe von vorn als Bezugspunkt zu wählen.

Im unbeschleunigten Fluge ist diese Last offenbar gleich dem Gesamtgewicht des Flugzeuges, weniger dem Anteil des Widerstandes, der von dem Rumpf und den übrigen schädlichen Widerständen aufgenommen wird.

Die schädlichen Widerstände c_w'' machen bei ausgeführten Flugzeugen etwa $^1/_2$ bis $^1/_3$ des Gesamtwiderstandes c_w aus. Es verbleibt als Flügelbelastung im C-Fall noch $^1/_2$ bis $^2/_3$ der Gesamtlast.

Diesen Anteil c_w'' kann man genauer berechnen, wenn man die Fläche der schädlichen Widerstände für das ganze Flugzeug unter Benutzung von einzelnen Erfahrungsbeiwerten ermittelt (siehe auch Seite 283 und Fig. 122 des dritten Teils). Einfacher kann man aber so vorgehen, daß man unmittelbar den Gesamtwiderstand des Flugzeuges c_w für den wagrechten Flug berechnet. Diese Berechnung ist jedoch hier nur verwendbar, wenn man die wagrechte Geschwindigkeit des Flugzeuges kennt oder genau genug annehmen kann. Dann kann man aus den Flügelprofilmessungen den Wert des schädlichen Widerstandes des Flügels c_w' ablesen und von dem oben nach der allgemeinen Gleichung

$$c_w = \frac{N_e \cdot 75 \cdot \eta}{v \cdot q \cdot F} \quad \dots\dots\dots\dots \quad (7)$$

berechneten Gesamtwiderstand abziehen. Hierbei sind:

N_e die effektive Pferdestärke,
η der Schraubenwirkungsgrad,
v die angenommene Flugzeuggeschwindigkeit,
F die Flügelfläche,
q der Staudruck.

Mit $q = v^2 \cdot \frac{\gamma}{2g}$ geht dieser Ausdruck in Gleichung (4) über.

Es ist einleuchtend, daß auf diese Art und Weise der schädliche Widerstand schneller ermittelt wird als durch Berechnung von allen einzelnen Widerstandsflächen. Genau genug können wir c_u zunächst als unabhängig von der Geschwindigkeit ansehen.

Zu dem so ermittelten Moment kommt noch ein gewisses Vielfaches der Last, das für den betreffenden Flugzeugtyp als Bausicherheit gefordert wird.

Im Gegensatz zum A-Fall kann bei dem C-Fall eine im Entwurf vorgesehene Flächenverwindung und ein Nachgeben des Flügels in der Luft auf die Größe und Richtung der Kraft recht viel ausmachen. Das große Torsionsmoment tritt nur bei einem gewissen Anstellwinkel auf. Wenn dieser Winkel nun nicht überall an der Flügelfläche beim Sturzflug vorhanden ist, so können an Teilen des Flügels kleinere Kräfte auftreten. Bei Profilen mit elastischen, hoch gebogenen Enden ändert sich gerade im Sturzflug die Last wesentlich. Es ist tatsächlich auch hier bedenklich, starr an den gegebenen Belastungs-Fällen festzuhalten.

Die Forderung des C-Falles hat sich in Deutschland im Laufe der Zeit derart entwickelt, daß zuerst nur der Stirndruck und kein Moment gefordert wurde. Später kam zu dem Stirndruck ein Moment von $^2/_3 \cdot t$. Dieses Moment soll jetzt ohne gleichzeitige, entsprechende Änderung des Stirndrucks auf $1{,}75 \cdot t$ erhöht werden. Daß diese Forderung in vielen Fällen etwas hoch ist, wird das nachfolgende Zahlenbeispiel zeigen.

Aerodynamische Durchrechnung des C-Falles für ein Beispiel (größeres, seefähiges Wasserflugzeug).

Es liegen folgende Festwerte zugrunde:

t = Bezeichnung der Flügeltiefe

$N_e = 2 \cdot 260$ PS$_e$ = 520 PS$_e$

η = Schraubenwirkungsgrad 0,75

v = beobachtete Geschwindigkeit in Bodennähe 120 km/st = 33,4 m/sec

$q = \text{Staudruck} = \frac{v^2}{16} = 70$ kg/m²

F = Flügelfläche 175 m²

Profil Nr. 157 der T. B. I, Seite 211.

$\mathfrak{S}$ = verlangte Bausicherheit = 1,5

$\frac{G}{F}$ = Flächenbelastung = 34 kg/m²

$\frac{G}{\text{PS}_e}$ = Leistungsbelastung = 11,5 kg/PS$_e$

Aus den Göttinger Messungen T. B. I. wird für Profil 157 entnommen bei $c_a = 0$

$$c_{m_2} = 7{,}0 \quad \text{und} \quad c'_{w_2} = 5{,}5 .$$

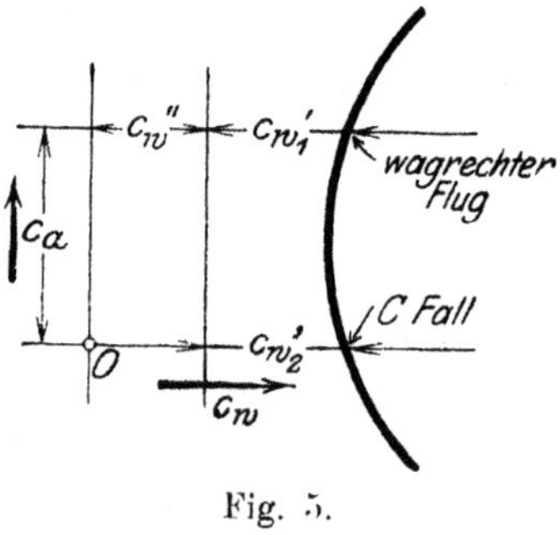

Fig. 5.

Aus Gleichung (7) folgt:

$$c_w = \frac{520 \cdot 75 \cdot 0{,}75 \cdot 100}{34{,}4 \cdot 70 \cdot 175} = 7{,}2 = c_w'' + c'_{w_1}$$

Für

$$c_a = \frac{34 \cdot 16}{1115} \cdot 100 = 49$$

bei

$$v = 120 \text{ km/st und } v^2 = 1115 \text{ m}^2/\text{sec}^2$$

liest man für das Profil 157 ab:

$$c'_{w_1} = 3,8$$

Es ergibt sich also:

$$c_w'' = c_w - c'_{w_1}$$

$$c_w'' = 7,2 - 3,8 = 3,4$$

Somit wird die uns interessierende Summe

$$c_w'' + c'_{w_2} = 3,4 + 5,5 = 8,9$$

Das Moment ist also nach der Formel unmittelbar:

$$M = \mathfrak{S} \cdot t \cdot \frac{c_{m_2}}{c_w'' + c'_{w_2}} \quad \ldots\ldots\ldots\ldots \quad (8)$$

$$M = 1,5 \cdot t \cdot \frac{7,0}{8,9} = \mathbf{1,18 \cdot t} = \sim 1,2 \cdot t$$

Legt man statt der zunächst vorgesehenen 1,5fachen Bausicherheit 2fache Sicherheit gegenüber den wirklich auftretenden Luftkräften zugrunde, so ergibt sich:

$$M = 1,18 \cdot \frac{2}{1,5} = 1,57 \cdot t$$

Für den betrachteten Fall ist also die neue Forderung eines Momentes von $1,75 \cdot t$ bei weitem zu groß. Es gibt natürlich Flügelprofile und bei besonderen Flugzeugen auch verhältnismäßig kleinere Werte c_w'', die größere Momente nach dieser Rechnung ergeben. Da aber der Hauptbelastungsfall C bei manchen Eindeckern und bei weitgespannten großen Flugzeugen zu schweren Holmen führen würde, ist die Aufstellung eines aerodynamischen Nachweises immer von Nutzen. —

Hauptbelastungsfall D (Oberdruck).

Wie in der Abhandlung von G. Madelung und H. Heimann in den Techn. Berichten I, Nr. 3 ausgeführt, wirkt der Oberdruck hauptsächlich in der Nähe des Vorderholmes. Der Druckmittelpunkt wird in ein Fünftel t von vorne angenommen. Es ist jedoch auch zu berücksichtigen, daß das Eigengewicht des Flügels in derselben Richtung wie die Kraft des D-Falls wirkt und daß besonders beim Landen größere Kräfte infolge der Geschwindigkeitsänderung der Flügelmassen und der außenliegenden Lasten auftreten.

Für größere Flugzeuge, bei denen ein Rückenflug ausgeschlossen erscheint, ist die Berechnung des D-Falls nicht notwendig. Trotzdem sind auch hier in der Verspannung die bei Oberdruck und beim Landen von oben nach unten wirkenden Kräfte zu berücksichtigen.

Der Einfluß der außenliegenden Lasten auf die Kräfte der Landung ist im Teil II, Seite 243 behandelt. —

Luftkräfte beim Kurvenflug.

Die bis jetzt betrachteten 4 Hauptbelastungsfälle sind alle symmetrisch, d. h. eine Schräglage des Flugzeugs ist dabei nicht berücksichtigt. Auf beiden Flügeln wirken die gleichen Lasten rechts und links. Für den Kurvenflug sind die aerodynamischen Grundlagen zur Zeit noch nicht genügend entwickelt. Einen ersten Anhalt geben die Betrachtungen von Dipl.-Ing. Scopik, die wir kurz wiederholen wollen:

Bezeichnet man mit v die Geschwindigkeit des Flugzeugs in m/sec, mit r den (geschätzten) Radius des Kurvenfluges, mit b die Spannweite des Flugzeugs und mit $G_t - G_f = G$ das Gesamtgewicht des Flugzeugs minus Flügelgewicht, so ist, wie bereits im A-Fall angeschrieben, die Zentrifugalkraft nach Gl. (2):

$$Z = \frac{G \cdot v^2}{g \cdot r}$$

Die auf das Flugzeug wirkende Mittel-Kraft P:

$$P = \sqrt{G^2 + Z^2}$$

Der Winkel der Schräglage:

$$\operatorname{tg} \beta = \frac{v^2}{g \cdot r} \quad \ldots\ldots\ldots\ldots \quad (9)$$

Die Geschwindigkeit in der Mitte des bei der Kurve innen liegenden Flügels

$$v_i = v_m \left(1 - \frac{b}{4} \frac{\cos \beta}{r}\right) \quad \ldots\ldots\ldots \quad (10\,\mathrm{a})$$

Die Geschwindigkeit in der Mitte des in der Kurve außen liegenden Flügels

$$v_a = v_m \left(1 + \frac{b}{4} \frac{\cos \beta}{r}\right) \quad \ldots\ldots\ldots \quad (10\,\mathrm{b})$$

und damit die Kräfte auf dem Flügel innen und außen:

$$P_i = \frac{P}{2} \frac{v_i^2}{v_m^2} \quad \text{und} \quad P_a = \frac{P}{2} \frac{v_a^2}{v_m^2} \quad . \; . \; . \; . \; . \quad (11)$$

Hiermit lassen sich die Stabkräfte errechnen.

Wie schon betont, ist diese Darstellung der Verteilung der Luftkräfte nicht ganz vollkommen. Wir wollen deshalb auf die Wiedergabe eines Beispiels verzichten. —

Die in Deutschland durch die Bau- und Lieferungsvorschriften (B. L. V.) vom Jahre 1916 vorgeschriebenen Lastvielfachen sind in folgender Tafel (2) zusammengestellt:

Die zugehörige Lage und Richtung der Luftkräfte geht aus Fig. 6 und 7 hervor.

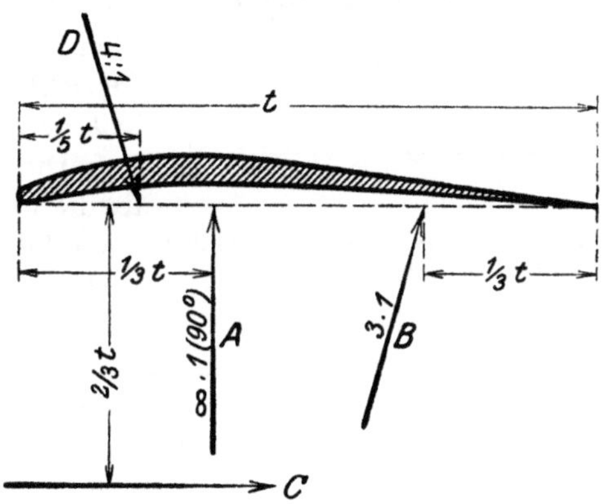

Fig. 6.

Tafel 2.

	E und D Flugzeuge (Einsitzer)	Zweisitzer und Großflugzeuge	Riesenflugzeuge mehr als 1000 P.S.
Abfangen Fall A	5,0	4,5	4,0
Gleitflug Fall B	3,5	3,0	2,5
Stirndruck Fall C	2,5	2,0	1,5
Oberdruck Fall D	3,0	2,5	2,0

Es steht immerhin fest, daß man sich, bei Verwendung der dargelegten typischen Belastungszustände, auf der sicheren Seite bewegt. Bei einwandfreien Berechnungen auf Grund dieser Unterlagen kommen keine Brüche und Todesstürze in der Luft vor.

Die neuen Vorschriften von 1918 teilen zunächst die Landflugzeuge nach ihrem Gewicht in Berechnungsgruppen ein.

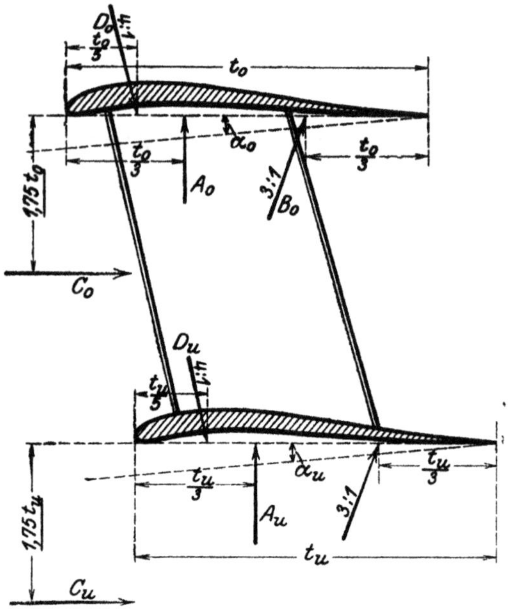

Fig. 7. Lage und Richtung der Luftkräfte bei der Doppeldeckerzelle.

Die Erfahrung wird noch zeigen müssen, ob diese neue Einteilung ohne Rücksicht auf den besonderen Verwendungszweck das Richtige ist. Um ein krasses Gegenbeispiel anzuführen: es würde nicht folgerichtig erscheinen, für ein beschränkt seefähiges und für ein vollseefähiges Flugzeug von gleichem Gewicht die gleiche Sicherheit vorzuschreiben.

Die Lastvielfachen für die Berechnung werden nach folgender Tafel (3) verlangt.

Tafel 3.

Berechnungsgruppe		Vorgeschriebene Lastvielfache der Rechnung im			
Nr.	Stand bei Herausgabe der B.L.V. von 1918	A-Fall (Abfangen)	B-Fall (Gleitflug)	C-Fall (Sturzflug)	D-Fall (Rückenflug)
I	Flugzeuge mit Vollgewicht über 5000 kg	3,5	2,5	1,2	—
II	Flugzeuge mit Vollgewicht über 2500 bis 5000 kg (Nutzlast 1000 kg bis 2000 kg)	4,0	2,5	1,5	—
III	Flugzeuge mit Vollgewicht über 2500 bis 4000 kg (Nutzlast 800 kg bis 1500 kg)	4,5	3,0	1,75	2,5
IV	Flugzeuge mit Vollgewicht über 1200 bis 2500 kg (Nutzlast 400 kg bis 800 kg)	4,5	3,0	2,0	2,5
V	Flugzeuge mit Vollgewicht bis 1200 kg (Nutzlast bis 400 kg)	5,0	3,5	2,0	3,0

Abweichend von früher werden mit Rücksicht auf die Prüfungsergebnisse für die Sandbelastung höhere Lastvielfache als für die gewöhnliche Berechnung gefordert, wie aus folgender Tafel 4 hervorgeht.

Tafel 4.

Berechnungsgruppe Nr.	Vorgeschriebene Lastvielfache der Sandbelastung			
	A-Fall (Abfangen)	B-Fall (Gleitflug)	C-Fall (Sturzflug)	D-Fall (Rückenflug)
I	4,0	2,5	1,2	—
II	4,8	2,6	1,5	—
III	5,5	3,2	1,75	2,8
IV	5,8	3,3	2,0	2,8
V	6,5	4,0	2,0	3,5

Die zugehörige Lage der Kräfte hat sich gegen früher nur für den C-Fall geändert, in welchem jetzt ein Hebelarm von $1{,}75 \cdot t$ verlangt wird. Es ist wohl anzunehmen, daß man diese Forderungen für Friedensflugzeuge erleichtert. —

Zu diesen Vorschriften ist im besonderen noch für den Kräfteansatz zu bemerken:

a) Das Verhältnis der Lastaufnahme von Ober- zu Unterflügel kann nach Eiffels Untersuchungen für die Flächeneinheit wie 11 : 9 angenommen werden. Auch ein Verhältnis von 10 : 8 ist üblich. (Vergleiche hierzu die Annahmen der Deutsch-Österreicher, Seite 92, und der Engländer, Seite 93 u. ff.) Es ist folgerichtig im D-Fall bei Oberdruck dieses Verhältnis umzukehren.

Auf die Berechnung der Stabkräfte in der Fachwerkszelle hat dieses Verhältnis der Lastaufnahme weniger Einfluß. Für die meisten Glieder vereinigen sich jedesmal die entsprechenden Lasten oben und unten sofort und wirken mit ihrer Summe. Nur für die Festigkeitsberechnung der einzelnen Holme selbst ist die Lastaufnahme von Bedeutung. Die Querbelastung p ist wesentlich durch sie bedingt.

Es leuchtet zwar ein, daß die Lastaufnahme beider Flügel zum großen Teil auch von der Staffelung und Schränkung abhängt, wie sich auf Grund der Beetzschen Formel zeigen läßt. (Bei einem Doppeldecker bezeichnet man die nach vorn oder hinten gegeneinander verschobenen Lage der beiden Flügel als Staffelung und den Unterschied beider Anstellwinkel als Schränkung.) Es ist jedoch zu bedenken, ob man darin zur Zeit nicht zu weit geht, die für die Größe der Querbelastung maßgebende Annahme allein auf theoretische Entwicklungen zu gründen. Bei besonderen Fällen, z. B. bei sehr großer Staffelung wird man wohl entsprechende Annahmen einführen können.

Nach einem Vorschlag von Herrn Dipl.-Ing. Cl. Dornier könnte man zur Feststellung der Querbelastung eine Rippe lose, mit einer kleinen Federwage an den Holmen befestigen und so den Lastanteil vorn und hinten unmittelbar im fliegenden Flugzeug feststellen.

b) Die Verteilung der Luftkräfte längs der Flügel. Nach den schon vor dem Kriege veröffentlichten, bekannten Untersuchungen an einem Nieuportflügel stellt die Annahme einer gleichmäßigen Verteilung der Last längs des ganzen Flügels eine ziemlich grobe Näherung dar. Es ist deshalb an den Flügelenden, wo die Luft seitlich abfließen kann, eine Lastabnahme von dem Normalwert p trapezförmig auf $\frac{p}{2}$ vorzusehen. Die Verteilung soll auf eine Länge gleich der Flügeltiefe angenommen werden. Zu große Genauigkeit hat keinen Sinn. Wenn in praktischen Ausführungen das Maß der Flügeltiefe nur bis in die Nähe eines Stieles reicht, so wird man die Last stets genau genug bis zu diesem Knotenpunkt hin verlaufen lassen. Daß die Lastabnahme auch von der Grundrißform des Flügels abhängt, leuchtet ein.

Man könnte auch die Wirkung des Schraubenstrahls in einer Abnahme der Querbelastung der getroffenen Flügelteile berücksichtigen. Dies würde jedoch zu weit führen, besonders weil das Flugzeug auch bei abgestelltem Motor, ohne daß diese Schraubenströmung vorhanden ist, stark beansprucht werden kann.

Für die Berechnung der Holmkragarme selbst ist die volle Querbelastung p bis nach außenhin anzunehmen. Beim Ausschlag der Querruder können dort große, örtliche Belastungen auftreten.

c) Die Untersuchung von unsymmetrischen Luftkräften, wie sie im Kurvenflug auftreten, ist nur bei besonderen Fachwerksausbildungen notwendig. Bei normalem Aufbau des Flugzeugs werden die anderen Hauptbelastungsfälle meist schon größere Abmessungen der Holme und Stiele bedingen. —

---

3. Die normale Zelle.

Wenn wir die betrachteten Belastungsfälle kurz wiederholen, so haben wir im ganzen:

eine weit nach vorn liegende Lage des Druckmittelpunktes,
eine sehr weit nach hinten gerückte Lage
und die Wirkung des Stirndruckes.

Aus diesen einfachen Tatsachen der Belastung ergibt sich der Schlüssel zum Verständnis des **Aufbaues der normalen Zelle** (siehe Fig. 8 und 9).

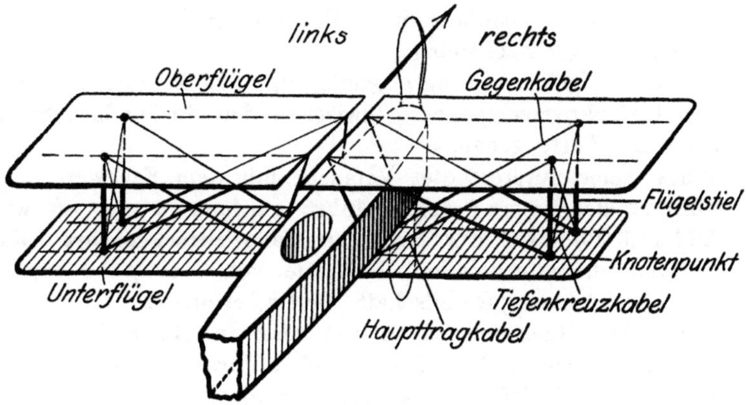

Fig. 8.

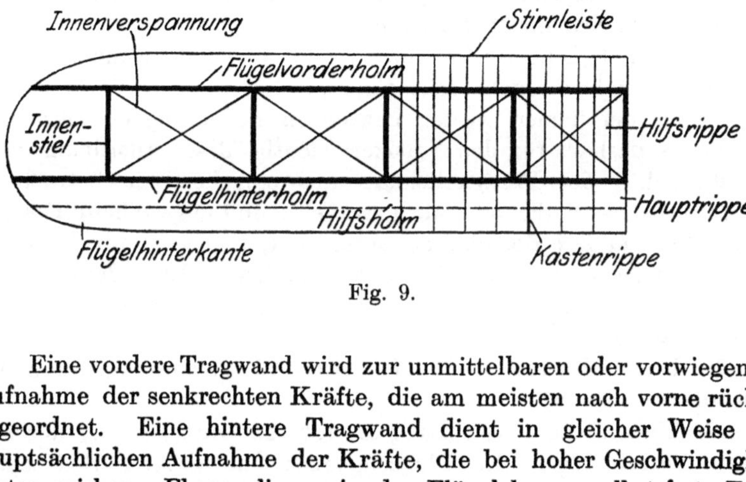

Fig. 9.

Eine vordere Tragwand wird zur unmittelbaren oder vorwiegenden Aufnahme der senkrechten Kräfte, die am meisten nach vorne rücken, angeordnet. Eine hintere Tragwand dient in gleicher Weise zur hauptsächlichen Aufnahme der Kräfte, die bei hoher Geschwindigkeit hinten wirken. Ebenso liegen in den Flügelebenen selbst feste Fachwerksscheiben zur Aufnahme der Stirndrücke dort, wo sie selbst keinen neuen zusätzlichen Luftwiderstand bedingen.

Da die Luftkräfte jedoch stark wandern, hat es sich als zweckmäßig erwiesen, hauptsächlich zur Entlastung der hinteren Tragwand sogenannte Tiefenkreuzkabel als ausgleichende Glieder in das Fachwerksystem einzuführen. Wegen ihrer Lage hinter den Stielen bedingen sie keinen großen Luftwiderstand. In der Hauptsache werden die von unten vorn nach oben hinten geführten Tiefenkreuzkabel beansprucht. Durch sie wird die vordere Tragwand im B- und C-Fall wesentlich zur Mitwirkung herangezogen.

Wie später, Seite 77, noch ausführlich gezeigt wird, sind diese Tiefenkreuzkabel statisch unbestimmte Größen. Selbstverständlich wird die ganze Zelle ebenfalls durch Einführung der Tiefenkreuzkabel steifer und weniger nachgiebig.

Die so aufgebaute Flugzeugzelle, die aus 4 starren Scheiben und der Tiefenkreuzverspannung zwischen den Stielen besteht, wird die normale Zelle genannt.

Trotz vieler, interessanter Versuche mit dem Fachwerksaufbau, die während des Krieges durchgeführt wurden, ist man oft wieder von anderen Bauarten zur normalen Zelle zurückgekehrt. Es sei nur an die charakteristischen Beispiele von Nieuport und der Roland Luft-Fahrzeug-Gesellschaft, Berlin, erinnert.

Selbst bei Riesenflugzeugen hat man in einem Fall, um die Berechnung schnell und einfach durchzuführen, bei ganz verschiedenen Breiten- und Tiefenabmessungen des oberen und unteren Flügels die normale, rechtwinklig aufgebaute symmetrische Zelle als tragendes Raumfachwerk zugrunde gelegt und in die aerodynamische Grundlage gewissermaßen nachher eingebaut.

Die normale Zelle ist im Aufbau und in der Berechnung einfach und im Materialverbrauch recht günstig.

Wegen der immer wieder bewährten Bedeutung der normalen Zelle ist es deshalb für den Statiker wichtig, diese Anordnung vom Gesichtspunkte der Festigkeitslehre aus eingehend zu betrachten.

Zunächst wird die normale gestaffelte und ungestaffelte Doppeldeckerzelle und ihre Berechnung untersucht, und zwar für den Zwei- und Dreistieler ebenso wie für den Einstieler. Erst dann soll in dem III. Teil zu besonderen und eigenartigen Anordnungen übergegangen werden. —

Die Bezeichnungen für den Aufbau der normalen Zelle seien zuerst erläutert.

Die einheitliche Bezeichnung ist für die Durchführung der statischen Berechnungen des Flugzeugbaues von größter Bedeutung. Man kann wohl sagen, daß die schnelle Einführung von einheitlichen Bezeichnungen durch die Flugzeugmeisterei viel dazu beigetragen hat, die statischen Berechnungen der Flugzeuge während des Krieges zu entwickeln und auf eine höhere Stufe zu bringen.

Als einheitliche Bezeichnung sei zugrunde gelegt:

Die Ebene der vorderen Tragwand, gebildet von dem Oberholm vorn, dem Unterholm vorn, den Stielen und Kabeln vorn, wird Ebene der vorderen Normalverspannung genannt.

Entsprechend die hintere Ebene.

Senkrecht zu der Ebene der Normalverspannung steht die Ebene der Tiefenkreuzverspannung, auch Querverspannung genannt. Sie geht zugleich durch die vorderen und hinteren Stiele, die hintereinander in meist gleichem seitlichen Abstande vom Rumpfe liegen.

Bei der Kreuzverspannung geht ein Haupttragkabel räumlich von unten vorn nach oben hinten und ein zweites Haupttragkabel von oben vorn nach unten hinten, quer durch ein oder mehrere Felder der Zelle.

Haupttragkabel heißen alle Kabel, die bei der hauptsächlich vorkommenden, d. h. von unten nach oben wirkenden Luftkraft in Spannung treten.

Mit Stirnkabel oder Sturmkabel werden Kabel bezeichnet, die als statisch überzählige Glieder von einem meist vorn liegenden Punkt des Rumpfes, der Schwimmer oder Motorgondeln nach einem außenliegenden Knotenpunkt des Flügelfachwerkes gehen.

Gegenkabel heißen alle Kabel, die bei einer der normalen Belastung entgegengesetzt gerichteten Belastung in Spannung treten; also bei Luftkräften von oben nach unten und von hinten nach vorn.

Die Bezeichnung Einstieler gilt nach „alter Überlieferung“ für ein Flugzeug, das auf einer Seite nur ein Paar Stiele hintereinander besitzt, also im ganzen 4 Stiele hat. Diese Bezeichnung ist zwar nicht ganz geschickt, aber derart eingebürgert, daß sie beibehalten werden muß.

Flugzeuge mit zwei Paar Stielen auf einer Seite nebeneinander werden dann Zweistieler genannt. Entsprechend Mehrstieler. Bei Riesenflugzeugen wurde die normale Zelle von den Siemens-Werken und ebenso von Caproni schon als Sechsstieler ausgeführt.

Es werden in Übereinstimmung mit den von Müller-Breslau in der Statik der Baukonstruktionen eingeführten Bezeichnungen benannt

mit großen lateinischen Buchstaben: Stabkräfte,
mit kleinen lateinischen Buchstaben: Stablängen,
mit Zahlen: Systempunkte.

Als Einheit empfiehlt es sich für den Flugzeugbau, bei den vorkommenden kleinen Kräften nur kg und cm einzuführen, z. B. Momente kg · cm, Spannungen kg/cm^2.

Formelzeichen.

Die kleinen Buchstaben bezeichnen die Längen:

a Holmstäbe ... cm
d Hauptdiagonalen ... cm
f Gegendiagonalen und Fangkabel ... cm
r Hauptstiele ... cm
s Innenstiele, Holmenentfernung ... cm
c Diagonalen der Innenverspannung ... cm
g und *k* Diagonalen der Tiefenkreuzverspannung ... cm

h Flügelabstand beim Mehrdecker ... cm
e Staffelung in der Sehnenrichtung gemessen ... cm
e' Staffelung senkrecht zur Ebene der Innenverspannung gemessen ... cm
b ganze Spannweite des ganzen Flugzeuges ... cm
l halbe Spannweite des ganzen Flugzeuges ... cm
t Rippentiefe ... cm
t_I Abstand Vorderkante Flügel bis Mitte Vorderholm ... cm
t_{II} Abstand Mitte Vorderholm bis Mitte Hinterholm ... cm
t_{III} Abstand Mitte Hinterholm bis Hinterkante Flügel ... cm
i halbe Rumpfbreite ... cm.

Die entsprechenden großen Buchstaben sind die Stabkräfte in diesen Stäben. Ausgenommen:

L Länge über alles . . . . cm
H größte Höhe des Flugzeugs . . . . cm
M Biegungsmomente . . . . kg·cm
Q Querkräfte . . . . kg
E Elastizitätszahl . . . . kg/cm²
J geometrisches Trägheitsmoment . . . . cm⁴
W Widerstandsmoment . . . . cm³
F Flächenquerschnitt . . . . cm²

p, q, g Einheitslängenbelastung kg/cm und zwar:

g aus dem Eigengewicht . . . . kg/cm
p aus den Luftkräften . . . . kg/cm
$q = p + g$ als Summe . . . . kg/cm

y, f, δ, η Durchbiegungen in cm (positiv zu rechnen, wenn im Sinne der Lastrichtung).

Im ganzen Fachwerk werden die Zahlen zur Bezeichnung der Stiele und Fachwerksknotenpunkte so angenommen, daß die geraden Zahlen oben, die ungeraden unten, die jedesmal kleineren Zahlen vorn und die größeren Zahlen hinten liegen. Von außen nach innen, d. h. von den Flügelenden nach dem Rumpf zu wachsende Zahlen (vergleiche Fig. 10, 25 und 33).

Bei Durchbiegungen bezeichnet wie üblich der erste Zeiger (Index) den Ort der betrachteten Durchbiegung und der zweite den Ort der wirkenden Kraft. Z. B. δ_{ab} ist die Durchbiegung am Punkte a, infolge einer Kraft in b.

Die Knotenlasten werden positiv eingeführt, wenn sie von unten nach oben oder von vorn nach hinten wirken.

Die Vorzeichen der Längskräfte werden bezeichnet

Zugkraft mit +
Druckkraft mit —

Vorzeichen der Momente vergl. auch Seite 117 unten, sonst Positiv, sobald die Drehung am abgetrennten links vom Schnitt liegenden Balkenteil im Sinne des Uhrzeigers erfolgt; dabei ist es gleichgültig, ob die Luftkräfte von unten oder von oben wirken.

V Form Oberflügel μ_o (z. B. 176°); V Form Unterflügel μ_u.
Pfeilform obere ι_o (z. B. 174°); Pfeilform untere ι_u.
Verschränkung der Flügel gegeneinander ε (z. B. 2°).

Fläche der Flügel . . . . F_F
„ „ Dämpfungsflosse . . . . . F_D
„ „ Kielflosse . . . . F_K
„ „ Höhenruderflosse . . . . . F_H
„ „ Seitenruder . . . . F_S
„ „ Querruder . . . . F_Q.

Die Anwendung dieser Bezeichnungen wird im folgenden an verschiedenen Beispielen gezeigt. —

4. Allgemeiner Rechnungsgang für die normale Berechnung der Flugzeugzelle in Deutschland.

a) Im allgemeinen hat die Erfahrung als wesentlichsten Punkt ergeben:

Es handelt sich im Flugzeugbau darum, nicht nur das räumliche Fachwerk der Flugzeugzelle, sondern vielmehr das ganze Flugzeug mit allen Einzelteilen, mit Rumpf, Flossen, Fahrgestell usw. für alle Belastungsfälle durch Luft- und Massenkräfte zu untersuchen. Die Festigkeit der Holme und Kabel, die in vielen Fällen allein untersucht wurde, macht vielleicht den Hauptumfang der Rechnung, aber lange nicht die Festigkeit des ganzen Flugzeuges aus. Das Reißen eines Beschlages oder der Bruch eines Steuerkabels kann in gleicher Weise den Absturz des ganzen Flugzeuges zur Folge haben. Vor einer Untersuchung der Holme allein kann nicht dringend genug gewarnt werden.

Für die Bedürfnisse der Praxis wird es im allgemeinen notwendig sein, zunächst eine kurze Überschlagsrechnung vorausgehen zu lassen. Es geht auf keinen Fall an, daß das Zeichenbüro mehrere Tage bis zur Fertigstellung der genauen und ausführlichen Berechnung die

Zeit mit Warten verbringt. Mit Hilfe von Überschlagsformeln ist es oft möglich, die Stabkräfte zusammen mit der auf Hundert bezogenen Entlastung durch die Tiefenkreuzkabel (s. Seite 79) und die Holme nach der Vianelloschen Formel (s. Seite 151) in kurzer Zeit überschläglich, aber genau genug zu bestimmen. Erst dann ist die Zeit und Möglichkeit gegeben, um eine ins einzelne gehende Berechnung durchzuführen. Sie wird im folgenden beschrieben.

b) Die Untersuchung der Rippenfestigkeit geht voraus und soll ebenso wie die Festigkeit der Knotenpunkte und der Anschlußkonstruktionen hier nicht eingehend behandelt werden.

Es ist zweckmäßig, eine Sandbelastung einer Rippe vorzunehmen, für welche nach der Erfahrung meist der B-Fall maßgebend ist. Für die Rippennase vorn kommt jedoch der C-Fall wegen der größeren örtlichen Beanspruchung in Betracht.

Rechnungsmäßig sind gewöhnliche Rippen auf Biegung und Scherfestigkeit als einfache Balken zu untersuchen. Diese Berechnung ist als Vergleich von neuen Rippen gegen bereits ausgeführte von Wichtigkeit, denn es hat sich gezeigt, daß in den Einheitsgewichten verschiedener deutscher Rippen die größten Unterschiede bestehen, und daß an dieser Stelle noch manches zu tun bleibt. (Beispiele einer Rippenberechnung sind in Teil II, Seite 224 ausführlich dargelegt.)

Die Lage der Rippen zwischen den Holmen ist in dem II. Teil dieser Abhandlung, Seite 233 ff., betrachtet.

c) Wie schon oben erwähnt, ist die gesamte Berechnung der Flugzeugzelle mit dem bestimmten, geforderten Vielfachen von „Gesamtgewicht weniger Flügelgewicht“ durchzuführen.

Diese Forderung steht in einem gewissen Gegensatz zu den sonst in der Technik üblichen Rechnungsverfahren, bei denen stets der Begriff der „Sicherheit“ eingeführt ist. Es werden sich immer viele daran stoßen, daß nach den hier üblichen Vorschriften die Berechnung außerhalb des Elastizitätsbereiches durchzuführen ist, wo doch bekanntermaßen die Knickformeln nicht mehr genau gelten. Von Grund auf neue Formeln für eine Berechnung außerhalb der Elastizitätsgrenze zu schaffen, hat einmal seine Schwierigkeiten und auch keinen Zweck, da die wirklich auftretenden größten Spannungen des Flügels fast stets unterhalb der Proportionalitätsgrenze festgestellt wurden.

Zunächst wäre es falsch, mit dem nicht vervielfachten, also mit dem einfachen „Gesamtgewicht weniger Flügelgewicht“ die Berechnung durchzuführen. Da bei der Knickbiegung nun einmal keine Proportionalität zwischen Belastung und Beanspruchung besteht und da tatsächlich im Fluge höhere Belastungen als die einfache regelmäßig beobachtet wurden, so gäbe die mit einfacher Belastung durchgeführte Berechnung überhaupt kein Bild über die schneller wie die Belastung anwachsenden Spannungen[1]).

Die einfache Last tritt bei dem geraden und unbeschleunigten Flug auf. Dieser Zustand hat aber, da in anderen Fällen größere Kräfte auftreten, für unsere Festigkeitsrechnung kein Interesse.

Es könnte deshalb empfohlen werden, für eine Reihe verschiedener Belastungsgrade etwa mit der Hälfte und dem Ganzen oder $^1/_3$, $^2/_3$ und dem Ganzen des geforderten Lastvielfachen die Berechnung durchzuführen. Man gewinnt durch zwei oder drei Rechnungen zwar ohne weiteres ein klares Bild für das asymptotische Anwachsen der Spannungen und der Durchbiegungen. Aber andererseits ist für die Praxis der Aufwand an Rechenarbeit hierbei nicht unbeträchtlich.

Um praktisch durchzukommen, erscheint es dem Verfasser zur Zeit am richtigsten, nicht mit einfacher Last, sondern mit der im Fluge wirklich vorkommenden Höchstlast die Berechnung durchzuführen. Diese Last liegt etwa bei der Hälfte der durch die B. L. V. geforderten Vielfachen. Es ist dann beispielsweise der A-Fall bei einem Einsitzer nicht mit 5facher, sondern mit 2,5facher Last durchzurechnen. Die außerdem angesetzte Sicherheit ist dann $= 2$. Diese Sicherheit wird im Flugzeugbau Materialfehlern und Ungenauigkeiten der Ausführung gegenüber und auch gegen kurze, plötzliche Lastüberschreitungen genügen. Auf diesem Wege wird man etwas geringere Abmessungen errechnen wie bei dem jetzt üblichen Verfahren. Die Berechnung liegt aber unterhalb der Elastizitätsgrenze und entspricht im ganzen dem sonst in der Technik üblichen Vorgehen.

Das jetzt noch übliche Verfahren der Berechnung bei Bruchlast ist historisch in der ursprünglich allein durchgeführten Sandbelastung der Flugzeuge begründet. Die Berechnung wurde zunächst als deren Ersatz entwickelt. Im Sommer 1917 wurde die ausführliche Berechnung des Einstielers bei der Flugzeugmeisterei Adlershof bereits, wie hier vorgeschlagen, mit der Hälfte der Bruchlast durchgeführt. —

[1]) Das Moment der Holme bei Knickbiegung, das später noch ausführlich berechnet wird, kann angenähert als das Biegungsmoment eines einfachen Balkens betrachtet werden, zu dem noch das Moment aus der axialen Längskraft am Hebelarm der Holmdurchbiegung hinzukommt. Da aber die Längskraft S sowohl wie die Durchbiegung y selbst zu der Querbelastung p linear proportional ist, so folgt genähert:

$$M = p\frac{l^2}{n} + S \cdot y = p\frac{l^2}{n} + m \cdot p^2$$

d. h. das Moment wächst mit dem zweiten Glied schneller als die Belastung p.

Die ganze Berechnung der Flugzeugzelle gliedert sich in zwei Hauptteile:

1. Bestimmung der Stabkräfte S in dem Fachwerk.
2. Festigkeitsnachweis für die Holme und die anderen Glieder.

1) Die Berechnung der Stabkräfte ist in der Regel einfach durchzuführen, da in vielen Fällen ein Prismenfachwerk mit ebenen Scheiben verwendet wird.

Dabei ist für den Statiker die Auffassung wesentlich, daß in dem Raumfachwerk des Flugzeugs nicht etwa in erster Linie Vorder- und Hinterholm, die in demselben Flügel liegen, zusammengehören, sondern, daß bei den großen senkrechten Kräften die Vorderholme oben und unten ebenso wie die Hinterholme oben und unten in statischer Beziehung zusammenhängen. (Wenn durch sehr große Deformationen das Bild des belasteten Fachwerks sich wesentlich ändern sollte, wird die folgende Rechnung ungültig. Dieser Fall tritt jedoch nur selten oder nie im Fluge ein.)

Ist man sich darüber unklar, welche Kabel in Wirkung treten, so kann man meist schnell ein zutreffendes Bild gewinnen, wenn man sich die Deformation des Fachwerkes unter der Wirkung der äußeren Lasten vorstellt. Im übrigen ist es auch ohne allzu große Bedeutung, ob z. B. in die Berechnung der Innenverspannung die Haupt- oder Gegenkabel eingeführt werden. Will man nachher noch die richtigen Kabel berücksichtigen, so ändert sich die Spannung nur jedesmal in dem Feld, in welchem die Diagonale getauscht wird.

Unter Beachtung der bereits beschriebenen Lastverteilung oben und unten und der Lastabnahme an den Flügelenden lassen sich die Knotenlasten für die Knotenpunkte des Fachwerks berechnen. Daß diese Annahme ihre Schwächen und Willkürlichkeiten hat, wurde schon hervorgehoben.

Berechnung der Knotenlasten.

Wenn wir mit t_0 bzw. t_u die Holmlänge für die Lastabnahme außen bezeichnen und mit $f = \frac{11 \cdot t_0}{9 \cdot t_u}$ das Verhältnis der Lastaufnahme oben und unten, so wird die auf den laufenden Meter bezogene Querbelastung unten, vorn und hinten:

$$p_{u(v+h)} = \frac{Q_s}{f(l_0 - 0{,}25\, t_0) + l_u - 0{,}25\, t_u} \quad \ldots \quad (12)$$

entsprechend

$$p_{0\,(v+h)} = f \cdot p_{u\,(v+h)} \quad \ldots \quad (13)$$

Hierbei ist Q_s die Hälfte des mit dem Lastvielfachen multiplizierten senkrechten Anteils von „Gesamtgewicht weniger Flügelgewicht".

Die Querbelastung des einzelnen Holmes vorn oder hinten wird nach dem Hebelgesetz unmittelbar gewonnen (siehe Figg. 6 und 78), z. B.:

$$p_{0\,v} = p_{0\,(v+h)} \frac{s_{0\,h}}{t_{II0}} \quad \ldots\ldots\ldots \quad (14)$$

Hierbei ist t_{II0} der Holmabstand oben und $s_{0\,h}$ der Abstand der Mittelkraft vom Hinterholm oben. Die Werte sind zahlenmäßig recht genau anzuwenden[1]).

Aus den einzelnen Querbelastungen eines Holmes entstehen die Knotenlasten durch Vervielfachen mit den zugehörigen halben Holmlängen der beiden benachbarten Felder rechts oder links.

Bei der trapezartigen Lastabnahme an den Flügelenden ergibt sich die letzte Knotenlast außen nach der Formel:

$$Q_2 = \frac{(l_0''^2 + 0{,}667 \cdot t_0^2 + 1{,}5 \cdot l_0'' \cdot t_0)}{2 \cdot a_2} \cdot p_{0\,v} \quad \ldots\ldots \quad (15)$$

wobei $l_0'' = a_2 + a_{0\,2} - t_0$.

Zur Nachprüfung ist es immer wichtig, die Summe aller Knotenlasten zu bilden und mit dem Gesamtgewicht zu vergleichen.

Wenn man will, kann man bei durchlaufenden Holmen die Knotenlasten schon von vornherein entsprechend den zu erwartenden Stützendrücken des durchlaufenden Balkens überschläglich abändern. Im allgemeinen wird beispielsweise bei 3 Lagern eines Holmes der mittlere Auflagerdruck auf Kosten der beiden äußeren vergrößert. Die später anzusetzende verallgemeinerte Clapeyronsche Gleichung liefert einen weiteren Unterschied der Stützendrücke, der gegebenenfalls in einer zweiten verbesserten Rechnung berücksichtigt werden kann. Große Bedeutung hat diese Änderung im allgemeinen jedoch nicht, wenn die erste Änderung einigermaßen zutreffend war. Nur bei Außenstielen und bei besonders angeordneten Stielen kann der Einfluß größer werden. (Er beträgt in einem solchen Falle bei einem Riesenflugzeug der Zeppelinwerke Staaken in einem kleineren Verspannungsfeld bis 25 v. H.)

Auch die durch die Rippeneinspannung entstehende Plattenwirkung könnte man berücksichtigen. Sie steht aber wiederum in keinem Verhältnis zu der Ungenauigkeit der anderen Annahmen,

---

[1]) In englischen Berechnungen wurde angenommen, daß bei kleinem Anstellwinkel die größte Querbelastung das 10 fache des Mittelwertes beträgt. Die Annahme einer 3 fachen Last wurde dort für mittlere Verhältnisse empfohlen.

so daß eine vielfach statisch unbestimmte Rechnung, die Ballenstedt zuerst veröffentlicht hat, nicht lohnt.

Bei den verschiedenen Abhängigkeiten der Hauptbelastungsfälle voneinander treten meist Kürzungen in der Rechnung selbst ein. Nach Berechnung eines Falles lassen sich nicht nur die Knotenlasten, sondern auch die Stabkräfte für einen anderen Fall teilweise aus den bereits ausgeführten Rechnungen herleiten. Wenn nicht besondere Verhältnisse vorliegen, so werden nicht sämtliche Stäbe für jeden der vier Belastungsfälle zu errechnen sein, sondern es genügt meist,

den A-Fall für die beiden Oberholme vorn und hinten,
den B-Fall für den Hinterholm oben,
den D-Fall für den Unterholm vorn und
den C-Fall für den Hinterholm unten und die zugehörigen Kabel durchzuführen.

Dies gilt für die ursprünglichen Forderungen von 1916. Bei den neuen Vorschriften hat der C-Fall wesentlich größeren Einfluß.

Welche besonderen Annahmen bei der Berechnung der entlastenden Wirkung der Tiefenkreuzkabel gemacht werden können, wird in den folgenden Ausführungen noch näher gezeigt (Seite 77 u. ff.). Es werden auch Beispiele errechnet, bei denen nicht mit Knotenlasten gearbeitet wird.

2) Der eigentliche Festigkeitsnachweis gründet sich auf die in dem ersten Teil gefundenen Stabkräfte S und die Querbelastungen p. Für eine schnelle, überschlägliche Wahl der Holmabmessungen wird im allgemeinen die Vianellosche Formel gute Dienste tun. Ihre Anwendung und Genauigkeit wird weiter unten gezeigt. Erst bei der weiteren Ausarbeitung eines Flugzeugentwurfs sind die verallgemeinerten Clapeyronschen Gleichungen für Druck und Biegung zu verwenden. Die Exzentrizität der Kabelanschlüsse und die Stützenverschiebungen infolge der Nachgiebigkeit der Kabel sind meist besonders zu berücksichtigen.

Für die Stiele muß noch betont werden, daß eine Exzentrizität des Lastangriffs von $l:200$ zu berücksichtigen ist. Die Erfahrung hat in vielen Fällen gezeigt, daß schon infolge der Verspannung der Tiefenkreuz- und Hauptkabel starke Ausbiegungen der Stiele eintreten. (Siehe hierzu den Einfluß der Kabelvorspannung, Seite 272, II. Teil.)

Die Festigkeitsberechnung der Diagonalen und der Anschlüsse ist von der gleichen Bedeutung wie die Holmberechnung selbst.

Tafeln für die Zug-, Schub- und Biegungsfestigkeit der verschieden starken Knotenbleche erleichtern diese Rechenarbeit am Reißbrett wesentlich. Dieser Punkt wird zusammen mit den übrigen

Gliedern des Flugzeugs entsprechend seiner Wichtigkeit später in einem weiteren IV. Teil behandelt werden.

d) Besondere Untersuchungen sind über die Sicherungen im Aufbau des Fachwerksystems anzustellen. Beim Ausfallen eines Hauptgliedes soll das Fachwerk noch nicht als Ganzes zusammenbrechen. Diese Forderung läßt sich jedoch nicht immer durchführen. In besonderen Fällen, z. B. ohne den Stiel vorne, hält für Oberdruck selbst die normal aufgebaute Zelle nicht mehr. Es ist also selbstverständlich, daß auch bei der mehrfach statisch unbestimmten Zelle beim Bruch eines Stieles vorn kein Oberdruck z. B. kein Rückenflug mehr zugelassen wird.

Im allgemeinen wird verlangt, daß das Flugzeug beim Bruch eines Hauptgliedes immer noch dreiviertel bis einhalb der Bruchlast der Hauptbelastungsfälle A und B aufnehmen kann. Dann ist bei normalem, vorsichtigem Fluge noch der Flugplatz oder die Erde erreichbar.

Tatsächlich sind eine Reihe von Fällen bekannt, in denen Flugzeuge mit schweren Beschädigungen ihrer Hauptglieder noch gut wieder zum Flugplatz kamen. Man muß hierbei auch bedenken, daß infolge der durchlaufenden Holme und durch den Aufbau der Rippen im Flügel starre Scheiben geschaffen sind, die immer günstiger wirken, als es die übliche Rechnung vorsieht.

Schließlich wären noch besondere Untersuchungen anzustellen, ob der gewählte Aufbau und die Abmessungen statisch und aerodynamisch die günstigsten sind.

Dieser letzte Punkt hat in Anbetracht seiner Wichtigkeit den meisten Reiz für die Theorie. In der Praxis fehlt meist die Zeit zu solchen längeren Untersuchungen. Oft hat der entwerfende Ingenieur tatsächlich das richtige Gefühl für gute Anordnungen „in den Fingerspitzen“. Einige Beispiele werden im II. und III. Teil gegeben.

---

5. Allgemeine Formeln für die Stabkräfte der normalen Zelle.

Es werden untersucht:

1. Die ungestaffelte Zelle eines Zweistielers bei Zerlegung der Luftkräfte in senkrechte und wagrechte Knotenlasten. Endformeln.

2. Die gestaffelte Zelle eines Zweistielers bei Zerlegung der Luftkräfte in senkrechte und wagrechte Knotenlasten. Endformeln.

3. Die gestaffelte Zelle eines Zweistielers bei einer Zerlegung in Knotenlasten, die in die Richtung der Fachwerksebenen der gestaffelten Zelle fallen. Bemerkungen.

4. Die Berechnung eines Dreistielers bei normaler Verspannung unter Benutzung von Einheitskräfteplänen.

5. Das System eines Einstielers mit verschiedener Staffelung und räumlicher Führung der Kabel bei senkrechten und wagrechten Knotenlasten. Endformeln.

6. Die Berechnung unter der Annahme einer gleichmäßig über alle Flügel verteilten Luftkraft.

7. Die Berechnung der Stabkräfte bei Zerlegung der Luftkräfte in eine symmetrische Zellenbelastung und ein Moment (Momentenmethode).

8. Die Berechnung der Stabkräfte bei Verwendung eines Koordinatensystems für das ganze Flugzeug und Aufstellung der Gleichgewichtsbedingungen an jedem Knotenpunkt. —

Die im folgenden aufgestellten allgemeinen Formeln erlauben nicht nur die unabhängige Berechnung jedes einzelnen Stabes, sondern geben auch die Möglichkeit, bei irgendeinem Belastungsfall einen beliebigen Stab für die Nachrechnung herauszugreifen. Bei Brüchen oder Belastungsprüfungen kann man dann schnell ein Urteil fällen. Die Formeln ermöglichen es auch ohne weiteres allgemein, den Einfluß von verschiedener Fachwerkshöhe, Holmentfernung, Staffelung usw. zu diskutieren. Für die Normalberechnung der Flz. geschieht dies beispielsweise später im II. Teil.

Im allgemeinen wird man ja auch mit einem einfachen Kräfteplan leicht und schnell zum Ziele kommen.

a) Allgemeine Formeln für die Stabkräfte des ungestaffelten Systems eines Zweistielers bei der Zerlegung in senkrechte und wagrechte Knotenlasten Q und H.

Die Bezeichnungen sind in Fig. Nr. 10 eingetragen. Die Formeln sind für das statisch bestimmte Fachwerk ohne Tiefenkreuz-

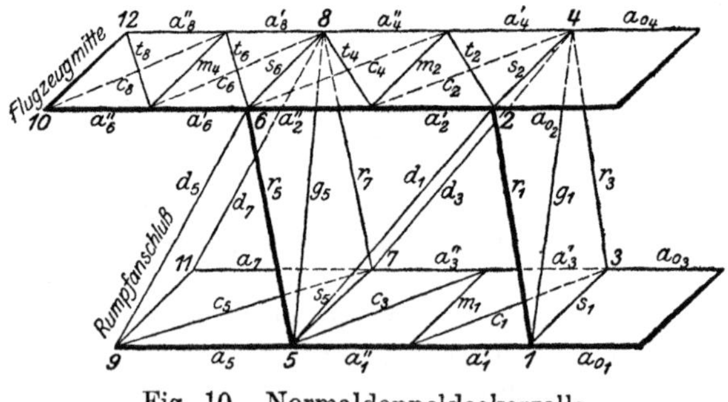

Fig. 10. Normaldoppeldeckerzelle.

kabel aus einfachen Kräftedreiecken oder Kräfteplänen abgeleitet. Das Fachwerk zerfällt dann in zwei einfache ebene Systeme, aus deren Beiträgen die Formeln sich zusammensetzen.

1. $A_1' = 0$
2. $R_1 = -Q_1$
3. $R_3 = -Q_3$
4. $A_2' = -(Q_1 + Q_2) \cdot \frac{a_1}{h}$
5. $D_1 = +(Q_1 + Q_2) \cdot \frac{d_1}{h}$
6. $D_3 = +(Q_3 + Q_4) \cdot \frac{d_3}{h}$
7. $S_1 = -H_1$
8. $S_2 = -H_2$
9. $M_1 = -(H_1 + H_3)$
10. $A_3' = -(H_1 + H_3) \cdot \frac{a_1'}{s_1}$
11. $A_1'' = +(H_1 + H_3) \cdot \frac{a_3'}{s_1}$
12. $A_3'' = -(H_1 + H_3) \cdot \frac{a_1}{s_1}$
13. $C_1 = +(H_1 + H_3) \cdot \frac{c_1}{s_1}$
14. $C_3 = +(H_1 + H_3) \cdot \frac{c_3}{s_1}$
15. $M_2 = -(H_2 + H_4)$
16. $C_2 = +(H_2 + H_4) \cdot \frac{c_2}{s_1}$
17. $C_4 = +(H_2 + H_4) \cdot \frac{c_4}{s_1}$
18. $A_2'' = +(H_2 + H_4) \cdot \frac{a_1'}{s_1} - (Q_1 + Q_2) \cdot \frac{a_1'}{h}$
19. $A_4' = -(H_2 + H_4) \cdot \frac{a_2'}{s_1} - (Q_3 + Q_4) \cdot \frac{a_1}{h}$
20. $A_4'' = -(H_2 + H_4) \cdot \frac{a_2}{s_1} - (Q_3 + Q_4) \cdot \frac{a_1}{h}$
21. $R_5 = -(Q_1 + Q_2 + Q_5)$
22. $R_7 = -(Q_3 + Q_4 + Q_7)$

23. $D_5 = + (Q_1 + Q_2 + Q_5 + Q_6) \cdot \frac{d_5}{h}$

24. $D_7 = + (Q_3 + Q_4 + Q_7 + Q_8) \cdot \frac{d_7}{h}$

25. $M_4 = - (H_2 + H_4 + H_6 + H_8)$

26. $S_5 = - (H_1 + H_3 + H_5)$

27. $S_6 = - (H_2 + H_4 + H_6)$

28. $C_5 = + (H_1 + H_3 + H_5 + H_7) \cdot \frac{c_5}{s_1}$

29. $C_6 = + (H_2 + H_4 + H_6 + H_8) \cdot \frac{c_6}{s_1}$

30. $C_8 = + (H_2 + H_4 + H_6 + H_8) \cdot \frac{c_8}{s_1}$

31. $A_5 = + (H_1 + H_3) \cdot \frac{a_3}{s_1} + (Q_1 + Q_2) \cdot \frac{a_2}{h}$

32. $A_6' = + (H_2 + H_4) \cdot \frac{a_4}{s_1} - (Q_1 + Q_2) \cdot \frac{a_1}{h}$
$- (Q_1 + Q_2 + Q_5 + Q_6) \cdot \frac{a_5}{h}$

33. $A_7 = - (H_1 + H_3) \cdot \frac{a_1}{s_1} + (Q_3 + Q_4) \cdot \frac{a_4}{h}$
$- (H_1 + H_3 + H_5 + H_7) \cdot \frac{a_5}{s}$

34. $A_8'' = - (H_2 + H_4) \cdot \frac{a_2}{s_1} - (Q_3 + Q_4) \cdot \frac{a_3}{h}$
$- (H_2 + H_4 + H_6 + H_8) \cdot \frac{a_6}{h}$
$- (Q_3 + Q_4 + Q_7 + Q_8) \cdot \frac{a_7}{h}$

b) Formeln für das gestaffelte System eines Zweistielers bei senkrechten und wagrechten Knotenlasten.

Unter den gleichen Voraussetzungen wie bei a) ergibt sich:

1. $A_1' = 0$

2. $R_1 = - Q_1 \cdot \frac{r_1}{h}$

3. $R_3 = - Q_3 \cdot \frac{r_3}{h}$

4. $A_2' = - (Q_1 + Q_2) \cdot \frac{a_1}{h}$

5. $D_1 = +(Q_1 + Q_2)\cdot\frac{d_1}{h}$

6. $D_3 = +(Q_3 + Q_4)\cdot\frac{d_3}{h}$

7. $S_1 = -\left(H_1 + Q_1\cdot\frac{e}{h}\right)$

8. $S_2 = -\left(H_2 + Q_2\cdot\frac{e}{h}\right)$

9. $M_1 = -\left[H_1 + H_3 + (Q_1 + Q_3)\frac{e}{h}\right]$

10. $A_3' = -\left[H_1 + H_3 + (Q_1 + Q_3)\frac{e}{h}\right]\frac{a_3'}{s_1}$

11. $A_1'' = +\left[H_1 + H_3 + (Q_1 + Q_3)\frac{e}{h}\right]\frac{a_3'}{s_1}$

12. $A_3'' = -\left[H_1 + H_3 + (Q_1 + Q_3)\frac{e}{h}\right]\frac{a_1}{s_1}$

13. $C_1 = +\left[H_1 + H_3 + (Q_1 + Q_3)\frac{e}{h}\right]\frac{c_1}{s_1}$

14. $C_3 = +\left[H_1 + H_3 + (Q_1 + Q_3)\frac{e}{h}\right]\frac{c_3}{s_1}$

15. $M_2 = -\left[H_2 + H_4 + (Q_2 + Q_4)\frac{e}{h}\right]$

16. $C_2 = +\left[H_2 + H_4 + (Q_2 + Q_4)\frac{e}{h}\right]\frac{c_2}{s_1}$

17. $C_4 = +\left[H_2 + H_4 + (Q_2 + Q_4)\frac{e}{h}\right]\frac{c_4}{s_1}$

18. $A_2'' = +\left[H_2 + H_4 + (Q_2 + Q_4)\frac{e}{h}\right]\frac{a_1'}{s_1} - (Q_1 + Q_2)\frac{a_3}{h}$

19. $A_4' = -\left[H_2 + H_4 + (Q_2 + Q_4)\frac{e}{h}\right]\frac{a_2'}{s_1} - (Q_3 + Q_4)\frac{a_3}{h}$

20. $A_4'' = -\left[H_2 + H_4 + (Q_2 + Q_4)\frac{e}{h}\right]\frac{a_2}{s_1} - (Q_3 + Q_4)\frac{a_3}{h}$

21. $R_5 = -(Q_1 + Q_2 + Q_5)\frac{r_5}{h}$

22. $R_7 = -(Q_3 + Q_4 + Q_7)\frac{r_7}{h}$

23. $D_5 = +(Q_1 + Q_2 + Q_5 + Q_6)\frac{d_5}{h}$

24. $D_7 = +(Q_3 + Q_4 + Q_7 + Q_8)\frac{d_7}{h}$

$$25.\quad M_4 = -\left[H_2 + H_4 + H_6 + H_8 + (Q_2 + Q_4 + Q_6 + Q_8)\frac{e}{h}\right]$$

$$26.\quad S_5 = -\left[H_1 + H_3 + H_5 + (Q_1 + Q_3 + Q_5)\frac{e}{h}\right]$$

$$27.\quad S_6 = -\left[H_2 + H_4 + H_6 + (Q_2 + Q_4 + Q_6)\frac{e}{h}\right]$$

$$28.\quad C_5 = +\left[H_1 + H_3 + H_5 + H_7 + (Q_1 + Q_3 + Q_5 + Q_7)\frac{e}{h}\right]\frac{c_5}{s_1}$$

$$29.\quad C_6 = +\left[H_2 + H_4 + H_6 + H_8 + (Q_2 + Q_4 + Q_6 + Q_8)\frac{e}{h}\right]\frac{c_6}{s_1}$$

$$30.\quad C_8 = +\left[H_2 + H_4 + H_6 + H_8 + (Q_2 + Q_4 + Q_6 + Q_8)\frac{e}{h}\right]\frac{c_8}{s_1}$$

$$31.\quad A_5 = +\left[H_1 + H_3 + (Q_1 + Q_3)\frac{e}{h}\right]\frac{a_3}{s_1} + (Q_1 + Q_2)\cdot\frac{a_2}{h}$$

$$32.\quad A_6' = +\left[H_2 + H_4 + (Q_2 + Q_4)\frac{e}{h}\right]\frac{a_4}{s_1} - (Q_1 + Q_2)\frac{a_1}{h}$$
$$- (Q_1 + Q_2 + Q_5 + Q_6)\frac{a_5}{h}$$

$$33.\quad A_7 = -\left[H_1 + H_3 + (Q_1 + Q_3)\frac{e}{h}\right]\frac{a_1}{s_1} + (Q_3 + Q_4)\frac{a_4}{h}$$
$$- \left[H_1 + H_3 + H_5 + H_7 + (Q_1 + Q_3 + Q_5 + Q_7)\frac{e}{h}\right]\frac{a_5}{s}$$

$$34.\quad A_8' = -\left[H_2 + H_4 + (Q_2 + Q_4)\frac{e}{h}\right]\frac{a_2}{s_1} - (Q_3 + Q_4)\frac{a_3}{h}$$
$$- (Q_3 + Q_4 + Q_7 + Q_8)\frac{a_7}{h}$$
$$- \left[H_2 + H_4 + H_6 + H_8 + (Q_2 + Q_4 + Q_6 + Q_8)\frac{e}{h}\right]\frac{a_6'}{s}$$

$$35.\quad A_6'' = +\left[H_2 + H_4 + (Q_2 + Q_4)\frac{e}{h}\right]\frac{a_4}{s_1} - (Q_1 + Q_2)\frac{a_1}{h}$$
$$- (Q_1 + Q_2 + Q_5 + Q_6)\frac{a_5}{h}$$
$$+ \left[H_2 + H_4 + H_6 + H_8 + (Q_2 + Q_4 + Q_6 + Q_8)\frac{e}{h}\right]\frac{a_8'}{s}$$

$$36.\quad A_8'' = -\left[H_2 + H_4 + (Q_2 + Q_4)\frac{e}{h}\right]\frac{a_2}{s_1} - (Q_3 + Q_4)\frac{a_3}{h}$$
$$- (Q_3 + Q_4 + Q_7 + Q_8)\frac{a_7}{h}$$
$$- \left[H_2 + H_4 + H_6 + H_8 + (Q_2 + Q_4 + Q_6 + Q_8)\frac{e}{h}\right]\frac{a_6}{s}$$

c) Bemerkungen zu den Formeln für den Zweistieler bei Zerlegung der Kräfte in Richtung der Hauptfachwerksebenen.

Diese Formeln weichen bei dem gestaffelten System von den oben angeschriebenen allgemeinen Formeln ab.

Im ganzen läuft diese Art der Berechnung darauf hinaus, statt in den Formeln selbst für die einzelnen Stäbe die Staffelung zu berücksichtigen, von vornherein die Knotenlasten in die wagrechte und schrägliegende Fachwerksebene zu zerlegen.

Hat man diese Zerlegung durchgeführt, so wird in den meisten Fällen ein Kräfteplan am schnellsten zum Ziel führen. Andererseits ist es aber auch nicht schwer, die oben ausführlich angeschriebenen Formeln für senkrechte und wagrechte Knotenlasten für den hier betrachteten Fall umzuformen.

Für das folgende Beispiel des Einstielers ist dies geschehen, es bedeuten dort Q'' die Knotenlasten der gestaffelten, schrägliegenden Fachwerksebene und W die Knotenlasten in der wagrechten Fachwerksebene. —

d) Berechnung eines normalen Dreistielers unter Benutzung von Einheitskräfteplänen.

Statt bei den einzelnen Hauptbelastungsfällen Knotenlasten zu bilden und dann die Stabkräfte des Fachwerks nach irgendeiner Methode für diese Knotenlasten zu bestimmen, kann man auch folgendermaßen vorgehen:

Der einfache Aufbau des Hauptsystems einer normalen Zelle aus zwei mal zwei einander entsprechenden, ebenen Fachwerksscheiben legt den Gedanken nahe, diese Scheiben mit einer Einheitsbelastung, etwa 1 kg auf den laufenden Meter, zu belasten und zwei Kräftepläne für diese Einheitsbelastung zu zeichnen. Die Kräfte der wirklichen Hauptbelastungsfälle können dann durch Multiplizieren der Ergebnisse dieser „Einheitskräftepläne" ohne weiteres errechnet werden. Man braucht also nicht für jeden Belastungsfall wieder einen neuen Kräfteplan zu zeichnen. Das Verfahren gestattet auch die Vernachlässigung einzelner Stäbe, die in irgendeinem Falle kein Interesse haben.

Es läßt sich auch zur Berechnung der Stabkräfte S_a, S_b und S_c infolge der auf Seite 77 ausführlich betrachteten statisch unbestimmten Größen X_a, X_b und $X_c = -1$ in den Tiefenkreuzen anwenden, so daß die ganze Rechenarbeit wesentlich mehr schematisch und in Tabellenform durchgeführt werden kann.

Auf der anderen Seite kann bei diesem Verfahren der Überblick über die richtige Größenordnung leichter verloren gehen, während man bei dem Rechnen mit Knotenlasten ständig übersieht, ob man sich in den richtigen Größenverhältnissen bewegt. Vielleicht macht auch die wechselnde Beanspruchung von Haupt- und Gegenkabel in den einzelnen Scheiben die Anwendung etwas umständlich. Immerhin sind die Vorzüge einer folgerichtigen, systematischen Tabellenrechnung hervorzuheben.

Wir haben deshalb im folgenden das Beispiel einer dreistieligen Zelle (siehe Fig. 33) durchgeführt, um gerade an einem größeren Beispiel, das durch stärkere V-Form des Unterflügels und die Pfeilform der Zelle schon nicht mehr ganz einfach liegt, das Verfahren zu erläutern. Diese normal verspannte Zelle wird im folgenden mit „ursprüngliches" System bezeichnet.

Außerdem wollen wir in einem zweiten Beispiel auf Seite 76 ein neues System derselben mit Raumdiagonalen verspannten dreistieligen Zelle dem ersten Beispiel gegenüberstellen.

Auf die Durchführung des D-Falles wurde dabei verzichtet, da es sich um ein größeres Flugzeug handelt. Auch die Stabkräfte der Innenstiele, *s* und *m*, sind als weniger wichtig nicht ausgerechnet. Sonst umfaßt die Rechnung sämtliche Stäbe.

Die Holmstäbe sind in jedem Feld durch die Innenverspannung in zwei verschieden große Teile geteilt. Die einzelnen Kräfte wurden bei Berechnung des oberen und unteren Flügelfachwerks zwar angeschrieben, aber dann zu einem Mittelwert vereinigt. In der schließlichen Berechnung treten nur die Hauptstäbe auf.

Normalverspannung. (Ursprüngliches System.)
Berechnung der Einflußzahlen.

Von den vier ebenen Scheiben des Dreistielers ist zunächst die Anordnung der oberen und unteren einander nicht gleich. Es genügt also ein Kräfteplan, der für wagrechte Lasten bei den verschiedenen Belastungsfällen und den beiden Fachwerkscheiben mit verschiedenen Einflußzahlen ausgewertet wird.

Da die vorderen und hinteren Tragwände bei Wirkung der Hauptkabel *d* einander gleichen, kann in diesem Falle der zweite Kräfteplan ebenso für beide Tragwände ausgewertet werden.

Nur für die Belastung des C-Falles vorn wird noch ein dritter Kräfteplan gezeichnet, bei welchem die Gegenkabel *f* vorn beansprucht sind.

Die Ergebnisse dieser drei wegen Raummangel nicht dargestellten Kräftepläne sind in der ersten Spalte der Tafel 5 zur Berechnung der Kräfte S_0 als „Grundzahlen" eingetragen.

Um die Stabkräfte S_0 selbst zu berechnen, brauchen wir zunächst die Belastung auf den laufenden Meter beider Holme. Bei einer Flächenbelastung von 36 kg/m², bei einem Eigengewicht des Tragwerks von 5 kg für den Quadratmeter Flügelfläche und bei einer Flächentiefe $t = 3{,}2$ m ergibt sich die Holmbelastung in unserem Beispiel:

$$p = 3{,}20 \cdot (36 - 5) = 100 \text{ kg/m}.$$

(Eine oben und unten verschiedene Querbelastung, die sich etwa wie 11 : 9 verhielte, wurde hier nicht zugrunde gelegt, obwohl dieses Verhältnis leicht zu berücksichtigen wäre.) Wie in der folgenden Tafel durchgeführt, wird diese Einheitsbelastung für den A-Fall verwendet, nachdem sie mit einigen Beiwerten vervielfacht ist. Diese Beiwerte setzen sich zusammen: zunächst aus der Zahl 2 wegen der Holme oben und unten, dann aus dem Lastvielfachen, das hier 4 betragen soll, und schließlich noch aus einem Beiwert, der den Anteil des vorderen bzw. des hinteren Holmes darstellt.

In gleicher Weise werden für den B- und C-Fall die Einflußzahlen gewonnen. Im B-Fall tritt jedoch noch eine Zerlegung der Hauptkraft in eine wagrechte und senkrechte Teilkraft nach dem Neigungsverhältnis von 1 : 3 hinzu. Im C-Fall wird die wagrechte Teilkraft, die in $2/3 \cdot t$ unterhalb des Flügels liegt, mit der Holmentfernung in ein senkrechtes, in der vorderen und hinteren senkrechten Ebene liegendes Kräftepaar verwandelt.

Tafel der Einflußzahlen.

	A-Fall	B-Fall	C-Fall
Q senkrecht (vorn u. hinten)	100 kg/m	95 kg/m	132 kg/m
Q wagrecht (oben oder unten allein)	—	31,5 „	100 „
Lastvielfache n	4	3	1,5
Anteil senkrecht vorn . .	$\frac{0{,}78}{1{,}6} = 0{,}487$	$-\frac{0{,}28}{1{,}6} = -0{,}175$	1
Anteil senkrecht hinten .	$\frac{0{,}82}{1{,}6} = 0{,}513$	$\frac{1{,}88}{1{,}6} = 1{,}175$	1
Einflußzahlen senkrecht vorn	$2 \cdot 4 \cdot 100 \cdot 0{,}487 = \mathbf{390}$	$-2 \cdot 3 \cdot 95 \cdot 0{,}175 = \mathbf{-100}$	$2 \cdot 1{,}5 \cdot 132 \cdot 1 = \mathbf{397}$
senkrecht hinten . . .	$2 \cdot 4 \cdot 100 \cdot 0{,}513 = \mathbf{410}$	$2 \cdot 3 \cdot 95 \cdot 1{,}175 = \mathbf{670}$	$2 \cdot 1{,}5 \cdot 132 \cdot 1 = \mathbf{397}$
wagrecht oben	—	$3 \cdot 31{,}5 = \mathbf{93{,}5}$	$1{,}5 \cdot 100 = \mathbf{150}$
wagrecht unten . . .	—	$3 \cdot 31{,}5 = \mathbf{93{,}5}$	$1{,}5 \cdot 100 = \mathbf{150}$

Die hier nicht mitgeteilten Kräftepläne und ihre Auswertung ergeben:

Tafel 5.

	Grundzahlen				Stabkräfte						
	senkrechte Last		wagrechte Last		A-Fall	B-Fall			C-Fall		
	Kabel D	Kabel F		Mittel	S_0 kg	hinten u. vorn senkrecht	wagrecht	S_0 kg	hinten u. vorn senkr.	wagrecht	S_0 kg
D_1	+ 5,7	—	—	—	+ 2220	— 570	—	— 570	—	—	—
D_5	+ 10,0	—	—	—	+ 3900	— 1000	—	— 1000	—	—	—
D_9	+ 12,8	—	—	—	+ 5000	— 1280	—	— 1280	—	—	—
D_3	+ 5,7	—	—	—	+ 2340	+ 3820	—	+ 3820	+ 2260	—	+ 2260
D_7	+ 10,0	—	—	—	+ 4100	+ 6700	—	+ 6700	+ 3970	—	+ 3970
D_{11}	+ 12,8	—	—	—	+ 5250	+ 8580	—	+ 8580	+ 5070	—	+ 5070
F_1	—	+ 5,5	—	—	—	—	—	—	+ 2180	—	+ 2180
F_5	—	+ 9,9	—	—	—	—	—	—	+ 3930	—	+ 3930
F_9	—	+ 12,5	—	—	—	—	—	—	+ 4960	—	+ 4960
C_1	—	—	+ 5,5	—	—	—	+ 514	+ 514	—	+ 825	+ 825
C_3	—	—	+ 5,1	—	—	—	+ 476	+ 476	—	+ 765	+ 765
C_5	—	—	+ 10,5	—	—	—	+ 981	+ 981	—	+ 1570	+ 1570
C_7	—	—	+ 9,8	—	—	—	+ 916	+ 916	—	+ 1470	+ 1470
C_9	—	—	+ 13,5	—	—	—	+ 1260	+ 1260	—	+ 2029	+ 2020
C_{11}	—	—	+ 14,0	—	—	—	+ 1310	+ 1310	—	+ 2100	+ 2100
C_2	—	—	+ 5,5	—	—	—	+ 514	+ 515	—	+ 825	+ 825
C_4	—	—	+ 5,1	—	—	—	+ 476	+ 476	—	+ 765	+ 765
C_6	—	—	+ 10,5	—	—	—	+ 981	+ 981	—	+ 1570	+ 1570
C_8	—	—	+ 9,8	—	—	—	+ 916	+ 916	—	+ 1470	+ 1470
C_{10}	—	—	+ 13,5	—	—	—	+ 1260	+ 1260	—	+ 2020	+ 2020
C_{12}	—	—	+ 14,0	—	—	—	+ 1310	+ 1310	—	+ 2100	+ 2100
R_1	— 1,66	— 1,66	—	—	— 648	+ 166	—	+ 166	— 659	—	— 659
R_3	— 1,66	—	—	—	— 680	— 1110	—	— 1110	— 659	—	— 659
R_5	— 4,8	— 4,8	—	—	— 1870	+ 480	—	+ 480	— 1910	—	— 1910
R_7	— 4,8	—	—	—	— 1970	— 3220	—	— 3220	— 1910	—	— 1910
R_9	— 7,85	— 7,85	—	—	— 3060	+ 785	—	+ 785	— 3110	—	— 3110
R_{11}	— 7,85	—	—	—	— 3220	— 5260	—	— 5260	— 3110	—	— 3110
A_2' A_2''	— 4,65	—	0 + 4,2	+ 2,1	— 1815	+ 465	+ 196	+ 661	— 0	+ 315	+ 315
A_4' A_4''	— 4,65	— —	— 4,2 — 7,7	— 5,95	— 1905	— 3110	— 553	— 3663	— 1850	— 890	— 2740
A_6' A_6''	— 12,2	+ 4,65	+ 7,7 + 15,1	+ 11,4	— 4760	+ 1220	+ 1070	+ 2290	+ 1850	+ 1720	+ 3570
A_8' A_8''	— 12,2	— —	— 15,1 — 21,5	— 18,3	— 5000	— 8170	— 1710	— 9880	— 4840	— 2730	— 7570
A_{10}' A_{10}''	— 20,8	+ 12,2	+ 21,5 + 29,6	+ 25,6	— 8120	+ 2080	+ 2480	+ 4560	+ 4840	+ 3840	+ 8680
A_{12}' A_{12}''	— 20,8	— —	— 29,6 — 38,2	— 33,9	— 8530	— 13910	— 3170	— 17080	— 8250	— 5100	— 13350
A_1' A_1''	—	— 4,65	0 + 4,2	+ 2,1	—	—	+ 196	+ 196	— 1850	+ 315	— 1535
A_3' A_3''	—	— —	— 4,2 — 7,7	— 5,95	—	—	— 553	— 553	—	— 890	— 890
A_5' A_5''	+ 4,65	— 12,2	+ 7,7 + 15,1	+ 11,4	+ 1815	— 465	+ 1070	+ 605	— 4840	+ 1720	— 3120
A_7' A_7''	+ 4,65	— —	— 15,1 — 21,5	— 18,3	+ 1905	+ 3110	— 1710	+ 1400	+ 1850	— 2730	— 880
A_9' A_9''	+ 12,2	— 20,8	+ 21,5 + 29,6	+ 25,6	+ 4800	— 1230	+ 2480	+ 1250	— 8250	+ 3840	— 4410
A_{11}' A_{11}''	+ 12,2	— —	— 29,6 — 38,2	— 33,9	+ 5040	+ 8240	— 3170	+ 5070	+ 4850	— 5100	— 250

In derselben Weise wie das statisch bestimmte Hauptsystem kann auch der Zustand X_a, X_b und $X_c = -1$ für die Kraft 1 in den Tiefenkreuzkabeln untersucht werden. Daß die Stabkräfte sich dabei in gewisser Weise entsprechen, ergibt sich aus der Verwendung des Prismenfachwerks. Nach längerer Rechnung, die wir aus Mangel an Raum hier übergehen, findet man drei Elastizitätsgleichungen (Gl. 27), von denen jede alle drei Unbekannte enthält. Die endgültigen Stabkräfte S sind für die verschiedenen Hauptbelastungsfälle auf Seite 76 zusammengestellt. Dort wird das gleiche äußere System des Dreistielers jedoch mit räumlicher Diagonalverspannung untersucht. Die Ergebnisse beider Rechnungen sind dort für beide Systeme miteinander verglichen. Die Durchführung des Rechnungsbeispiels für das statisch bestimmte Hauptsystem wird hier genügen, um den Rechnungsgang klarzulegen. —

e) Formeln für die Stabkräfte eines Einstielers bei verschiedener Staffelung und räumlicher Kabelführung.

Ist die Holmentfernung oben und unten verschieden und greifen die Kabel an beliebigen Punkten des Rumpfes an, die nicht mit den Holmanschlußpunkten zusammenfallen, so ergeben sich allgemeinere Formeln. Diese können aus den bereits auf Seite 38 angeschriebenen Formeln abgeleitet werden.

Dabei bedeuten:

$$Q' = Q \cdot \frac{e}{h} \qquad Q'' = Q \cdot \frac{r}{h}$$

$$W = H + Q \cdot \frac{e}{h}$$

Es sind nur einzelne Stäbe angegeben, da die Verhältnisse bei den anderen Formeln auch für Oberdruck sich in entsprechender Weise leicht entwickeln lassen (vergleiche Fig. 11). Z. B.:

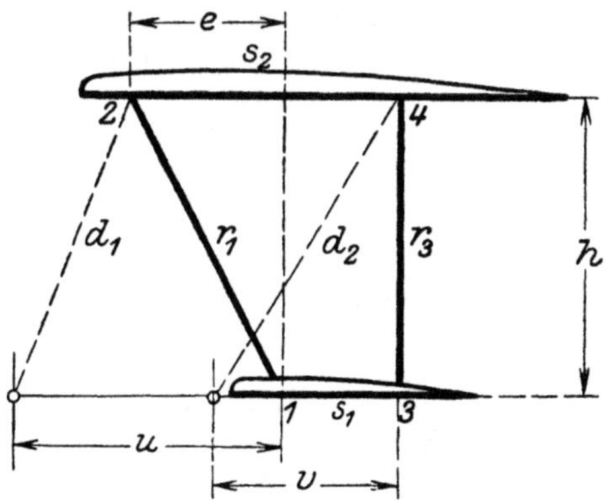

Fig. 11.

1. $R_3 = -Q_3''$

2. $D_1 = +(Q_1'' + Q_2'') \cdot \frac{d_1}{r_1}$

3. $M_2 = +(W_2 + W_4) + (Q_1'' + Q_2'')\frac{u}{r_1} + (Q_3'' + Q_4'')\frac{v}{r_3}$

4. $C_2 = \left[+(W_2 + W_4) + (Q_1'' + Q_2'')\frac{u}{r_1} + (Q_3'' + Q_4'')\frac{v}{r_3}\right]\frac{c_2}{s_2}$

f) Endformeln für gleichmäßige Belastung aller Flügel.

Im folgenden ist angenommen, daß das Flügelfachwerk oben und unten und auch seitlich an den Flügelenden vollständig gleichmäßig belastet ist. Diese Annahme ist nicht genau, gibt aber für den überschläglichen Entwurf einen ersten Anhalt.

Die angeschriebenen Formeln wurden in der Österreichischen Flug-Zeitschrift 1916 auf Seite 158 von Saliger (Rething) entwickelt.

Wir wollen die dort zugrunde gelegten Festwerte und Formelzeichen anschreiben, um auf die weiteren Ausführungen, die wir hier nicht vollständig wiedergeben können, zu verweisen.

Es bedeutet hierbei abweichend von unserer Normalbezeichnung:

G = Gesamtgewicht weniger Flügelgewicht
L = ganze Spannweite, oben
L' = ganze Spannweite unten, ohne Rumpfbreite
l = erste Feldlänge, innen
l_1 = äußere Feldlänge
t = Flügeltiefe
H = Flügelabstand
r = halbe Rumpfbreite
b = Holmabstand im Flügel
x = Entfernung des Druckmittelpunktes vom Vorderholm.

Mit den Hilfswerten:

$$\lambda = \frac{L'}{L}; \quad \xi = \frac{x}{b}; \quad \xi' = \frac{b-x}{b}; \quad \beta = \frac{b}{H}; \quad \varrho = \frac{r}{L}; \quad K = \frac{l}{L}:$$

und entsprechend Fig. 12:

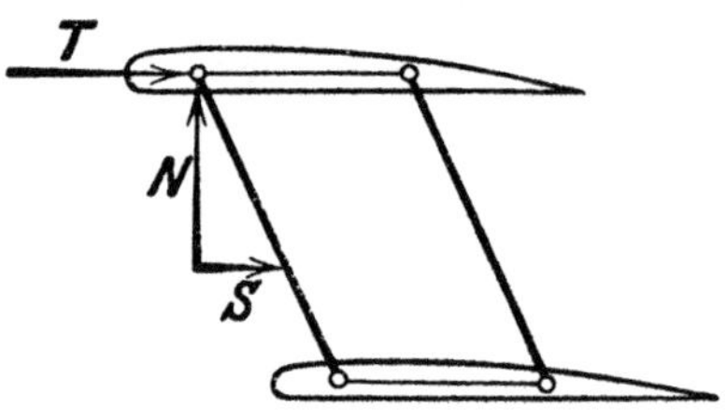

Fig. 12.

und

$$\varepsilon_1 = \frac{T}{N}; \quad \varepsilon_2 = \frac{S}{N}; \quad \varepsilon = \varepsilon_1 + \varepsilon_2;$$

ergibt sich beispielsweise die Druckkraft oben hinten die Endformel:

$$D_{h_1} = \frac{G \cdot L}{8 \cdot H}\left(A_1 \cdot \xi + B_1 \cdot \frac{\varepsilon}{\beta}\right)$$

wobei

$$A_1 = \frac{(1+2\varrho)^2 + 4\cdot\varrho\cdot K}{1+\lambda} + \frac{\lambda^2}{1+\lambda}$$

und

$$B_1 = \frac{1}{1+\lambda}$$

In der erwähnten Abhandlung hat Saliger die Hilfswerte tafelmäßig errechnet für:

$\varrho = 0$ und $\varrho = 0{,}05$

$\lambda = 1{,}0,\ \ 0{,}9,\ \ 0{,}8$ und $0{,}7$,

$K = 0{,}1,\ \ 0{,}15,\ \ 0{,}2,\ \ 0{,}25,\ \ 0{,}3,\ \ 0{,}4$ und $0{,}5$.

Für das Kabel hinten innen ergibt sich dann z. B. die endgültige Formel:

$$D_a = \frac{G\cdot d}{2\cdot H}\cdot C\cdot\xi$$

wobei

$$C = 1 - \frac{2\cdot K + \varrho}{1+\lambda}$$

In der gleichen Weise sind alle Kräfte der Holme, Stiele und Kabel in fertige Formeln entwickelt, die sich für einen Überschlag sehr gut eignen, wenn auch die zugrunde liegenden Voraussetzungen nicht ganz den üblichen Annahmen entsprechen. —

g) Berechnung der Stabkräfte bei Zerlegung der Luftkräfte in eine symmetrische Zellenbelastung und in ein Moment

(mit Beispiel für den gestaffelten Zweistieler).

Diese Methode stammt von Dr. Heimann, der sie bei der Flugzeugmeisterei für Flugzeugberechnungen ausgearbeitet hat.

Der Grundgedanke ist der folgende:

Wenn eine beliebig gerichtete Kraft in einer beliebigen Entfernung vom Symmetriepunkt des Zellenquerschnittes wirkt, so kann sie immer in diesem Symmetriepunkt in eine senkrechte und wagrechte Kraft und in ein Moment zerlegt werden. Unterscheiden sich die Nachgiebigkeit der vorderen und hinteren Tragwand und ebenso die Steifigkeit der oberen und unteren Flügelinnenverspannung nur wenig, so ist der Schwerpunkt der Tiefenkreuzebene und der Schnittpunkt der Tiefenkreuzkabel ohne weiteres Elastizitätsschwerpunkt. Senkrechte und wagrechte Teikräfte, die in ihm angreifen, rufen keine Beanspruchung in den Tiefenkreuzkabeln hervor, da sie keine gegenseitige Verschiebung der Lage der Tiefenkreuzendpunkte bedingen. Auch lassen sich die Spannungen, die durch derartige Kräfte in den parallelen Tragwänden der normalen Zelle hervorgerufen werden, schnell bestimmen.

Es bleibt also im wesentlichen nur die Aufgabe, die Wirkung des übrigbleibenden Momentes zu betrachten.

Bei der ganzen Untersuchung soll die Spannkraft des äußeren Tiefenkreuzkabels X_a in s_1 als von den anderen nach innen liegenden statisch unbestimmten Größen unabhängig angenommen werden. Es wird also bei der Untersuchung des äußeren Feldes angenommen, daß dieses Feld an eine starre Zelle innen anschließt. Für die Berechnung der weiter innen liegenden Unbestimmten X wird jedoch der Einfluß der außen liegenden statisch Unbestimmten berücksichtigt. Diese Annahme ist zulässig und bedeutet keinesfalls einfach $\delta_{ab} = 0$. Sie entspricht dem auf Seite 85 durchgeführten analytischen Verfahren für die Auflösung der Elastizitätsgleichungen. Besonders bei Fachwerken mit sehr vielen Feldern ist dieses Vorgehen empfehlenswert[1]).

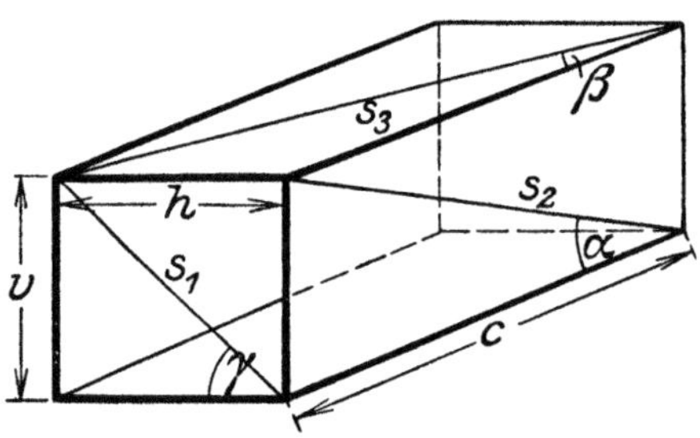

Fig. 13.

Für die Elastizitätsrechnung kommen in einem Feld nur 3 Diagonalen s in Betracht, deren Querschnitte mit F_1, F_2 und F_3 bezeichnet werden. Da die Innenverspannung meist aus mehreren Diagonalen besteht, wollen wir nur ein Ersatzkabel an Stelle der verschiedenen, vorhandenen Kabel einführen. Zu diesem Zweck berechnen wir einen Ersatzquerschnitt, der die gleiche Gesamtdehnung wie die ursprünglichen Querschnitte bedingt. Dieser Querschnitt folgt nach der Gleichung:

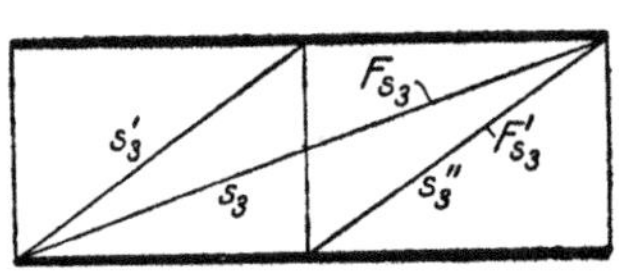

Fig. 14.

$$F_{s_3} = F_{s_3'} \cdot \frac{s_3^{\,3}}{s_3'^{\,3} + s_3''^{\,3}} \quad \ldots \ldots \ldots \quad (16)$$

Die Werte s_3' und s_3'' haben die in der Fig. 14 eingetragene Be-

[1]) Es sind auch Verfahren ausgearbeitet worden, die durch Verlegen des Zerlegungspunktes den Einfluß auch des einen vernachlässigten Tiefenkreuzkabels berücksichtigen. Da die Abweichung aber nur bei 1 oder 2 Feldern von Bedeutung ist, so sei dieser Punkt hier übergangen.

deutung. Haben die Diagonalen der Innenverspannung eine andere Dehnungszahl wie die Haupttragkabel, so läßt sich auch dies bei der angeschriebenen Gleichung leicht berücksichtigen.

Auf Grund der allgemeinen Arbeitsgleichung und durch Zurückgreifen auf die Grundlagen der Statik hat Herr Dr. Heimann ein Verfahren ausgearbeitet, das wir in seinem Ergebnis mitteilen wollen, um dann auf anderem Wege etwas vereinfachte Ausdrücke abzuleiten.

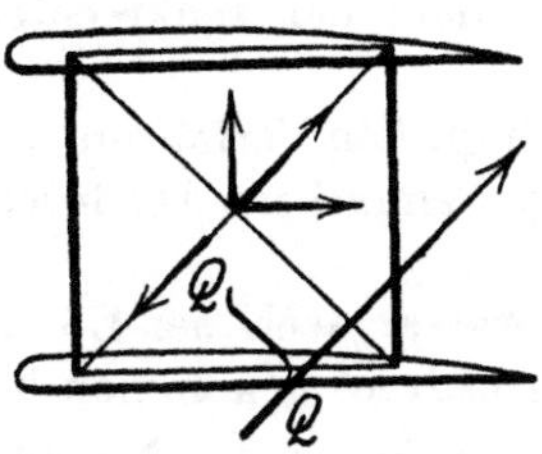

Fig. 15.

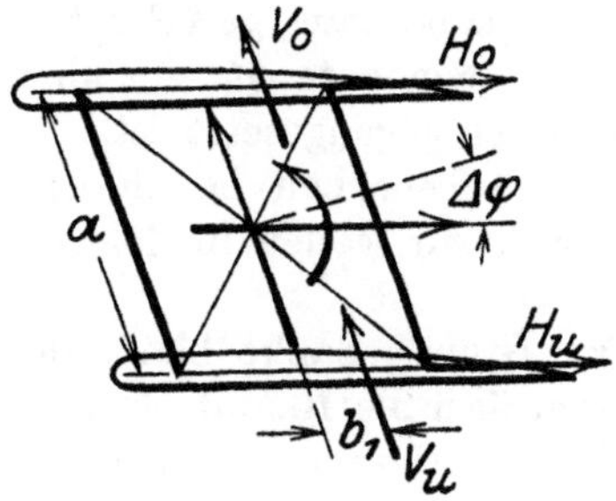

Fig. 16.

Nach obenstehender Fig. 16 bedeutet:

$$M_s = b_1 \cdot (V_0 + V_u), \quad M_w = -\frac{a}{2}(H_o - H_u), \quad M_r = M_s + M_w.$$

Mit den Hilfsgrößen:

$$p = \frac{h^2}{4 s_2} EF_{s_2} \cdot \sin^2\alpha, \qquad q = \frac{v^2}{4 s_3} EF_{s_3} \cdot \sin^2\beta, \qquad r = \frac{v^2 \cdot h^2}{2 {s_1}^3} EF_{s_1},$$

wobei

$$\Delta\varphi = \frac{r \cdot M_r + q \cdot M_s}{2(p \cdot q + q \cdot r + r \cdot p)}$$

werden die ursprünglich angegebenen Stabspannungen durch Torsion:

$$S_1 = \frac{E \cdot F_{s_1} \cdot v \cdot h}{2 {s_1}^2} \, \frac{p \cdot M_w - q \cdot M_s}{p \cdot q + q \cdot r + r \cdot p}$$

$$S_2 = \frac{E \cdot F_{s_2} \cdot v \cdot h}{4 {s_2}^2} \, \frac{r \cdot M_r + q \cdot M_s}{p \cdot q + q \cdot r + r \cdot p}$$

$$S_3 = \frac{E \cdot F_{s_3} \cdot v \cdot h}{4 {s_3}^2} \, \frac{r \cdot M_r + p \cdot M_w}{p \cdot q + q \cdot r + r \cdot p} \quad \ldots \ldots \quad (17)$$

Man geht z. B. für den Hauptbelastungsfall B zweckmäßig so vor, daß man sich zunächst die Gesamtlast im B-Fall, die an 4 Knotenpunkten in der Ebene einer Tiefenkreuzverspannung wirkt, errechnet. Sodann wird der senkrechte Anteil V und der wagrechte

Anteil H bestimmt. Als Hilfsgrößen kommen dann

$$H_o - H_u \quad \text{und} \quad V_o + V_u$$

für Torsion in Betracht.

Nach Berechnung der Hilfswerte p, q und r für die einzelnen Felder, kann man den Nenner des Wertes S bestimmen. Bei der Berechnung der Momente im Zähler ist zu beachten, daß entsprechend Fig. 16 b_1 als Hebelarm der senkrechten Kräfte vom Symmetriepunkt aus gerechnet wird und daß das Vorzeichen der wagrechten Momente M_w im allgemeinen dem der senkrechten Momente M_s entgegengesetzt ist.

Die Rechenarbeit bei diesem ursprünglichen Verfahren ist noch etwas groß, wir wollen im folgenden etwas einfachere Ausdrücke ableiten.

Der Grundgedanke bleibt derselbe, wie er auch bei Löschner, „Brückenträger als Raumfachwerk", zum Ausdruck gekommen ist: Die statisch unbestimmten Größen werden nur durch ein Moment hervorgerufen, nachdem die beliebig wirkende äußere Last auf eine symmetrisch wirkende zurückgeführt ist.

Die in obenstehender Fig. 16 zugrunde gelegten Bezeichnungen sollen beibehalten werden. Außerdem wird zunächst überall eine gleiche Elastizitätszahl vorausgesetzt. Die Berücksichtigung verschiedener Elastizitätszahlen etwa oben und vorn ist nicht schwierig.

Für die 3 Diagonalen des betrachteten Feldes sind die Werte S_o, S_a und ϱ in folgender Tafel 6 zusammengestellt:

Tafel 6.

S_o (Spannung im Hauptsystem)	S_a (Spannung infolge $X_a = -1$)	$\varrho = \frac{s}{E \cdot F}$
$S_{2_0} = -\frac{M_s}{h} \cdot \frac{s_2}{v}$	$S_{2_a} = -\frac{s_2}{s_1}$	$\varrho_2 = \frac{s_2}{E \cdot F_2}$
$S_{3_0} = +\frac{M_w}{v} \cdot \frac{s_3}{h}$	$S_{3_a} = +\frac{s_3}{s_1}$	$\varrho_3 = \frac{s_3}{E \cdot F_3}$
$S_{1_0} = 0$	$S_{1_a} = -1$	$\varrho_1 = \frac{s_1}{E \cdot F_1}$

Damit ergibt sich der Wert von $X_a = \frac{\Sigma S_o S_a \cdot \varrho}{\Sigma S_a^2 \cdot \varrho}$ . . . . (18)

$$X_a = \frac{-\frac{M_s \cdot s_2^3}{v \cdot h \cdot s_1 \cdot E \cdot F_2} + \frac{M_w \cdot s_3^3}{v \cdot h \cdot s_1 \cdot E \cdot F_3}}{\frac{s_2^3}{s_1^2 \cdot E \cdot F_2} + \frac{s_3^3}{s_1^2 \cdot E \cdot F_3} + \frac{s_1^3}{2 \cdot s_1^2 \cdot E \cdot F_1}}$$

Diese Gleichung läßt sich vereinfachen zu:

$$X_a = \frac{s_1 \cdot 2 \cdot F_1}{v \cdot h} \cdot \frac{(-M_s \cdot s_2^3 \cdot F_3 + M_w \cdot s_3^3 \cdot F_2)}{(2\, s_2^3\, F_1\, F_3 + 2\, s_3^3\, F_1\, F_2 + s_1^3\, F_2\, F_3)} \quad . \; . \; (19)$$

Das Vorzeichen von M_s und von M_w ist besonders zu beachten. Wenn man eine andere Diagonalanordnung als die oben gezeichnete zugrunde legt, so können sich die Vorzeichen entsprechend ändern. Der Faktor 2 tritt im Nenner nicht bei jedem Glied auf, da das Tiefenkreuzkabel, im Gegensatz zu den anderen Kabeln, nur einmal vorhanden ist.

Bezeichnet man den zweiten Teil des Ausdrucks (19) mit R, so folgt die Gleichung (19) in der Form:

$$X_a = \frac{s_1}{v \cdot h} \cdot R$$

Da $S_1 = X_a$, so ist $S_1 = \frac{s_1}{v \cdot h} \cdot R$, wo

$$R = \frac{2 \cdot F_1 \cdot (-M_s \cdot s_2^3\, F_3 + M_w \cdot s_3^3\, F_2)}{2\, s_2^3\, F_1\, F_3 + 2\, s_3^3\, F_1\, F_2 + s_1^3\, F_2\, F_3} \quad . \; . \; . \; (20a)$$

Der Wert von $S_2 = S_{2_0} - X_a \cdot S_{2_a}$

Die oben angeschriebenen Entwicklungen eingesetzt, ergibt:

$$S_2 = + \frac{M_s \cdot s_2}{v \cdot h} + \frac{2\, F_1 \cdot s_2}{v \cdot h} \, \frac{(-M_s \cdot s_2^3 \cdot F_3 + M_w \cdot s_3^3 \cdot F_2)}{s_1^3\, F_2\, F_3 + 2\, s_2^3\, F_3\, F_1 + 2\, s_3^3\, F_1\, F_2}$$

zusammengefaßt:

$$S_2 = \frac{s_2}{v \cdot h} \left[M_s + 2\, F_1 \, \frac{(-M_s \cdot s_2^3 \cdot F_3 + M_w \cdot s_3^3 \cdot F_2)}{s_1^3\, F_2\, F_3 + 2\, s_2^3\, F_3\, F_1 + 2\, s_3^3\, F_1\, F_2} \right]$$

oder unter Verwendung des oben berechneten Wertes R

$$S_2 = \frac{s_2}{v \cdot h} \left(M_s + R \right) \quad . \; . \; . \; . \; . \; . \; . \; . \; (20b)$$

Für S_3 ergibt sich in gleicher Weise:

$$S_3 = \frac{M_w \cdot s_3}{v \cdot h} - \frac{2\, F_1\, s_3}{v \cdot h} \, \frac{(-M_s \cdot s_2^3 \cdot F_3 + M_w \cdot s_3^3 \cdot F_2)}{+ s_1^3\, F_2\, F_3 + 2\, s_2^3\, F_1\, F_3 + 2\, s_3^3\, F_1\, F_2}$$

oder

$$S_3 = \frac{s_3}{v \cdot h} \left(M_w - R \right) \quad . \; . \; . \; . \; . \; . \; . \; . \; (20c)$$

Diese Formeln sind schnell und bequem anwendbar.

Durch einige Umformung kann man sich stets überzeugen, daß in den oben auf Seite 49 angeschriebenen Gleichungen (17) die gleichen Werte dargestellt sind. Es ist zwar möglich, die Werte S_2 und S_3 durch Zusammenfassen der Werte M_s und M_w zu M_r in einen symmetrischen Ausdruck zu überführen. Die Rechenarbeit wird jedoch in diesem Falle nur vergrößert. Wir schreiben deshalb kurz das Ergebnis an:

$$S_2 = \frac{s_2 F_2}{v \cdot h} \cdot \frac{2 M_r s_3{}^3 F_1 + M_s s_1{}^3 F_3}{s_1{}^3 F_2 F_3 + 2 s_2{}^3 F_3 F_1 + 2 s_3{}^3 F_1 F_2} \quad . \; . \; (20\text{d})$$

$$S_3 = \frac{s_3 F_3}{v \cdot h} \cdot \frac{-2 M_r s_2{}^3 F_1 + M_w s_1{}^3 F_2}{s_1{}^3 F_2 F_3 + 2 s_2{}^3 F_3 F_1 + 2 s_2{}^3 F_1 F_2} \quad . \; . \; (20\text{e})$$

Die Bedeutung dieser Formel liegt im besonderen auch darin, daß man vordimensionieren kann. Man wird sich dann den Mittelpunkt der verschiedenen Lasten ebenso wie den Schwerpunkt der angewendeten Kabel von vornherein festlegen und so anordnen, daß die einzelnen Tragwände bestimmte, ihnen etwa vorher zugedachte Belastungen aufnehmen.

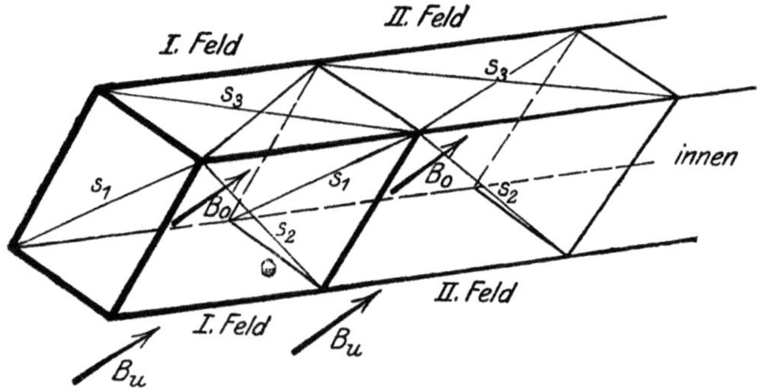

Fig. 17. System der betrachteten Normalzelle im B-Fall.

Beispiel.

Die dargestellte Methode, die von allen beschriebenen Rechnungsarten bei weitem die einfachste ist, soll an dem Beispiel der Normalberechnung der Flugzeugmeisterei, das öfter zu Vergleichen herangezogen wurde (siehe Seite 63, 73, 81, 91, 130, 205, 257 und Fig. 25 und 52), zahlenmäßig durchgeführt werden. Der verfügbare Raum gestattet leider nicht eine ausführliche Wiedergabe dieses Beispiels. Da aber hier öfter auf den gleichen Fall Bezug genommen ist, werden die Angaben sich auch so zu einem einheitlichen Bild ergänzen.

Es sind zunächst einige Hilfswerte zu berechnen.

1. Berechnung der Ersatzkabel für die Innenverspannung.

Nach Fig. 14 und Gleichung (16)

$$F_3 = F_3' \frac{s_3^3}{s_3'^3 + s_3''^3} \cdot \frac{E_1}{E_2}$$

ergibt sich für die beiden Felder des betrachteten Zweistielers, unter Berücksichtigung eines Verhältnisses der Elastizitätszahl von Draht zu Kabel wie 1 zu 0,6, folgende Tafel 7:

	s_3'	s_3''	s_3	Φ	F_3'	$F_3' \frac{E_2}{E_1}$	F_3
	m	m	m	cm	cm²	cm²	cm²
Feld I	1,526	1,526	2,72	0,25	0,0491	0,139	0,230
„ II oben	1,281	1,281	2,155	0,35	0,0961	0,230	0,270
„ II unten	—	—	1,722	0,35	0,0962	0,096	

2. Die Knotenpunktslasten für den B-Fall werden aus den festliegenden Knotenlasten der Normalberechnung derart zusammengestellt, daß die Knotenlasten oben und unten für zwei zusammengehörige vordere und hintere Knotenpunkte addiert werden. (Bei einer ganz neu aufgestellten Berechnung wird man nur die Summe der Lasten oben unmittelbar bestimmen.) Dann werden die Lasten des Hauptfalles B in einen Anteil in Richtung der Innenverspannung H und in einen Anteil V, der in der Ebene der Hauptverspannung liegt, zerlegt. Die Beiwerte bestimmen sich bei der vorgeschriebenen Lastrichtung mit $r = 186$, $h = 180$ und $e = 80$ cm:

$$B \text{ schräg} = \frac{\sqrt{B^2 - \frac{B^2}{3^2}} \cdot r}{h}$$

$$B \text{ schräg} = \frac{B \cdot \sqrt{8} \cdot 186}{3 \cdot 180} = \mathbf{0{,}98} \cdot \boldsymbol{B} = V$$

$$B \text{ wagrecht} = \frac{1}{3} B + \frac{B \cdot \sqrt{8} \cdot 80}{3 \cdot 180}$$

$$B \text{ wagrecht} = 0{,}333\, B + 0{,}420\, B = \mathbf{0{,}753} \cdot \boldsymbol{B} = H$$

Tafel 8.

Knotenpunkte	oben 2 4	oben 6 8	unten 1 3	unten 5 7
B =	— 110 kg	— 91 kg	— 63 kg	— 71 kg
B =	+ 552 „	+ 453 „	+ 315 „	+ 359 „
Σ =	+ 442 kg	+ 362 kg	+ 252 kg	+ 288 kg
$V = 0{,}98\, B$ = schräg	+ 432 kg	+ 354 kg	+ 247 kg	+ 282 kg
$H = 0{,}753\, B$ = wagrecht	+ 332 kg	+ 272 kg	+ 189 kg	+ 217 kg

Als Hilfswerte für die weitere Berechuung werden noch folgende Summen in den beiden Feldern aufgestellt:

Feld I	Feld II
$\frac{H_o + H_u}{2} = \frac{332 + 189}{2} = 260\ \text{kg}$	$\frac{272 + 217}{2} = 245\ \text{kg}$
$H_o - H_u = 332 - 189 = 143\ \text{kg}$	$272 - 217 = 55\ \text{kg}$
$V_o + V_u = 432 + 247 = 679\ \text{kg}$	$354 + 282 = 636\ \text{kg}$

3. Nach den allgemeinen Gleichungen oben (20) werden noch folgende Hilfswerte gebraucht

I. Feld rechts.

$$1 \cdot s_1^3 \cdot F_2 \cdot F_3 = 1 \cdot 182{,}5^3 \cdot 0{,}0687 \cdot 0.2300 = 96\,000$$
$$2 \cdot s_2^3 \cdot F_3 \cdot F_1 = 2 \cdot 320{,}2^3 \cdot 0{,}2300 \cdot 0{,}0336 = 484\,000$$
$$2 \cdot s_3^3 \cdot F_1 \cdot F_2 = 2 \cdot 272{,}0^3 \cdot 0{,}0336 \cdot 0{,}0687 = 92\,500$$
$$\text{Summe} = \mathbf{672\,500}$$

II. Feld.

$$1 \cdot s_1^3 \cdot F_2 \cdot F_3 = 1 \cdot 182{,}5^3 \cdot 0{,}1000 \cdot 0{,}2700 = 164\,000$$
$$2 \cdot s_2^3 \cdot F_3 \cdot F_1 = 2 \cdot 242{,}7^3 \cdot 0{,}2700 \cdot 0{,}0336 = 254\,000$$
$$2 \cdot s_3^3 \cdot F_1 \cdot F_2 = 2 \cdot 193{,}8^3 \cdot 0{,}0336 \cdot 0{,}1000 = 49\,000$$
$$\text{Summe} = \mathbf{467\,000}$$

	I. Feld	II. Feld
Hilfswert	$\frac{s_1}{v \cdot r} = \frac{182{,}5}{80 \cdot 186} = 0{,}0123$	$= \frac{182{,}5}{80 \cdot 186} = 0{,}0123$
	$\frac{s_2}{v \cdot r} = \frac{320{,}2}{80 \cdot 186} = 0{,}0216$	$= \frac{242{,}7}{80 \cdot 186} = 0{,}0163$
	$\frac{s_3}{v \cdot r} = \frac{272{,}0}{80 \cdot 186} = 0{,}0183$	$= \frac{193{,}8}{80 \cdot 186} = 0{,}0130$

Unter Beachtung der Hebelsarme, die in obigem Querschnitt Fig. Nr. 69b für die verkleinerte Rippe darstellt, ergeben sich jetzt die senkrechten und wagrechten Momente

I. Feld

$$M_s \text{ B-Fall} = 60 \cdot 679 = +40\,700\ \text{kg} \cdot \text{cm}$$
$$M_w \text{ B-Fall} = 93 \cdot 143 = -13\,300\ \text{kg} \cdot \text{cm}$$

Bei den Momenten des zweiten Feldes ist zu beachten, daß von dem ersten Feld ein Beitrag entsprechend der angeschriebenen Gleichung übernommen wird. Das Vorzeichen für das wagrechte Moment ist bei den weiter innen liegenden Feldern in den meisten Fällen umgekehrt wie außen.

II. Feld

$$M_s' \text{ B-Fall} = 60 \cdot 636 = \quad 38\,100 \text{ kg} \cdot \text{cm}$$

$$M_w' \text{ B-Fall} = 93 \cdot \ 55 = -5\,100 \text{ kg} \cdot \text{cm}$$

$$M_s = M_s' + S_2 \cdot \frac{v \cdot h}{s_2} = +38100 + \frac{80 \cdot 186}{320{,}2} \cdot 162 = +46\,600 \text{ kg} \cdot \text{cm}$$

$$M_w = M_w' + S_3 \cdot \frac{v \cdot h}{s_3} = - \ 5100 + \frac{80 \cdot 186}{272{,}0} \cdot 366 = +15\,000 \text{ kg} \cdot \text{cm}$$

Mit diesen Hilfswerten ergeben sich sofort die Stabkräfte S_1, S_2 und S_3 im ersten Feld:

I. Feld.

$$S_1 = \frac{2 \cdot 0{,}0336 \cdot 0{,}0123}{672\,500} [-40\,700 \cdot 320{,}2^3 \cdot 0{,}23 - 13\,300 \cdot 272^3 \cdot 0{,}0687]$$

$$S_1 = \frac{2 \cdot 0{,}0336 \cdot 0{,}0123 \cdot (-327\,200\,000\,000)}{672\,500}$$

$$\mathbf{S_1} = \frac{2 \cdot 3{,}36 \cdot 1{,}23 \cdot (-327{,}2)}{6{,}725} = -\mathbf{408} \text{ kg}$$

$$\mathbf{S_2} = 0{,}0216 \cdot [+40\,700 - 33\,200] = 0{,}0216 \cdot 7\,500 = \mathbf{162} \text{ kg}$$

$$\mathbf{S_3} = 0{,}0183 \cdot [-13\,000 + 33\,200] = 0{,}0183 \cdot 20\,000 = \mathbf{366} \text{ kg}$$

Bevor man die Rechnung weiter fortsetzt, ist die Nachprüfung von S_1 gegen X_a wichtig. Es ergibt sich in unserem Fall aus $S_1 = -408$ kg gegen $X_a = -439$ kg in der Normalberechnung eine befriedigende Übereinstimmung (vgl. auch Seite 84 und 88).

Man kann dann weiterhin berechnen:

$S_2 \cdot c : s_2$ als Beitrag in den Holmen
$S_2 \cdot v : s_2$ als Beitrag in den senkrechten Stielen
$S_3 \cdot c : s_3$ als Beitrag in den Holmen
$S_3 \cdot h : s_3$ als Beitrag in den wagrechten Stielen
$S_1 \cdot h : s_1$ als Beitrag in den wagrechten Stielen
$S_1 \cdot v : s_1$ als Beitrag in den senkrechten Stielen.

Die endgültigen Stabkräfte für das erste Feld ergeben sich nun, indem man die so errechneten Kräfte aus Torsion zu den Kräften der symmetrischen Belastung (aus einem einfachen, wagrechten oder senkrechten Kräfteplan) hinzufügt.

Bevor wir einzelne Kräfte zum Vergleich selbst ausrechnen, soll unter Benutzung der bereits angeschriebenen Hilfswerte auch das zweite Feld errechnet werden. Es ergibt sich wie oben:

$$S_1 = \frac{2 \cdot 0{,}0336 \cdot 0{,}0123}{467\,000} [-46\,600 \cdot 242{,}7^3 \cdot 0{,}27 + 15\,000 \cdot 193{,}8^3 \cdot 0{,}1]$$

$$S_1 = \frac{0{,}000\,827}{467\,000} [-178\,000\,000\,000 + 11\,000\,000\,000]$$

$$\mathbf{S_1} = 0{,}0123\,(-24\,000) = -\mathbf{297} \text{ kg}$$

$$\mathbf{S_2} = 0{,}0163\,(46\,600 - 24\,000) = 0{,}0163 \cdot 22\,600 = \mathbf{370} \text{ kg}$$

$$\mathbf{S_3} = 0{,}0130\,(+15\,000 + 24\,000) = 0{,}013 \cdot 39\,000 = \mathbf{507} \text{ kg}$$

Auch hier findet man S_1 mit 297 kg in genügender Übereinstimmung mit dem Wert X_a der Normalberechnung von 279 kg.

Zur Bestimmung der endgültigen Stabkräfte wird man im allgemeinen mit der im Anfang angeschriebenen „Tiefenkreuzbelastung" zwei Kräftepläne zeichnen, die für die vordere und hintere Tragwand ebenso wie für die obere und untere Tragwand gleiche Stabkräfte ergeben. Da sich das analytische Verfahren hier schneller verwenden läßt, werden diese Kräfte für einige Stäbe als Beispiel im folgenden unmittelbar angeschrieben.

$$D_3 \text{ hinten} = 162 + \frac{679}{2} \cdot \frac{320}{186} = 585 \text{ kg}$$

$$D_1 \text{ vorn} = 162 - \frac{679}{2} \cdot \frac{320}{186} = -423 \text{ kg}$$

$$D_5 \text{ vorn} = 370 - \frac{679 + 636}{2} \cdot \frac{242{,}7}{186} = 370 - 855 = -485 \text{ kg}$$

$$D_7 \text{ unten} = 370 + \frac{1315}{2} \cdot \frac{242{,}7}{186} = 370 + 855 = 1225 \text{ kg}$$

$$C_5 \text{ hinten} = 507 + \frac{(260 + 245)}{2} \cdot \frac{193}{80} = 1105 \text{ kg}$$

Es ergibt sich überall eine genügende Übereinstimmung, die bei mehrfeldrigen Flugzeugen noch besser wird.

Daß das Verfahren im Ganzen eine bedeutende Arbeitserleichterung darstellt, dürfte damit wohl erwiesen sein. —

C-Fall.

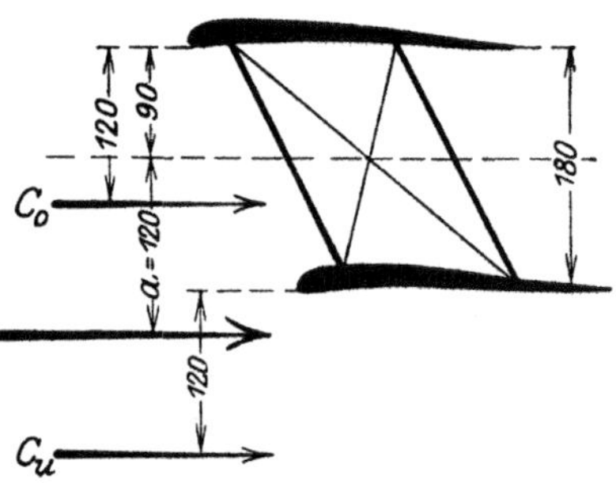

Fig. 18.

Für den C-Fall ist im ersten Feld das senkrechte Moment $= 0$. Es ergibt sich nebenstehende Figur 18.

Das wagrechte Moment ist:

$$M_w = C \cdot a$$

Unter Benutzung der Knotenlasten des ersten Feldes mit 264 und 468 kg wird die Kraft C

$$C = \frac{(264 + 468) \cdot 80}{120} = 490 \text{ kg}$$

Der Hebelsarm vom Symmetriepunkt aus ist $a = 120$ cm und damit das Moment $= M_w = 490 \cdot 120 = 4 \cdot 147000$ kg·cm

Wir wollen hier nur die Größe S_1, die der statisch Unbestimmten X_a entspricht, ermitteln.

Aus den bereits verwendeten Hilfswerten ergibt sich unmittelbar:

$$S_1 = \frac{2 \cdot 0{,}00336 \cdot 0{,}0123}{672\,500} \cdot 4 \cdot 14700 \cdot 320^3 \cdot 0{,}23 = \mathbf{550} \text{ kg}$$

Es zeigt sich also, daß auch hier die Berechnung wesentlich schneller zum Ziele führt.

Für das zweite Feld ist freilich das senkrechte Moment nicht Null, sondern wie oben aus dem ersten Feld zu übernehmen. —

Die durchgeführte Methode läßt sich in besonderen Fällen noch weiter ausbilden.

Sind die zwei entsprechenden Fachwerkscheiben, d. h. im wesentlichen ihre Kabel, nicht gleich stark ausgeführt, so ist der geometrischen Symmetriepunkt A der Tiefenkreuzebene nicht mehr der Punkt, in dem die Zerlegung der äußeren Kräfte stattfindet.

Der Elastizitätsschwerpunkt A' und seine Koordinaten werden dann aus der Bedingung bestimmt, daß dort angreifende Kräfte keinen Beitrag zu der Tiefenkreuzverspannung liefern, d. h. die Tiefenkreuzwand nicht deformieren.

Wir legen folgende Fig. 19 zugrunde:

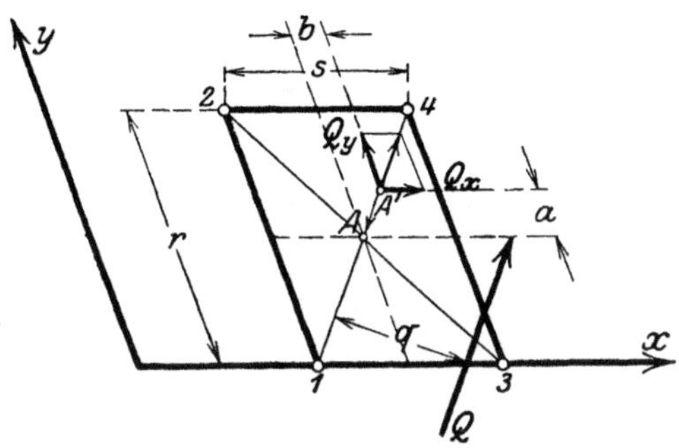

Fig. 19.

In dieser Figur habe der Elastizitätsschwerpunkt A' die Koordinaten a und b, die bestimmt werden sollen. Wir bezeichnen mit Q_{xo} und Q_{xu} die Anteile der wagrechten Gesamtlast Q_x auf die obere und untere Tragwand.

Entsprechend sind für die vordere und hintere Tragwand Q_{yv} und Q_{yh} die schrägen Anteile. Mit δ_{44} sei die Verschiebung des Punktes 4 in Folge und in Richtung einer dort angreifenden Last 1 bezeichnet. Entsprechend δ_{11}. Da die Verschiebungen des Punktes 1 und 4 in Richtung der schrägen Haupttragwand gleich groß sein sollen, so ergibt sich die Bedingung:

$$Q_{yv} \cdot \delta_{11} = Q_{yh} \cdot \delta_{44} \quad \ldots \ldots \ldots \quad (21\,a)$$

Hierbei ist:

$$\delta_{11} = \Sigma S_v^2 \cdot \varrho \text{ und } \delta_{44} = \Sigma S_h^2 \cdot \varrho$$

wobei die Summe sich nur über die Glieder der vorderen bzw. hinteren schrägen Tragwand erstreckt.

Dieses eingesetzt ergibt aus Gleichung (21a)

$$Q_{yv} \cdot \Sigma S_v^2 \cdot \varrho = Q_{yh} \cdot \Sigma S_h^2 \cdot \varrho$$

Außerdem besteht nach dem Hebelgesetz die einfache Beziehung

$$\frac{Q_{yv}}{Q_{yh}} = \frac{\frac{s}{2} - b}{\frac{s}{2} + b}$$

Dadurch gewinnen wir die Bedingungsgleichung für b:

$$\frac{\frac{s}{2} - b}{\frac{s}{2} + b} = \frac{\Sigma S_h^2 \cdot \varrho}{\Sigma S_v^2 \cdot \varrho}$$

Diese nach der Unbekannten b aufgelöst, ergibt:

$$b = \frac{s}{2} \frac{(\Sigma S_v^2 \cdot \varrho - \Sigma S_h^2 \cdot \varrho)}{(\Sigma S_v^2 \cdot \varrho + \Sigma S_h^2 \cdot \varrho)} \quad \ldots \ldots \quad (21\,b)$$

Durch eine entsprechende Betrachtung findet man:

$$a = \frac{r}{2} \frac{(\Sigma S_o^2 \cdot \varrho - \Sigma S_u^2 \cdot \varrho)}{(\Sigma S_o^2 \cdot \varrho + \Sigma S_u^2 \cdot \varrho)} \quad \ldots \ldots \quad (21\,c)$$

Die Form dieser Gleichung läßt ohne weiteres erkennen, daß b bzw. a zu Null werden, wenn die Deformationen von zwei entsprechenden Fachwerkscheiben gleich sind. Da sich die Summen bei dem Flugzeug im wesentlichen nur aus den Beiträgen der Diagonalen zusammensetzen, so könnte man auch für a und b noch weitere ins einzelne gehende Formeln ableiten, ähnlich wie dies auf Seite 258ff. geschehen ist. Streng genommen müßte an jedem Tiefenkreuz die Berechnung des Nullpunktes von neuem vorgenommen werden. In den meisten Fällen wird ein Mittelwert genügen. Statt die Längenänderung des Tiefenkreuzes selbst zu betrachten, kann man auch die Verschiebungen in den beiden Hauptrichtungen zur Berechnung der beiden Koordinaten benutzen.

Nach Bestimmung des Nullpunktes ist an zweiter Stelle die Verteilung der Querbelastung infolge des übriggebliebenen Momentes von Wichtigkeit. Wenn wir nicht den oben ausführlich beschriebenen Weg einschlagen wollen, so ergibt sich die folgende

Rechnungsmethode. Das statisch unbestimmte System wird dabei wiederum gelöst, ohne die allgemeinen Elastizitätsgleichungen ausführlich von neuem aufzustellen. Wir legen folgende Figuren zugrunde.

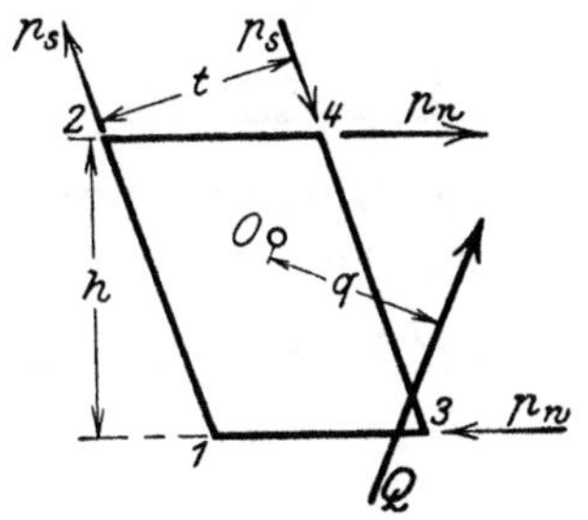

Fig. 20.

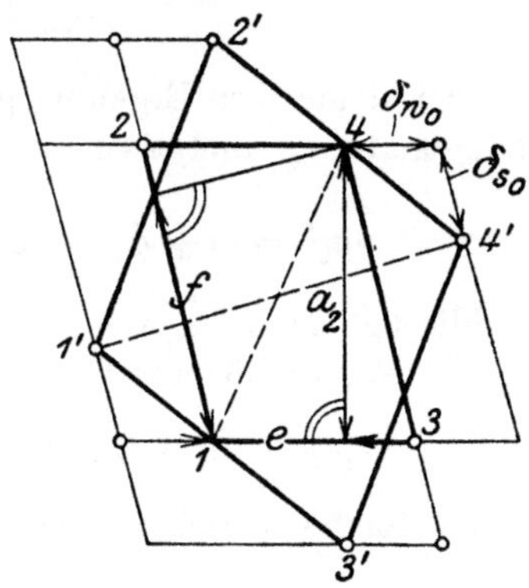

Fig. 21.

Für die Aufnahme des Momentes haben wir zunächst die Gleichgewichtsbedingung

$$M_d = Q \cdot q = p_s \cdot t + p_w \cdot h \quad . \; . \; . \; . \; . \; . \; . \quad (22)$$

Die Verteilung der Werte p_s und p_w muß durch Elastizitätsbetrachtungen gefunden werden.

Dies soll auf doppeltem Weg geschehen.

1. Das Tiefenkreuzkabel soll die gegenseitige Verschiebung der Punkte 1 und 4 verhindern. Die Verschiebung setzt sich aber aus einem Beitrag der wagrechten und der schrägen Belastung zusammen. Aus nebenstehender Fig. 22 läßt sich ohne weiteres die Gleichung ablesen:

$$\frac{\text{Beitrag I}}{\delta_{w(o+u)}} = \frac{e}{a}$$

Entsprechend ergibt sich die Gleichung:

$$\frac{\text{Beitrag II}}{\delta_{s(v+h)}} = \frac{f}{a}$$

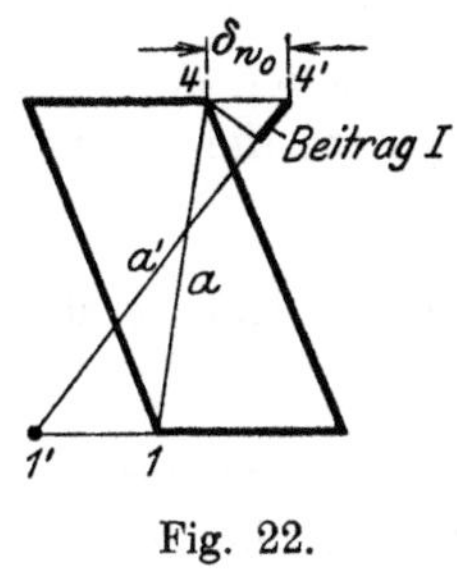

Fig. 22.

Da nun die Summe beider Beiträge Null sein soll, so ergibt sich: (Wenn man will, kann man genauer den Beitrag des Tiefenkreuzes selbst nicht $= 0$ setzen, sondern genähert sofort in die erste Rechnung einführen.)

$$\text{Beitrag I} + \text{Beitrag II} = 0$$

$$\frac{e \cdot \delta_{w(o+u)}}{a} + \frac{f \cdot \delta_{s(v+h)}}{a} = 0$$

oder

$$\frac{\delta_{wo} + \delta_{wu}}{\delta_{sv} + \delta_{sh}} = \frac{f}{e}$$

2. Zu demselben Ergebnis gelangt man, wenn man nach Fig. 21 die Diagonale a_2 analytisch ausdrückt und ihre Verlängerung $= 0$ setzt.

$$a_2^2 = (e + \delta_{wo} + \delta_{wu})^2 + (f - \delta_{sv} - \delta_{sh})^2$$

Vernachlässigt man bei der Entwicklung der Quadrate dieser Gleichung die Werte höherer Ordnung, so ergibt sich:

$$a_2^2 = f^2 + e^2 = e^2 + 2 \cdot e \cdot (\delta_{wo} + \delta_{wu}) + f^2 + 2 \cdot f \cdot (\delta_{sv} + \delta_{sh})$$

d. h. das gleiche Verhältnis wie oben

$$\frac{\delta_{wo} + \delta_{wu}}{\delta_{sv} + \delta_{sh}} = \frac{f}{e}$$

Es sind jetzt nur noch die Werte δ_w und δ_s durch die Stabkräfte auszudrücken.

Unter Benutzung der gleichen Bezeichnungen wie vorher folgt:

$$\delta_{wo} = p_w \cdot \Sigma S_o^2 \cdot \varrho \qquad \delta_{wu} = p_w \cdot \Sigma S_u^2 \cdot \varrho$$

$$\delta_{sv} = p_s \cdot \Sigma S_v^2 \cdot \varrho \qquad \delta_{sh} = p_s \cdot \Sigma S_h^2 \cdot \varrho$$

so daß die endgültige Gleichung lautet:

$$\frac{p_w}{p_s} = \frac{f}{e} \frac{(\Sigma S_v^2 \cdot \varrho + \Sigma S_h^2 \cdot \varrho)}{(\Sigma S_o^2 \cdot \varrho + \Sigma S_u^2 \cdot \varrho)} \quad \ldots \ldots \quad (23)$$

Wir gehen nun noch von dem gestaffelten Fachwerk auf das einfachere System der rechtwinkligen, ungestaffelten Zelle über. Dafür wird:

$$h = f \quad \text{und} \quad t = e$$

so daß sich ergibt

$$p_w = p_s \cdot \frac{h}{t} \frac{(\Sigma S_v^2 \cdot \varrho + \Sigma S_h^2 \cdot \varrho)}{(\Sigma S_o^2 \cdot \varrho + \Sigma S_u^2 \cdot \varrho)} \quad \ldots \ldots \quad (24)$$

Aus beiden Gleichungen (22) und (24), zunächst eine unbekannte Querbelastung ermittelt, folgt:

$$p_s \cdot t + p_s \frac{h^2}{t} \left(\frac{\ldots + \ldots}{\ldots + \ldots}\right) = Q \cdot q$$

$$p_s = Q \cdot q \cdot \frac{t^2}{t^2 + h^2 \cdot \dfrac{(\Sigma S_v^2 \cdot \varrho + \Sigma S_h^2 \cdot \varrho)}{(\Sigma S_o^2 \cdot \varrho + \Sigma S_u^2 \cdot \varrho)}}$$

Ist im besonderen Falle die Nachgiebigkeit der wagrechten Scheiben gleich der senkrechten, so ergibt sich

$$p_s = \frac{t^2}{t^2 + h^2} q \cdot Q$$

Für den Fall, daß sich die Nachgiebigkeiten beider Scheiben wie die Konstruktionshöhen verhalten, folgt

$$p_s = Q \cdot q \frac{t^3}{(t^2 + h^2) h}$$

Aus diesen Entwicklungen ist zu ersehen, daß mit Hilfe von besonderen Gleichungen dem mehrfach statisch unbestimmten System eines Flügelfachwerks besser und schneller beizukommen ist als auf dem allgemein üblichen Wege. —

h) Berechnung der Stabkräfte bei Verwendung eines Koordinatensystems für das ganze Flugzeug.

Die Anwendung dieser bekannten Rechnungsart auf die Flugzeugzelle wurde von Herrn Diplom-Ingenieur Hatlapa in der Zeitschrift für Flugtechnik und Motorluftschiffahrt vom 26. Januar 1918 u. f. beschrieben. Sie gilt zunächst nur für statisch bestimmte Systeme. Will man sie auch auf statisch unbestimmte Fachwerke anwenden, so kann man, wenn man Zeit und Lust hat, für die einzelnen Belastungszustände das Verfahren wiederholen.

Besonders bei gestaffelten kleineren Flugzeugen, bei denen die Stiele vielleicht auch noch seitlich geneigt sind, oder sobald sonst das Fachwerk nach allen Richtungen schief aufgebaut ist, wird das dargelegte Vorgehen zweckmäßig. Es liefert schematisch ohne große Gedankenarbeit, aber mit viel Schreibarbeit, die einzelnen Spannungen in dem Hauptsystem. Es zeigt sich jedoch, daß auch hier die ausfallende Gedankenarbeit durch reichliche Schreiberei wieder ausgeglichen wird.

Wir wollen zunächst die Darstellung von Herrn Hatlapa benutzen, jedoch mit den allgemein üblichen Bezeichnungen an Stelle der dort angeführten Sonderformeln.

Wenn man mit S_1, S_2 und S_3 die drei unbekannten Stabkräfte eines räumlichen Knotenpunktes bezeichnet, mit s_1, s_2 und s_3 die Stablängen, mit s_{1x}, s_{2x}, s_{3x} die Projektionen der Stäbe auf die X-Achse, mit s_{1y}, s_{2y}, s_{3y} die Projektionen der Stäbe auf die Y-Achse, und mit s_{1z}, s_{2z}, s_{3z} die Projektionen auf die Z-Achse, wobei X, Y, Z die Projektionen der bekannten äußeren Knotenlasten auf die drei Achsen bedeut en, dann ergeben sich folgende drei Gleichungen. Sie drücken aus, daß die Summen aller Teilkräfte auf drei Achsen bezogen gleich Null sind[1]).

$$1.\quad S_1\frac{s_{1x}}{s_1}+S_2\frac{s_{2x}}{s_2}+S_3\frac{s_{3x}}{s_3}+X=0 \quad \ldots\ldots \quad (25\,a)$$

$$2.\quad S_1\frac{s_{1y}}{s_1}+S_2\frac{s_{2y}}{s_2}+S_3\frac{s_{3y}}{s_3}+Y=0 \quad \ldots\ldots \quad (25\,b)$$

$$3.\quad S_1\frac{s_{1z}}{s_1}+S_2\frac{s_{2z}}{s_2}+S_3\frac{s_{3z}}{s_3}+Z=0 \quad \ldots\ldots \quad (25\,c)$$

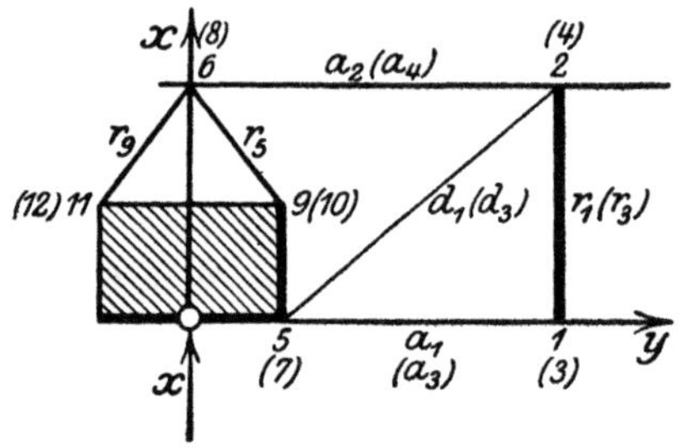

Fig. 23.

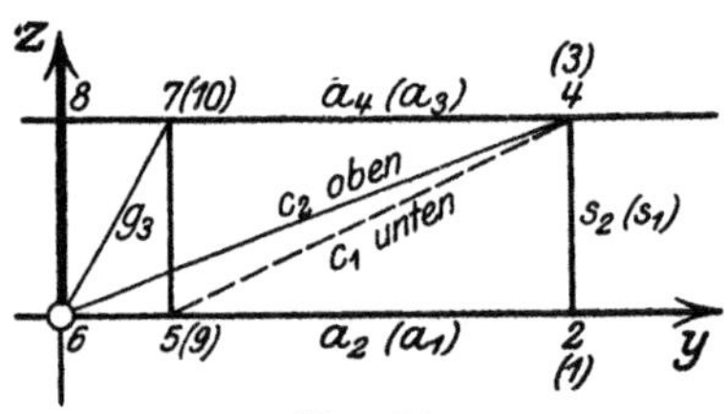

Fig. 24.

Das dort gegebene Beispiel auf die Normalbezeichnung umgeschrieben, liefert dann Fig. 23 und 24.

Setzt man als Beispiel die angeschriebenen allgemeinen Gleichungen zunächst am Knoten 3 unten hinten an, so folgt:

$$1.\quad -R_3+X_3=0$$

$$2.\quad +A_3+C_1\frac{c_{1y}}{c_1}=0$$

$$3.\quad +S_1+C_1\frac{c_{1z}}{c_1}+Z_3=0$$

Am Knoten 6, an dem mehrere Stäbe des Spannturms und des Flügels zusammentreffen, ergeben sich folgende Gleichungen, von denen jedoch nur die drei Größen R_5 und R_9 sowie G_3 unbekannt sind.

$$1.\quad +R_5\frac{r_{5x}}{r_5}+R_9\frac{r_{9x}}{r_9}+G_3\frac{g_{3x}}{g_3}+X_6=0$$

$$2.\quad -R_5\frac{r_{5y}}{r_5}+R_9\frac{r_{9y}}{r_9}-A_2-G_3\frac{g_{3y}}{g_3}-C_2\frac{c_{2y}}{c_2}=0$$

$$3.\quad -S_6-G_3\frac{g_{3z}}{g_3}-C_2\frac{c_{2z}}{c_2}+Z_6=0$$

[1]) Die zahlenmäßige Festlegung aller Punkte des Flugzeuges durch drei Koordinaten ist für die Ermittlung der Stiellängen, für die Herstellung und auch für die Zeichnung der Beschläge recht empfehlenswert.

Bei der Verwendung dieser Gleichungen müssen besonders die richtigen Vorzeichen beachtet werden. Im allgemeinen wird man alle Stabkräfte von vornherein als Druck einsetzen. Ergibt sich nachher bei der Auflösung der Gleichung ein umgekehrtes Vorzeichen, so ist die auftretende Spannung in dem Stabe ebenfalls umgekehrt. In unserem Falle also Zug.

Beispiel.

Die öfter zu Vergleichen herangezogene Zelle der Normalberechnung soll für den B-Fall nach diesem Verfahren durchgerechnet werden. Es werden nacheinander an den Knotenpunkten 1, 3, 2 und 4 die drei allgemeinen Bedingungen des Gleichgewichts aufgestellt und danach jedesmal drei unbekannte Stäbe ermittelt.

Der Untersuchung liegt folgendes Fachwerksystem ohne Tiefenkreuze zugrunde (s. auch Seite 53, 205, 273 und Fig. 52).

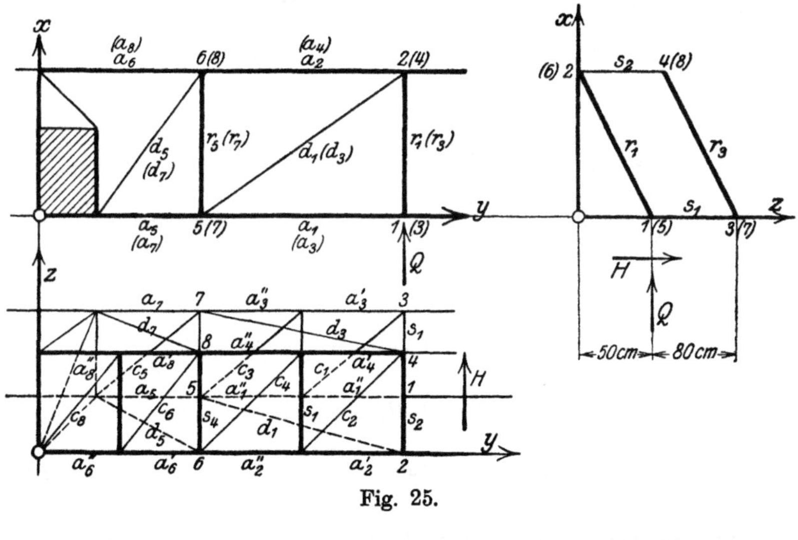

Fig. 25.

Die wagrechten und senkrechten Knotenlasten sind aus der Normalberechnung der Flugzeugmeisterei mit folgenden Werten für den B-Fall übernommen:

$$Q_1 = -\ 63\,\text{kg}, \quad Q_2 = -110\,\text{kg}, \quad H_1 = H_3 = +42\,\text{kg},$$
$$Q_3 = +315\,\text{kg}, \quad Q_4 = +552\,\text{kg}, \quad H_2 = H_4 = +74\,\text{kg}.$$

Die Aufstellung der Gleichungen am Knotenpunkt 1) liefert:

1. $-R_1 \frac{r_{1x}}{r_1} + Q_1 = 0$ oder $R_1 = -63 \frac{186}{180} = -$ **65,5 kg** Zug.

2. $A_1' = 0$ $A_1' = 0$

3. $R_1 \frac{r_{1z}}{r_1} - S_1 + H_1 = 0$ oder $S_1 = -65{,}5 + 42 = +$ **24 kg** Druck.

Knotenpunkt 3.

1. $-R_3 \frac{r_{3x}}{r_3} + Q_3 = 0$ oder $R_3 = +315 \cdot \frac{186}{180} = +\mathbf{327\ kg}$ (Druck)

2. $A_3' + C_1 \frac{c_{1y}}{c_1} = 0$ oder $A_3' = +294 \cdot \frac{130}{152} = +\mathbf{250\ kg}$ (Druck)

3. $R_3 \frac{r_{3z}}{r_3} + S_1 + C_1 \frac{c_{1z}}{c_1} + H_3 = 0$ $C_1 = -\left(42 + 24 + 327 \frac{50}{180}\right) \frac{152}{80}$

$= -157 \cdot \frac{152}{80} = -\mathbf{294\ kg}$ (Zug)

Am Knotenpunkt 2 oben ergibt sich:

1. $R_1 \frac{r_{1x}}{r_1} + D_1 \frac{d_{1x}}{d_1} + Q_2 = 0$

$D_1 = -\left(-110 - 65{,}5 \frac{180}{186}\right) \frac{320{,}2}{180} = +173 \cdot 1{,}78 = +\mathbf{308\ kg}$ (Druck)

2. $A_2' + D_1 \frac{d_{1y}}{d_1} + = 0$ $A_2' = -308 \cdot \frac{260}{320{,}2} = -\mathbf{250\ kg}$ (Zug)

3. $-R_1 \frac{r_{1z}}{r_1} - S_2 + H_2 = 0$ $S_2 = +74 - 65{,}5 \cdot \frac{50}{186} = +\mathbf{43\ kg}$ (Druck)

Knotenpunkt 4.

1. $R_3 \frac{r_{3x}}{r_3} + D_3 \frac{d_{3x}}{d_3} + Q_4 = 0$

$D_3 = -\left(552 + 327 \cdot \frac{180}{186}\right) \frac{320{,}2}{180} = -867 \cdot 1{,}78 = -\mathbf{1542\ kg}$ (Zug)

2. $A_4' + D_3 \frac{d_{3y}}{d_3} + C_2 \frac{c_{2y}}{c_2} = 0$

$A_4' = 1542 \frac{260}{320} + 510 \frac{130}{152} = 1250 + 430 = +\mathbf{1680\ kg}$ (Druck)

3. $R_3 \frac{r_{3z}}{r_3} + S_2 + C_2 \cdot \frac{c_{2z}}{c_2} + D_3 \frac{d_{3z}}{d_3} + H_4 = 0$

$C_2 = -\left(43 + 74 - 327 \cdot \frac{50}{180} + 1542 \cdot \frac{50}{320}\right) \cdot \frac{152}{80} = -264 \cdot 1{,}9 = -\mathbf{510\ kg}$ (Zug)

Da die Flugzeugzelle durch die Tiefenkreuzkabel von außen her in gewisse „Zonen“ geteilt ist, deren Anordnung sich nach innen wiederholt, so kann man auch bei der Berechnung eine gewisse Gruppenbildung vornehmen. Die entsprechenden Stäbe kommen dann immer wieder in ähnlichem Zusammenhang vor.

Wie die durchgeführte Rechnung zeigt, führt das ganze Verfahren mit einiger Rechenarbeit systematisch, sicher zum Ziel. Im Gegensatz zu den auf Seite 37 aufgestellten allgemeinen Formeln werden hier also keine Endformeln für die Stabkräfte aufgestellt. Ein einmal gemachter Rechenfehler kann sich leicht durch die ganze Rechnung ziehen.

Bei einfachen Systemen wird das Verfahren mit der Methode der Zerlegung in Momente (Seite 47) nicht die Wage halten können. Außer der Berechnung des Hauptsystems ist hier immer noch X_a und X_b zu berechnen. Es hat außerdem den Nachteil, daß es immer sämtliche Stabkräfte des Fachwerks zugleich liefert, obwohl im B-Fall beispielsweise nur der Hinterholm oben und im C-Fall etwa nur der Hinterholm unten von Interesse ist.

Für einen Einstieler dagegen, bei dem sämtliche Kabel räumlich schief geführt sind und die Stiele in keiner Hauptrichtung senkrecht stehen, wird es kaum ein Verfahren geben, das schneller wie dieses zum Ziel führt.

---

6. Weiterentwicklungen aus der normalen Zellenverspannung.

Die Durchrechnung der normalen Zelle des Mehrstielers in den vier Hauptbelastungsfällen ergibt oft eine starke Beanspruchung des oberen Hinterholms für den B-Fall. Dies ist besonders unerwünscht, da gerade beim Hinterholm wenig Konstruktionshöhe zur Verfügung steht. Auch die Druckkräfte in dem unteren Hinterholm für den C-Fall werden durch die Wirkung der Tiefenkreuzkabel oft recht groß. Da nun nach den letzten Vorschriften sogar eine weitere Vergrößerung des C-Falls gefordert wird, so liegt es nahe, zu untersuchen, in welcher Weise der Fachwerksaufbau der normalen, verspannten Zelle weiter entwickelt werden könnte. Außerdem ist zu berücksichtigen, daß bei großen Flugzeugen der D-Fall (Oberdruck) nicht mehr verlangt wird, so daß in vielen Fällen das Gegenkabel hinten entbehrt werden kann.

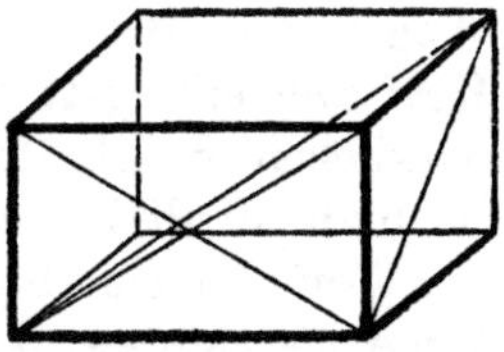
Fig. 26.

Die erste Anordnung (Fig. 26) verlegt das hintere Hauptkabel aus der hinteren Tragwand heraus und führt es räumlich mitten durch die Zelle nach dem entsprechenden unteren Punkt der vorderen Tragwand. Die übliche Verspannung der vorderen Tragwand mit Gegenkabeln, die Tiefenkreuzkabel und die Verspannung der starren Scheiben in den Flügeln oben und unten werden beibehalten. Es leuchtet ein, daß durch diese Anordnung beim Mehrstieler die Beanspruchungen bei weitem stärker als bisher auf die vordere Tragwand hingeführt werden. Gerade die Hinterholme im B-Fall oben und im C-Fall unten erhalten dann geringere Kräfte. Freilich wird jetzt auch der A-Fall nicht mehr so gleichmäßig wie früher über die ganze Zelle verteilt. Dies ist ein Nachteil. Es kommt indessen nur für den Vorderholm oben eine größere Druckkraft in den Holmen in Betracht.

Diese Zellenverspannung hat für die Durchführung der Berechnung außerdem den Vorteil, daß bei mehrstieligem Aufbau des Fachwerks die Größen X_a, X_b usw. in den Summengliedern jetzt nur noch mit den Holmkräften ineinander übergreifen und im allgemeinen vollständig getrennt von einander zu berechnen sind.

Im folgenden soll dieser Aufbau, der von den Deutsch-Österreichern eingeführt wurde, und dort als E-Verspannung bezeichnet wird, näher betrachtet werden. Die schon öfter zu Vergleichen herangezogene Normalberechnung der Flugzeugmeisterei wird auf dieses Beispiel ausführlich angewandt.

Zunächst werden ähnlich wie bei der Normalberechnung einige neu auftretende Hilfsgrößen berechnet.

Sodann werden für alle Glieder des Stabwerks allgemeine Formeln aufgestellt unter der Annahme, daß die Luftkräfte im B- und A-Fall als wagrechte und senkrechte Knotenlasten bekannt sind. Der allgemeineren Formeln wegen wird der B-Fall zuerst behandelt.

Diese Formeln werden sodann zur Berechnung der Stabkräfte S_0 im Hauptsystem ausgewertet.

Die Berechnung der statisch unbestimmten Größen erfolgt nach Aufstellung der allgemeinen Formeln für die Werte S_a und S_b. Es ergibt sich auch hier, daß die Entlastung durch die Tiefenkreuze im A-Fall meist ohne größere Bedeutung ist.

Für den C-Fall werden neue allgemeine Formeln angeschrieben. Wegen der Beanspruchung der Gegenkabel f findet eine andere Kräfteverteilung statt. Die statisch unbestimmten Größen und die wirklichen Stabkräfte S werden dann in gleicher Weise wie im A- und B-Fall berechnet.

Auf die Durchführung des D-Falls wurde verzichtet, da hier keine besonderen neuen Ergebnisse zu erwarten sind.

Schließlich sind die Größtkräfte aller Fälle bei der neuen Verspannung mit den Rechnungsergebnissen bei der ursprünglichen Normalverspannung der gleichen Zelle verglichen.

Bestimmung der Stabkräfte im Hauptsystem für den A- und B-Fall.

Zur besseren Erklärung der im folgenden aufgestellten Formeln wollen wir zunächst den Kräfteverlauf im Hauptsystem für den A- und B-Fall, d. h. bei Beanspruchung der Hauptkabel d_1, d_3', d_5 und d_7' betrachten (s. Fig. 27). Da wir die Kräfte in den Tiefenkreuzkabeln wieder als statisch Unbestimmte ansehen, so besteht das Hauptsystem in dem gezeichneten Schema (s. Fig. 27) ohne die Tiefenkreuzkabel g_1 und g_5.

Die äußeren Kräfte seien als wagrechte und senkrechte Knotenlasten Q und H gegeben.

Die Wirkung der wagrechten Knotenlasten H macht weiter keine Schwierigkeit in der Berechnung. Diese werden unmittelbar in den Fachwerkscheiben der Flügel (oben 2, 4, 6, 8 und unten 1, 3, 5, 7) weitergeleitet, ohne die Hauptstiele und Hauptdiagonalen des Fachwerks zu beanspruchen.

Da das Fachwerk der vorderen Tragwand mit der Ebene: 1, 2, 5, 6 in gleicher Weise wie bei der normalen Zelle als einfaches, ebenes Fachwerk auch bei dieser Anordnung erhalten bleibt, so erfolgt die Aufnahme der senkrechten Knotenlasten in den vorderen Fachwerkpunkten: 1, 2, 5, 6 wie vorher. Die Knotenlasten dieser Punkte werden in die Richtung der Hauptstiele und in die Richtung der Flügelebenen oben und unten zerlegt. Sie finden dort ebene Fachwerkscheiben, für welche die Kräftebestimmung einfach ist.

Es verbleibt also nur die Aufnahme der senkrechten Kräfte in den hinteren Fachwerkspunkten 3, 4, 7, 8. Die Knotenlast am Punkte 3 wird zusammen mit der Knotenlast im Punkte 4 in einer durch das Raumkabel d_3' gelegten senkrecht stehenden Ebene zerlegt. Die eine Teilkraft ergibt die Diagonalkraft D_3'; die andere Teilkraft, die in der oberen Flügelscheibe liegt, hat die Richtung von 4 nach 5′ (der senkrechten Projektion von 5). Wie sich aus dem rechtwinkligen Dreieck 4, 5′, 8 ergibt, kann die Diagonale 4 ∸ 5′, welche der Kraft im oberen Flügel entspricht, in zwei Teilkräfte zerlegt werden. Die eine von diesen verläuft im Hinterholm oben weiter, und die andere dazu senkrecht stehende Teilkraft beansprucht das Fachwerk des oberen Flügels. Damit wären die Knotenlasten 3 und 4 durch das erste Feld des Fachwerks räumlich nach dem Punkt 5 vorne weitergeleitet. Die dort angreifende Diagonalkraft D_3' läßt sich ohne Schwierigkeiten in drei Stäbe zerlegen: in die Stielkraft R_5 vorne, in eine Holmkraft A_5 und in eine dazu senkrecht stehende Innenstielkraft S_5. A_5 wird unmittelbar zum Rumpf weitergeführt. Die Stielkraft R_5 beansprucht den inneren Teil der vorderen Fachwerkscheibe und S_5 den inneren Teil des unteren Flügelfachwerks. Damit ist die Wirkung der Knotenlasten Q_3 und Q_4 bis zum Rumpf hin verfolgt. Bei mehr als zwei Feldern wiederholt sich derselbe Kräfteverlauf wie beim Zweistieler.

Die Kräfte Q_7 und Q_8 werden in ganz entsprechender Weise in einer Ebene, die durch das Kabel d_7' senkrecht, d. h. in Richtung der Kraft Q_8 geht, zerlegt. Dabei ergibt sich wieder außer der Kraft D_7' eine Druckkraft im Hinterholm und eine wagrechte nach vorn gerichtete Teilkraft, die durch das Fachwerk des Oberflügels innen aufgenommen wird.

Wir haben also als Ergebnis: eine besondere Beanspruchung der vorderen Fachwerkscheibe, eine Mehrbelastung des mittleren Stieles vorn und eine entsprechende Entlastung der hinteren Stäbe, die jetzt nicht mehr als geschlossene Fachwerkscheibe zusammengehören.

Allgemeine Formeln bei Beanspruchung der Hauptdiagonalen eines räumlich verspannten Zweistielers.

Stabkräfte S_0 im A- oder B-Fall.

Obwohl im A-Fall nur senkrechte Kräfte Q und keine wagrechten Kräfte H auftreten, werden diese Formeln doch sofort allgemein für Q und H aufgestellt. Im A-Fall brauchen dann nur die Glieder mit $H =$ Null gesetzt zu werden.

Die benutzten Bezeichnungen sind weiter oben (Seite 37) bei Behandlung der normalen Zelle angeschrieben und auch in die folgende Abbildung (Fig. 27) eingetragen.

Die fettgedruckten Werte weichen gegen die Kräfte der normalen Zelle ab.

1. $A_1' = 0$

2. $R_1 = - Q_1 \cdot \frac{r}{h}$

3. $R_3 = - Q_3 \cdot \frac{r}{h}$

4. $A_2' = - (Q_1 + Q_2) \frac{a_1}{h}$

5. $D_1 = + (Q_1 + Q_2) \frac{d_1}{h}$

6. $D_3' = + (Q_3 + Q_4) \frac{\boldsymbol{d_3'}}{h}$

7. $S_1 = - \left(H_1 + Q_1 \frac{e}{h}\right)$

8. $S_2 = - \left(H_2 + Q_2 \frac{e}{h}\right)$

9. $M_1 = - \left[H_1 + H_3 + (Q_1 + Q_3) \frac{e}{h}\right]$

10. $A_3' = - \left[H_1 + H_3 + (Q_1 + Q_3) \frac{e}{h}\right] \frac{a_3'}{s}$

11. $A_1'' = +\left[H_1 + H_3 + (Q_1 + Q_3)\frac{e}{h}\right]\frac{a_3'}{s}$

12. $A_3'' = -\left[H_1 + H_3 + (Q_1 + Q_3)\frac{e}{h}\right]\frac{a_1}{s}$

13. $C_1 = +\left[H_1 + H_3 + (Q_1 + Q_3)\frac{e}{h}\right]\frac{c_1}{s}$

14. $C_3 = +\left[H_1 + H_3 + (Q_1 + Q_3)\frac{e}{h}\right]\frac{c_3}{s}$

15. $M_2 = -\left[H_2 + H_4 + (Q_2 + Q_4)\frac{e}{h} - (Q_3 + Q_4)\frac{s-e}{h}\right]$

16. $C_2 = +\left[H_2 + H_4 + (Q_2 + Q_4)\frac{e}{h} - (Q_3 + Q_4)\frac{s-e}{h}\right]\frac{c_2}{s}$

17. $C_4 = +\left[H_2 + H_4 + (Q_2 + Q_4)\frac{e}{h} - (Q_3 + Q_4)\frac{s-e}{h}\right]\frac{c_4}{s}$

18. $A_2'' = +\left[H_2 + H_4 + (Q_2 + Q_4)\frac{e}{h} - (Q_3 + Q_4)\frac{s-e}{h}\right]\frac{a_4'}{s} - (Q_1 + Q_2)\frac{a_1}{h}$

19. $A_4' = -\left[H_2 + H_4 + (Q_2 + Q_4)\frac{e}{h}\right]\frac{a_2'}{s} - (Q_3 + Q_4)\frac{a_3}{h}$

$$+ (Q_3 + Q_4)\frac{(s-e)}{h}\cdot\frac{a_2'}{s}$$

20. $A_4'' = -\left[H_2 + H_4 + (Q_2 + Q_4)\frac{e}{h}\right]\frac{a_2}{s} - (Q_3 + Q_4)\frac{a_3}{h}$

$$+ (Q_3 + Q_4)\frac{(s-e)}{h}\cdot\frac{a_2}{s}$$

21. $R_5 = -(Q_1 + Q_2 + Q_5)\frac{r_5}{h} - (Q_3 + Q_4)\frac{r_5}{h}$

$$= -(Q_1 + Q_2 + Q_3 + Q_4 + Q_5)\frac{r}{h}$$

22. $R_7 = -(Q_7)\frac{r_7}{h}$

23. $D_5 = +(Q_1 + Q_2 + Q_5 + Q_6 + Q_3 + Q_4)\frac{d_5}{h}$

24. $D_7' = +(Q_7 + Q_8)\frac{d_7'}{h}$

25. $M_4 = -\left[H_2 + H_4 + H_6 + H_8 + (Q_2 + Q_4 + Q_6 + Q_8)\frac{e}{h}\right]$

$$+ (Q_3 + Q_4 + Q_7 + Q_8)\frac{s-e}{h}$$

26. $S_5 = -\left[H_1 + H_3 + H_5 + (Q_1 + Q_3 + Q_5)\frac{e}{h}\right] - (Q_3 + Q_4)\frac{s-e}{h}$

27. $S_6 = -\left[H_2 + H_4 + H_6 + (Q_2 + Q_4 + Q_6)\frac{e}{h}\right] + (Q_3 + Q_4)\frac{s-e}{h}$

28. $$C_5 = + \left[H_1 + H_3 + H_5 + H_7 + (Q_1 + Q_3 + Q_5 + Q_7)\frac{e}{h} + (Q_3 + Q_4)\frac{s-e}{h}\right]\frac{c_5}{s}$$

29. $$C_6 = \left[H_2 + H_4 + H_6 + H_8 + (Q_2 + Q_4 + Q_6 + Q_8)\frac{e}{h} - (Q_3 + Q_4 + Q_7 + Q_8)\frac{s-e}{h}\right]\frac{c_5}{s}$$

30. $$C_8 = \left[H_2 + H_4 + H_6 + H_8 + (Q_2 + Q_4 + Q_6 + Q_8)\frac{e}{h} + (Q_3 + Q_4 + Q_7 + Q_8)\frac{s-e}{h}\right]\frac{c_8}{s}$$

31. $$A_5 = \left[H_1 + H_3 + (Q_1 + Q_3)\frac{e}{h}\right]\frac{a_3}{s} - (Q_1 + Q_2)\frac{a_2}{h} + (Q_3 + Q_4)\frac{a_2}{h}$$

32. $$A_6' = + \left[H_2 + H_4 + (Q_2 + Q_4)\frac{e}{h}\right]\frac{a_4}{s} - (Q_1 + Q_2)\frac{a_1}{h} - (Q_1 + Q_2 + Q_5 + Q_6)\frac{a_5}{h} - (Q_3 + Q_4)\frac{a_5}{h}$$

33. $$A_7 = - \left[H_1 + H_3 + (Q_1 + Q_3)\frac{e}{h}\right]\frac{a_1}{s} - \left[(H_1 + H_3 + H_5 + H_7) + (Q_1 + Q_3 + Q_5 + Q_7)\frac{e}{h}\right]\frac{a_5}{s} - (Q_3 + Q_4)\frac{s-e}{h}\cdot\frac{a_5}{s}$$

34. $$A_8' = - \left[H_2 + H_4 + (Q_2 + Q_4)\frac{e}{h}\right]\frac{a_2}{s} - (Q_3 + Q_4)\frac{a_3}{h} - \left[H_2 + H_4 + H_6 + H_8 + (Q_2 + Q_4 + Q_6 + Q_8)\frac{e}{h}\right]\frac{a_6'}{s} - (Q_3 + Q_4 + Q_7 + Q_8)\frac{a_7}{h} + (Q_3 + Q_4)\frac{s-e}{h}\cdot\frac{a_2}{s} + (Q_3 + Q_4 + Q_7 + Q_8)\frac{s-e}{h}\cdot\frac{a_8'}{s}$$

35. $$A_6'' = + \left[H_2 + H_4 + (Q_2 + Q_4)\frac{e}{h}\right]\frac{a_4}{s} - (Q_1 + Q_2)\frac{a_1}{h} + \left[H_2 + H_4 + H_6 + H_8 + (Q_2 + Q_4 + Q_6 + Q_8)\frac{e}{h}\right]\frac{a_6'}{s} - (Q_1 + Q_2 + Q_5 + Q_6)\frac{a_5}{s} - (Q_3 + Q_4)\frac{a_5}{h}$$

36. $$A_8'' = - \left[H_2 + H_4 + (Q_2 + Q_4)\frac{e}{h}\right]\frac{a_2}{s} - (Q_3 + Q_4)\frac{a_3}{h} - \left[H_2 + H_4 + H_6 + H_8 + (Q_2 + Q_4 + Q_6 + Q_8)\frac{e}{h}\right]\frac{a_6}{s} - (Q_3 + Q_4 + Q_7 + Q_8)\frac{a_7}{h} + (Q_3 + Q_4)\frac{s-e}{h}\cdot\frac{a_2}{s} + (Q_3 + Q_4 + Q_7 + Q_8)\frac{s-e}{h}\cdot\frac{a_7}{s}$$

Diese allgemeinen Formeln können in der gleichen Weise, wie es für die normale Zelle im Anfang des zweiten Teiles geschehen ist, für verschiedene Fachwerkshöhen, Holmentfernungen, Spannweiten usw. im einzelnen näher betrachtet werden. Da jedoch die zugrunde gelegte Verspannungsart bis jetzt nicht die gleiche Bedeutung gewonnen hat, wie die normale Zelle, so wird mit Rücksicht auf den verfügbaren Raum von dieser eingehenden Betrachtung abgesehen.

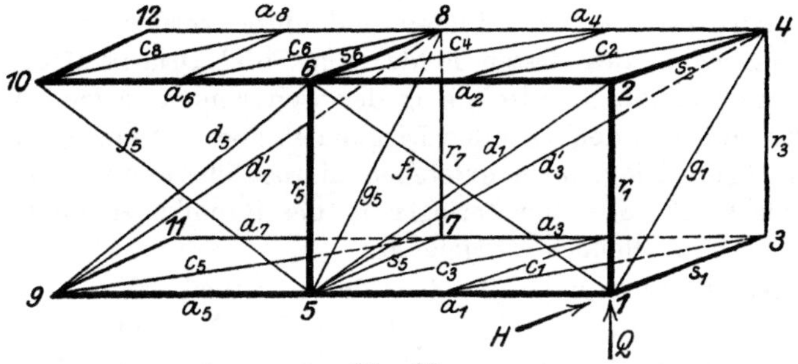

Fig. 27.

In der Durchführung der Berechnung des Zahlenbeispiels selbst, die wir aus Mangel an Raum nicht ausführlich anschreiben können, wurden zunächst einige neue, von der ursprünglichen Berechnung abweichende Diagonalquerschnitte eingeführt. Entsprechend den zu erwartenden Spannungen wurden die Kabel d_5 vorn, innen und die Innendiagonale c_5 unten, innen im Vergleich zur Normalzelle verstärkt. Der Querschnitt von d_7' hinten, innen wurde entsprechend schwächer angenommen.

Für das Hauptsystem des C-Falles müssen neue, allgemeine Formeln aufgestellt werden. Entsprechend den gegebenen Formeln des B-Falles macht dies keine Schwierigkeiten. Durch die Wirkung der Gegenkabel f vorn verschiebt sich das Kräftebild. Dies hat hier größere Bedeutung, da auch das Raumkabel seine Last von hinten nach vorn abgibt.

Die Berechnung der Stabkräfte infolge $X_a = -1$ ist bei der E-Verspannung einfacher. Die Kraft $X_a = -1$ in dem Kabel g_1 deckt sich im Seitenriß mit der räumlichen Diagonale d_3'. Die Kraft wird also an den oberen Fachwerkspunkten ohne Schwierigkeiten unmittelbar in der schrägliegenden Ebene, die durch das Tiefenkreuzkabel g_1 und die räumliche Diagonale d_3' gelegt werden kann, zerlegt. Es ergibt sich dann eine Druckkraft in dem oberen Hinterholm des betrachteten Feldes, die unverändert durch die weiter nach innen anschließenden Hinterholme weitergeleitet wird. Die Diagonalkraft D_3' wird an dem vorderen Fachwerksknotenpunkt unten in gleicher Weise, wie es für die Stabkräfte des Hauptsystems geschah, in drei Teilkräfte zerlegt. Diese werden durch die ebenen Fachwerke der unteren und der vorderen Tragwände aufgenommen. Es zeigt sich jedoch, daß bei dem Zustand $X_a = -1$ die Diagonalkräfte, die aus der nach unten geführten Kraft des räumlichen Kabels entstehen; von gleichen aber entgegengesetzt gerichteten Kräften infolge der unteren Kraft X_a am Punkte 1 aufgehoben werden. Durch die beiden entgegengesetzt gerichteten Kräfte X_a oben hinten und unten vorn entstehen in den Hauptdiagonalen des ersten Feldes Zug- und Druckkräfte, die nur eine Beanspruchung der Holme in den weiter innen liegenden Feldern hervorrufen, die innenliegenden Diagonalen aber unbeansprucht lassen. In den oberen Diagonalen entstehen hierbei überhaupt keine Kräfte. Die Druckkraft, die beim Zerlegen in das Raumkabel entsteht, wird im Hinterholm allein weitergeleitet.

Diese Betrachtung, die für den Zustand $X_a = -1$ durchgeführt wurde, gilt in gleicher Weise für X_b und X_c. Nur in dem zugehörigen Feld werden jedesmal die Diagonalen beansprucht. In den weiteren Feldern werden nur die übers Kreuz einander gegenüberliegenden Holme gleichzeitig gezogen bzw. gedrückt.

Aus diesem Kräftezustand ergibt sich die Unabhängigkeit der verschiedenen Zustände X_a und $X_b = -1$ voneinander, da bei der Berechnung der statisch Unbestimmten die Holmdeformationen im allgemeinen vernachlässigt werden können. Für die Durchführung der Berechnung ist dies ein recht angenehmer Vorteil dieses Systems. Die obere Innenverspannung hat in diesem System also keinen Einfluß auf die statisch Unbestimmten und die Entlastung des Fachwerks.

Im A-Fall ist hier in gleicher Weise wie bei der Normalverspannung die Wirkung der Tiefenkreuze in den meisten Fällen zu vernachlässigen.

Im C-Fall ergibt sich eine Verringerung der statisch unbestimmten Größe vor allem im inneren Feld. Dies bedingt eine wesentliche Verkleinerung der Holmkraft unten hinten, die vorher gerade recht groß war. Da zur Wiedergabe der ganzen Berechnung nicht der Raum zur Verfügung steht, geben wir nur folgende Zusammenstellung der größten Kräfte und den zahlenmäßigen Vergleich mit den entsprechenden Beanspruchungen in der Normalzelle. Die Lage der Knotenpunkte und die Abmessungen sind die gleichen wie in dem Normalbeispiel der Flugzeugmeisterei (s. auch Seite 52).

Zusammenstellung der errechneten größten Kräfte für alle Fälle des ursprünglichen und neuen Systems.

Tafel 9.

Stab	Ursprünglich Kraft kg	Ursprünglich Fall	Neu Kraft kg	Neu Fall
D_1	+ 981	A	+ 981	A
D_5	+ 1443	A	+ **2180**	A
D_3'	+ 981	A	+ 971	A
D_7'	+ **1443**[1]	A	+ 948	B
F_1	+ 569	D		
F_5	+ 975	D		
F_3	+ 467	D		
F_7	+ 772	D		
C_1	+ 862	C	+ 848	C
C_3	+ 862	C	+ 848	C
C_5	+ **1858**	C	+ 1441	C
C_2	+ 370	A	+ 363	C
C_4	+ 370	A	+ 363	C
C_6	+ 566	A	+ 532	C
C_8	+ 566	A	+ 532	C
C_1	+ 629	C	+ 612	C
C_5	+ 483	C	+ 394	C
R_1	− **486**	C	− 375	B
R_3	− 327	B	− 327	B
R_5	− 807	A	− **1378**	A
R_7	− **823**	B	− 373	B

Stab	Ursprünglich Kraft kg	Ursprünglich Fall	Neu Kraft kg	Neu Fall
M_1	− 451	C	− 444	C
M_2	− 194	A	− 190	C
M_4	− 354	A	− 332	C
S_1	− 290	C	− 283	C
S_2	− 97	A	− 97	A
S_5	− **678**	C	− 486	C
S_6	− 274	A	− **532**	C
A_1'	− 465	D	+ 436	C
A_1''	− 371	D	+ **555**	B[2]
A_5	− 991	D	+ **2110**	B[2]
A_3'	− 734	C	− 722	C
A_3''	− **1468**	C	− 1345	C
A_7	− **2982**	C	− 2745	C
A_2'	− 792	A	− 792	A
A_2''	− 477	A	− **626**	A
A_6'	− 1080	A	− **1554**	A
A_6''	− 638	A	− **1110**	A
A_4'	− **1107**	A	− 958	A
A_4''	− **1422**	A	− 1124	A
A_8'	− **2782**	A	− 2262	A
A_8''	− **3224**	A	− 2485	A

Die Betrachtung dieser Zusammenstellung ergibt in dem neuen System eine Vergrößerung der Diagonalkraft D_5, die sich mit einer Verkleinerung der Kraft D_7 beinahe aufhebt. Dieses Ergebnis war zu erwarten. Denn durch das Nachvornverlegen des räumlichen Kabels im ersten Feld werden die Knotenlasten außen von hinten nach vorn übertragen. Sie müssen dann als größere Querkraft durch die Diagonale d_5 weitergeleitet werden. Dafür wird die Diagonale d_7' weniger beansprucht, da sie jetzt nicht mehr die weiter außen liegenden Knotenlasten Q_3 und Q_4 nach innen überträgt, sondern nur die beiden unmittelbar zugehörigen Knotenlasten Q_7 und Q_8.

Bei den Diagonalen der Innenverspannung ergeben sich nur geringe Unterschiede.

[1]) Die maßgebenden Kräfte sind fett gedruckt.

[2]) D-Fall ist nicht berechnet, da kein großer Unterschied beider Systeme zu erwarten.

Aus den gleichen Gründen, die für die Diagonale d_5 dargelegt wurden, wird in dem neuen System der Stiel r_5 stärker beansprucht. Diese Mehrbeanspruchung wird jedoch durch eine geringere Beanspruchung der Stiele r_1 und r_7 aufgehoben.

Am wichtigsten sind jedoch die Kräfte in den Holmstäben. Größere Kräfte in dem neuen System ergeben sich nur für die vorderen Oberholme a_2 und a_6. Der A-Fall verteilt sich nicht mehr so gleichmäßig wie früher über die ganze Zelle. Dagegen werden die Hinterholme oben entlastet und ebenso die Hinterholme unten. Die letztere Entlastung stellt sich zahlenmäßig nicht als so groß dar, wie vielleicht zu erwarten wäre. Es ist jedoch zu berücksichtigen, daß der C-Fall, der hier die Hauptbelastung liefert, noch mit der alten Forderung eines Hebelarmes von $^2/_3 \cdot t$ durchgeführt wurde, um den Vergleich mit dem ursprünglichen Beispiel zu ermöglichen. Bei der Durchführung der Berechnung im C-Fall mit dem neu geforderten Hebelarm von $1{,}75 \cdot t$ wäre die Entlastung der Unterholmstäbe hinten verhältnismäßig größer.

Im ganzen ergibt sich also beim Zweistieler ein geringer Vorteil zugunsten des neu vorgeschlagenen Systems. —

Bei größeren Flugzeugen wird auf die Durchrechnung des D-Falles (Oberdruck) verzichtet. Es wird deshalb im allgemeinen möglich sein, zur Aufnahme des Eigengewichtes der Zelle und des verbleibenden Oberdruckes mit einem Gegenkabel nur vorn auszukommen. Für das weggelassene Gegenkabel hinten könnte man, ohne den Luftwiderstand zu ändern, in dem besprochenen und berechneten System zu dem Raumkabel noch die ursprüngliche Hauptdiagonale hinten einführen.

Man käme dann zu folgendem Aufbau Fig. 28.

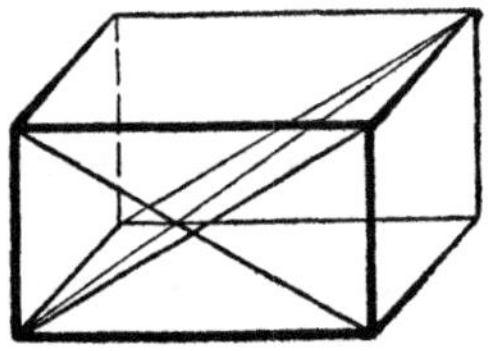
Fig. 28.

Dieser hätte den Vorteil, daß auch im A-Fall die Spannungen besser über die ganze Zelle verteilt werden. Als äußerer Nachteil wäre es freilich anzusehen, daß in jedem Feld zwei statisch unbestimmte Größen auftreten und daß auch diese nicht mehr voneinander unabhängig sind.

Die Spannungsverteilung hätte in diesem System größere Vorzüge und der Luftwiderstand wäre ungefähr der gleiche wie für die normal verspannte Zelle mit Gegenkabel hinten.

Weitere Verspannungsmöglichkeiten.

Will man die räumlichen Diagonalen beibehalten und statt des vorderen Haupttragkabels das hintere durchführen, so ergibt sich folgende Fig. 29:

Bei diesem Aufbau findet keine Entlastung durch das Tiefenkreuz statt, da das Tiefenkreuz hier ein statisch notwendiges Glied ist. Im A-Fall werden gerade durch das Tiefenkreuz große Kräfte auf die Hinterholme übertragen. Diese Kräfte dürften wohl die Zweckmäßigkeit des ganzen Systems in Frage stellen, wenn auch die Entlastung im C-Fall günstig ist. Das Raumkabel macht das System zum statisch unbestimmten.

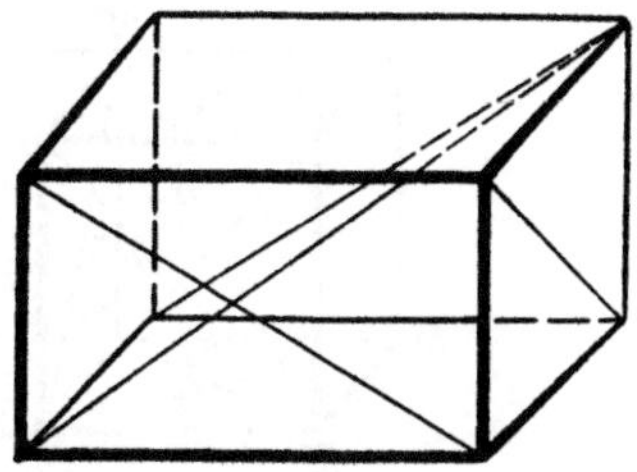

Fig. 29.

Bisher wurden in diesem Abschnitt hauptsächlich Systeme betrachtet, die nur ein Gegenkabel und zwar vorn besaßen.

Will man zwei Gegenkabel verwenden, so ergeben sich folgende Figuren, die jedoch nicht für die Ausführung in Frage kommen. (Es bliebe schließlich noch die Möglichkeit, das zweite Gegenkabel räumlich durch die Zelle zu führen.) —

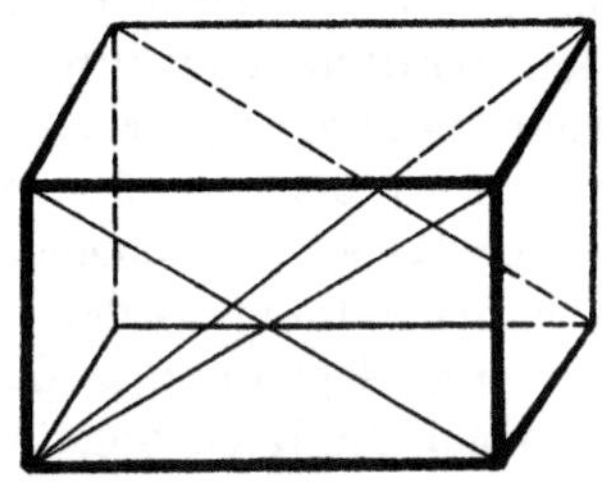

Fig. 30.

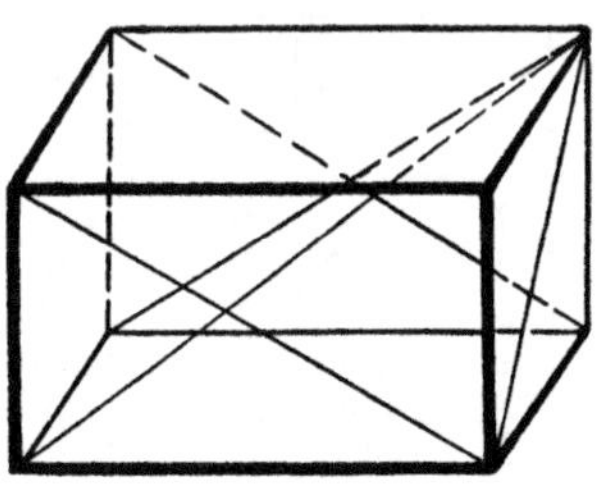

Fig. 31.

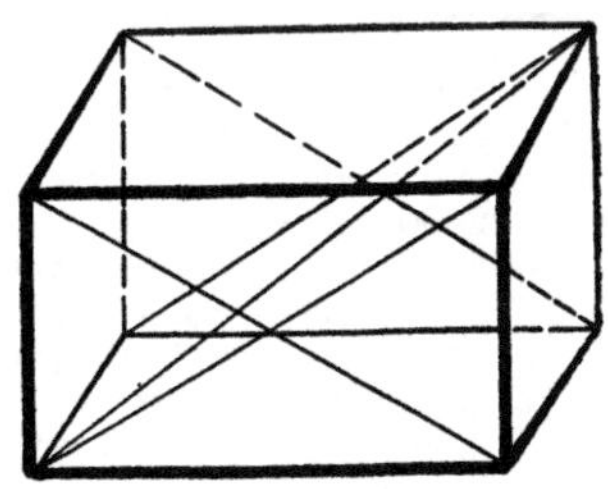

Fig. 32.

Dreistieler mit Raumverspannung.

In gleicher Weise wie bei dem Zweistieler ein System mit normaler dem mit Kreuzverspannung gegenübergestellt wurde, wird im folgenden noch der Dreistieler mit Raumverspannung an einem Beispiel betrachtet.

Die Berechnung bietet nichts wesentlich Neues. Die statisch Unbestimmten können wieder unabhängig voneinander berechnet werden.

Wir schreiben nur die Ergebnisse an, die genügen werden, um ein Bild für die ungefähre Kräfteverteilung in ähnlichen Fällen zu gewinnen. (Die Kräfte der gleichen normalen Zelle sind auf Seite 44 entwickelt.)

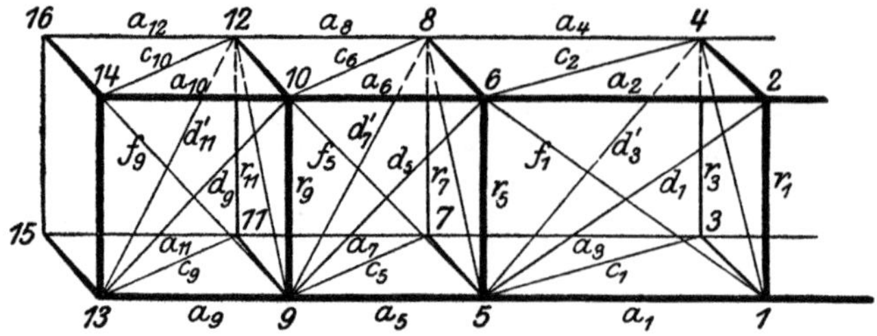

Fig. 33.

Vergleich der größten Stabkräfte.

Die Tafel 10 gibt den Vergleich der Stabkräfte einer normal verspannten und einer räumlich verspannten dreistieligen Zelle. Außer den Kräften und ihren Unterschieden wurden auch die Hauptbelastungsfälle vermerkt, bei denen jedesmal die größten Kräfte auftreten. In der Figur 33 sind die Innendiagonalen in einem Hauptfeld zu einem Kabel zusammengefaßt. Die Tiefenkreuzkabel sind in der Zusammenstellung wieder mit *G* bezeichnet.

Im Gegensatz zu dem Zweistieler spricht bei dem vorgeführten Beispiel die Rechnung im ganzen genommen weniger zugunsten der neuen Raumverspannung.

Tafel 10.

Stab	Ursprüngl.		Neu		
	Fall	kg	Fall	kg	$\sim \Delta$
D_1	*A*	+ 2200	*A*	+ 2200	—
D_5	*A*	+ 3900	*A*	+ 5900	+ 2000
D_9	*A*	+ 5000	*A*	+ 8000	+ 3000
D_3	*B*	+ 2410	*A*	+ 2500	+ 1000
D_7	*B*	+ 4550	*B*	+ 3850	− 700
D_{11}	*B*	+ 6080	*B*	+ 2800	− 3300
F_1	*C*	+ 620	*C*	+ 840	+ 200
F_5	*C*	+ 1380	*C*	+ 1010	− 400
F_9	*C*	+ 2060	*C*	+ 660	− 1400
C_1	*C*	+ 1825	*C*	+ 1685	− 150
C_3	*C*	+ 1700	*C*	+ 1575	− 100
C_5	*C*	+ 3260	*C*	+ 3360	+ 100
C_7	*C*	+ 3030	*C*	+ 3110	+ 100
C_9	*C*	+ 3980	*B*	+ 4930	+ 1000
C_{11}	*C*	+ 4080	*B*	+ 4890	+ 800
C_2	*B*	− 360	*B*	− 1600	− 1200
C_4	*B*	− 340	*B*	− 1600	+ 1300
C_6	*B*	− 430	*B*	− 3080	− 2600
C_8	*B*	− 390	*B*	− 2580	− 2100
C_{10}	*B*	− 380	*B*	− 3840	− 3400
C_{12}	*B*	− 360	*B*	− 3890	− 3500

Stab	Ursprüngl.		Neu		
	Fall	kg	Fall	kg	$\sim \Delta$
R_1	*B*	− 660	*C*	− 660	—
R_3	*B*	− 1100	*B*	− 1110	—
R_5	*A*	− 1870	*A*	− 3230	+ 1350
R_7	*B*	− 2440	*B*	− 1170	− ·1200
R_9	*A*	− 3060	*A*	− 5700	+ 2700
R_{11}	*B*	− 3910	*B*	− 1090	− 2800
A_2	*A*	− 1815	*A*	− 2275	+ 400
A_4	*A*	− 1915	*B*	− 570	− 1300
A_6	*A*	− 4760	*A*	− 7460	+ 2700
A_8	*A*	− 5000	*A*	+ 870	− 4200
A_{10}	*A*	− 8120	*A*	+ 18070	+ 10000
A_{12}	*A*	− 8530	*A*	+ 3400	− 5100
A_1	*B*	+ 520	*B*	+ 370	− 150
A_3	*C*	− 1960	*C*	− 1810	− 150
A_5	*B*	+ 3450	*B*	+ 4975	+ 1500
A_7	*C*	− 5300	*C*	− 5750	+ 400
A_9	*B*	+ 7570	*B*	+ 16380	+ 8800
A_{11}	*C*	− 8970	*C*	− 11170	+ 2200
G_1	*C*	+ 1150	*C*	+ 990	+ 150
G_5	*C*	+ 950	*C*	+ 810	+ 150
G_9	*C*	+ 683	*C*	+ 550	+ 150

7. Einfluß und Berechnung der Tiefenkreuzkabel.

Allgemeines zur statisch unbestimmten Berechnung der Normalzelle.

Der Einfluß der statisch unbestimmten Fachwerksanordnung wurde oben bei dem Verfahren der Momentenzerlegung, wie bei dem Verfahren der Einheitskräftepläne schon kurz berücksichtigt. Die Wirkung der Tiefenkreuz- oder Querverspannung soll hier zusammenhängend betrachtet werden.

Wie schon an verschiedenen Stellen dargelegt, bringt jedes Tiefenkreuzkabel eine neue statische Unbestimmtheit in das Fachwerk. Es leuchtet aus Symmetriegründen schon ein, daß es keinen Sinn hat, irgendeine andere Größe an Stelle des Tiefenkreuzkabels als statisch Unbestimmte zu wählen. Würde man beispielsweise eine oder zwei Diagonalkräfte als statisch Unbestimmte einführen, so bliebe immer eine störende Unsymmetrie in dem Hauptsystem bestehen. Prof. Reißner, Berlin ist zuerst in einer größeren Berechnung derart vorgegangen. Diesem Beispiel hat man sich später ganz allgemein angeschlossen.

Im folgenden soll an einem normalen Beispiel untersucht werden, inwieweit sich die Größe der statisch Unbestimmten ändert, wenn man:

1. außer den Kabeln die Dehnung der Holme und Stiele in der Rechnung berücksichtigt,

2. ein anderes als das Hoog'sche Dehnungsgesetz für die Kabel einführt,

3. bei mehrfach statisch unbestimmten Systemen die genaue Abhängigkeit der einzelnen statisch unbestimmten Größen voneinander vernachlässigt und stets so rechnet, als ob das gerade untersuchte Feld nach innen zu sich auf einen starren Körper abstützte.

Der Einfluß der Biegungsmomente der Holme auf die statisch unbestimmten Größen soll hier nicht untersucht werden. Prof. Dr. Pröll hat in der Zeitschrift für Flugtechnik und Motorluftschiffahrt 1917 diesen Fall aus dem Prinzip der virtuellen Verrückungen heraus behandelt.

Wir wollen hier nur darauf aufmerksam machen, daß wegen der gleichzeitigen Wirkung von Knickung und Biegung auch in dieser Beziehung keine genaue Proportionalität besteht. Man kann also nicht schreiben

$$M = M_o - M_a \cdot X_a - M_b \cdot X_b - \ldots$$

wobei M_o das Moment im bestimmten Hauptsystem und M_a das Moment infolge $X_a = -1$ bedeutet. Deshalb ist auch nicht die allgemeine, lineare Elastizitätsgleichung anzusetzen:

$$0 = \delta_{oa} - X_a \cdot \delta_{aa} - X_b \cdot \delta_{ab} - \ldots$$

wobei

$$\delta_{pq} = \sum \frac{S_p S_q \cdot s}{E \cdot F} + \int \frac{M_p M_q}{E \cdot J} dx \quad \ldots \ldots \ldots \quad (26)$$

Es ist jedoch anzunehmen, daß bei den geringeren Längenänderungen der auf Knickung dimensionierten Stäbe der Einfluß der Biegungsmomente nicht allzu groß ist.

Die Untersuchung des Einflusses der Temperatur soll hier übergangen werden. Erst durch Anordnung der statisch unbestimmten Tiefenkreuzkabel entstehen solche Spannungen in dem Fachwerk.

Die **Grundlagen** der statisch unbestimmten Berechnung sind im Flugzeugbau lange nicht so gut und einwandfrei wie z. B. im Brückenbau oder Eisenhochbau.

Zunächst ist die Dehnung der üblichen Kabel nicht der Spannung proportional. Wenn man auch ein besonderes Dehnungsgesetz in die Berechnung der statisch Unbestimmten einführt, so ist immer noch zu bedenken, daß die einzelnen Kabel oft mit recht verschiedener Last vorgereckt werden. Diese beträgt oft die Hälfte bis zwei Drittel der Bruchlast.

Die Nachgiebigkeit der Anschlußkonstruktionen und der Beschläge, wo Eisen an Holz angreift, und die verschiedene Nachgiebigkeit der Spannschlösser ist schwer zu berücksichtigen. Diese Einflüsse hat meines Wissens Prof. Reißner zuerst in größeren Rechnungen berücksichtigt. Auch Montagefehler, die im Flugzeugbau häufig genug sind, bedingen Unsicherheiten der unbestimmten Berechnung. Man betrachte z. B. nur einmal in der Werkstätte das Anpassen eines Schwimmers an den Unterbau. Auch das Schwinden des Holzes wäre zu beachten.

Die Theorie nimmt im allgemeinen die Unterstützung des Raumfachwerks am Rumpf als starr an, aber gerade bei dem Führersitz ist der Rumpf oben oft ohne wagrechte Versteifung und wird in Wirklichkeit in einer Art und Weise nachgeben, die bei den üblichen Konstruktionen kaum geschätzt werden kann. Ist der Rumpf nicht steif konstruiert oder kann aus einem anderen Grunde die Zelle des Raumfachwerks nicht an den Rumpf als starren Körper angeschlossen werden, so sind Untersuchungen nach Seite 109 dieses Teiles oder besondere Versuche vorzunehmen.

Die Einspannung der Holme gegeneinander durch die Rippen ist derart, daß durchaus nicht jede Deformation eines Gelenksystems möglich ist. Ballenstedt hat in einem Beispiel bei besonderen Annahmen eine Entlastung von 40 v. H. errechnet. Dazu kommt noch, daß die Holme über den Stützen in Wirklichkeit keine Gelenke haben, sondern durchlaufen.

Die Mitwirkung des Stoffes der Bespannung in der Aufnahme von Zugkräften ist ebenfalls schwer zu erfassen.

Wenn man alle diese Punkte beachtet und dazu noch (vgl. Seite 12) die Unsicherheit in der Annahme der Luftkräfte selbst berücksichtigt, erkennt man wohl, daß die zahlenmäßige Genauigkeit der statischen Berechnung nicht allzu weit getrieben werden kann.

Für die Wahl der Abmessungen sei darauf aufmerksam gemacht, daß bei zu großen Spannungen der hinteren Tragwand in dem statisch unbestimmten System oft nicht eine Verstärkung, sondern ein schwächerer Querschnitt größere Nachgiebigkeit und damit eine Verschiebung der Lastaufnahme nach der vorderen Scheibe bedingt. Je elastischer und nachgiebiger in gewissen Grenzen die hintere Scheibe in diesem Falle ausgeführt wird, desto mehr wird die festere vordere Scheibe zur Lastaufnahme herangezogen.

Die Berechnung der statisch Unbestimmten in der üblichen Weise kann man außer der Momentenmethode auch derart durchführen, daß man nicht die Knotenlasten selbst in die Summenglieder der Elastizitätsgleichung einführt, sondern nur ihre Unterschiede von vorn und hinten bzw. von oben und unten. Es ist klar, daß bei symmetrischen Systemen nur die Unterschiede der äußeren Lasten die statisch unbestimmten Größen bedingen. Infolge gleicher Lasten und gleicher Durchbiegungen, beispielsweise vorn und hinten, können die Tiefenkreuzkabel nicht beansprucht werden.

Besonders wenn nur einige Stäbe berechnet werden, ist dieser Weg vorteilhaft. Wir haben im folgenden dies Verfahren nicht angewandt, da wir die Rechenarbeit zur Gewinnung der neuen Größen S_0 an Stelle der schon vorhandenen Werte S_0 für größer hielten. Zerlegt man die berechneten X_a schließlich in zwei Teilkräfte in den Haupttragwänden, so läßt sich der Einfluß der Unbestimmten ebenfalls schnell ermitteln.

Mittelwerte für die Entlastung durch die Tiefenkreuzkabel.

Für die Dimensionierung der Flugzeugzelle und noch mehr für überschlägliche Berechnungen ist es von Bedeutung zu wissen, um wieviel vom Hundert die Tiefenkreuzkabel zur Entlastung der einzelnen Stabspannungen bei der normalen Zelle etwa beitragen.

Wir haben im folgenden aus einigen Berechnungen derartige Mittelwerte herausgezogen. Es wurden stets dabei nur die größten, maßgebenden Kräfte berücksichtigt, also:

im A-Fall der Vorderholm oben,
„ B- „ „ Hinterholm oben,
„ C- „ „ „ unten,
„ D- „ „ Vorderholm unten,
die Haupttragkabel im A- und B-Fall,
die Innenverspannung unten im C-Fall
und die Gegenkabel im D-Fall.

Die Entlastung ist dabei auf 1 bezogen nach der Gleichung:

$$\frac{S}{S_0} = \frac{x}{1}$$

wo S die endgültige Stabkraft und S_0 die Kraft des Hauptsystems ohne Tiefenkreuze bedeuten. Es ergibt sich vielleicht unter Berücksichtigung der Tatsache, daß im Flugzeugbau „bewährte Muster und Vorbilder“ oft „im Unterton mitklangen“, folgende doch recht weitgehende Übereinstimmung:

Tafel 11.

	Flz. Ein-stieler	Flz. Zwei-stieler	Halb. $C \cdot 8$	Halb. $C \cdot L \cdot S \cdot 1$	$R_u \cdot C \cdot 11$ Zwei-stieler	Mittel-wert (etwa)
Oberholm vorne A-Fall	1,06	1,00	0,648	0,625	0,81	**0,95**
Oberholm hinten B-Fall	0,511	0,451	0,472	0,527	0,57	**0,55**
Unterholm hinten C-Fall	2,47	1,22	1,74	2,03	—	**1,75**
Unterholm vorne D-Fall	0,74	0,575	0,78	0,786	0,35	**0,75**
Haupttragkabel vorn A-Fall	1,06	1,00	1,29	1,21	0,80	**1,05**
Haupttragkabel hinten B-Fall	0,61	—	0,75	0,79	0,63	**0,70**
Innenverspannung unten C-Fall	2,47	2,30	2,28	2,12	2,00	**2,25**
Gegenkabel vorne D-Fall	0,745	0,70	0,85	0,825	0,35	**0,75**

Auch Berechnungen von Siemens und anderen, die zum Vergleichen zur Verfügung gestellt wurden, ergaben ähnliche Werte. — Liegen Flugzeuge mit mehreren oder vielen Feldern vor, so haben eine Reihe von ausgeführten Berechnungen eine verhältnismäßig geringere Entlastung außen wie in Flugzeugmitte ergeben.

a) Einfluß der verschiedenen Fachwerkstäbe des Flugzeugs auf den Wert der statisch unbestimmten Größen.

Es ist im allgemeinen üblich, bei der Berechnung der statisch unbestimmten Größen einer normalen Doppeldeckerzelle in den Elastizitätsgleichungen den Einfluß der Holme und der Stiele zu vernachlässigen. Bei der großen Längenänderung, welche die Kabel-

und Verspannungsorgane gegenüber den starren Holmen und Stielen besitzen, besteht diese Vernachlässigung auch mit Recht. Die Längenänderung der Holme beträgt im allgemeinen $^1/_6$ bis $^1/_{12}$ von derjenigen der Kabel.

Wer zum erstenmal eine statische Berechnung im Flugzeugbau ausführt, wird sich nur selten davon abbringen lassen, treu und brav sämtliche Glieder, d. h. sämtliche Holme, Innen- und Außenstiele, in die Rechnung mit aufzunehmen.

Es soll deshalb im folgenden für das schon öfter benutzte Beispiel der Normalberechnung an einem Zweistieler gezeigt werden:

1. Die Änderung der statisch unbestimmten Größen, wenn man nur die vier Hauptkabel und die beiden Tiefenkreuzkabel berücksichtigt, also gegenüber dem gewöhnlichen Verfahren auch noch die Verspannung in den Flügeln selbst als starr annimmt.

2. Im Gegensatz dazu sollen andererseits sämtliche Stäbe und Glieder des Flugzeugs in die Rechnung aufgenommen werden.

Es wird sich dann zeigen, in welchem Maße die einzelnen Glieder an der Größe von X_a teilnehmen. Wenn man noch ein Besonderes tun will, kann man, wie das Beispiel zeigt, die inneren Holmstäbe oder diejenigen Holme, die etwa einen verhältnismäßig kleinen Querschnitt besitzen, in der Rechnung berücksichtigen. Auch Rechnungsbeispiele von Reißner sprechen dafür.

Zu 1. Die Durchführung der Berechnung ohne Rücksicht auf die Innenverspannung, d. h. bei steifer Innenverspannung, ergibt sich aus dem folgenden und aus der bereits vorliegenden Normalrechnung der Flugzeugmeisterei für den Hauptfall B durch Weglassen der Summenglieder für die Innenstiele C. Bei der Mitwirkung der Rippen und der Steifigkeit des Flügels entspricht diese Annahme vielmehr den wirklichen Verhältnissen als die umgekehrte. (Dies gilt nur für die Berechnung der statisch Unbestimmten, nicht aber für die Bemessung der Verspannungen selbst.) Es folgt dann die Tafel 12 (vergl. auch Seite 88 und 91):

Tafel 12.

Stab	S_a	S_b	α	S_0 kg	$S_a S_b \cdot \alpha$	$S_b^2 \cdot \alpha$	$S_a^2 \cdot \alpha$	$S_0 \cdot S_a \cdot \alpha$	$S_0 \cdot S_b \cdot \alpha$
D_1	− 1,755	—	4440	− 308	—	—	13680	2400	—
D_3	+ 1,755	—	4440	+ 1542	—	—	13680	12016	—
D_5	− 1,33	− 1,33	2250	− 453	3984	3984	3984	1356	1356
D_7	+ 1,33	+ 1,33	2250	+ 2265	3984	3984	3984	6778	6778
G_1	− 1	—	5060	—	—	—	5060	—	—
G_5	—	− 1	5060	—	—	5060	—	—	—
				Summe =	7968	13028	40388	22550	8134

Die so gewonnenen Summenausdrücke in die Gleichung:

$$X_a = \frac{\Sigma S_0 S_a \alpha \cdot \Sigma S_b^2 \alpha - \Sigma S_0 S_b \alpha \cdot \Sigma S_a S_b \alpha}{\Sigma S_b^2 \alpha \cdot \Sigma S_a^2 \alpha - \Sigma (S_a S_b \alpha)^2}$$

eingesetzt, ergibt:

$$X_a = \frac{22550 \cdot 13028 - 8134 \cdot 7968}{13028 \cdot 40388 - 7968^2} = \frac{293780 - 64810}{526{,}3 - 63{,}5} = \frac{228970}{462{,}8} = \mathbf{494\ kg}$$

Für X_b ergibt sich entsprechend

$$X_b = \frac{8134 \cdot 40398 - 22550 \cdot 7968}{462{,}8} = \frac{328590 - 179670}{462{,}8} = \frac{148920}{462{,}8} = \mathbf{322\ kg}$$

Zu 2. Da in der Normalberechnung eine Elastizitätszahl für die Kabel von $E = 1290000\ \mathrm{kg/cm^2}$ benutzt wird, so müssen die Holzholme mit dem Verhältnis der beiden Elastizitätszahlen mit $1290000 : 110000 = \mathbf{11{,}72}$ und die Stahlrohrstiele mit dem Verhältnis $1290000 : 2150000 = 0{,}6$ vervielfacht werden.

Entsprechend dem Vorgehen in der Normalberechnung sind zunächst in einer besonderen Tafel die Werte $\alpha = \frac{l'}{F} \cdot \nu = \frac{l'}{F} \cdot \frac{E_1}{E_2}$ zusammengestellt.

Tafel 13.

Stab	F cm²	l' cm	$\nu = \frac{E_1}{E_2}$	$\alpha = \frac{l'}{F} \cdot \nu$
R_1	0,943	176	0,6	112
R_3	0,943	176		112
S_1	0,307	76		148
S_2	0,275	76		166
M_1	0,307	76		148
M_2	0,275	76		166
R_5	1,068	176		99
R_7	1,068	176		99
S_5	0,338	76		135
S_6	0,275	76		166
M_4	0,275	76		166
A_1''	11,3	160	11,72	160
A_5	11,3	155		155
A_3'	18,4	130		83
A_3''	18,4	130		83
A_7	23,0	155		79
A_4'	18,4	130		66
A_4''	18,4	130		66
A_8'	24,2	100		48
A_8''	24,2	100		48
A_2'	12,0	130		127
A_2''	12,0	130		127
A_6'	12,0	100		98
A_6''	12,0	100		98

Die Tafel 14 umfaßt alle diejenigen Summenglieder der Stiele und Holme, die in der früheren Rechnung vernachlässigt waren.

Tafel 14.

Stab	S_a	S_b	α	S_0 kg	$S_a S_b \cdot \alpha$	$S_b^2 \cdot \alpha$	$S_a^2 \cdot \alpha$	$S_0 \cdot S_a \cdot \alpha$	$S_0 \cdot S_b \cdot \alpha$
R_1	+ 1,025	—	112	+ 66	—	—	+ 118	+ 8	—
R_3	—	—	112	− 327	—	—	—	—	—
S_1	+ 0,438	—	148	− 25	—	—	+ 28	− 2	—
S_2	—	—	166	− 43	—	—	—	—	—
M_1	+ 0,438	—	148	− 154	—	—	+ 28	− 10	—
M_2	− 0,438	—	166	− 270	—	—	+ 32	+ 20	—
R_5	+ 1,025	+ 1,025	99	+ 254	+ 104	+ 104	+ 104	+ 25	+ 25
R_7	− 1,025	—	99	− 1273	—	—	+ 104	+ 129	—
S_5	+ 0,438	+ 0,438	135	− 182	+ 26	+ 26	+ 26	− 11	− 11
S_6	− 0,438	—	166	− 305	—	—	+ 32	+ 22	—
M_4	− 0,438	− 0,438	166	− 491	+ 32	+ 35	+ 32	+ 36	+ 36
A_1''	− 0,712	—	160	+ 250	—	—	+ 81	− 38	—
A_5'	− 2,85	—	155	+ 250	—	—	+ 1260	− 111	—
A_3'	+ 0,712	—	83	− 250	—	—	+ 42	− 15	—
A_3''	+ 1,425	—	83	− 500	—	—	+ 169	− 59	—
A_7	+ 3,700	+ 0,85	79	+ 112	+ 248	+ 56	+ 1081	+ 33	+ 7
A_4'	− 2,14	—	66	− 1688	—	—	+ 302	+ 238	—
A_4''	− 2,85	—	66	− 2126	—	—	+ 536	+ 400	—
A_8'	− 4,247	− 1,397	48	− 4186	+ 284	+ 86	+ 866	+ 854	+ 281
A_8''	− 4,795	− 1,945	48	− 4800	+ 397	+ 183	+ 1100	+ 1100	+ 448
A_2'	+ 1,425	—	127	+ 250	—	—	+ 259	+ 45	—
A_2''	+ 2,14	—	127	+ 688	—	—	+ 581	+ 189	—
A_6'	+ 3,70	+ 0,85	98	+ 1415	+ 308	+ 71	+ 1342	+ 512	+ 118
A_6''	+ 4,247	+ 1,397	98	+ 2029	+ 581	+ 191	+ 1768	+ 844	+ 277
				Summe =	1980	752	9891	+ 4455	+ 1192
								− 246	− 11
								+ 4209	+ 1181

Die neuen Summen in der Elastizitätsgleichung ergeben sich durch Addition der ursprünglichen Werte, die den Zahlen von Seite 81 zusammen mit den Stäben C entsprechen, und der soeben berechneten Beiträge.

$$\Sigma S_a S_b \cdot \alpha = 1980 + 9624 = 11604$$

$$\Sigma S_b^2 \cdot \alpha = 752 + 14684 = 15436$$

$$\Sigma S_a^2 \cdot \alpha = 9891 + 47000 = 56891$$

$$\Sigma S_0 S_a \cdot \alpha = 4209 + 23344 = 27553$$

$$\Sigma S_0 S_b \cdot \alpha = 1181 + 8276 = 9457$$

Der Wert der statisch unbestimmten Größen wird damit:

$$X_a = \frac{27553 \cdot 15436 - 9457 \cdot 11604}{56891 \cdot 15436 - 11604^2} = \frac{425310 - 109740}{878,17 - 134,65} = \frac{315570}{743} = \mathbf{424\ kg}$$

$$X_b = \frac{9457 \cdot 56,891 - 27553 \cdot 11,604}{743} = \frac{218300}{743} = \mathbf{294\ kg}$$

Der Fall einer Verstärkung der Tiefenkreuzkabel und eine Ausführung mit steifen Gliedern ist auf Seite 256 des II. Teiles genauer behandelt. Es ergibt sich ein verhältnismäßig größerer Einfluß der Tiefenkreuzkabel.

— Zusammenstellung. —

Bei Berücksichtigung sämtlicher Stäbe, Holme, Stiele und Kabel	$X_a = 424$ kg	$X_b = 294$ kg
Bei Berücksichtigung aller Verspannungen, aber ohne Holme	$X_a = 439$ kg	$X_b = 279$ kg
Bei Berücksichtigung der Hauptkabel allein, ohne Holme und ohne Innenverspannung	$X_a = 494$ kg	$X_b = 322$ kg

Es ergibt sich also für X_a ein Unterschied von 55 kg, das sind etwa 13 v. H., durch die Vernachlässigung der Flügelinnenverspannung gegenüber der üblichen Berechnung. Bei X_b beträgt der Unterschied sogar 15 v. H. Daraus folgt also, daß die einfache Beschränkung der Berechnung auf die Hauptkabel allein bei geringer Flügelsteifigkeit nicht zulässig erscheint. Andererseits ist demnach die Steifigkeit der Innenverspannung von recht großem Einfluß für einen guten Ausgleich der Kräfte in den Haupttragwänden. Durch Verstärken der Innenverspannung kann in dieser Beziehung mehr erreicht werden als etwa durch entsprechendes Verstärken der Tiefenkreuze oder der Hauptverspannung.

Bei Berücksichtigung sämtlicher Stäbe ergibt sich jedoch sowohl bei X_a wie bei X_b ein Unterschied von nur 15 kg, was 3,5 bzw. 5 v. H. entspricht. Bei der bedeutenden Mehrarbeit, welche die Ausdehnung der Berechnung auf sämtliche Stäbe erfordert, kann man, wie das Beispiel zeigt, mit gutem Recht die übliche Berechnungsart beibehalten. Der geringe Einfluß der Holmstäbe auf die statisch unbestimmte Rechnung hat nebenbei den Vorteil, daß man den genauen Wert der Elastizitätszahl der Hölzer nicht festzustellen braucht. Selbst bei Verwendung der gleichen Holzart finden sich hier je nach Standort, Wuchs und Lage des verwendeten Stückes die größten Unterschiede. (Die ursprüngliche, verbreitete Annahme, daß Esche eine größere Elastizitätszahl wie Fichte oder Kiefer habe, ist als unzutreffend nachgewiesen.) — Bei größerem Einfluß der Holmstäbe wäre es auch nicht mehr möglich, die Momentenmethode für die Längskraftberechnung derart einfach zu entwickeln, wie dies oben geschehen.

b) Berechnung der statisch unbestimmten Größen in einem normal aufgebauten Zellenfachwerk bei drei und mehr statisch Unbestimmten X_a, X_b, X_c . . .

Bei mehr als zwei statisch unbestimmten Größen beginnt die übliche Berechnung und die Auflösung der Elastizisätsgleichungen schon auf einige zahlenmäßige Schwierigkeiten zu stoßen. Die genaue Berechnung für den bewährten Dreidecker von Caproni, der als Sechsstieler gebaut ist, wäre z. B. kaum durchführbar. Es wird deshalb im folgenden eine Rechnungsart entwickelt, die innerlich der Momentenmethode von S. 47 ff. entspricht (vergl. Fig. 76, jedoch normal verspannt).

Die drei allgemeinen Elastizitätsgleichungen:

$$\Sigma S_o S_c \varrho - X_a \Sigma S_a S_c \varrho - X_b \Sigma S_b S_c \varrho - X_c \Sigma S_c S_c \varrho = 0 \quad . \ (27/1)$$

$$\Sigma S_o S_b \varrho - X_a \Sigma S_a S_b \varrho - X_b \Sigma S_b S_b \varrho - X_c \Sigma S_c S_b \varrho = 0 \quad . \ (27/2)$$

$$\Sigma S_o S_a \varrho - X_a \Sigma S_a S_a \varrho - X_b \Sigma S_b S_a \varrho - X_c \Sigma S_c S_a \varrho = 0 \quad . \ (27/3)$$

sollen nicht mehr unmittelbar für sämtliche Stäbe der Zelle als drei Gleichungen mit je drei Unbekannten angeschrieben und gelöst werden.

Infolge des geometrisch ähnlichen Aufbaues des prismatischen Fachwerks ergibt sich nicht nur bei gleichen Feldweiten, sondern allgemein, daß die Stabkräfte infolge X_a oder X_b oder $X_c = -1$, die wir mit S_a, S_b und S_c bezeichnen, einander gleich sind. X_a, X_b und X_c sind, wie bereits öfter verwendet, die Kräfte in den Tiefenkreuzkabeln, X_a am weitesten außen und X_c am nächsten zum Rumpf. Außerdem wird daran erinnert, daß hierbei der Zustand $X_c = -1$ sich nur über die innersten Stäbe erstreckt. Der Zustand $X_b = -1$ erstreckt sich dabei über die inneren und mittleren Stäbe. $X_a = -1$ umfaßt sämtliche Stäbe innen, mitten und außen.

Die erste der oben angeschriebenen Elastizitätsgleichungen (27), die sich aus $\delta_c = 0$ ergibt, wollen wir als Grundform unverändert beibehalten. Die darin enthaltenen Summen umfassen, wie dargelegt, nur die Stäbe im innersten Feld.

Die zweite Elastizitätsgleichung zerlegen wir in zwei Teilsummen, von denen die eine wegen der angeführten Gleichheit der Werte S_a, S_b, S_c und S_0 die erste Elastizitätsgleichung darstellt und außer dem zugehörigen Tiefenkreuzkabel nur die Stäbe im innersten Feld umfaßt. Da diese Summe nach der ersten Gleichung zu 0 wird, kann ihr Anteil in der zweiten Gleichung ohne weiteres wegfallen. Wir haben also als neue, zweite Gleichung eine Gleichung, die in den Summen nur noch die Stäbe im zweiten Feld umfaßt. Da aber für dieses Feld die Summe $S_c \cdot S_b \cdot \varrho = 0$ ist, so fällt die Unbekannte X_c völlig heraus und Gleichung 2) geht über in:

$$\Sigma S_o S_b \cdot \varrho - X_a \Sigma S_a S_b \cdot \varrho - X_b \Sigma S_b^2 \cdot \varrho = 0 \quad . \ . \ (27/2\,a)$$

Genauer unterscheidet sich jedoch $\Sigma S_c S_c \cdot \varrho$ von $\Sigma S_c S_b \cdot \varrho$ um den Beitrag des zugehörigen Tiefenkreuzes, der zunächst vernachlässigt wird. Die angeschriebene Gleichung 2a) umfaßt nur die Stäbe im zweiten Feld.

Aus ähnlichen Überlegungen ergibt sich die Gleichung 3a), wenn man die 0 gesetzte zweite Elastizitätsgleichung von der dritten abspaltet, in der die Beiwerte von X_b und $X_c = 0$ sind und die dann nur Stäbe im dritten Feld umfaßt.

$$\Sigma S_0 S_a \cdot \varrho - X_a \Sigma S_a^2 \cdot \varrho = 0 \quad . \quad . \quad . \quad . \quad . \quad (27/3\,a)$$

Auch hier unterscheidet sich genau genommen Summe $S_a \cdot S_b$ von Summe $S_b \cdot S_b$ durch den Beitrag des zugehörigen Tiefenkreuzes.

Es ergibt sich hieraus, daß die Auflösung der drei Gleichungen 1), 2a) und 3a) an Einfachheit wesentlich gewinnt gegenüber den ursprünglichen Gleichungen 1), 2) und 3). Aus der letzten Gleichung 3a) kann die einzige Unbekannte X_a unmittelbar ermittelt werden. Dann wird unter Benutzung des errechneten X_a der Wert X_b aus der Gleichung 2a) unmittelbar gewonnen und schließlich X_c aus 3a) durch einfaches Einsetzen der bereits berechneten Werte X_a und X_b gefunden.

Daß sich die dargelegte Rechnungsart auch bei Flugzeugen, die wegen verschiedener *V*-Form oben und unten nicht ganz die gleichen Werte von S_a und S_b ergeben, genau genug anwenden läßt, zeigen die folgenden Beispiele. Bei der Gegenüberstellung der in den Beispielen errechneten Werte nach dem früheren und hier entwickelten Verfahren ist zu beachten, daß die Lösung von drei Gleichungen mit drei Unbekannten immer aus rein zahlenmäßigen Gründen kleine Unterschiede ergibt.

Dem geübteren Statiker wird es nicht schwer sein, dabei auch den Beitrag der Tiefenkreuzkabel schätzungsweise in die Rechnung einzuführen. Bei weitgespannten Flugzeugen mit noch mehr wie drei Unbestimmten wird die Lösung nach der angegebenen Methode immer lohnender und auch immer genauer.

Im folgenden sind für ein Beispiel, das einem ausgeführten Großflugzeug entspricht, zahlenmäßig die drei Gleichungen angegeben. Der Fehler, der durch Vernachlässigung der Beiträge der Tiefenkreuzkabel entsteht, ist dabei zahlenmäßig zu erkennen. Nach Berechnung der Summenglieder, die wir hier übergehen, lautet Grundgleichung (27/1) genau:

$$5861 - X_a \cdot 9{,}495 - X_b \cdot 9{,}495 - X_c \cdot 10{,}905 = 0 \quad . \quad . \quad . \quad (1)$$

Diese Gleichung bleibt bei der abgekürzten Auflösung und bei der ausführlichen Rechnung die gleiche.

Gleichung 2) lautet im allgemeinen genau:

$$10051 - X_a \cdot 18{,}41 - X_b \cdot 20{,}44 - X_c \cdot 9{,}495 = 0 \quad . \; . \; . \quad (2)$$

Zieht man davon die Gleichung 1) ab, so ergibt sich:

$$4190 - X_a \cdot 8{,}92 - X_b \cdot 10{,}95 + X_c \cdot 1{,}41 = 0 \quad . \; . \; . \quad (2\,\text{b})$$

Bei der vorher beschriebenen Lösung soll in dieser Gleichung der Beiwert von $X_c = 1{,}41$, der den Beitrag des dritten Tiefenkreuzkabels darstellt, vernachlässigt werden. Die Gleichung enthält dann nur noch zwei Unbekannte X_a und X_b

$$4190 - X_a \cdot 8{,}92 - X_b \cdot 10{,}95 = 0 \quad . \; . \; . \; . \; . \quad (2\,\text{a})$$

Gleichung 3) lautet im allgemeinen:

$$14771 - X_a \cdot 37{,}86 - X_b \cdot 18{,}42 - X_c \cdot 9{,}495 = 0 \quad . \; . \; . \quad (3)$$

Zieht man davon die oben angeschriebene Gleichung 2) ab, so ergibt sich:

$$4720 - X_a \cdot 19{,}45 + X_b \cdot 2{,}02 = 0 \quad . \; . \; . \; . \; . \quad (3\,\text{b})$$

In dieser Gleichung rührt der Beiwert 2,02 für X_b nur von dem Beitrag des zugehörigen Tiefenkreuzkabels her.

Bei dem Auflösen dieser Gleichung wird man zunächst zweckmäßig so vorgehen, daß man in Gleichung 3b) den Beitrag des Tiefenkreuzkabels und damit die zweite Unbekannte $= 0$ setzt. Es ergibt sich dann die Gleichung 3a) durch diese Vernachlässigung:

$$4720 - X_a \cdot 19{,}45 = 0 \quad \text{oder} \quad X_a = \mathbf{242{,}5}\ \text{kg} \quad . \; . \; . \quad (3\,\text{a})$$

Diesen vorläufigen Wert, der sich von dem genaueren Wert $X_a = 262{,}5$ kg noch unterscheidet, in die Gleichung 2a) eingesetzt, liefert:

$$4190 - 242{,}5 \cdot 8{,}92 - X_b \cdot 10{,}95 = 0 \quad . \; . \; . \; . \; . \quad (2\,\text{a})$$

Daraus $X_b = 2050 : 10{,}95 = \mathbf{187}$ kg.

Diesen Wert, der ziemlich genau mit dem wirklichen Wurzelwert von X_b übereinstimmt, wiederum rückwärts in die erste Gleichung 3b) eingeführt, ergibt einen verbesserten Wert von X_a.

$$4720 - 2{,}02 \cdot 187 - X_a \cdot 19{,}45 = 0$$

und daraus $X_a = \mathbf{262}$ kg, was genau mit dem wirklichen Wert übereinstimmt. Geht man nun mit den beiden so errechneten Werten X_a und X_b in die erste Gleichung ein, so erhält man den Wert von $X_c = \mathbf{149}$ kg.

Da die Beiwerte in der Gleichung zur Bestimmung von X_c in beiden Fällen die gleichen sind, ist auch der Wert X_c durchaus genau.

Im allgemeinen kann in Anbetracht der vielen sonstigen Ungenauigkeiten, die den Belastungsannahmen zugrunde liegen, diese Art der Lösung empfohlen werden.

Die Rechenarbeit und auch die Fehlerquellen sind auf jeden Fall bei der Summenbildung in jeweils nur einem Feld bedeutend geringer.

Zweites Beispiel.

Bei einem nur zweifach unbestimmten System lohnt die gegebene Methode weniger, da es nicht umständlich ist, zwei Gleichungen mit zwei Unbekannten aufzulösen.

Um den Genauigkeitsgrad dieses Beispiels zu verfolgen, sei die Rechnung für das schon öfter verwendete Normalbeispiel der Flugzeugmeisterei im B-Fall durchgeführt.

Die beiden Elastizitätsgleichungen (vgl. S. 81) lauten:

$$8276 \cdot 10^3 - X_a \cdot 9624 - X_b \cdot 14684 = 0$$

$$23344 \cdot 10^3 - X_a \cdot 47000 - X_b \cdot 9624 = 0$$

Durch Subtraktion dieser beiden Gleichungen ergibt sich die Gleichung

$$15068 \cdot 10^3 - X_a \cdot 37376 + X_b \cdot 5060 = 0$$

In dieser Gleichung hat X_b noch den Beiwert 5060, der, wie auf Seite 81 zu ersehen, dem Beitrag des Tiefenkreuzes entspricht. Es zeigt sich, daß bei wenig statisch unbestimmten Größen und bei wenig Gliedern, über welche die Summe erstreckt wird, ein einziges Glied einen verhältnismäßig großen Einfluß hat. Sobald man das Rechnungsverfahren auf eine Zelle mit vielen Kabeln anwendet, ist dagegen der Einfluß eines Tiefenkreuzkabels ohne größere Ungenauigkeit zu vernachlässigen.

In unserem Falle ergibt sich also die Gleichung

$$15068 \cdot 10^3 - X_a \cdot 37376 = 0$$

$$X_a = \frac{15068 \cdot 10^3}{37376} = \mathbf{404}\ \text{kg}$$

Dieser Wert von $X_a = 404$ kg unterscheidet sich immerhin noch von dem genauen Wert $X_a = 439$ kg (vergl. Seite 84):

Berechnet man jedoch X_b aus der ersten Gleichung, so ergibt sich

$$X_b = \frac{8276 \cdot 10^3 - 404 \cdot 9624}{14684} = 299\ \text{kg}$$

Dieser Wert nähert sich schon besser dem genauen Wert 279. Setzt man wie vorher den Wert von X_b in die zweite Gleichung ein, so ergibt sich als verbesserter Wert von $X_a = 435$ kg, was sich nur wenig von dem genauen Wert unterscheidet. —

Bei dieser Gelegenheit soll kurz zahlenmäßig gezeigt werden, daß im Gegensatz zu dem entwickelten Verfahren das einfache Vernachlässigen des Summenwertes

$$\Sigma S_a \cdot S_b \cdot \varrho = \delta_{ab}$$

nicht statthaft ist.

So ergäbe sich z. B. in dem soeben betrachteten Falle:

$$X_b = \frac{8276 \cdot 10^3}{14684} = \mathbf{567}\ \text{kg}$$

Ein Wert, der fast das Doppelte des ursprünglichen Wertes erreicht.

c) Durchführung einer statisch unbestimmten Berechnung bei nicht linearer Kabeldehnung.

Während man im allgemeinen in der Statik der Baukonstruktionen berechtigt ist, auf Grund von vielen Versuchen für Flußeisen ein geradliniges Dehnungsgesetz nach der Gleichung:

$$\varepsilon = \frac{S}{E \cdot F}$$

anzunehmen, haben Versuche mit Verspannungskabeln des Flugzeugbaues gezeigt, daß für diese Kabel eine geradlinige Längenänderung entsprechend der Zunahme der Kraft nicht auftritt.

Diese Tatsache hat Prof. L. Mann am einfachsten derart in der Rechnung berücksichtigt, daß er an der Stelle der gemessenen Dehnungskurve, bei welcher die wirkliche Zugkraft auftritt, eine Tangente legt und die Gleichung dieser Geraden in die weitere Rechnung einführt:

$$\varepsilon = (S - S') \frac{\varepsilon_1}{S_1 - S'} \quad \ldots \ldots \ldots \quad (28)$$

Diese Gerade wird im allgemeinen nicht durch den Nullpunkt gehen und auch eine andere Neigung für die Dehnung haben, wie die ursprüngliche Gerade (s. Fig. 34). Setzt man nun diese Beziehung in die allgemeine Arbeitsgleichung ein, so folgt:

$$\Sigma S_a \cdot \Delta s = 0 \quad \text{und} \quad \Sigma S_a (S - S') \frac{s \cdot \varepsilon_1}{S_1 - S'} = 0 \quad \ldots \quad (29)$$

Damit wird, unter Benutzung der Beziehung:

$$S = S_0 - X_a S_a - X_b S_b - \ldots$$

z. B. die Gleichung für X_a bei nur einer Unbestimmten:

$$X_a = \frac{\Sigma (S_0 - S') \cdot S_a \cdot \frac{s \cdot \varepsilon_1}{S_1 - S'}}{\Sigma S_a^2 \cdot \frac{s \cdot \varepsilon_1}{S_1 - S'}} \quad \ldots \ldots \quad (30)$$

Man erkennt hieraus, daß sich gegenüber der gewöhnlichen Gleichung der Wert von $S_0 \cdot S_a$ in den Wert von $(S_0 - S') S_a$ geändert hat. Außerdem ist für den Beitrag der Kabel der Wert $\varrho = \frac{s}{E \cdot F}$ in den Wert $\frac{s \cdot \varepsilon_1}{S_1 - S'}$ übergegangen.

Für zwei statisch unbestimmte Größen ergeben sich dann beispielsweise folgende Gleichungen:

$$\Sigma S_a (S_0 - S') \cdot \varrho' - X_a \cdot \Sigma S_a^2 \cdot \varrho' - X_b \cdot \Sigma S_a \cdot S_b \cdot \varrho' = 0$$
$$\Sigma S_b (S_0 - S') \cdot \varrho' - X_a \cdot \Sigma S_a S_b \cdot \varrho' - X_b \cdot \Sigma S_b^2 \cdot \varrho' = 0$$

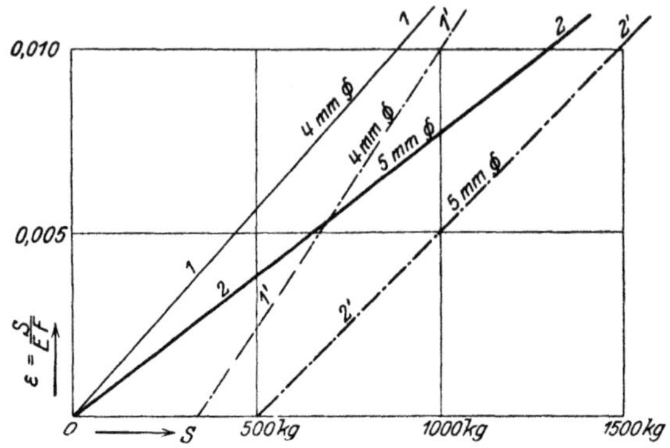

Fig. 34. Gerade 1 $\varepsilon = \frac{S}{1\,290\,000 \cdot 0{,}0687}$ Gerade 1' $\varepsilon = \frac{0{,}01\,(S - 350)}{650}$

In Fig. 34 sind die Dehnungskurven 1 und 2 einmal in der üblichen Weise für eine Elastizitätszahl vom 1290000 kg/cm² und dann bei der Annahme einer anderen Dehnungskurve eingetragen. Es sind zwei Kabel von 4 und 5 mm Durchmesser betrachtet. Für das erste Kabel von 4 mm Durchmesser ergibt sich: $F = 0{,}0687$ cm², Bruchlast 1500 kg, S (wirklich auftretende Spannung) 980 kg, $\varepsilon_1 = 0{,}01$ bei $S_1 = 1000$ kg (dies ist die wirklich beobachtete Dehnung, d. h. die Änderung der Längeneinheit des Stabes), der Wert S' (d. h. der Wert, bei dem die Interpolationsgrade die Nullinie schneidet) $= 350$ kg.

Die entsprechenden Werte für das 5-mm Kabel sind: $F = 0{,}1$ cm², Bruchlast $= 2400$ kg, $S_1 = 1440$ kg, $\varepsilon_1 = 0{,}01$ bei 1500 kg und $S' = 500$ kg. Damit folgt an Stelle der in ursprünglicher Rechnung benutzten Werte $\alpha = \frac{l'}{F} \cdot \nu$ der neue Wert $\alpha' = \frac{l' \cdot \varepsilon_1 \cdot E}{S_1 - S'}$. (Die ursprüngliche Gleichung war durch E und nicht wie sonst auch üblich durch $E \cdot F_c$ gekürzt.)

Man kann sich leicht überzeugen, daß beide Werte α die gleiche Dimension besitzen:

$$\alpha = \frac{l'}{F} \cdot \nu = \frac{\text{cm}}{\text{cm}^2} = \frac{1}{\text{cm}}$$

$$\alpha' = \frac{l' \cdot \varepsilon_1 \cdot E}{S_1 - S'} = \frac{\text{cm} \cdot \text{kg} \cdot \text{cm}^2 \cdot \text{kg}}{\text{kg} \cdot \text{cm}^2 \cdot \text{cm}^2 \cdot \text{kg}} = \frac{1}{\text{cm}}$$

Die ausgeführte Rechnung ergibt in unserm Beispiel:

$$\text{4-mm-Kabel } \alpha = \frac{305 \cdot 0{,}01 \cdot 1\,290\,000}{1000 - 350} = 6050$$

$$\text{5-mm-Kabel } \alpha = \frac{225 \cdot 0{,}01 \cdot 1\,290\,000}{1500 - 500} = 2900$$

Mit diesen Werten wird nun die entsprechende Rechnung und die Bildung der oben angeschriebenen Summen durchgeführt. (Dabei erstreckt sich die Änderung der Berechnung nicht auf die Stahldrahtverspannung im Innern der Flügel, da für dieses Material das ursprüngliche lineare Dehnungsgesetz beibehalten werden soll.)

Auch die Tafel zur Berechnung der Summenwerte $\Sigma S_a S_b \cdot \varrho'$ muß neu aufgestellt werden, da die Werte ϱ' bzw. α' sich bei den Haupttragkabeln D_1 bis D_7 geändert haben. Die Aufstellung bezieht sich auf den B-Fall (vergl. Seite 81).

Tafel 15a.

Berechnung der Summenwerte

$\Sigma S_a (S_0 - S') \alpha'$ und $\Sigma S_b \cdot (S_0 - S') \alpha'$

Stab	S_a	S_0 kg	S' kg	$S_0 - S'$	α'	S_b	$S_a(S_0 - S')\alpha'$	$S_b(S_0 - S')\alpha'$
D_1	− 1,755	− 308	+ 350	− 658	6053	—	+ 6990 · 10³	—
D_3	+ 1,755	+ 1542	+ 350	+ 1192	6053	—	+ 12662 10³	—
D_5	− 1,33	− 453	+ 500	− 953	2903	− 1,33	+ 3680 · 10³	+ 3680 · 10³
D_7	+ 1,33	+ 2265	+ 500	+ 1765	2903	− 1,33	+ 6814 · 10³	+ 6814 · 10³
C_1	− 0,836	+ 294	kein Kabel sondern Stahldraht		1773	—	− 436 · 10³	—
C_3	− 0,836	+ 294			1773	—	− 436 · 10³	—
C_2	+ 0,836	+ 514			1773	—	+ 762 · 10³	—
C_4	+ 0,836	+ 514			1773	—	+ 762 · 10³	—
C_5	− 0,944	+ 707			1028	− 0,944	− 686 · 10³	− 686 · 10³
C_6	+ 0,702	+ 786			750	+ 0,702	+ 414 · 10³	+ 414 · 10³
C_8	+ 0,702	+ 786			750	+ 0,702	+ 414 · 10³	+ 414 · 10³
						Summe:	+ 30940 · 10³	+ 10636 · 10³

Tafel 15b.

Berechnung der Summenwerte

$\Sigma S_a S_b \cdot \alpha'$, $\Sigma S_b^2 \cdot \alpha'$ und $\Sigma S_a^2 \cdot \alpha'$

Stab	S_a	S_b	α'	$S_a S_b \alpha'$	$S_b^2 \cdot \alpha'$	$S_a^2 \cdot \alpha'$
D_1	− 1,755	—	6053	—	—	18634
D_3	+ 1,755	—	6053	—	—	18634
C_1	− 0,836	—	1773	—	—	1239
C_3	− 0,836	—	1773	—	—	1239
C_2	+ 0,836	—	1773	—	—	1239
C_4	+ 0,836	—	1773	—	—	1239
D_5	− 1,33	− 1,33	2903	5135	5135	5135
D_7	+ 1,33	+ 1,33	2903	5135	5135	5135
C_5	− 0,944	− 0,944	1028	916	916	916
C_6	+ 0,702	+ 0,702	750	370	370	370
C_8	+ 0,702	+ 0,702	750	370	370	370
G_1	− 1	—	5500	—	—	5500
G_5	—	− 1	5500	—	5500	—
			Summe:	11926	17426	59650

Daraus ergeben sich die statisch unbestimmten Größen wie oben

$$X_a = \frac{30940 \cdot 17,426 - 10636 \cdot 11,926}{897}$$

$$= \frac{540900 - 128040}{897} = \mathbf{510}\ \mathrm{kg}.$$

$$X_b = \frac{10636 \cdot 59,650 - 30940 \cdot 11,926}{897}$$

$$= \frac{640590 - 370180}{897} = \frac{270410}{897} = \mathbf{302}\ \mathrm{kg}.$$

Bei der ursprünglichen Rechnung fanden wir zum Vergleich $X_a = 439$ kg, also ein Unterschied von 71 kg und $X_b = 279$ kg, also ein Unterschied von 23 kg (s. S. 84).

Auch in diesem Fall ist es notwendig, die Genauigkeit nicht zu weit zu treiben, da die Kabel in einem Falle etwa mit $^1/_2 \div {}^2/_3$ der Bruchlast und im anderen Falle vielleicht gar nicht vorgereckt werden.

---

8. Flugzeugberechnungen außerhalb Deutschlands.

a) Die Grundlagen der Flugzeugberechnungen in Deutsch-Österreich.

In Deutsch-Österreich wurden die Flugzeugberechnungen während des Krieges besonders von Saliger und v. Mises entwickelt. Es wird allgemein verlangt, daß die Flugzeuge einer fünffachen Last gewachsen sind. Diese Last ist 1 : 8 zur Flügelsehne geneigt.

Als Hilfswerte für die Berechnung wurden von dem Luftfahrarsenal besonders Tafeln der auf Seite 119 entwickelten Werte ν und eine Tafel zur Bestimmung der Knicksicherheit bei Biegung und Längskraft ausgearbeitet.

Die Bruchfestigkeit eines Flugzeuges muß das Fünffache jener Beanspruchung betragen, die bei gewöhnlichem wagrechten Flug des voll ausgerüsteten Flugzeuges in ruhiger Luft auftritt. Hierbei wird die Rumpfachse als wagrecht liegend vorausgesetzt und angenommen, daß die in dieser Richtung wirkenden Tangentialkräfte 0,2 der Normalkräfte betragen und daß die Normalkräfte in $^2/_5$ oder $^3/_8$ der Flügeltiefe angreifen.

Die Druckabnahme nach der Länge wird nach der Formel angenommen:

$$p_x = p_0 \cdot \sqrt[4]{1 - (x : L)^2} \quad . \quad . \quad . \quad . \quad . \quad . \quad . \quad . \quad (31)$$

wobei p_0 der Druck an der Flügelwurzel und x eine zu p_x gehörige Abszisse bedeutet. Die Druckabnahme erfolgt ferner auf dem oberen

Flügel im Verhältnis $\alpha + 4^0$; an dem unteren Flügel $\alpha + 3^0$; t_0 bedeutet die Tiefe des Flügels an der Wurzel, t die Tiefe eines beliebigen Feldes. Dann berechnet sich mit:

$$\lambda = \frac{l}{L}; \qquad \tau = \frac{t}{t_0}; \qquad \pi = \frac{p}{p_0};$$

$$\varepsilon = \frac{\alpha + 4^0}{\alpha_0 + 4^0}; \qquad \text{bzw. unten} \qquad \frac{\alpha + 3^0}{\alpha_0 + 3^0},$$

das „Sandgewicht“ eines Feldes

$$S_l = S\, t\, p_0 \frac{\lambda \pi \tau \varepsilon}{\Sigma \lambda \pi \tau \varepsilon} \qquad \qquad (32)$$

Bedeutet F_0 die obere Flügelgröße und F_u die untere Flügelgröße, so kommt auf die oberen Flügel ein Sandgewicht

$$S_0 = S \cdot \frac{F_0}{F_0 + F_u}$$

auf die untere ein solches von

$$S_u = S \cdot \frac{F_u}{F_0 + F_u}$$

Für Belastungen von oben (Abtrieb) sind $40\,^0/_0$ der vorangeführten Kräfte in Rechnung zu stellen. (Entspräche einer zweifachen Sicherheit gegenüber der sinngemäß umgekehrten Vollbelastung.)

Diese Sicherheit ist rechnerisch und gegebenenfalls durch Belastungsproben nachzuweisen. Hierbei wird die Sandbelastung und die Abstützung des Rumpfes nach Möglichkeit so gewählt, daß sich dieselbe Kräfteverteilung wie beim wagrechten Flug ergibt.

Die Kritik dieser Vorschriften dürfte wohl in der Darstellung der Hauptbelastungsfällen Seite 11ff. enthalten sein.

b) Einiges über englische Flugzeugberechnungen.

Außer einigen Veröffentlichungen in englischen Zeitschriften gibt uns vor allem das Buch von Judge: „Design of Aeroplanes“ von 1916 Aufschluß über den augenblicklichen Stand der Flugzeugberechnung in England.

Im allgemeinen gewinnt man den Eindruck, daß auch in England der Flugzeugbau aus der reinen praktischen Entwicklung und der Tätigkeit der Erfinder in die Hand der berechnenden Ingenieure übergegangen ist. Es wird in England ausdrücklich eine geringere als die übliche sechsfache Last zugelassen, wenn eine entsprechend genaue Festigkeitsrechnung durchgeführt wird. Außerdem scheinen sich die Engländer das richtige Augenmaß für den Genauigkeitsgrad der Rechnung bewahrt zu haben. —

1. Vor Ausbruch des Krieges wurde in dem Band 1911/12 der Berichte der Aufsichtsbehörde (Advisory committe) für einen Eindecker und einen Zweidecker eingehend die Grundlagen der statischen Berechnung besprochen, die im folgenden mit unserer Auffassung verglichen werden.

Aus einer gewissen praktischen Erfahrung heraus gehen Bairstow und Maclahlan nicht so sehr auf theoretische Feinheiten der Statik ein, sondern betonen einzelne Punkte:

daß es wichtiger sei, für jeden einzelnen Fall besondere aerodynamische Untersuchungen anzustellen,

daß unsere Kenntnis der Kabeldehnungen meist ungenau sei

und daß in den meisten Fällen die Zeichnungen und genauen Abmessungen des Flugzeugs durchaus noch nicht fest liegen, wenn die Berechnung schon durchgeführt werden muß.

In den statischen Untersuchungen eines Eindeckers und eines Doppeldeckers fallen besonders folgende Punkte auf:

α) Der exzentrische Kabelanschluß, der oft ausgeführt wird, findet besondere Berücksichtigung.

β) Im allgemeinen wird bei der Holmberechnung nur die einfache Dreimomentengleichung ohne Längskräfte aufgestellt. Nachher werden überschläglich die zusätzlichen Beanspruchungen aus Biegung und Längskraft berücksichtigt.

γ) Die Stützenverschiebungen infolge von Kabeldehnungen werden eingehend betrachtet.

Besonders tritt hervor, daß der Bruch von Kabeln mit den verschiedenen möglichen Fällen umfassend behandelt wird. Es wird nach den dargelegten Beispielen in England eine verhältnismäßig größere Sicherheit gerade für Kabel verlangt wie bei uns.

Die Berechnung der Doppeldeckerzelle ist auf den Eindecker zurückgeführt. Die historische Entwicklung des Doppeldeckers aus dem Eindecker gibt wohl den Grund dafür. Statt das einfache Fachwerk des Doppeldeckers mit einem Kräfteplan unmittelbar zu betrachten, ist ein „Ersatzkabel“ für die Berechnung eingezogen und so die Doppeldeckeranordnung auf den Eindecker zurückgeführt.

Trotzdem gute Mittelwerte für Lage und Richtung der Luftkräfte gegeben werden, ist doch die Feststellung von besonderem Wert, daß ohne weitere Erfahrungstatsachen und ohne weitere Versuche eine genauere Berechnung und jede Verfei-

nerung der Rechnungsmethoden abzulehnen ist und keinen Sinn hat.

Dieser wichtige Satz gilt auch heute wie 1913 und hätte auch für uns bei aller Achtung vor der Theorie volle Gültigkeit.

In der Berücksichtigung der Resonanzerscheinungen und Vibrationen des Motors scheint man dagegen in England weiter zu gehen wie bei uns. Wie wichtig dies ist, zeigt das bekannte Schicksal einiger Riesenflugzeuge in Deutschland.

2. Das Buch von Judge, das im Jahre 1916 erschien, umfaßt ein Gutteil Aerodynamik, stellt aber wissenschaftlich nicht die Anforderungen, die wir in Deutschland vielleicht gewöhnt sind. Es soll ausführlich besprochen werden, da wir ihm in Deutschland im Jahre 1916 wohl kaum ein ähnliches an die Seite stellen konnten.

Von besonderem Interesse ist vor allen Dingen die geforderte Sicherheit. Während die Behörde in England im allgemeinen eine sechsfache Last verlangt, wird hier der Begriff des Lastvielfachen genauer erfaßt. Für Abfangen soll eine 1,5fache Last, für Windstöße und Böen $4 \div 5$fache Last und für Aufrichten aus dem Sturzflug $5 \div 7$fache Last in Frage kommen. Bei gleichzeitigem Auftreten zweier dieser Fälle sollen die angegebenen Werte miteinander multipliziert werden. Beispielsweise wird der Wert für plötzliche Windstöße beim Abfangen $1{,}5 \cdot 4{,}5 = 6{,}7$. Das Lastvielfache für Abfangen erscheint recht hoch, aber nicht unmöglich, wenn man an die äußersten Fälle von rohem Fliegen denkt. Im allgemeinen wird eine Sicherheitszahl von 5 empfohlen, die aber für Glieder, die Schwingungen und veränderlichen Belastungen ausgesetzt sind, erhöht werden soll.

Die Lastabnahme auf dem Flügel nach außen berücksichtigt Judge derart, daß er den ganzen Holm in etwa vier Felder teilt, die nach außen zu abnehmend mit gleichmäßiger Last angesetzt werden. Es wird dabei ein Verhältnis der jedesmal gleichbleibenden Lasten von 100 : 95 : 85 : 65 vorgeschlagen. Die Lastaufnahme des Oberflügels wird wesentlich größer wie bei uns bis zu 75 : 25 angenommen!

Die ziemlich einfach durchgeführte Berechnung der Fachwerksspannungen und der Holmbeanspruchungen benutzt nur die Dreimomentengleichung ohne Längskraft. Die Wanderung des Druckmittelpunktes wird etwas weiter angenommen als bei uns üblich. — In der besonderen Berücksichtigung der Scherfestigkeit liegt ein weiterer Unterschied gegenüber deutschen Berechnungen. Nicht nur bei der Holmberechnung, sondern auch bei den Rippen und sonst öfter begegnet man einer besonderen Erwähnung der Scherfestigkeit.

Die ausführlichen Darlegungen über das Kräftebild bei einem Eindecker und einem normal verspannten Doppeldecker bieten wenig

Neues. Sie zeigen aber stets, daß das Wesen der Flugzeugstatik nicht allein in Festigkeitsbetrachtungen, sondern in einer engen Verbindung mit der Aerodynamik besteht. Fragen über Druckmittelpunkt und Widerstandsmittelpunkt werden stets mit dem Schwerpunkt und anderen statischen Fragen eng verknüpft.

Am wichtigsten erscheint mir aber die gesunde englische Auffassung, daß alle Feinheiten und Theorien der statischen Berechnung keinen Sinn haben, wenn sie nicht durch Flugversuche oder andere Versuche besonders begründet sind. Die Annahme der äußeren Lasten und die besonderen Verhältnisse des Flugzeugbaues verschieben die Grundlagen der Berechnung in einer Art und Weise, wie sie die Statik der Baukonstruktion sonst nur selten kennt.

Gerade in der klaren Erkenntnis, welche Genauigkeit der Rechnung noch eine Berechtigung hat, und wo die Grenzen der Genauigkeit etwa liegen, in Verbindung mit den jedesmal vorliegenden aerodynamischen Tatsachen, liegt das Kennzeichnende der Flugzeugstatik. —

Die Näherungsformel für die Clapeyronsche Gleichung von Welb wird auf S. 162 zugleich mit anderen Näherungsformeln betrachtet. —

Cowley und Levy haben in den „Proceedings of the Royal Society of London“ 1918 und 1919 in zwei Abhandlungen die kritische Holmbelastung und den Einfluß der Schwingungen untersucht. Die früheren Abhandlungen über diese Gegenstände scheinen danach den Engländern unbekannt zu sein.

c) Flugzeugberechnung in Amerika.

Das amerikanische Kriegsministerium hat im Juli 1916 Leitsätze für den Flugzeugbau herausgegeben, bei denen die statische Berechnung einen großen Anteil hat.

Wir wollen auf diese Leitsätze kurz eingehen.

Im allgemeinen fällt auf, daß von vornherein eine gewisse Normalisierung der Berechnung angestrebt wird. (Vergleiche hierzu das in der Einleitung zur Normalberechnung der Flugzeugmeisterei Gesagte.) Der Amerikaner scheint hierbei unbewußt einer allgemeinen Entwicklungsrichtung seiner Technik unterlegen zu sein, die aber sicher eine große, uns noch unbekannte „Wirtschaftlichkeit geistiger Arbeit“ bedeutet.

Auf größte Genauigkeit ist kein Wert gelegt. Beispielsweise werden die Spannungen bei Knickung und Biegung im Holm einfach durch Zusammenzählen der Biegungs- und Druckspannung errechnet.

Es werden drei Hauptbelastungsfälle vorgeschrieben, die einer Windrichtung von $+14^0$, -1^0 und -7^0 entsprechen. Diese drei Belastungsfälle stimmen recht gut mit unserem A-, B- und D-Fall überein, so daß also der C-Fall unberücksichtigt bleibt. Auch ist die Kraft im D-Fall etwas mehr geneigt wie bei unseren Annahmen. Der Kraftangriff wird nach Fig. 35 auf die Sehne bezogen. Die Kraftrichtungen im A- und B-Fall stimmen mit unseren Annahmen überein.

Auf die Ausbildung der Innenverspannung und auf die Unterstützung des Raumfachwerks wird großer Wert gelegt. In besonderen Tafeln, die von den Flugzeugfirmen ausgefüllt werden sollen, sind die Kräfte der Innenverspannung genau nachzuweisen. In konstruktiver Hinsicht wird besonders der scharf zentrische Anschluß der Diagonalen verlangt.

Bei der Zusammenstellung der Gewichte sind alle Einzelteile anzugeben. Beim Rumpf sind z. B. die senkrechten und wagrechten Innenstiele getrennt aufgeführt. Bei den Flügelgewichten wird bis zum Anteil des Lackes ins einzelne gegangen. Es zeigt sich hieraus, daß die Amerikaner klar erkannt haben, daß nur durch Berücksichtigung und Vergleich auch der kleinsten Einzelgewichte das Gesamtgewicht des Flugzeugs wirkungsvoll verkleinert werden kann.

Um das Systematische der amerikanischen Vorschriften besser darzustellen, sei im folgenden die erste Seite dieser Vorschrift wiedergegeben.

Erforderliche Unterlagen für das amerikanische Kriegsministerium bei der Bestellung von Flugzeugen.

Tragwerk (Flügelaufbau).

Gesamtgewicht des Flugzeuges (Kriegsgewicht) . . . . kg
Gewicht der Zelle . . . . kg

Unterschied . . . . kg

Höchstmögliche Fluggeschwindigkeit bei einem steilen Aufstieg ...

Für alle Stärkeberechnungen werden die folgenden Werte benutzt:

Auf den oberen Flügel entfallende Last . . . . kg
Spannweite des oberen Flügels . . . . cm
Einheitsbelastung auf den laufenden cm des oberen Flügels . kg/cm
Auf den unteren Flügel entfallende Last . . . . kg
Tragende Spannweite des unteren Flügels . . . . cm
Einheitsbelastung auf den laufenden cm des unteren Flügels . . . kg/cm
Hubkraft eines Querruders (20°) . . . . kg
Rücktrieb eines Querruders (20°) . . . . kg[1])

[1]) Die offenen Maßlinien sind von den Firmen auszufüllen.

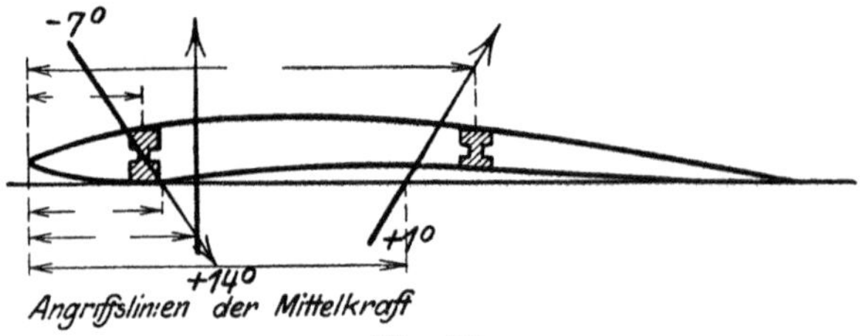

Fig. 35.

Alle Stiele haben gelenkige Anschlüsse.

Die Linie der Spannkraft jedes Kabels geht durch den Schnittpunkt der neutralen Achse des Holmes mit der Achse des Stieles.

Es sind die Formeln anzugeben, die benutzt werden bei der Bestimmung der Beanspruchungen in den Holmen infolge von Längskraft, Biegungsmoment und beiden zusammen. — Zahlenwerte für alle Beiwerte sind anzugeben. — Dasselbe für Stiele, Teile des Führersitzes usw.

Die Größtspannungen und Druckbeanspruchungen (kg/cm²) des Materials in jeder fertigen Fläche, Bolzen, Schrauben, Zapfen, Spannschlössern, Drähten, Kabeln, Achsen, Stielen, Steuerflächenhauptträger usw. der ganzen Maschine. — Außerdem eine kurze Beschreibung der Zusammensetzung des Materials, Darstellung der Wärmebehandlung, des Temperverfahrens usw. für jedes der obengenannten Stücke.

Beanspruchungen in der vorderen Tragwand.

Aufstellwinkel + 14°.

Belastung auf den laufenden cm der Vorderholme { oben . . ... kg/cm; unten . ... kg/cm }

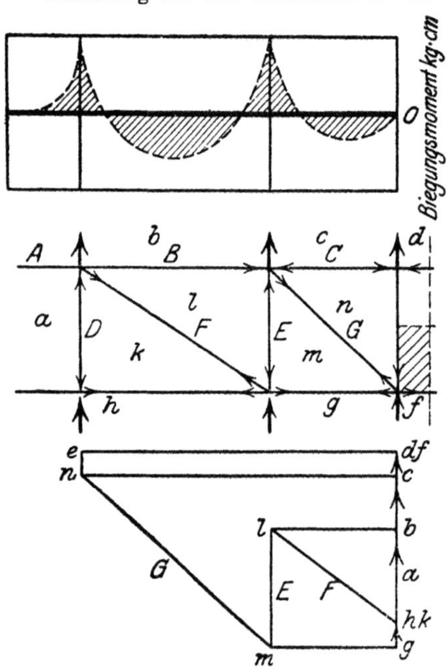

Fig. 36.

Oberer Holm	Feld A	Feld B	Feld C
Verwendetes Material	.	.	.
Elastizitätszahl . . .	.	.	.
Fläche des Querschnitts	.	.	.
Trägheitsmom. in bz. auf d. horizont. Achse	.	.	.
Entfernung von der neutralen Achse bis zur äußersten Faser	.	.	.
Länge zwisch. d. Stützp	.	.	.
Gelenkige oder durchlaufende Stützungen	.	.	.
Größtes Biegungsmom.	.	.	.
Größte Durchbiegung in der Mitte infolge Belastung des Balkens	.	.	.
Beanspruchung infolge Biegungsmom. kg/cm²	.	.	.
Längskraft im Balk. inf. Rücktrieb (Kräftepl.)	.	.	.
Beanspruchung infolge Druckkraft kg/cm² .	.	.	.
Gesamte Höchstbeanspruchung kg/cm² .	.	.	.
Sicherheitsfaktor . . .	.	.	.

NB. Entgegen der bei uns üblichen Bezeichnungsart des Cremona-Planes sind hier Felder im Stabwerk und Ecken im Kräfteplan bezeichnet.

Werte für die Stiele.

Bezeichn. d. Stiele	Material	Elastizitätszahl	Fläche d. Querschnitts	Kleinst. Trägh.-Radius	Verjüng d. Querschnitts	Länge cm	Druck n. Kräfteplan	Beanspruch. kg/cm²	Sicherheitsfaktor
D									
E									

Werte für die Drähte.

Bezeichn. d. Drähte	Zahl der Drähte	Material	Durchmesser	Elastizitätsgrenze	Bruchlast	Last aus d. Kräfteplan	Sicherheitsfaktor
F							
G							

9. Der Aufbau des Raumfachwerks.

Bei der Mehrzahl der erprobten Flugzeugkonstruktionen erfordert der Aufbau des Raumfachwerks keine großen Strukturuntersuchungen. In den meisten Fällen werden mehrere einfache, ebene Fachwerkscheiben zusammengesetzt.

Die normale Zelle ist im Vorhergehenden zur Genüge betrachtet. Besonders ausgebaute und gelöste Fälle werden im dritten Teil dieser Abhandlung genauer erörtert.

Wichtig ist die schon betonte Auffassung, daß in der Hauptsache die Vorderholme oben und unten ebenso wie die Hinterholme oben und unten bei der Normalzelle statisch zusammengehören. Bei den geringeren wagrechten Kräften, die an der Zelle auftreten, haben die in demselben Flügel zusammenliegenden Vorder- und Hinterholme bedeutend weniger miteinander zu tun.

Da das Raumfachwerk nicht, wie in der Theorie angenommen, mit Gelenken über den Stielen ausgeführt wird, so tritt dadurch eine gewisse Ungenauigkeit in der Rechnung auf, die wohl berücksichtigt werden kann, aber gegenüber der Unsicherheit der äußeren Lasten kaum von Bedeutung ist.

Bei dem Aufbau des Fachwerks wird man im allgemeinen von dem Rumpf oder von den Punkten ausgehen, in welchen die Hauptlasten vereinigt sind. Für die Stellung der Stiele ist es dann wichtig, nicht zu flache Diagonalen anzuordnen. Sonst sind, zumal bei den stark dehnbaren Kabeln, die Knotenpunkte des Fachwerks nicht völlig einwandfrei festgelegt.

Die meisten Flugzeuge sind rechts und links symmetrisch ausgeführt. Wie das Beispiel Seite 308 zeigt, können jedoch auch unsymmetrische Flugzeuge ohne Nachteil vorgeschlagen werden.

Der Aufbau der vorderen Tragwand wird sich meist von dem der hinteren nur dann unterscheiden, wenn die Anordnung eines außenliegenden Motors dazu besondere Veranlassung gibt. Beispielsweise ist dann vorn ein Motor V und hinten nur ein einfacher Stiel angeordnet. Während früher die außenliegenden Motore in den Aufbau der Zelle selbst eingefügt wurden, tritt jetzt aus Sicherheitsgründen mehr die Forderung auf, den Motor ganz unabhängig von dem Fachwerksaufbau einzubauen.

Um für räumliche Fachwerke den meist üblichen Übergang aus den ebenen Fachwerken klarer darzulegen, seien im folgenden zunächst die Bildungsgesetze für ebene Fachwerke in der Fassung von Schlink kurz zusammengestellt:

1. Bildungsgesetz. Ein bestimmtes Fachwerk wird dadurch gebildet, daß man ausgehend von zwei bereits festliegenden Knotenpunkten je einen neuen Punkt durch zwei Stäbe anschließt, die nicht in dieselbe Richtung fallen.

2. Bildungsgesetz. Ein stabiles System wird dadurch gebildet, daß man zwei sicher stabile Systeme durch drei Stäbe miteinander verbindet, die sich nicht in einem Punkte schneiden.

3. Bildungsgesetz. Ein stabiles System kann durch Stabvertauschung in ein anderes stabiles System überführt werden, wobei aber der neue Ersatzstab zwischen zwei solchen Punkten einzuziehen ist, die sich nach Fortnahme des Tauschstabes gegeneinander bewegen, und deren Entfernung nicht gerade den größten oder kleinsten Wert besitzt, wie er durch die anderen Stäbe bedingt wird. —

Die Zahl der notwendigen Stäbe des ebenen Fachwerks n beträgt:

$$n = 2 \cdot k - 3 \qquad (33)$$

wobei k die Zahl der Knotenpunkte bedeutet. —

Übergang von ebenen zu räumlichen System.

In seiner „Statik der starren Systeme“ hat Henneberg die Anzahl der Stäbe bestimmt, die notwendig sind, um beispielsweise zwei starre ebene Scheiben zu einem räumlichen Fachwerk zu verbinden. Dabei sind durch Unterteilung des Flügels selbst entstehende Innenknoten nicht berücksichtigt. (Sie können nach der Theorie des Raumfachwerks auch nicht beliebig belastet werden.)

Wenn p die Zahl der notwendigen Verbindungsstäbe bezeichnet und k die Zahl der Knotenpunkte beider Scheiben, ist bei dem freien Fachwerk:

$$p = k \quad . \quad . \quad . \quad . \quad . \quad . \quad . \quad . \quad . \quad . \quad (34)$$

Wir wollen diesen Satz auf ein einfaches Flugzeug anwenden und dabei die immer vorhandenen Scheiben im Innern des Flügels oben und unten als gegeben zugrunde legen.

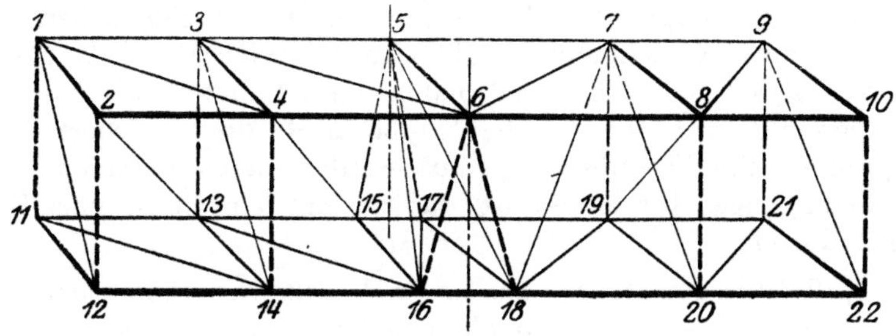

Fig. 37.

Die Anzahl der Knotenpunkte in Fig. 37 beträgt 22, so daß auch 22 Verbindungsstäbe zwischen den beiden wagrechten Scheiben einzuziehen sind. Zunächst sind die gezeichneten 12 Hauptstiele immer vorhanden. In der Anordnung der noch bleibenden 10 Diagonalen besteht dann eine gewisse Freiheit. Haupt- und Gegendiagonale in einem Feld zusammen können wir dabei als einen Stab zählen. — Um an Luftwiderstand möglichst zu sparen, kann man in dem gezeichneten System sechs Stäbe als Tiefenkreuzkabel einführen. Es verbleiben dann zur Erfüllung der obigen Gleichungen für das statisch bestimmte Raumfachwerk noch vier Hauptdiagonalen, die entweder räumlich durch ein Feld oder in den Ebenen der vorderen und hinteren Normalverspannungen eingezogen werden können.

Rechts und links sind in Fig. 37 verschiedene Möglichkeiten gezeichnet. Zur Verwendung der gewählten Tiefenkreuzkabel liegt aber auch kein allgemein gültiger Zwang vor. Sie können ebensogut durch weitere Diagonalen in den Feldern ersetzt werden. —

Bei einem Dreidecker mit drei starren Flügelebenen ergeben sich die notwendigen Verbindungsstäbe p

$$p = k - 3 \quad . \quad . \quad . \quad . \quad . \quad . \quad . \quad . \quad . \quad . \quad (35)$$

aus derselben einfachen Betrachtung wie oben. —

Die Bildungsgesetze für räumliche Fachwerke wollen wir, wenn sie auch weniger unmittelbar gebraucht werden, zunächst in der Fassung von Henneberg geben. Es wird dabei stets von einem Fachwerk mit einer bestimmten Anzahl von Knotenpunkten ausgehend ein anderes mit mehr Knotenpunkten entwickelt. An zweiter Stelle soll die Darstellung von Schlink wiedergegeben werden, die den soeben angeschriebenen Bildungsgesetzen für das ebene Fachwerk entspricht.

Henneberg hat in seiner „Graphischen Statik der starren Systeme", Darmstadt 1911, folgende Sätze entwickelt:

a) Bildungsgesetz. Aus einem bestimmten räumlichen Fachwerk K von k Knotenpunkten läßt sich ein solches $(k+1)$ Knotenpunkten herleiten, indem nach Annahme eines Punktes 0 als $(k+1)$ten Knotenpunkt von 0 aus drei Stäbe nach drei beliebigen Knotenpunkten des Fachwerkes geführt werden, deren Wahl nur durch die Bedingungen beschränkt ist, daß sie mit 0 nicht in einer Ebene liegen dürfen.

b) Bildungsgesetz. Aus einem bestimmten räumlichen Fachwerk K von $(k-1)$ Knotenpunkten entsteht ein solches von k Knotenpunkten, indem nach Weglassung eines Stabes $A \div B$ und nach Wahl eines Punktes 0 als neuen Knotenpunkt dieser Punkt 0 durch Stäbe mit A und B und mit zwei weiteren Knotenpunkten C und D, die nicht auf der Geraden AB liegen, verbunden wird. Hierbei darf der Punkt 0 nicht auf einer ganz bestimmten Fläche zweiten Grades, der Grenzfläche zweiten Grades liegen, da sonst der Grenzfall eintreten würde.

c) Bildungsgesetz. Aus einem bestimmten räumlichen Fachwerk K' von $(k-1)$ Knotenpunkten läßt sich ein solches K von k Knotenpunkten herleiten, indem nach Auswahl von fünf Knotenpunkten des Fachwerkes K', von denen zwei Paare schon durch Stäbe verbunden sind, diese beiden Stäbe weggelassen und dann die fünf gewählten Punkte mit dem als weiteren Knotenpunkt angenommenen Punkt 0 durch Stäbe verbunden werden. Die fünf gewählten Knotenpunkte dürfen hierbei nicht in einer Geraden und der Punkt 0 nicht auf einer ganz bestimmten Fläche vierten Grades, der Grenzfläche vierten Grades liegen, da sonst der Grenzfall eintreten würde.

Schlink gibt etwa folgende Fassung der Bildungsgesetze:

1. Man erhält ein statisch bestimmtes Raumsystem, wenn man ausgehend von einem Dreieck je einen Knotenpunkt durch drei nicht in einer Ebene liegende Stäbe anschließt.

2. Ein stabiles Raumsystem wird gebildet, wenn man zwei sicher statisch bestimmte Raumsysteme durch sechs Stäbe in allgemeiner Lage zu einem neuen Gebilde vereinigt.

3. Aus einem sicher statisch bestimmten System kann durch Stabvertauschung ohne Änderung der Knotenpunktzahl ein anderes statisch bestimmtes System entstehen, wenn man einen geeigneten Stab wegnimmt und dafür einen anderen Stab zwischen zwei solchen Punkten einsetzt, die sich nach Fortnahme des ersten Stabes gegeneinander bewegen, ohne daß Grenzfälle vorliegen. —

Die nötige Stabzahl n in einem freien, statisch bestimmten Raumfachwerk beträgt:

$$n = 3k - 6 \quad \text{(33a)}$$

Diese Bildungsgesetze, die nur für einfache Stabwerke gelten, erhalten im Flugzeugbau noch gewisse Erweiterungen durch die Verwendung von steifen Scheiben und steifen, durchlaufenden Stäben.

Fachwerksbildung bei der Verwendung von mehreren steifen Scheiben.

Bei Wasserflugzeugen kann es vorkommen, daß man meist drei starre Scheiben: den Rumpf und die beiden Schwimmer mit den Flügeln innen zu einem räumlichen Fachwerk zu verbinden hat, an das sich nachher außen das Flügelfachwerk ansetzt.

Wenn s die Anzahl der vorhandenen Scheiben, f die Anzahl der freien Knotenpunkte und n die nötige Stabzahl bedeutet, so besteht für die Ebene die Gleichung;

$$n = (s - 1) \cdot 3 + 2f \quad \text{(36)}$$

Für den Raum gilt:

$$n = (s - 1) \cdot 6 + 3f \quad \text{(37)}$$

Diese Gleichungen sollen auf Fig. 38a angewendet werden.

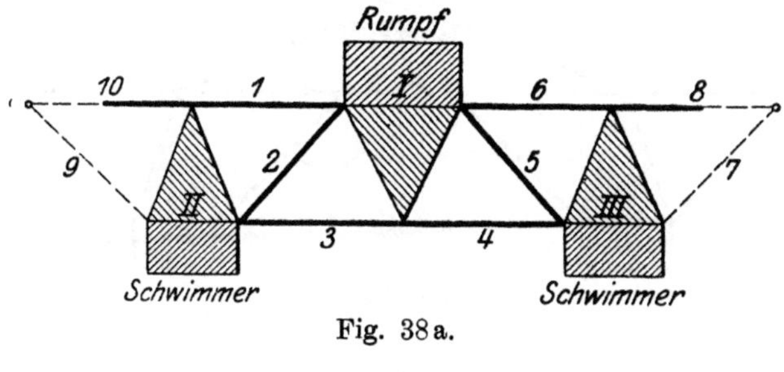

Fig. 38a.

In dem gezeichneten ebenen Fachwerk ist die Anzahl der Scheiben $= 3$ und die Zahl der freien Knotenpunkte rechts und links $= 2$. Es ergibt sich damit die Stäbezahl:

$$n = 2 \cdot 3 + 4 = 10 \text{ Stäbe.}$$

Für das entsprechende räumliche Fachwerk, das in Fig. 38b dargestellt ist,

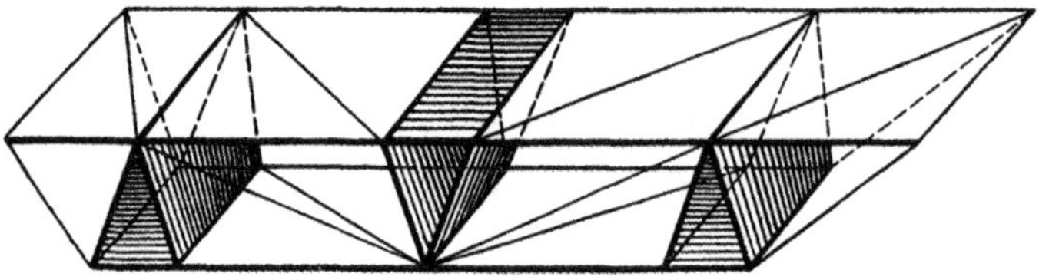

Fig. 38b.

sind zur Verbindung der drei gezeichneten starren Körper bei vier freien Knotenpunkten außen

$$n = 2 \cdot 6 + 3 \cdot 4 = 24 \text{ Stäbe}$$

erforderlich. Diese können beispielsweise, wie in der Zeichnung vorgesehen, angeordnet werden. Jeder weitere Stab entspräche einer statischen Unbestimmtheit. —

Wenn s steife Scheiben vorhanden sind, so ergibt sich die Zahl der notwendigen Verbindungsstäbe v in der Ebene nach der Gleichung:

$$v = (s - 1) \cdot 3$$

Für unser Beispiel sind also sechs Stäbe notwendig. Auch durch Abzählen läßt sich das Vorhandensein der richtigen Stäbezahl feststellen. In Fig. 38a sind die nötigen sechs Stäbe gerade gebraucht, um die starre Verbindung herzustellen. Die beiden am meisten vorkommenden Anordnungen sind in den Fig. 39 und 40 dargestellt.

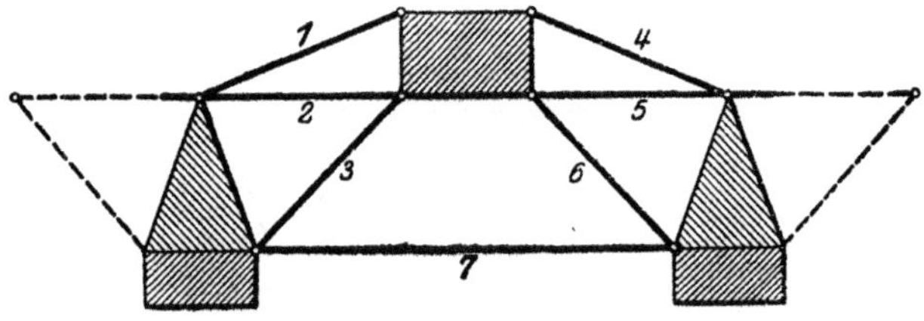

Fig. 39.

In Fig. 39 kann der wagrechte Stab 7, der die beiden Schwimmer verbindet, entweder weggelassen oder als überzähliger Stab eingesetzt werden. Man würde ihn wohl meist im Flugzeug nur vorn starr ausbilden und in der Hinterholmebene als Kabel ausführen.

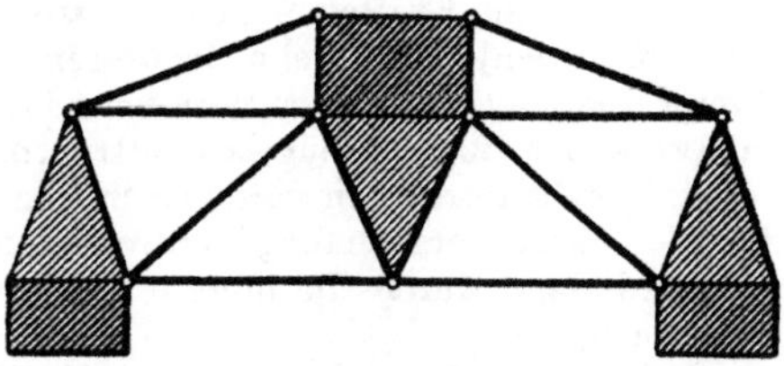

Fig. 40. Anordnung des Mittenaufbaues für seefähige Flugzeuge.

Trifft man eine Anordnung, daß nach Fig. 40 ein steifes Dreieck in der Mitte die Knicklänge des Verbindungsstabes bei den Schwimmern noch einmal unterteilt und nach dem Rumpf abfängt, so hat man **zwei** Stäbe als statisch überzählige Glieder anzusehen.

Für **seefähige** Flugzeuge kann diese Anordnung trotzdem wichtig werden. Die Erfahrung hat gezeigt, daß die mehrfach statisch unbestimmte Anordnung für die Seefähigkeit recht günstig ist. Bei der ungenauen Vorstellung, die wir von den Stößen beim Aufsetzen des Flugzeuges auf das Wasser haben, wird die statische Berechnung im allgemeinen nicht „nach den strengen Regeln der Kunst" als statisch unbestimmt durchgeführt. Sie wird sich vielmehr auf eine Vergleichsrechnung und auf einen allgemeinen Überschlag unter Berücksichtigung bewährter Ausführungen beschränken. Auch durch Montagefehler und durch das ungenaue Einpassen der Schwimmerstäbe werden die Grundlagen für eine statisch unbestimmte Berechnung hier stark beeinträchtigt.

Besondere Anordnungen für die Fachwerke von Wasserflugzeugen siehe auch II. Teil, S. 240ff.!

Besonderer Nachweis, daß in der normalen Zelle die vordere Verspannung wegfallen kann.

Bei der dargelegten Wichtigkeit der normalen Zelle sei dieser Nachweis ausführlich geführt, trotzdem die Bildungsgesetze bereits eingehend besprochen sind. Wir betrachten ausführlicher einen Einstieler. Bei einem Mehrstieler ist die folgende Betrachtung mehrmals anzustellen.

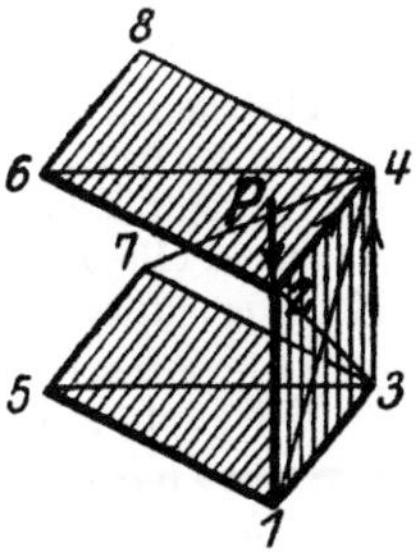

Fig. 41.

Die vordere Tragwand kann nicht wie sonst als starre Scheibe eingeführt werden, da die vordere Diagonalverspannung hier von 2 nach 5 weggelassen ist.

Das Fachwerk setzt sich aus folgenden ebenen Scheiben zusammen: Die starre Ebene im oberen Flügel, die starre Ebene im unteren Flügel, die hintere Tragwand und die starre Ebene der Tiefenkreuzverspannung.

Wir verfolgen die weitere Aufnahme einer Kraft P, die z. B. an dem vorderen, oberen Knotenpunkt Nr. 2 außen angreift. Die beliebig gerichtete Kraft zerlegen wir eindeutig in drei Teilkräfte in Richtung der drei Stiele, die in dem betrachteten Knotenpunkt Nr. 2 aneinander stoßen. Die außerdem noch dort angreifende Gegendiagonale $2 \div 3$ ist bei der angenommen Kraftrichtung spannungslos.

Von diesen Kräften wird die erste, die in die Richtung des Vorderholmes fällt, durch denjenigen Holm, in dessen Ebene sie liegt, unmittelbar nach dem Rumpf übertragen. Die von vorn nach hinten wirkende Teilkraft wird durch das Fachwerk des oberen Flügels übertragen. Die von oben nach unten wirkende Teilkraft geht durch den vorderen Stiel nach unten, setzt die Diagonalen 1 bis 4 der Tiefenkreuzverspannung von vorn unten nach hinten oben in Spannung und wird dann durch die hintere Tragwand und die starre untere Ebene aufgenommen.

Die gleiche Betrachtung der Kräfteübertragung ließe sich für jede anders gerichtete Kraft an dem untersuchten Knotenpunkt und auch an den unteren Knotenpunkten des Fachwerks durchführen.

Daß Kräfte, die an den Knotenpunkten 3 und 4 der hinteren Tragwand angreifen, ohne weiteres aufgenommen werden können, braucht nicht erst dargelegt zu werden, da dort keine Glieder der normalen Zelle weggenommen wurden.

Was in dieser Weise für den Einstieler gilt, läßt sich in gleicher Weise auf den Zweistieler übertragen. Der Zweistieler ohne vordere Hauptverspannung kann als Einstieler aufgefaßt werden, dessen hintere Tragwand noch einmal unterteilt ist. —

Der Nachweis für die Festigkeit des Aufbaues kann auch noch in *der* Weise geführt werden, daß man nach dem ersten Bildungsgesetz für Raumfachwerke an die gegebenen festen Punkte des Rumpfes immer neue Punkte *dreistäbig anschließt*. In unserm Beispiel liegen die Punkte 5, 6, 7 u. 8 in Flugzeugmitte fest. Es wird zunächst der Punkt 4 durch die drei Stäbe 4 ÷ 6, 4 ÷ 8 und 4 ÷ 7 starr angeschlossen, Dabei ist angenommen, daß statt der beiden schlaffen Diagonalen ein gleichwertiger starrer Stab von 4 nach 6 und von 4 nach 7 geht. Nach dem Punkt 4 wird der Punkt 3 mit Hilfe der Stäbe 3 ÷ 5, 3 ÷ 4 und 3 ÷ 7 festgelegt. Ersetzt man wiederum die beiden schlaffen Diagonalen des Tiefenkreuzes durch eine starre Diagonale von 2 nach 3, so wird zunächst der Punkt 2 durch die Stäbe 2 ÷ 6, 2 ÷ 4 und 2 ÷ 3 angeschlossen. Schließlich wird noch der Punkt 1 durch die Stäbe 1 ÷ 5, 1 ÷ 2 und 1 ÷ 3 festgelegt.

Es zeigt sich also, daß es möglich ist, immer durch dreistäbigen Anschluß alle Punkte des betrachteten Fachwerks starr an die gegebenen festen Punkte anzuschließen, *ohne* die Diagonalen in der vorderen senkrechten Ebene mit zu benutzen.

Diese vordere Verspannung kann also wegfallen, ohne den Aufbau der Zelle zu gefährden.

Der Vollständigkeit halber könnte die Stabilität des betrachteten Fachwerks noch durch *Abzählen der Stäbe* festgestellt werden. —

Die sonst üblichen Betrachtungen über Zahl und Anordnung der *Stützungsstäbe* hat im Flugzeugbau weniger Bedeutung, da wir zweckmäßig die ganze Zelle als ein *freies Fachwerk* auffassen.

Es ist in den meisten Fällen nicht notwendig, die Auflagerwiderstände am Rumpf, die mit der Stützenzahl zusammenhängen, *vor* Ermittlung der Stabspannungen zu bestimmen. Damit fällt auch die ganze Schwierigkeit, die man darin finden könnte, wenn mehr wie sechs Stäbe das außenliegende Fachwerk mit der Mittelzelle verbinden.

Im Flugzeugbau können sich die wiedergegebenen Bildungsgesetze noch dadurch verändern, daß stellenweise biegungsfeste Glieder eingeschaltet sind.

Wird z. B. der Holm in Fig. 42 bei dem Punkte M als biegungsfester Träger durchgeführt und auch so ausgebildet, daß seine Biegungsfestigkeit in Rechnung gesetzt werden darf, so kann dafür ein Stab beispielsweise D_1 oder D_2 ausfallen.

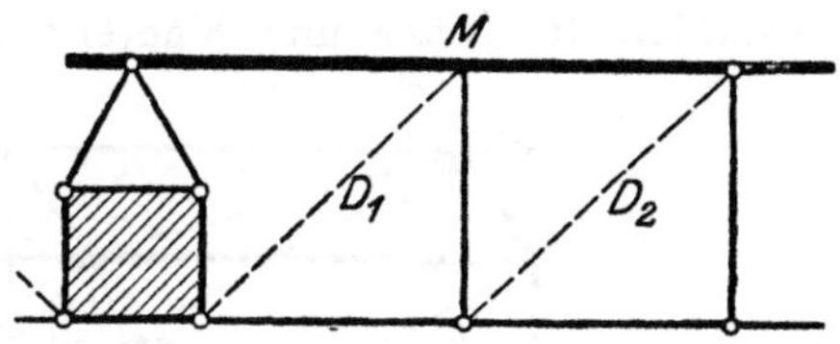

Fig. 42.

Wenn z. B. D_2 ausfällt, so wird für senkrechte Belastungen die statische Unbestimmtheit des vorher auf drei Stützen gelagerten Holmes aufgehoben. Wir haben dann nur noch einen Balken auf zwei Lagern mit überstehendem Ende.

Aus dieser Betrachtung ergibt sich, daß der durchlaufende Holm umgekehrt eine neue Sicherheit gegenüber dem Ausfall von notwendigen Fachwerkstäben darstellt. —

Das Flugzeugfachwerk als Netzwerk.

Betrachtet man nicht nur die eine Hälfte des Flugzeuges für sich allein, sondern das ganze Flugzeug als freies Fachwerk, so wäre man vielleicht zunächst versucht, anzunehmen, daß die äußeren Tiefenkreuzkabel als notwendige Stäbe zu einem Netzwerk gehören und nicht statisch unbestimmte Größen darstellen. (Bei einem normalen Netzwerk gehören, wie man leicht an dem einfachsten Beispiel eines Würfels zeigen kann, die außenliegenden Tiefenkreuz-Diagonalen zu den notwendigen Stäben.)

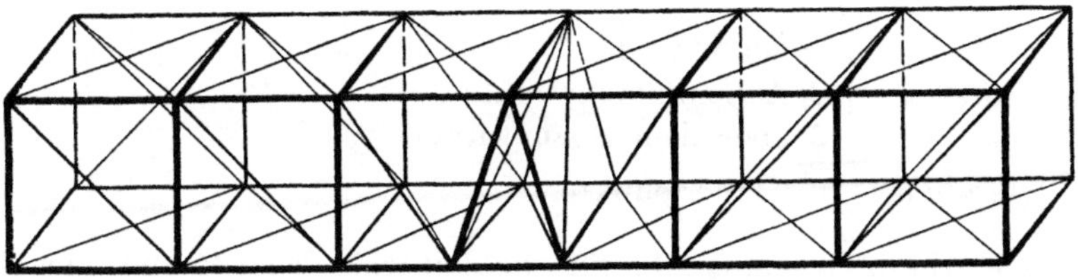

Fig. 43.

Dadurch, daß der Rumpf als statisch bestimmt aufgebauter Körper in der Mitte angeordnet ist, liegt der Fall im Flugzeugbau insofern anders, als hier nicht ein Netzwerk außen durch zwei Tiefenkreuzdiagonalen geschlossen wird, sondern daß von einem festen, mit allen Diagonalen bereits versehenen geschlossenen Rumpfkörper aus ein Raumfachwerk **nach außen** aufgebaut wird.

Den statischen Aufbau dieses Netzwerkes kann man auch durch Abzählen der Stäbe und Knotenpunkte feststellen.

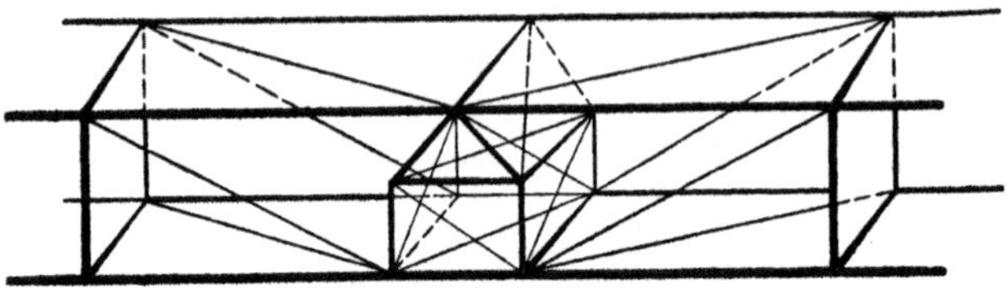

Fig. 44.

Das Flugzeug in Fig. 44 sei als freies Fachwerk an einen Würfel in Flugzeugmitte angeschlossen. Es ergeben sich dann folgende Stäbe:

4 Pfosten 8 Gurte 5 Diagonalen 1 Innenstiel	für den Würfel
2 Diagonalen 4 Stiele	für den Spannturm
8 Holme 4 Stiele außen 4 Innenstiele 4 Innendiagonalen 4 Hauptdiagonalen	für die Zelle

zusammen 48 Stäbe.

Die Zahl der Knotenpunkte beträgt:

8 am Würfel
8 Außenknotenpunkte
2 über dem Spannturm

zusammen 18 Knotenpunkte.

Die Hauptgleichung 33a für die Stäbezahl beim Raumfachwerk:

$$n = 3k - 6$$

ist somit erfüllt, da

$$48 = 3 \cdot 18 - 6$$

Damit ist also gezeigt, daß das freie Netzwerk in gleicher Weise statisch bestimmt ist, wenn statt der Diagonalen in den außen abschließenden Endflächen die Diagonalen in Flugzeugmitte zur Versteifung des Rumpfes verwendet werden.

Ordnet man nach außenhin für ein größeres Flugzeug noch weitere Felder und Stiele an, so ändert sich damit an der Gesamtanordnung des Stabsystems nichts.

Auf die Verwendung der räumlichen E-Verspannung ist auf Seite 65ff. schon hingewiesen worden. Diese Verspannung stellt freilich kein Netzwerk mehr dar, ist aber in ihrem Kräfteverlauf und in der Wirkung der Tiefenkreuze ähnlich. —

Berechnung eines Netzwerkes beim Wegfallen der Verspannung von Zelle gegen Rumpf.

Wie in den allgemeinen Betrachtungen dargelegt, ist das Tiefenkreuzkabel eines Einstielers als notwendiges Glied für den Fachwerkaufbau anzusehen, wenn die volle Verspannung der Zelle gegen den Rumpf nicht vorhanden ist, oder der Rumpf nicht derartig steif ausgeführt werden kann, daß er als ein starres Lager für die Zelle in Betracht kommt.

Wir haben dann ein System nach folgender Fig. 45.

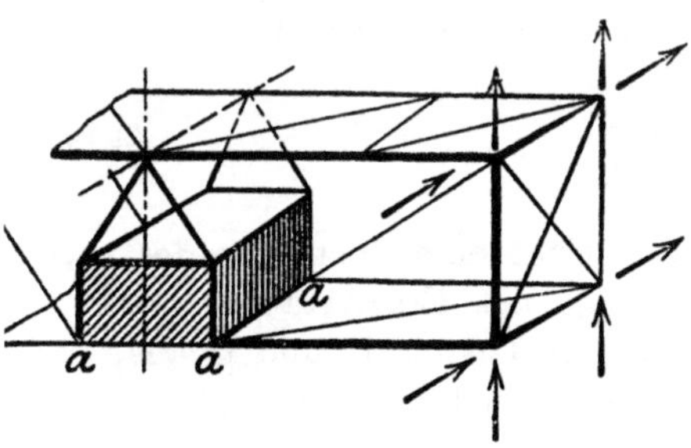

Fig. 45.

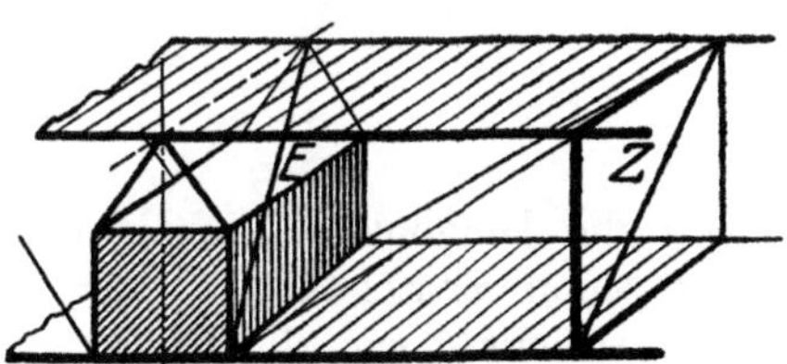

Fig. 46.

Bei dieser Anordnung finden die gesamten wagrechten Luftkräfte ihr Auflager in den Punkten a, wo wir den Motor und die sonstigen Hauptgewichte annehmen wollen. Oben an dem Spannturm werden jetzt keine wagrechten Kräfte übertragen. Die Berechnung der Zelle wird nach dem Ersatzstabverfahren durchgeführt, da es nicht möglich ist, in den Knotenpunkten des äußeren Tiefenkreuzes die angreifenden Kräfte sofort zu zerlegen.

Aus Symmetriegründen ist es günstig, das Tiefenkreuzkabel selbst als Störungsstab Z aufzufassen und einen Ersatzstab E in Flugzeugmitte in entsprechender Lage zu dem weggenommenen Tiefenkreuzkabel anzuordnen (Fig. 46). Es kommt uns im wesentlichen auf die Berechnung des Störungsstabes Z an, dessen Größe wir in einem Zahlenbeispiel mit der früher bei der Verspannung in Flugzeugmitte als statisch unbestimmte Größe errechneten Kraft X_a vergleichen wollen.

Die Kraft im Tiefenkreuzkabel selbst folgt nach der Formel:

$$Z = \frac{E_{0P}}{E_{z=-1}} \quad \dots\dots\dots\dots \quad (38)$$

wobei E_{0P} die Kraft im Ersatzstab infolge der äußeren Kräfte und $E_{z=-1}$ die Kraft im Ersatzstab infolge von $Z = -1$ bedeutet.

Die endgültigen Stabkräfte ergeben sich dann nach der Gleichung

$$S = S_0 - Z \cdot S_z \quad \dots\dots\dots\dots \quad (39)$$

Als Beispiel wollen wir die von der Flugzeugmeisterei ausgearbeitete Berechnung des Einstielers zugrunde legen, die schon zu Vergleichen herangezogen wurde.

Für den B-Fall, bei dem die Haupttragkabel beansprucht sind, ergibt sich die Kraft E_0 recht einfach nach der Formel:

$$E_0 = C_4 \frac{e'}{c_4} \quad \dots\dots\dots\dots \quad (40\text{a})$$

Nur die Diagonale C_4 im Oberflügel bewirkt eine Spannung des eingezogenen Ersatzstabes. e' ist die Länge des Ersatzstabes.

Drücken wir C_4 durch die äußeren Lasten H und Q aus, so findet man unmittelbar mit den Normalbezeichnungen:

$$E_0 = \left[H_2 + H_4 + (Q_2 + Q_4)\frac{e}{h}\right]\frac{e'}{s} \quad \dots\dots \quad (40\text{b})$$

Der Wert $E_{z=-1}$ folgt:

$$E_{z=-1} = \frac{e'}{g} \cdot 1 \quad \dots\dots\dots\dots \quad (41)$$

Setzen wir nun den Zahlenwert für e' ein, so ergibt sich, bei einem Unterschied der Holme oben und unten von 38 cm:

$$e' = \sqrt{148{,}1^2 + 38^2} = 153 \text{ cm},$$

wo $g = 148{,}1$ cm.

Die Summe der Außenlasten wird für den B-Fall aus dem Zahlenbeispiel mit 173,1 kg übernommen. Es folgt damit

$$Z = \frac{173{,}1 \cdot 148{,}1}{69} = \mathbf{373}\ \text{kg}$$

Bei der statisch unbestimmten Berechnung wurde die Spannkraft im Tiefenkreuzkabel X_a mit 229 kg errechnet. Der Unterschied ist also hier nicht zu groß, ob man in Flugzeugmitte eine starre Lagerung der Zelle annimmt oder ohne diese das Tiefenkreuz als starres, schließendes Glied ansieht. Es wird noch betont, daß es sich in diesem Beispiel um ein gestaffeltes System handelt, bei dem größere Kräfte auftreten.

Für den C-Fall ergibt sich gegenüber der angestellten Rechnung dadurch ein Unterschied, daß jetzt vorne das Gegenkabel f_1 wirkt. F_1 liefert ebenfalls außer der Kraft C_4 einen Beitrag zu dem Ersatzstab.

Der Wert E_0 ergibt sich dann nach der Gleichung:

$$E_0 = C_4 \frac{e'}{s_4} + F_1 \frac{e'}{f_1} \quad \ldots\ldots\ldots \quad (42)$$

Die Größe $E_{z=-1}$ bleibt wie vorher.

Entnimmt man dem Zahlenbeispiel die Werte für den C-Fall:

$$C_4 = 467{,}5\ \text{kg}, \qquad c_4 = 129\ \text{cm}, \qquad e' = 153\ \text{cm},$$

$$F_1 = 956\ \text{kg}, \qquad f_1 = 261\ \text{cm}, \qquad g = 148{,}1\ \text{cm},$$

so findet man für die Spannkraft des Tiefenkreuzkabels:

$$Z = 148{,}1\left(\frac{467{,}5}{129} + \frac{956}{261}\right) = 148{,}1 \cdot 7{,}2 = \mathbf{1068}\ \text{kg}$$

Der Unterschied gegenüber einer Kraft von **372 kg** $= X_a$ bei der statisch unbestimmten Berechnung läßt sich durch die große Torsion des C-Falles bei dem gestaffelten System erklären. Das heißt aber auch: die Rumpffestigkeit wird im C-Fall am meisten in Anspruch genommen.

Wendet man die gleichen Gedankengänge auf einen Zweistieler an, so wird die Rechnung umständlicher, da dann noch eine statische Unbestimmtheit verbleibt. Auch bei dem Zweistieler wird keine andere Wahl für die Ersatz- und Störungsstäbe günstiger sein.

Ist die Rumpfausführung derart, daß aus konstruktiven Gründen die starre Lagerung der Zelle nicht einwandfrei erscheint, so ist eine derartige Rechnung stets zu empfehlen. —

Untersuchung der Beweglichkeit einer einfachen Zelle. (Grenzfälle.)

Folgende Figur sei zugrunde gelegt:

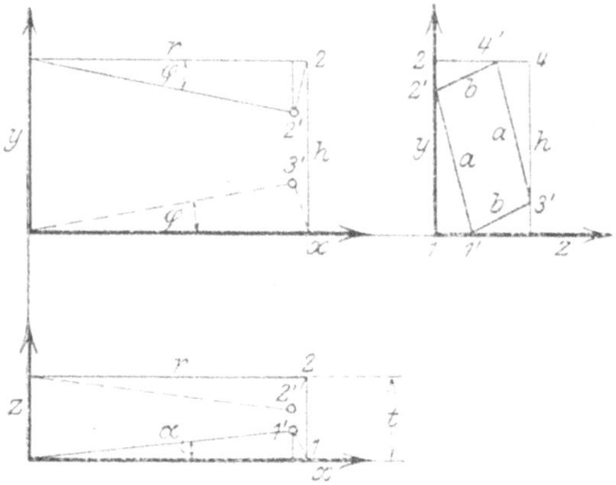

Fig. 47.

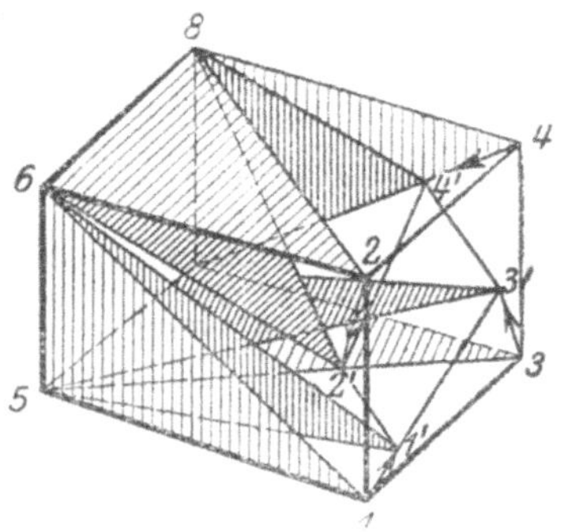

Fig. 48.

Wir wollen annehmen, eine Bewegung sei trotz der richtigen Stäbezahl möglich und das Fachwerk habe die in Fig. 48 gezeichnete deformierte Form angenommen, so daß das steife Dreieck der oberen Tragwand 2 — 6 — 8 um seine Grundlinie 6 ÷ 8 nach unten gedreht erscheint. Das steife Dreieck der vorderen senkrechten Wand 1 — 5 — 6 wird nach innen gedreht. Die untere Wand 5 — 7 — 3 sei entsprechend wiederum nach oben und die hintere senkrechte Wand nach innen verschoben.

Aus Symmetriegründen muß sich die obere Wand um ebensoviel nach unten drehen, wie die untere Wand nach oben. Wir wollen den Drehungswinkel mit φ bezeichnen. Ebenso wird sich die vordere Wand um so viel nach hinten drehen, wie die hintere nach vorne. Dieser Drehungswinkel sei α.

Wir stellen dann analytisch die Bedingung auf, daß die Stablängen a und b, die das vordere abschließende Rechteck bilden, sich nicht ändern sollen und den ursprünglichen Größen t und h gleich sind. Die Längen a und b gewinnen wir am einfachsten, indem wir alle drei Koordinaten der Punkte 4, 2, 1 und 3 anschreiben.

Nach obiger Figur sind diese Koordinaten in dem ursprünglichen und in dem deformierten System:

$$\begin{aligned} x_2 &= r & x_2' &= r \cdot \cos\varphi \\ y_2 &= h & y_2' &= h - r \cdot \sin\varphi \\ z_2 &= 0 & z_2' &= 0 \\[1ex] x_1 &= r & x_1' &= r \cdot \cos\alpha \\ y_1 &= 0 & y_1' &= 0 \\ z_1 &= 0 & z_1' &= r \cdot \sin\alpha \\[1ex] x_3 &= r & x_3' &= r \cdot \cos\varphi \\ y_3 &= 0 & y_3' &= r \cdot \sin\varphi \\ z_3 &= t & z_3' &= t \\[1ex] x_4 &= r & x_4' &= r \cdot \cos\alpha \\ y_4 &= h & y_4' &= h \\ z_4 &= t & z_4' &= t - r \cdot \sin\alpha \end{aligned}$$

Nach der allgemeinen Formel

$$l = \sqrt{(x_2 - x_1)^2 + (y_2 - y_1)^2 + (z_2 - z_1)^2}$$

ergibt sich jetzt die Länge a:

$$a = \sqrt{r^2 (\cos\varphi - \cos\alpha)^2 + (h - r\sin\varphi)^2 + (r \cdot \sin\alpha)^2}$$

$$a = \sqrt{2\,r^2 - 2\,r^2 \cos\varphi \cdot \cos\alpha - 2\,r\,h \sin\varphi + h^2}$$

In entsprechender Weise läßt sich die Länge b ausdrücken:

$$b = \sqrt{r^2 (\cos\alpha - \cos\varphi)^2 + r^2 \sin^2\varphi + (r\sin\alpha - t)^2}$$

$$b = \sqrt{2\,r^2 - 2\,r^2 \cdot \cos\varphi \cdot \cos\alpha - 2\,r\,t \cdot \sin\alpha + t^2}$$

Führen wir nun die beiden Bedingungen ein

I. $a = h$ oder $a^2 = h^2$,

II. $b = t$ „ $b^2 = t^2$,

so findet man die beiden Bedingungsgleichungen

$$r - r\cos\varphi \cdot \cos\alpha - h \cdot \sin\varphi = 0$$

$$r - r \cdot \cos\varphi \cos\alpha - t \cdot \sin\alpha = 0$$

und aus diesen die Beziehung

$$\frac{\sin\varphi}{\sin\alpha} = \frac{t}{h} \qquad \text{. . . . .} \quad (43)$$

Zur Berechnung von α oder $\sin\alpha$ ergibt sich dann die Gleichung:

$$r - r\sqrt{(1-\sin^2\alpha)\left(1-\sin^2\alpha\cdot\frac{t^2}{h^2}\right)} - t\cdot\sin\alpha = 0$$

Durch Quadrieren wird

$$r^2 + t^2\sin^2\alpha - 2\,r\,t\sin\alpha - r^2(1-\sin^2\alpha)\left(1-\sin^2\alpha\cdot\frac{t^2}{h^2}\right) = 0$$

oder

$$h^2\cdot t^2\sin^2\alpha - 2\,r\,t\,h^2\sin\alpha + r^2h^2\sin^2\alpha + r^2t^2\sin^2\alpha - r^2t^2\sin^4\alpha = 0$$

Aus dieser Gleichung folgt zunächst die Wurzel:

$$\sin\alpha = 0\,,$$

die nichts Besonderes aussagt.

Es verbleibt noch die Gleichung dritten Grades für $\sin\alpha$:

$$\sin^3\alpha - \sin\alpha\left(1+\frac{h^2}{t^2}+\frac{h^2}{r^2}\right) + \frac{2\,h^2}{r\,t} = 0 \quad . \; . \; . \; . \quad (44)$$

Aus dieser Gleichung könnte man nun für gegebene Verhältnisse $\frac{h}{t}$ und $\frac{h}{r}$ den Wert von $\sin\alpha$ berechnen, bei dem es möglich ist, die Stäbe a und b in dem deformierten Fachwerk mit ihrer ursprünglichen Länge anzuordnen. Da sich hierbei im allgemeinen große Winkel von α ergeben, so leuchtet es ein, daß wohl dieser Endzustand möglich ist, daß es aber nicht möglich ist, über die doch nötige dazwischenliegende kleine Änderung von α in der Bewegung zu diesen großen Wurzelwerten zu kommen.

Wir suchen deshalb nur kleine Werte von $\sin\alpha$; denn nur bei solchen wird das Fachwerk endliche Verschiebungen erlauben. Wenn $\sin\alpha$ aber sehr klein ist, so kann man für die oben angeschriebene kubische Gleichung unter Vernachlässigung von $\sin^3\alpha$ die lineare Gleichung setzen:

$$2\cdot\frac{h}{t}\cdot\frac{h}{r} = \sin\alpha\left(1+\frac{h^2}{t^2}+\frac{h^2}{r^2}\right)$$

In dieser Beziehung wollen wir jetzt nicht mehr $\sin\alpha$ als unbekannt ansehen, sondern die Seitenverhältnisse. Wir bezeichnen mit

$$x = \frac{h}{t} \quad \text{und mit} \quad y = \frac{h}{r}$$

Führen wir z. B. den kleinen Wert $\sin\alpha = 0{,}1$ ein, so ergibt sich die quadratische Gleichung:

$$2\cdot x\cdot y - 0{,}1 - 0{,}1\,x^2 - 0{,}1\,y^2 = 0 \quad . \; . \; . \; . \; . \quad (45)$$

Sie ist für verschiedene Wertepaare x und y zu betrachten. Im Flugzeugbau werden nur selten Werte $x = \frac{h}{t}$ vorkommen, die kleiner als 0,7 sind.

Es ergibt sich $x = 1$, $y = \sim 20$. Für $x = 2$ wird $y = \sim 40$.

Das heißt also, daß für die im Flugzeugbau üblichen Verhältnisse x das Fachwerksystem immer stabil genug ist, da die zu einem üblichen x gehörigen Werte $y = 20 \div 40$ und mehr in der Flugzeugzelle nicht angewandt werden.

Beispiel Kastenleitwerk.

Die Theorie vom Fachwerksaufbau der Flügelzelle hat in der Konstruktion von neueren Kastenleitwerken eine kleinere, aber elegante Anwendung gefunden. Bei größeren Flugzeugen mit außenliegenden Luftschrauben ergab sich die Forderung nach größeren und wirksamen Ruderflächen am Schwanz. Man ging deshalb von der einen Fläche des Seiten- und Höhenruders zum doppelten Leitwerk über.

Mit einem kleinen Spannturm sitzt das Kastenleitwerk auf dem Schwanz auf. In den senkrecht stehenden Flächen vor den Seitenrudern und in den wagrechten Dämpfungsflächen sind starre Ebenen ausgebildet. Als schädlicher Widerstand bleibt nur noch eine räumliche Strebe übrig, die von dem hinteren äußeren Knotenpunkt oben nach einem Rumpfspannt unten verläuft. —

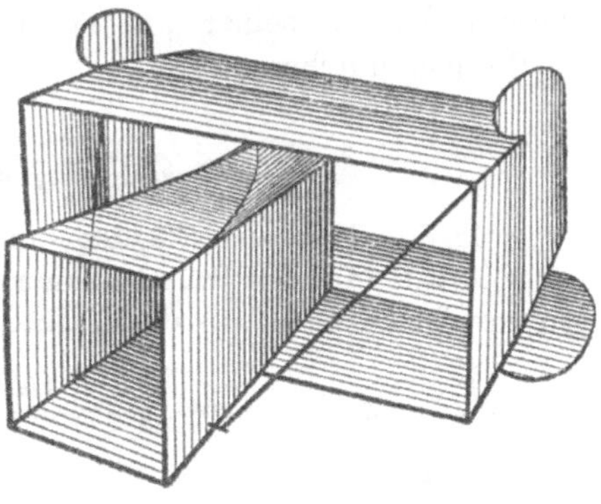

Fig. 49.

Bemerkungen zur allgemeinen Berechnung.

Nach allem, was über den Aufbau und die Berechnung bis jetzt dargelegt wurde, kommen die besonderen Methoden der Statik für die Struktur des Raumfachwerks im Flugzeugbau weniger zur Anwendung. Da Holme und Kräfte meist senkrecht angeordnet sind, ist der Rechnungsaufwand meist nicht zu groß. Im allgemeinen sei nur darauf hingewiesen, daß es in schwierigeren Fällen nach Müller-Breslau am günstigsten ist (siehe die neueren Methoden der Festigkeitslehre), die sogenannte Momentenmethode mit der Anwendung der Gleichgewichtsbedingungen auf ein räumliches Koordinatensystem zu verbinden. Man berechnet dann zweckmäßig zunächst eine Stabspannung nach der Momentenmethode und wendet darauf zweimal die Gleichgewichtsbedingungen an. Es ergeben sich dann sämtliche Stabspannungen immer aus einer Gleichung mit nur einer Unbekannten. —

10. Berechnung der Flügelholme.

Durch die vorhergegangenen Berechnungen sind die Grundlagen für die Untersuchung der Flügelholme gegeben.

Durch die Querbelastung g und durch die Längskraft des Fachwerkstabes S wird der Holm im allgemeinen gleichzeitig auf Biegung und Druck beansprucht[1]). Es soll zunächst die Beanspruchung des Holmes und dann die Frage der Knicksicherheit erörtert werden.

Wir wenden uns sofort der gleichzeitigen Wirkung von Biegung und Längskraft zu. Für die einfache Dreimomentengleichung hat Schwengler in seiner „Statik im Flugzeugbau" zahlreiche Holme als Beispiel durchgerechnet.

a) Die Berechnung der Knickbiegung.

Für den Fall von Biegung und Längskraft eines Balkens auf zwei Stützen mit den Stützenmomenten M_A und M_B ergibt sich nach Müller-Breslau (II. 2) durch Integration der Gleichung:

$$E \cdot J \cdot y'' = -M_x = -S \cdot y - \left[M_A + \frac{(M_B - M_A)\,x}{s} + g\frac{s\,x}{2} - g\frac{x^2}{2}\right] \ldots (46)$$

die Lösung:

$$y = C_1 \cdot \cos\frac{x}{k} + C_2 \cdot \sin\frac{x}{h} - \frac{g k^2}{S}$$
$$-\frac{1}{S}\left[M_A + \frac{(M_B - M_A)\,x}{s} + g\frac{s\,x}{2} - g\frac{x^2}{2}\right]^{2)} \ldots (47)$$

[1]) Die Querbelastung g ist hierbei nur derjenige Anteil aus den Hauptbelastungsfällen, der zur Flügelebene senkrecht steht. Diejenige Querbelastung, die in die Ebene des Flügels selbst fällt, braucht nicht berechnet zu werden. Bei der großen Konstruktionshöhe des wagerechten Balkens, dessen Gurte die beiden Holme eines Flügels darstellen, wäre die Holmbeanspruchung für diesen Teil der Querbelastung zu klein.

[2]) Die in den Proceedings of the Royal Academy, London 1918, angegebene Lösung ist in der Querbelastung zwar allgemeiner, für die Zwecke des Flugzeugbaues aber ohne größere Bedeutung.

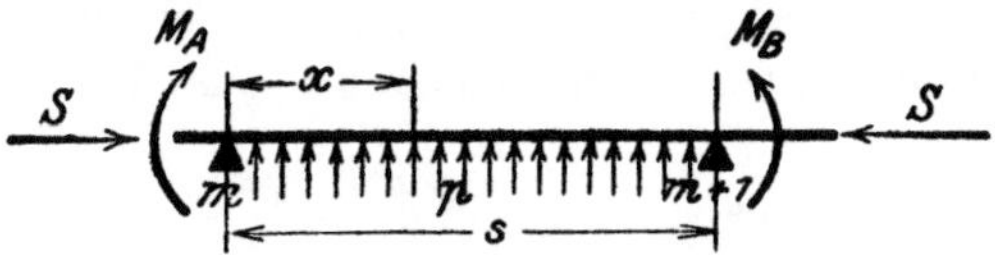

Fig. 50.

Für das Biegungsmoment an irgendeiner Stelle des Balkens folgt dann:

$$M_x = S \cdot \left(C_1 \cdot \cos\frac{x}{k} + C_2 \cdot \sin\frac{x}{k}\right) - g k^2 \quad . \; . \; . \; . \quad (48)$$

wobei die Integrationskonstanten:

$$C_1 = \frac{D_1}{S}$$

und

$$C_2 = \frac{1}{S}\left(\frac{D_2}{\sin\frac{s}{k}} - D_1 \operatorname{cotg}\frac{s}{k}\right)$$

Die Hilfswerte sind dabei:

$$D_1 = M_A + g k^2$$

$$D_2 = M_B + g k^2$$

$$k^2 = \frac{E \cdot J}{S}$$

Verschieden große Trägheitsmomente werden im Flugzeugbau schon aus Gründen der Herstellung nur in seltenen Fällen verwendet.

Die Frage der Vorzeichen macht in der praktischen Ausrechnung meist einige Schwierigkeiten.

Folgende Festsetzung der Vorzeichen hat sich meines Erachtens bewährt: Die Momente an dem überstehenden Ende und über den Stützen werden ohne Rücksicht auf die Richtung der Querbelastung g stets als negativ angesehen. Dann sind die größten Feldmomente, wie die Biegungslinie ergibt, meist positiv. Auch die Größe $g k^2$ wird immer als positiv angesehen, einerlei ob die Querbelastungen g von unten oder von oben kommen. Es gelten dann immer die in den Formeln angeschriebenen Vorzeichen, die auch in den ausführlichen Rechnungsbeispielen auf Seite 131 und im folgenden angewendet sind.

An dieser Stelle sei auf einen Druckfehler hingewiesen, der sich in Müller-Breslau's graphischer Statik befindet. Wie auch in dem dortigen Druckfehlerverzeichnis bemerkt, heißt es auf Seite 288 des II. Bandes, 2. Teil, in der dortigen Gleichung (42) und (44) nicht $+ g k^2$, sondern $- g k^2$.

Die Richtigkeit der angegebenen Lösung der Differentialgleichung läßt sich erkennen, wenn man umgekehrt aus der Gleichung:

$$y = C_1 \cdot \cos\frac{x}{k} + C_2 \cdot \sin\frac{x}{k} - \frac{g k^2}{S}$$
$$- \frac{1}{S}\left(M_A + \frac{M_B - M_A}{S} \cdot x + g\frac{s \cdot x}{2} - g\frac{x^2}{2}\right)$$

die erste Ableitung bildet:

$$y' = - C_1 \cdot \sin\frac{x}{k} \cdot \frac{1}{k} + C_2 \cdot \cos\frac{x}{k} \cdot \frac{1}{k} - \frac{1}{S}\left(\frac{M_B - M_A}{S} + \frac{g \cdot s}{2} - g x\right)$$

und dann die zweite Ableitung:

$$y'' = - C_1 \cdot \cos\frac{x}{k} \cdot \frac{1}{k^2} - C_2 \cdot \sin\frac{x}{k} \cdot \frac{1}{k^2} - \frac{1}{S} \cdot g$$

Setzt man nun den Wert von y' und den von y'' mit k^2 erweitert in die erste Gleichung ein, so wird diese offenbar identisch befriedigt. D. h. der angegebene Wert y ist tatsächlich die Lösung der Differentialgleichung (46). —

Mit den Werten:

$$M_{max} = \frac{D_1}{\cos\frac{x}{k}} - g k^2 \text{ [1]} \quad . \; . \; . \; . \; . \; . \; . \; . \quad (49)$$

(Ob man M_{max} berechnet, hängt von der allgemeinen Form der Momentenlinie ab, die man nach Berechnung der Stützenmomente meist übersehen kann.) ist die Aufgabe der Momentenbestimmung im wesentlichen gelöst. Hierbei wird $\frac{x}{k}$ bestimmt durch:

$$\operatorname{tg}\frac{x}{k} = \frac{D_n}{D_{n-1} \cdot \sin\alpha} - \operatorname{cotg}\alpha$$

Um geschlossene Rechnungen durchzuführen, kann man bei der Berechnung der Größtmomente auch so vorgehen, daß man statt aus dem bekannten Wert:

$$\operatorname{tg}\frac{x}{k} = \frac{D_n}{D_{n-1} \cdot \sin\alpha} - \operatorname{cotg}\alpha \quad . \; . \; . \; . \; . \; . \; . \quad (50)$$

---

[1]) Die ganzen Entwicklungen lassen sich noch weiter für die besonderen Verhältnisse der Flugzeugstatik vereinfachen, wenn die Längskraft S in Abhängigkeit von g einfach dargestellt werden kann. Wenn jedoch S sich aus Beiträgen zweier Tragwände zusammensetzt, so ergeben sich Schwierigkeiten.

den Winkel $x:k$ aufzuschlagen und danach wiederum den Kosinus zu bestimmen, den notwendigen Wert $\cos\frac{x}{k}$ direkt durch $\operatorname{tg}\frac{x}{k}$ ausdrückt. Es ergibt sich:

$$\frac{1}{\cos\frac{x}{k}}=\sqrt{\left(\operatorname{tg}\frac{x}{k}\right)^2+1}$$

Damit wird Gleichung (49):

$$M_{max}=\frac{D_{n-1}}{\cos\frac{x}{k}}-gk^2=D_{n-1}\cdot\sqrt{\left(\frac{D_n}{D_{n-1}\cdot\sin\alpha}-\operatorname{cotg}\alpha\right)^2+1}-gk^2. \quad (51)$$

Diese Gleichung kann zweckmäßig zu allgemeinen Untersuchungen verwendet werden. —

Als nächste Aufgabe ist der Holm auf mehreren Lagern zu betrachten.

Bei der Integration ergeben sich für die Randwinkel τ und τ' des einfachen Balkens rechts und links die Gleichungen:

$$\tau=\frac{M_A}{S\cdot s}\nu'+\frac{M_B}{S\cdot s}\nu''-\frac{g\cdot s}{S}\nu'''$$

$$\tau'=\frac{M_A}{S\cdot s}\nu''+\frac{M_B}{S\cdot s}\nu'-\frac{g\cdot s}{S}\nu''' \quad \ldots\ldots \quad (52)$$

In dieser Gleichung und der folgenden bedeuten:

$$\psi'=\frac{\nu'}{S\cdot s} \quad \text{wobei:} \quad \nu'=1-\alpha\cdot\operatorname{cotg}\alpha \quad \text{und} \quad \alpha=\frac{s}{k}$$

$$\psi''=\frac{\nu''}{S\cdot s} \quad \text{„} \quad \nu''=\frac{\alpha}{\sin\alpha}-1 \quad \text{„} \quad k=\sqrt{\frac{E\cdot J}{S}}$$

$$\psi'''=\frac{\nu'''}{S\cdot s} \quad \text{„} \quad \nu'''=\frac{1-\cos\alpha}{\alpha\cdot\sin\alpha}-\frac{1}{2}$$

Mit Hilfe dieser Winkel, die beim durchlaufenden Balken ineinander übergehen, kann man die angeschriebenen Momentengleichungen für den Balken auf mehreren Lagern zu der verallgemeinerten Clapeyronschen Gleichung zusammenfassen (siehe Müller-Breslau, Graphische Statik, II. 2, Seite 289):

$$M_{m-1}\cdot\psi_m''+M_m\cdot(\psi_m'+\psi_{m+1}')+M_{m+1}\cdot\psi_{m+1}''$$
$$=\varDelta\vartheta_m-g\cdot\psi_m'''\cdot s_m^2-g\cdot\psi_{m+1}'''\cdot s_{m+1}^2 \quad .\ . \quad (53)$$

Damit ist die Aufgabe der Momentenberechnung auch für den durchlaufenden Holm, wie er im Flugzeugbau fast immer vorkommt, vollständig gelöst. Bei sehr vielen Feldern sind die verschiedenen von Müller-Breslau angegebenen Eliminationsverfahren wichtig. — $\Delta\vartheta$ ist die Änderung des ursprünglich rechten Winkels infolge anderer Einflüsse. Die Werte ν', ν'' und ν''' sind in einer von der Flugzeugmeisterei während des Krieges herausgegebenen ausführlichen Tafel fertig berechnet. Die dort angegebenen Stellen genügen reichlich, müssen aber in der Nähe von 180^0 derartig genau sein, um den unbestimmten Ausdruck $\infty:\infty$ für die Momente und die Nennerdeterminante scharf genug berechnen zu können. Sonst muß man mit Hilfe der Differentialrechnung besondere Grenzbetrachtungen anstellen.

Statt der Werte ν kann man auch die ebenfalls tafelmäßig berechneten Zahlen χ verwenden. Diese sind festgelegt nach der Gleichung:

$$\chi = \psi \frac{E \cdot J}{s} \quad \text{. . . . . (54)}$$

Müller-Breslau hat in seiner Abhandlung in den Technischen Berichten: „Zur Festigkeitsberechnung der Flugzeugholme"[1]) eine kurze Tafel gegeben für die Werte:

$$\frac{2\,s'}{s} = \frac{6 \cdot \nu'}{\alpha^2}; \quad \frac{s''}{s} = \frac{6 \cdot \nu''}{\alpha^2} \quad \text{und} \quad \frac{s'''}{s} = \frac{24 \cdot \nu'''}{\alpha^2}$$

Welche Tafel der verschiedenen Werte man verwendet, bleibt sich ziemlich gleich. Durch die Einführung dieser Werte erübrigt sich die genaue Beachtung der Vorzeichen bei den ν-Werten selbst, die sonst oft zu Rechenfehlern Anlaß gibt.

Zur Berechnung der Winkeländerungen $\Delta\vartheta$ kann man einen Williotschen Verschiebungsplan zeichnen oder für allgemeine Betrachtungen auch leicht rechnen statt zu zeichnen. (Dabei genügt es, nur die Längenänderung der Kabel allein zu berücksichtigen. Wenn man noch die Längenänderung der Holme berücksichtigen will, so wird man doch stets die Stiele vernachlässigen.) Die so gefundenen Durchbiegungen δ der einzelnen Knotenpunkte benutzt man

---

[1]) In der gleichen Abhandlung wird weiterhin der Einfluß der Kräfte der Innenverspannung, die exzentrisch am Hebelarm der Durchbiegung wirken, berücksichtigt. Wie die dort angegebenen Beispiele jedoch zeigen, rechnet man genau genug, wenn man, wie üblich, nur den Mittelwert der durch die wagrechten Lasten in den Abschnitten eines Feldes hervorgerufenen Kräfte in die Rechnung einführt. Diese weiteren Untersuchungen überschreiten den verfügbaren Raum dieses Buches.

zur Berechnung der Winkeländerung $\varDelta\vartheta$ nach der Formel:

$$\varDelta\vartheta = \frac{\delta_{m+1} - \delta_m}{s_{m+1}} - \frac{\delta_m - \delta_{m-1}}{s_m} \quad . \quad . \quad . \quad . \quad . \quad (55)$$

Man kann auch die Beziehung über die Winkeländerung in einem Dreieck der Berechnung von $\varDelta\vartheta$ zugrunde legen nach der Gleichung:

$$E\cdot\varDelta\vartheta = -\sigma_2'(\operatorname{cotg}\gamma_1 + \operatorname{cotg}\gamma_2) + \sigma_3\cdot\operatorname{cotg}\gamma_2 + \sigma_4'(\operatorname{cotg}\gamma_4 + \operatorname{cotg}\gamma_5) + \sigma_5\cdot\operatorname{cotg}\gamma_5 \quad . \quad . \quad . \quad (56)$$

Die Bezeichnung gilt für folgende Fig. 51.

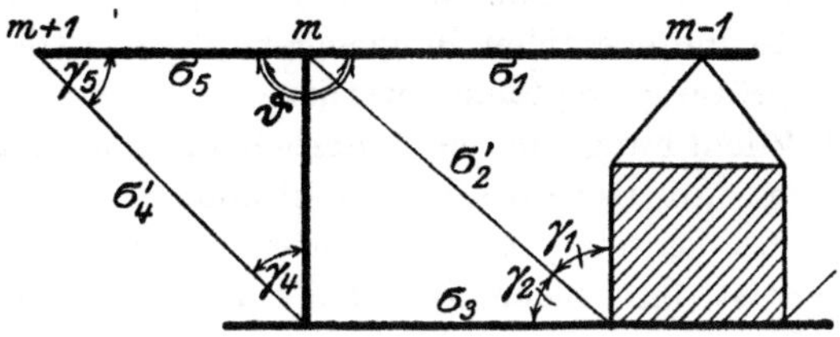

Fig. 51.

In dieser Gleichung können gegebenenfalls die Glieder mit σ_3 und σ_5 vernachlässigt werden. Bei flachen Winkeln der Kabel und noch mehr bei verschieden großen aneinander stoßenden Feldweiten ergibt sich ein gewisser Einfluß von $\varDelta\vartheta$ auf die Größe der Momente. Es läßt sich dies auch leicht einsehen, daß bei gleichen oder sich regelmäßig ändernden Feldweiten der Einfluß von $\varDelta\vartheta$ nicht sehr groß sein kann, da auch große Kabellängungen überall gleichmäßig wirken. In Flugzeugmitte aber oder wenn z. B. bei Anordnung von außenliegenden Motoren kleine Felder an große grenzen, muß die Biegungslinie des Holmes einen weniger stetigen Verlauf haben.

Es ist gegebenenfalls auch wichtig, die Längenänderung der Kabel nicht nach dem Hookschen Gesetz, sondern nach den auf Seite 89 beschriebenen Versuchen zu berechnen.

Hat $\varDelta\vartheta$ größeren, ungünstigen Einfluß auf die Momente, so kann man nach einem Vorschlag von Prof. Baumann, Stuttgart, dem Holm eine derartige Vorspannung geben, daß bei voller Belastung die Werte $\varDelta\vartheta$ zu Null werden. —

Die Änderung der Knotenlasten T infolge des durchlaufenden Balkens für eine zweite, verbesserte Rechnung ist:

$$\varDelta T = -M_m\left(\frac{1}{l_{m+1}} + \frac{1}{l_m}\right) + \frac{M_{m+1}}{l_{m+1}} + \frac{M_{m-1}}{l_m}$$

Es wird meist möglich sein, diese Werte schon von vornherein so zu schätzen, daß die nachher errechneten Werte ΔT von den vorher angenommenen Verbesserungen der Knotenlasten sich nicht mehr stark unterscheiden. —

Wenn bei größeren Rechnungen sich aus den Vorzeichen oder sonst durch Unterschiede großer Zahlen rechnerische Schwierigkeiten ergeben, so kann man zur Nachprüfung auch statt der Berechnung des Wertes $\operatorname{tg}\frac{x}{k}$ von der einen Seite des Balkenfeldes her den Wert $\operatorname{tg}\frac{l-x}{k}$ von der anderen Seite des Balkens her berechnen. Die Stelle, an der das Größtmoment auftritt, ergibt sich dann aus verschiedenen Rechnungszahlen in gleicher Weise. Dieses Vorgehen kann zur Nachprüfung empfohlen werden.

Die Berücksichtigung von veränderlichem Trägheitsmoment des Holmes führt oft auf Bessel'sche Funktionen.

Der Fall des einseitig eingespannten Balkens mit Quer- und Längsbelastung ist im dritten Teil, Seite 355, allgemein behandelt.

b) Berechnung der Durchbiegungen.

Die Durchbiegung des Holmes y ergibt sich nach der schon oben angeleiteten Formel

$$y = C_1 \cdot \cos\frac{x}{k} + C_2 \cdot \sin\frac{x}{k} - g\frac{k^2}{S}$$
$$-\frac{1}{S}\left[M_A + \frac{(M_B - M_A)\,x}{s} + \frac{g \cdot s \cdot x}{2} - g\frac{x^2}{2}\right] \quad . \; . \; . \quad (57)$$

wobei die Konstanten die bereits angeschriebenen Werte haben.

Da man jedoch in den meisten Fällen zunächst die Momente M_x berechnet und dann erst an den gleichen Stellen des Balkens nach den Durchbiegungen fragt, so kann man auch einfacher folgende Formel verwenden:

$$y = \frac{1}{S}\left[M_x - \left\{M_A + \frac{(M_B - M_A)x}{s} + \frac{g\,s\,x}{2} - \frac{g x^2}{2}\right\}\right] \quad . \; (57\,\mathrm{a})$$

Für Überschlagsrechnungen leistet die Formel von Vianello gute Dienste, die er auf Seite 90 seines „Eisenbaues" angegeben hat. Dabei ist wiederum M_0 nicht das Moment für den beiderseits gelenkig gelagerten Balken, sondern das Moment für den jeweils vorliegenden Balken ohne Längskraft. Die Knicksicherheit bei einfacher Last ist dabei n.

$$y = \frac{M_0}{S}\,\frac{1}{n-1} \quad . \; . \; . \; . \; . \; . \; . \; . \; . \; . \quad (58)$$

Die von Mehrtens und anderen gegebenen Formeln, die sich auf eine Reihenentwicklung der Kreisfunktionen stützen, sind im Flugzeugbau weniger verwendbar. Diese Kreisfunktionen werden oft gerade in der Nähe der extremen Werte gebraucht, so daß die Näherung ungenügend ist.

Die Formel

$$y = y_0\left(1 + \frac{S}{S_E}\right) \quad . \quad . \quad . \quad . \quad . \quad . \quad . \quad . \quad . \quad (59)$$

ist deshalb für ganze Bruchlast nicht zutreffend.

Die Berechnung der Durchbiegung ist im Flugzeugbau wichtiger als in anderen Gebieten der Baukonstruktionen, da bei der beschränkten Holmhöhe die Längskraft am Hebelarm der größeren Durchbiegung ein größeres zusätzliches Biegungsmoment hervorruft und da auch die aerodynamischen Verhältnisse von der Durchbiegung beeinflußt werden.

Bei Verwendung von hochwertigen Stahlrohrholmen, deren große Festigkeit gegenüber Holzholmen eine kleinere Konstruktionshöhe bedingt, wird die Durchbiegung recht groß. Während für Holzholme bei der Durchführung von Sandbelastungsprüfungen für Bruchlast Durchbiegungen von etwa 3 bis 5 cm beobachtet wurden, kommen bei Stahlrohrholmen Durchbiegungen von 25 bis 30 cm vor, ohne daß ein Bruch eintritt. Es ist klar, daß ein derartig stark durchgebogener Holm nicht nur allein auf Biegung beansprucht wird, wie ein gerader Holm. Bei der sich bildenden Kettenlinie treten große, entlastende Zugspannungen auf. Für diesen Fall gelten die entwickelten Formeln nicht mehr. Wenn man sich jedoch unserem Vorschlage von Seite 31 anschließt und die Berechnung nur mit halber Bruchlast durchführt, so wird die Genauigkeit im allgemeinen ohne Grenzbetrachtungen genügen.

Die größte Durchbiegung des Holmes tritt oft nicht an der Stelle des Größtmomentes auf.

c) Berechnung des Balkens für Quer- und Längskräfte bei Einzellasten.

Ist keine gleichmäßig verteilte Belastung vorhanden, sondern werden die von jeder Rippe übertragenen Einzellasten für sich betrachtet, so geht die oben angeführte Gleichung unter Berücksichtigung der Exzentrizität in folgende Form über.

Die Anwendung dieser Gleichung hat aber im Flugzeugbau nur Sinn, wenn sich aus verschiedenen Rippenabständen innerhalb eines Feldes durch plötzliche Änderungen der Rippentiefe oder durch Wechsel des Profils andere Verhältnisse ergeben, die diesen größeren Arbeitsaufwand der Rechnung rechtfertigen. Bei gleichen Rippenabständen führt die von Müller-Breslau dargestellte Differenzengleichung schneller zum Ziel.

Bei der Wirkung einer Einzellast P in der Entfernung a vom linken Auflager ergibt sich unter Benutzung der gleichen Bezeichnungen wie bei gleichförmig verteilter Last folgende Differenzialgleichung der elastischen Linie (vgl. Dr.-Ing. Arnstein im „Eisenbau" 1919):

$$k^2 \cdot y'' + y = -\frac{1}{S}\left[M_A + \frac{(M_B - M_A)}{s} x + P \frac{s-a}{s} x\right] \text{bzw. rechts} + P a - \frac{P a x}{s}$$

Diese Gleichung hat die Lösung:

$$y = C_1 \cdot \cos\frac{x}{k} + C_2 \cdot \sin\frac{x}{k} - \frac{1}{S}\left[M_A + \frac{(M_B - M_A)}{s} x + P \frac{s-a}{s} x\right] \quad . . (60)$$

Durch Differenzieren findet man:

$$y' = -C_1 \cdot \sin\frac{x}{k} \cdot \frac{1}{k} + C_2 \cdot \cos\frac{x}{k} \cdot \frac{1}{k} - \frac{1}{S}\left[\frac{M_B - M_A}{s} + \frac{P(s-a)}{s}\right]$$

Durch nochmaliges Differenzieren ergibt sich für die zweite Ableitung:

$$y'' = -C_1 \cdot \cos\frac{x}{k} \cdot \frac{1}{k^2} - C_2 \cdot \sin\frac{x}{k} \cdot \frac{1}{k^2}$$

Setzt man die Werte für y' und y'' auf die linke Seite der zuerst angeschriebenen Differenzialgleichung (60), so findet man eine Identität:

$$-C_1 \cdot \cos\frac{x}{k} - C_2 \cdot \sin\frac{x}{k} + C_1 \cdot \cos\frac{x}{k} + C_2 \cdot \sin\frac{x}{k} - \frac{1}{S}[\ldots] = -\frac{1}{S}[\ldots]$$

Da das Moment M_0 zur Rechten von der Einzellast P andere Werte hat wie zur Linken des Lastangriffspunktes, so ergeben sich für y die beiden Gleichungen mit vier Integrationskonstanten C_1 bis C_4:

$$y_1 = C_1 \cdot \cos\frac{x}{k} + C_2 \cdot \sin\frac{x}{k} - \frac{1}{S}\left[M_A + \frac{x}{s}(M_B - M_A) + P\frac{x}{s}(s-a)\right]$$

$$y_2 = C_3 \cdot \cos\frac{x}{k} + C_4 \cdot \sin\frac{x}{k} - \frac{1}{S}\left[M_A + \frac{x}{s}(M_B - M_A) + P \cdot a - P\frac{a \cdot x}{s}\right]$$

Zur Bestimmung der Konstanten stehen zur Verfügung die Bedingungen:

1. für $x = 0 \quad y = 0$, daraus: $C_1 = \frac{M_A}{S}$,

2. für $x = s \quad y = 0$, daraus: $C_4 \sin\frac{s}{k} + C_3 \cos\frac{s}{k} - \frac{M_B}{S} = 0$,

3. für $x = a \quad y_1 = y_2$, daraus:

$$C_3 \cos\frac{a}{k} + C_4 \sin\frac{a}{k} - C_2 \sin\frac{a}{k} = + \frac{M_A}{S}\cos\frac{a}{k}$$

oder

$$C_4\left[\sin\frac{a}{k} - \operatorname{tg}\frac{s}{k} \cdot \cos\frac{a}{k}\right] - C_2 \cdot \sin\frac{a}{k} = + \frac{1}{S}\left(M_A \cdot \cos\frac{a}{k} - M_B \cdot \frac{\cos\frac{a}{k}}{\cos\frac{s}{k}}\right)$$

4. Für den gleichen Angriffspunkt der Einzellast $x = a$ muß die elastische Linie des Holms stetig verlaufen, d. h. $y_1' = y_2'$

$$+ C_3 \cdot \sin\frac{a}{k} - C_4 \cdot \cos\frac{a}{k} + C_2 \cdot \cos\frac{a}{k} = + \frac{M_A}{S} \cdot \sin\frac{a}{k} + \frac{P \cdot k}{S}$$

oder

$$- C_4\left[\cos\frac{a}{k} + \operatorname{tg}\frac{s}{k} \cdot \sin\frac{a}{k}\right] + C_2 \cdot \cos\frac{a}{k} = \frac{1}{S}\left(M_A \cdot \sin\frac{a}{k} - M_B \cdot \frac{\sin\frac{a}{k}}{\cos\frac{s}{k}} + P \cdot k\right)$$

Aus Bedingung (3) und (4) ergeben sich schließllch die Konstanten:

$$C_2 = \frac{P \cdot k \cdot \cos\frac{a}{k}}{S} - \frac{1}{S \cdot \operatorname{tg}\frac{s}{k}}\left(M_A - \frac{M_B}{\cos\frac{s}{k}} + P \cdot k \cdot \sin\frac{a}{k}\right)$$

$$C_3 = \frac{M_A}{S} + \frac{P \cdot k \cdot \sin\frac{a}{k}}{S}$$

C_4 wird dann:

$$C_4 = \frac{1}{S \cdot \operatorname{tg}\frac{s}{k}}\left(- M_A + \frac{M_B}{\cos\frac{s}{k}} - P \cdot k \cdot \sin\frac{a}{k}\right)$$

Diese Werte eingesetzt, ergibt die Gleichung der Biegungslinie für den ersten Abschnitt zu:

$$y_1 = \frac{M_A}{S} \cdot \cos\frac{x}{k} + \left[\frac{P \cdot k \cdot \cos\frac{a}{k}}{S} - \frac{1}{S \cdot \operatorname{tg}\frac{s}{k}}\left(M_A - \frac{M_B}{\cos\frac{s}{k}} + P \cdot k \cdot \sin\frac{a}{k}\right)\right] \cdot \sin\frac{x}{k}$$
$$- \frac{1}{S}\left[M_A + \frac{x}{s}(M_B - M_A) + P\frac{x}{s}(s - a)\right] \quad . \; . \; . \; . \; (61\,\mathrm{a})$$

Im zweiten Abschnitt lautet die Gleichung:

$$y_2 = \left(\frac{M_A}{S} + \frac{P \cdot h \cdot \sin\frac{a}{k}}{S}\right) \cos\frac{x}{k} - \frac{\sin\frac{x}{k}}{S \cdot \operatorname{tg}\frac{s}{k}}\left[M_A - \frac{M_B}{\cos\frac{s}{k}} + P \cdot k \cdot \sin\frac{a}{k}\right]$$
$$- \frac{1}{S}\left[M_A + \frac{x}{s}(M_B - M_A) + Pa - P\frac{a - x}{s}\right] \quad . \; . \; . \; . \; . \; (61\,\mathrm{b})$$

Das Moment selbst wird:

$$M_x = S\left(C_{1,3} \cdot \cos\frac{x}{k} + C_{2,4}\, \sin\frac{x}{k}\right) \quad . \; . \; . \; . \; . \; . \; . \; . \; . \; (62)$$

In diese Gleichung können nun die oben angeschriebenen Konstanten und zwar entweder C_1 und C_2 oder C_3 und C_4 eingesetzt werden.

Man erhält dann ebenso wie für y auch für M zwei verschiedene Gleichungen für beide Seiten des Balkens zur Rechten und zur Linken der äußeren Last.

Setzt man die Konstanten in Gleichung (62) ein und zieht man die Werte zusammen, so ergibt sich mit der Bezeichnung

$$x' = s - x$$

$$a' = s - a$$

für das Moment der gleichmäßig aufgebaute Ausdruck

$$M_x = \left[M_A \cdot \sin\frac{x'}{k} + M_B \cdot \sin\frac{x}{k} + P \cdot k \cdot \sin\frac{a'}{k} \cdot \sin\frac{x}{k}\right] \frac{1}{\sin\frac{s}{k}} \quad . . . (63)$$

Die Anwendung dieser Gleichung kann **nicht** immer empfohlen werden, da sie aus den schon öfters dargelegten Gründen der Genauigkeit des ganzen Ansatzes gerade so ungenau ist, wie die einfachere Berechnung mit gleichmäßig verteilter Last. —

d) Gleichungen für Zug und Biegung.

Die angeschriebenen Gleichungen für Druck und Biegung gehen für den Fall von Zug und Biegung in ganz ähnlich geformte über, die statt der Kreisfunktionen cos und sin die hyperbolischen Funktionen Cof und Sin aufweisen. (Tafeln der hyperbolischen Funktionen siehe „Hütte" I.)

Im allgemeinen muß jedoch betont werden, daß es für die Zwecke des Flugzeugbaues nicht notwendig ist, den Fall von Zug und Biegung überaus genau zu betrachten. Die gewöhnlichen Clapeyron'schen Gleichungen ohne Berücksichtigung der Längskräfte geben in diesem Falle die Beanspruchungen scharf genug an, da der Zug im Balken den Pfeil der Biegung meist verringert und damit eine gewisse Entlastung der Holme herbeiführt. Die Gleichungen lauten:

$$M_x = S\left(C_1 \cdot \mathfrak{Cof}\frac{x}{k} + C_2 \cdot \mathfrak{Sin}\frac{x}{k}\right) - g\,k^2 \quad . . . . (64)$$

$$M_{max} = \frac{D_1}{\mathfrak{Cof}\frac{x}{k}} - g\,k^2 \quad . . . . (65)$$

wobei die Stelle des Größtmomentes sich ergibt aus:

$$\mathfrak{Tg}\frac{x}{k} = \mathfrak{Cotg}\frac{s}{k} - \frac{D_2}{D_1} \cdot \frac{1}{\mathfrak{Sin}\frac{s}{k}}$$

und

$$C_1 = \frac{D_1}{S}; \quad C_2 = \frac{1}{S}\left(D_1 \cdot \mathfrak{Cotg}\frac{s}{k} - \frac{D_2}{\mathfrak{Sin}\frac{s}{k}}\right)$$

D_1, D_2 und k haben die gleiche Bedeutung wie oben bei Druck und Biegung. —

e) Besondere Fälle.

1) Betrachtung der Momente für den Fall gleicher Knicksicherheit in den beiden Holmfeldern eines Zweistielers.

Für gleiche Knicksicherheit, d. h. für gleiche Werte α in beiden Feldern ergibt sich bei gleichem E und I die Beziehung:

$$s_1^2 \cdot S_1 = s_2^2 \cdot S_2 \quad \ldots\ldots\ldots\ldots \quad (66)$$

Außerdem wollen wir wie in anderen Beispielen die für das praktische Konstruieren wichtige Bedingung einführen:

$$s_1 + s_2 = c = \text{konst} \quad \ldots\ldots\ldots \quad (67)$$

Das Stützenmoment wird dann allgemein ohne Endmomente

$$M_{st} = \frac{s_1^2\, \psi_1''' + s_2^2\, \psi_2'''}{\psi_1' + \psi_2'} \cdot g \quad \ldots\ldots \quad (68)$$

Für gleiches α haben die Werte ψ''' und ψ' keinen Zeiger mehr. Der Zähler wird

$$Z = \nu''' \left(\frac{s_1^2}{s_1 S_1} + \frac{s_2^2}{s_2 S_2}\right) \cdot g$$

der Nenner

$$N = \nu' \left(\frac{1}{s_1 S_1} + \frac{1}{s_2 S_2}\right)$$

und der gesamte Wert unter Benutzung von Gleichung (68):

$$M_{st} = \frac{\nu'''}{\nu'} \frac{s_1^2 \cdot s_2 S_2 + s_2^2 \cdot s_1 S_1}{s_2 S_2 + s_1 S_1} \cdot g = g \cdot \frac{\nu'''}{\nu'} (s_1^2 - s_1 \cdot s_2 + s_2^2) \quad (69)$$

Da die Werte ν' und ν''' in fertigen Tafeln vorliegen, so ist es unzweckmäßig, die Winkelfunktionen zu vereinfachen. Man könnte sonst setzen:

$$\frac{\nu'''}{\nu'} \doteq \frac{\operatorname{tg} \frac{\alpha}{2}}{\alpha (1 - \alpha \cdot \operatorname{cotg} \alpha)}$$

Unter Benutzung der Gleichung (67) und mit der Bezeichnung

$$\varkappa = \frac{s_1}{s_2} = \sqrt{\frac{S_2}{S_1}}$$

ergeben sich die Seitenlängen

$$s_1 = \frac{c \cdot \varkappa}{1 + \varkappa} \quad \text{und} \quad s_2 = \frac{c}{1 + \varkappa}$$

Mit diesen Werten wird die allgemeine Gleichung:

$$M_{st} = g \cdot c^2 \frac{\nu'''}{\nu'} \frac{(\varkappa^2 - \varkappa + 1)}{(\varkappa + 1)^2} \quad \ldots \ldots \ldots \quad (70)$$

2) Bei einem Dreistieler, in dessen drei Feldern die Knicksicherheiten gleich sind, ergibt sich die Beziehung

$$s_1 \sqrt{S_1} = s_2 \sqrt{S_2} = s_3 \sqrt{S_3}$$

Die Stützenmomente M_I und M_{II} werden dann allgemein

$$M_I = \frac{-g \cdot (s_1^2 \psi_1''' + s_2^2 \cdot \psi_2''') \cdot (\psi_2' + \psi_3') + g \cdot (s_3^2 \cdot \psi_3''' + s_2^2 \psi_2''') \cdot \psi_2''}{(\psi_1' + \psi_2')(\psi_2' + \psi_3') - \psi_2''^2}$$

$$M_{II} = \frac{-g \cdot (s_3^2 \psi_3''' + s_2^2 \cdot \psi_2''') \cdot (\psi_1' + \psi_2') + g \cdot (s_1^2 \psi_1''' + s_2^2 \psi_2'') \cdot \psi_2''}{(\psi_1' + \psi_2')(\psi_2' + \psi_3') - \psi_2''^2}$$

Die oben angeschriebene Beziehung eingesetzt, führt nach einigen Umformungen auf:

$$M_I = g \nu''' \cdot \frac{-\nu' (s_1^3 + s_2^3)(s_2 + s_3) - \nu'' (s_3^3 + s_2^3) s_2}{\nu'^2 (s_1 + s_2)(s_2 + s_3) - \nu''^2 \cdot s_2^2} \quad \ldots \ldots \quad (71)$$

entsprechend M_{II}.

Setzt man wieder:

$$s_1 + s_2 + s_3 = c = \text{konst}$$

und bezeichnet man, da die Stabkräfte gegeben sind,

$$\sqrt{\frac{S_1}{S_2}} = \frac{s_2}{s_1} = k_1 \quad \text{und} \quad \sqrt{\frac{S_1}{S_3}} = \frac{s_3}{s_1} = k_2\,,$$

so werden unter Benutzung der konstanten Summe der Holmlängen c und der Seitenverhältnisse k_1 und k_2 die Seiten

$$s_1 = \frac{c}{1 + k_1 + k_2} \qquad s_2 = \frac{k_1 \cdot c}{1 + k_1 + k_2} \qquad s_3 = \frac{k_2 \cdot c}{1 + k_1 + k_2}$$

Diese Werte in die Gleichung (71) eingesetzt, ergibt für das Stützenmoment

$$M_{II} = \frac{g \cdot \nu''' \cdot c^2}{(1 + k_1 + k_2)^2} \cdot \frac{\nu' (1 + k_1)(k_1^3 + k_2) - \nu'' (k_1 + k_2) k_2}{\nu'^2 (1 + k_1)(k_1 + k_2) - \nu''^2 \cdot k_2^2} \quad \ldots \quad (71\,\text{a})$$

3) Wegen der Beschränkung des Raumes kann der Einfluß des Trägheitsmomentes und der Elastizitätszahl nicht eingehend untersucht werden. In dem folgenden Beispiel für die Stielstellung eines Zweistielers sind Zahlenwerte dieser Art rechnerisch dargestellt.

Professor Reißner hat die Frage der Steifigkeit eingehend behandelt. Er hat 1,5 mal so großes $E \cdot I$ dem einfachen $E \cdot I$ gegenübergestellt und außerdem bei normaler und dreifacher Last das nicht geradlinige Wachsen der Spannungen mit dem Lastvielfachen untersucht.

Man könnte noch die Frage aufwerfen, in welcher Weise bei den betrachteten Holmen mit dem Vielfachen der Belastung das Größtmoment auf dem Balken wandert. Und ebenso, wie die Stelle, für die das Moment Null wird, sich mit Vielfachen der Last verschiebt. Da die Schäftungsstellen der Holme zweckmäßig an die Momenten-Nullpunkte gelegt werden, so hat ein übermäßiges Wandern dieser Nullpunkte gewisse Nachteile, auf die wir hier jedoch nur hinweisen. Tritt in einem Feld der Knickfall schon früher ein, während in den übrigen Feldern noch größere Knicksicherheit vorhanden ist, so kommt der Holm als Ganzes nicht zu Bruch. Die übliche Rechnungsart versagt jedoch in diesem Augenblick. Es müssen Grenzbetrachtungen aufgestellt werden (vergl. Seite 177).

Die folgenden Rechnungsbeispiele für die Stielstellung werden zusammen mit der Normalrechnung der Flugzeugmeisterei wenigstens ein teilweises Bild für die möglichen Verhältnisse geben. —

f) Holmberechnung bei verschiedener Stellung des mittleren Stieles bei einem Zweistieler mit zwei Zahlenbeispielen.

Beispiel I.

Aus den im vorhergehenden angeschriebenen Gleichungen läßt sich der verschiedene und nicht geradlinig wachsende Einfluß des Lastvielfachen, der Trägheitsmomente und der Elastizitätszahl auf die Spannungen errechnen.

Im folgenden wird das Lastvielfache, mit dem die Berechnung durchgeführt wird, das Trägheitsmoment und die Elastizitätszahl des Holmes fürs erste als konstant festgehalten. Die Durchführung eines gleichen Trägheitsmomentes in mehreren Feldern eines Holmes hat sich aus Gründen der Herstellung bewährt. Dagegen soll zunächst die Feldteilung durch verschiedene Stellung des mittleren Stieles planmäßig geändert werden. Es liegt dabei der Gedanke zugrunde, daß für ein bereits ausgeführtes Flugzeug aus aerodynamischen Gründen die Gesamtholmlänge und die Größe des überstehenden Endes außen beibehalten werden soll[1]). Durch die Verschiebung des mittleren Stieles

[1]) Das überstehende Ende wird aus konstruktiven Gründen wegen des Anschlusses der Querruder und der zulässigen Durchbiegung außen als unverändert angenommen.

ändert sich nur die Druckkraft S_1 im äußeren Felde s_1. Die Druckkraft S_2 im inneren Felde ist unabhängig von der Stielstellung, da das Gesamtmoment der Luftkräfte und der Hebelarm h für den zugehörigen Momentendrehpunkt durch die Stellung des mittleren Stieles nicht geändert wird.

Zunächst ist S_1 jedoch noch näher zu betrachten. Die Druckkraft des Holmes rührt aus einem Beitrag der senkrechten und der wagrechten Fachwerkswand her. Man kann S_1 nach der Gleichung zerlegen:

$$S_1 = \frac{M_s}{h} + \frac{M_w}{s} = \frac{l^2}{n}\left(\frac{p_s}{h} + \frac{p_w}{s}\right)$$

Das als Beispiel betrachtete Flugzeug ist nach folgendem System der Normalberechnung der Flugzeuge (Fig. 52) ausgeführt (vergl. auch Seite 52, 63 und Seite 257).

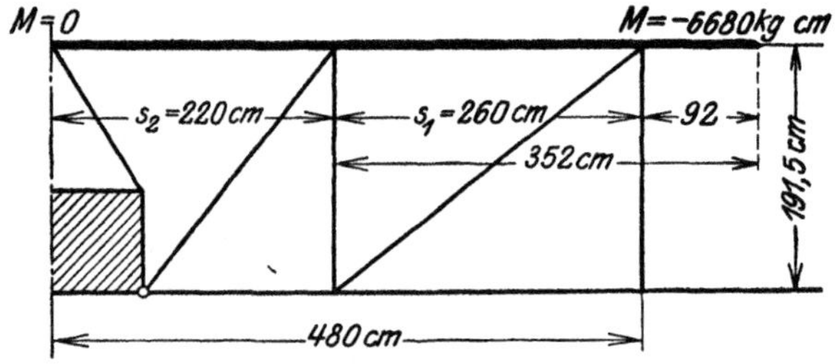

Fig. 52.

Es ergab sich eine Holmkraft von 975 kg. Diese folgt bei einer senkrechten Konstruktionshöhe $h = 191{,}5$ cm und bei einer wagrechten Konstruktionshöhe $s = 100$ cm nach der Gleichung:

$$S_1 = \frac{(260 + 92)^2}{2}\left(\frac{1{,}425}{191{,}5} + \frac{0{,}832}{100}\right) = 975 \text{ kg}$$

Hierbei ist 1,425 und 0,832 die senkrechte und wagrechte Querbelastung. Ändert sich nun die Länge des äußeren Feldes s_1 um die Strecke a (in cm), so wird die Stabkraft:

$$S_1 = (352 + a)^2 \cdot 0{,}78\dot{8} \text{ kg}$$

Vernachlässigt man bei kleinen Werten von a die Glieder mit a^2, so ergibt sich für das Beispiel die einfache Gleichung:

$$S_1 = 975 + 5{,}56 \cdot a \quad \text{kg}$$

Nach dieser Gleichung ist nun in der Tafel 17 die Längskraft S_1 bei verschiedenen Stielstellungen für das Außenfeld, errechnet.

Die ganze übliche Rechnung ist schematisch derart ausgeführt, daß für die verschiedenen Stablängen in den beiden ersten Tafeln zunächst alle wichtigen Hilfswerte ermittelt werden. Dabei wurde eine Elastizitätszahl für Holz von $E = 110000$ kg/cm² zugrunde gelegt. In dem betrachteten Falle ist das Innenfeld in Flugzeugmitte gelenkig angeschlossen. Es wäre deshalb nicht notwendig gewesen, den Wert ψ_2'' besonders auszurechnen; denn $M_B = 0$. Das Stützenmoment M_A des überstehenden Endes außen bleibt in allen Fällen $= -6680$ kg·cm. Außerdem wurde in diesen Tafeln der Wert $\alpha = \frac{s}{k}$ oft nicht im Gradmaß ausgedrückt. Die von der Flugzeugmeisterei herausgegebenen Tafeln erlauben ein Aufschlagen der Winkelfunktionen und der ν-Werte unmittelbar nach dem Bogenmaß. Es sei betont, daß in der Nähe von 180° die Rechnung verhältnismäßig genau durchgeführt werden muß, um aus den großen Unterschieden der cotg noch genügend genaue Werte zu erhalten. Insbesondere ist es notwendig, das Stützenmoment an den Knickgrenzen der einzelnen Felder möglichst genau zu errechnen, da sich sonst, auch bei kleinen Unterschieden in den Stützenmomenten, in den Feldmomenten ganz bedeutende Abweichungen ergeben können. Es ist dies eine Schwäche des vorliegenden Rechnungsverfahrens, die berücksichtigt werden muß.

Für das Innenfeld s_2 folgt dann Tafel 16.

Stellung	S_2 kg	E kg/cm²	J cm⁴	$k^2 = \frac{E \cdot J}{S}$	k cm	s_2 cm	$\alpha = \frac{s}{k}$ Bogen	Grad	sin α	tg α	cotg α
a	2970	110000	113	3848,5	62,033	230	3,707	212°20′	−0,535	+0,633	+1,580
b	2970	110000	113	3848,5	62,033	220	3,546	203°10′	−0,393	+0,427	+2,339
c	2970	110000	113	3848,5	62,033	210	3,385	194°0′	−0,242	+0,249	+4,010
d	2970	110000	113	3848,5	62,033	200	3,2241	184°45′	−0,0824	+0,0828	+12,077
e	2970	110000	113	3848,5	62,033	190	3,0623	175°30′	+0,0792	−0,0794	−12,594
f	2970	110000	113	3848,5	62,033	180	2,901	166°15′	+0,237	−0,244	−4,10
g	2970	110000	113	3848,5	62,033	170	2,740	157°0′	+0,391	−0,425	−2,35

Stellung	$\nu' = 1 - \frac{\alpha}{\mathrm{tg} \cdot \alpha}$	$\nu'' = \frac{\alpha}{\sin \alpha} - 1$	$\nu''' = \frac{\mathrm{tg}\frac{\alpha}{2}}{\alpha} - \frac{1}{2}$	$\psi' = \frac{\nu' \cdot 10^5}{S \cdot s}$	$\psi'' = \frac{\nu'' \cdot 10^5}{S \cdot s}$	$\psi''' = \frac{\nu''' \cdot 10^5}{S \cdot s}$	g kg/cm	gk^2	$S \cdot s \cdot 10^{-2}$
a	− 4,854	− 7,929	−1,431	−0,711	−1,161	−0,2094	1,425	5484,1	6831
b	− 7,28	−10,00	−1,84	−1,114	−1,530	−0,2816	1,425	5484,1	6534
c	−12,58	−14,99	−2,90	−2,015	−2,402	−0,4647	1,425	5484,1	6237
d	−37,93	−40,06	−8,003	−6,3855	−6,7441	−1,3473	1,425	5484,1	5940
e	+39,55	+37,67	+7,74	+7,0086	+6,6755	+1,3716	1,425	5484,1	5643
f	+12,85	+11,19	+2,36	+2,403	+2,093	+0,441	1,425	5484,1	5346
g	+ 7,45	+ 6,01	+1,293	+1,475	+1,190	+0,2561	1,425	5484,1	5049

Ebenso für das Außenfeld s_1, Tafel 17.

Stellung	S_1 kg	E kg/cm²	J cm⁴	$k^2 = \frac{E \cdot J}{S}$	k cm	s_1 cm	$\alpha = \frac{s}{k}$ Bogen	Grad	$\sin\alpha$	$\operatorname{tg}\alpha$	$\operatorname{cotg}\alpha$
a	919,4	110000	113	13519	116,3	250	2,15		0,835	− 1,52	− 0,657
b	975,0	110000	113	12748	112,9	260	2,304		0,743	− 1,11	− 0,900
c	1030,6	110000	113	12060	109,8	270	2,460		0,629	− 0,81	− 1,234
d	1086,2	110000	113	11443	107,0	280	2,6178		0,501	− 0,580	− 1,724
e	1141,8	110000	113	10887	104,35	290	2,7791		0,3545	− 0,379	− 2,638
f	1197,2	110000	113	10384	101,9	300	2,944		0,1965	− 0,2004	− 5,00
g	1253,0	110000	113	9921	99,6	310	3,1124		0,0291	− 0,0291	− 34,38

Stellung	$\nu' = 1 - \frac{\alpha}{\operatorname{tg}\cdot\alpha}$	$\nu'' = \frac{\alpha}{\sin\alpha} - 1$	$\nu''' = \frac{\operatorname{tg}\frac{\alpha}{2}}{\alpha} - \frac{1}{2}$	$\psi' = \frac{\nu' \cdot 10^5}{S \cdot s}$	$\psi'' = \frac{\nu'' \cdot 10^5}{S \cdot s}$	$\psi''' = \frac{\nu''' \cdot 10^5}{S \cdot s}$	g kg/cm	gk^2	$S \cdot s \cdot 10^{-2}$
a	2,41	1,576	0,362	1,047	0,686	0,1575	1,425	19264	2298
b	3,07	2,10	0,475	1,211	0,828	0,1875	1,425	18659	2535
c	4,04	2,91	0,647	1,450	1,045	0,2324	1,425	17185	2783
d	5,52	4,22	0,921	1,815	1,387	0,3028	1,425	16306	3041
e	8,33	6,84	1,463	2,5158	2,0658	0,44186	1,425	15510	3311
f	15,69	13,98	2,92	4,368	3,892	0,813	1,425	14797	3592
g	107,96	106,01	21,58	27,796	27,294	5,556	1,425	14137	3884

In der folgenden Tafel 18 sind nach den bereits angeschriebenen verallgemeinerten Clapeyronschen Gleichungen (53) die Stützenmomente berechnet. Obwohl es keinen Sinn hat, über die Knickgrenze des ganzen Holmes hinaus, die durch die Bedingung

$$\psi_1' + \psi_2' = 0 \quad \ldots\ldots\ldots\ldots \quad (72)$$

gekennzeichnet ist, die Stützenmomente zu berechnen, wurde die Rechnung doch zahlenmäßig durchgeführt. Es soll hier gezeigt werden, daß sich jenseits der Knickgrenze wieder kleiner werdende Stützenmomente errechnen lassen. Es könnte nämlich vorkommen, daß man die Momentenberechnung und die Berechnung der Spannungen jenseits der Knickgrenze des ganzen Holmes durchführt und zu kleinen Werten kommt, obwohl die ganze Rechnung dann unrichtig ist. In unserem Fall liegt mit der Annahme $E = 110000$ kg/cm² die Knickgrenze bei etwa $s_1 = 262$ cm. Wie die folgende Tafel 18 und Fig. 53 zeigt, erreichen die Stützenmomente ihren kleinsten Wert zwischen Anordnung d und e:

$$M_{st} = -2 \cdot g \cdot k_2^2 \quad \ldots \ldots \ldots \ldots (73)$$

das sich zahlenmäßig zu

$$\boldsymbol{M_{st}} = -2 \cdot 5484 = -\mathbf{10968}\ \mathrm{kg \cdot cm}$$

ergibt.

Tafel 18 zur Berechnung der Stützenmomente.

s_1^2	$s_1^2 \cdot \psi_1'''$	s_2^2	$s_2^2 \cdot \psi_2'''$	Σ	$\Sigma \cdot g$	$M_0 \cdot \psi_1''$	Σ	$\psi_1' + \psi_2'$	M_{st}	σ_0	$\sigma = \sigma_0 + 170$
62500	9844	52900	−11080	− 1230	− 1761	− 4582	− 6343	+ 0,336	+ 18850	570	740
67600	12675	48400	−13630	− 955	− 1360	− 5530	− 6890	+ 0,097	+ 71200	2200	2370
									$\Delta = 0$		
72900	16942	44100	−20493	− 3550	− 5058	− 6980	− 12038	− 0,565	− 21180	655	825
78400	23740	40000	−53890	− 30150	− 42964	− 9265	− 52229	− 4,571	− 11426	352	522
84100	37160	36100	+49505	+ 86665	+123500	− 13800	+109700	+ 9,524	− 11520	356	526
90000	73170	32400	+14288	+ 87458	+124630	− 25998	+ 98632	+ 6,771	− 14566	450	620
96100	533932	28900	+ 7460	+541332	+771400	−182320	+589080	+ 29,271	− 20125	621	791

Zu der vorstehenden Tafel sei noch bemerkt, daß für die Knickbedingung

$$\psi_1' + \psi_2' = 0$$

in dem betrachteten Bereich zwei Lösungen vorkommen können, je nachdem bei der Wanderung des Stieles nach rechts oder links das innere oder das äußere Balkenfeld über seine eigene Knickgrenze derart weiter hinauswächst daß es die Knicksicherheit des ganzen Balkens gefährdet.

In den folgenden Tafeln 19 und 20 werden die größten Feldmomente für das Außenfeld und für das Innenfeld dargestellt. Nach der Zeichnung Fig. 53 hat das größte Feldmoment eine Unstetigkeit. Sobald das Feldmoment dem Stützenmoment gleich wird und mit $x = 0$ in das Stützenmoment übergeht, steigt an einer anderen Stelle des Balkens gleichzeitig das Feldmoment von dem Werte Null wieder zu einem positiven Werte an. Die graphische Darstellung zeigt, daß die Feldmomente für beide Knickgrenzen des ganzen Holmes unendlich großen Werten zustreben. Die eine Knickgrenze ist in Fig. 53 links gezeichnet, die andere Knickgrenze liegt außerhalb weiter rechts. Der asymptotische Verlauf beider Momentenkurven nach den beiden Knickgrenzen zu tritt deutlich hervor. — Für die Ausrechnung sei bemerkt, daß der Anfänger oft die Tafeln für tg und für das Bogenmaß des Winkels verwechseln kann[1]).

[1]) Zur Ausrechnung von Tafeln mit der Rechenmaschine kann „Loße, Hilfstafeln für das Rechnen mit Maschine, Verlag Engelhardt, Leipzig", empfohlen werden.

Die Momente und Spannungen für das Innenfeld sind:

Tafel 19.

Stellung	$D_{n-1} = M_{n-1} + gk^2$	$D_n = M_n + gk^2$	I. $\frac{D_n}{D_{n-1} \cdot \sin\alpha}$	II. $-\operatorname{cotg}\alpha$	$\operatorname{tg}\frac{x}{k} = \mathrm{I} + \mathrm{II}$	$\frac{x}{k}$ Grad	Bogen	k cm	x cm
a	+ 18850 + 5484 + 24334	0 + 5484	− 0,423	− 1,580	− 2,003	90° + 26° 30′	2,03	62,035	126
b	+ 71200 + 5484 + 76684	0 + 5484	− 0,182	− 2,339	− 2,521	90° + 21° 35′	1,947	62,035	121
c	− 21180 + 5484 − 15696	0 + 5484	+ 1,45	− 4,010	− 2,56	90° + 21° 35′	1,947	62,035	121
d	− 11426 + 5484 − 5942	0 + 5484	+ $11{,}20_1$	− $12{,}07_7$	− 0,876	90° + 48° 55′	2,421	62,035	155
e	− 11520 + 5480 − 6040	0 + 5484	− 11,45	+ 12,70	+ 1,26	51° 30′	0,90	62,035	55,7
f	− 14566 + 5484 − 9082	0 + 5484	− 2,55	+ 4,10	+ 1,55	57° 15′	1,00	62,035	62
g	− 20125 + 5484 − 14641	0 + 5484	− 0,96	+ 2,35	+ 1,39	54° 20′	0,953	62,035	59

Stab	$\cos\frac{x}{k}$	$\frac{D_{n-1}}{\cos\frac{x}{k}}$	$M_{\substack{max\\min}} = \frac{D_{n-1}}{\cos\frac{x}{k}} - gk^2$	F cm²	W cm³	$\frac{S}{F}$	$\frac{M}{W}$	σ
a	− 0,446	− 54500	− 5500 = − **60000**	17,5	32,4	169	1850	2020
b	− 0,368	− 208000	− 5500 = − **213500**	17,5	32,4	169	6560	6730
c	− 0,368	+ 42500	− 5500 = + **37000**	17,5	32,4	169	1140	1310
d	− 0,753	+ 7900	− 5500 = + **2400**	17,5	32,4	169	74	243
e	+ 0,662	− 9100	− 5500 = − **14600**	17,5	32,4	169	451	620
f	+ 0,543	− 16700	− 5500 = − **22200**	17,5	32,4	169	685	845
g	+ 0,583	− 25100	− 5500 = − **30600**	17,5	32,4	169	945	1114

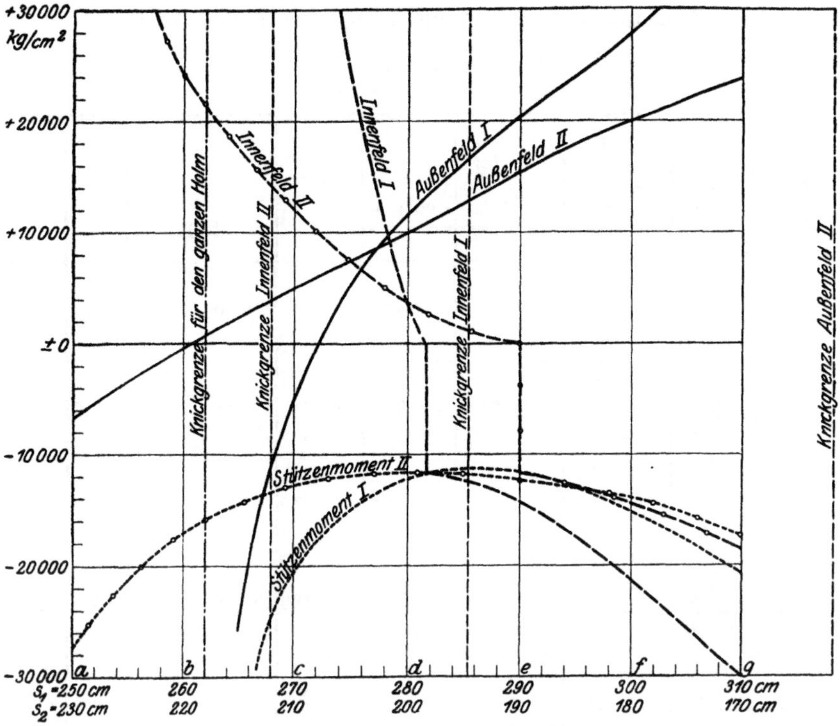

Fig. 53. Zusammenstellung der Momente.

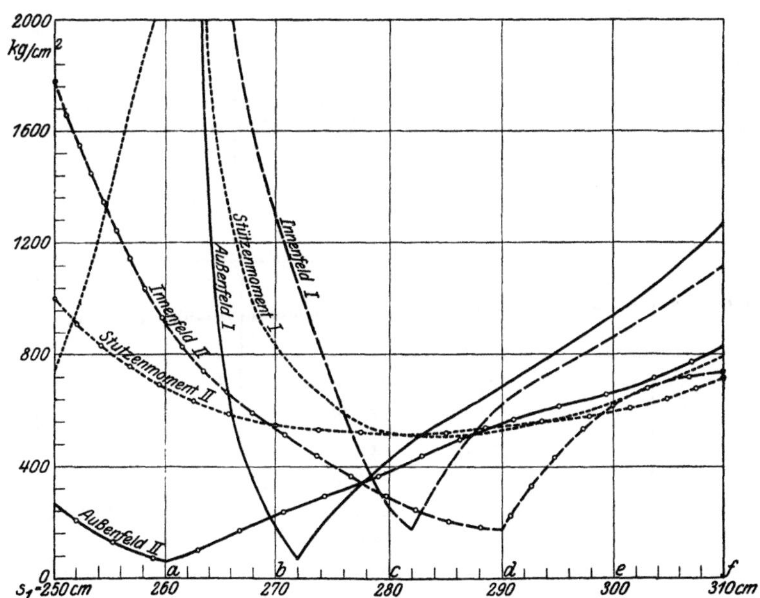

Fig. 54. Zusammenstellung der Spannungen.

Die Momente und Spannungen für das Außenfeld sind:

Tafel 20.

Stellung	$D_{n-1} = M_{n-1} + g k^2$	$D_n = M_n + g k^2$	I. $\frac{D_n}{D_{n-1} \cdot \sin \alpha}$	II. $-\operatorname{cotg} \cdot \alpha$	$\operatorname{tg} \frac{x}{k}$ $= \text{I} + \text{II}$	$\frac{x}{k}$ Grad	Bogen	k cm	x cm
a	− 6680 + 19264 + 12584	+ 18850 + 19264 + 38114	+ 3,62	+ 0,657	+ 4,277	76° 50′	1,341	116,3	156
b	− 6680 + 18659 + 11979	+ 71200 + 18659 + 89859	+ 10,05	+ 0,900	+ 10,95	84° 45′	1,479	112,9	167
c	− 6680 + 17185 + 10505	− 21180 + 17185 − 3995	− 0,604	+ 1,234	+ 0,630	32° 15′	0,560	109,8	61,5
d	− 6680 + 16306 + 9626	− 11426 + 16306 + 4880	+ 1,012	+ 1,724	+ 2,736	69° 55′	1,260	107,0	135,1
e	− 6680 + 15510 + 8830	− 11520 + 15510 + 3990	+ 1,273	+ 2,638	+ 3,901	75° 38′	1,351	104,4	141
f	− 6680 + 14797 + 8117	− 14566 + 14797 + 231	+ 0,145	+ 5,00	+ 5,145	79°	1,378	101,9	140
g	− 6680 + 14137 + 7457	− 20105 + 14137 − 5968	− 27,38	+ 34,38	+ 7,000	81° 55′	1,426	99,6	141

Stellung	$\cos \frac{x}{k}$	$\frac{D_{n-1}}{\cos \frac{x}{k}}$	$M_{\substack{max \\ min}} = \frac{D_{n-1}}{\cos \frac{x}{k}} - g k^2$	F cm²	W cm³	$\frac{S}{F}$	$\frac{M}{W}$	σ
a	0,228	+ 55200	− 19264 = + **36000**	17,5	32,4	53	1110	1163
b	0,091	+ 131000	− 18659 = + **112000**	17,5	32,4	56	3460	3520
c	0,845	+ 12450	− 17185 = − **4800**	17,5	32,4	59	148	207
d	0,343	+ 28000	− 16306 = + **11700**	17,5	32,4	62	360	422
e	0,248	+ 35600	− 15510 = + **20100**	17,5	32,4	65	621	686
f	0,19	+ 42700	− 14797 = + **28000**	17,5	32,4	68	865	933
g	0,14	+ 53200	− 14137 = + **39000**	17,5	32,4	71	1205	1276

Für die Wahl der Stützenstellung ist jedoch der Verlauf der σ allein von Bedeutung, da bei den Flugzeugholmen auch die Längskräfte S einen Beitrag zu den Spannungen liefern.

Die Spannungen sind in Fig. 54 dargestellt.

In gleicher Weise wie bei den Momenten ergibt sich wohl die Möglichkeit, über die Knickgrenze des einzelnen Stabes hinauszugehen. Für die Knickgrenze des ganzen Holmes dagegen folgen rechnerisch unendlich große Spannungen.

Das betrachtete Flugzeug ist mit einer Innenfeldlänge $s_2 = 220$ cm und einer Außenfeldlänge $s_1 = 260$ cm ausgeführt worden. Die Figur zeigt deutlich, daß man wesentlich günstiger die beiden Spannweiten mit $s_2 = 201{,}8$ und $s_1 = 278{,}2$ cm ausgeführt hätte. Man wird im allgemeinen den Punkt der Dimensionierung zugrunde legen, in dem die Kurven der Größtspannungen des Innen- und Außenfeldes etwa gleich werden, d. h. in der Abbildung sich schneiden. Das Stützenmoment spielt für die Dimensionierung nicht die erste Rolle. Es ändert sich in dem betrachteten Abschnitt nur langsam, und wegen des über der Stütze meist voll ausgeführten Holmes werden die Spannungen auch kleiner.

Beispiel II.

Um einen besseren Überblick über die Verhältnisse zu bekommen, wurde die ganze Rechnung für alle soeben betrachteten Stiellagen mit einer zweiten, höheren Elastizitätszahl $E_2 = 120\,000$ kg/cm² nochmals durchgeführt. Da es nur auf die „Steifigkeit", auf das Produkt $E \cdot J$ ankommt, so kann man diese Änderung auch so auffassen, daß bei gleicher Elastizitätszahl ein größeres Trägheitsmoment zugrunde gelegt worden wäre. Die Steifigkeit $E_2 \cdot J_2$ ist jetzt 13560000 kg·cm² gegen $E_1 \cdot J_1 = 11430000$ kg·cm² im ersten Beispiel.

Die Rechnung ist genau wie vorher durchgeführt und ergibt in allen Punkten ähnliche Verhältnisse. Die Kurven der Momente werden jetzt flacher und die Spannungen im allgemeinen kleiner. Durch die vorgenommene Änderung sind die Knickgrenzen weiter nach außen verschoben. Für die Stielstellung selbst ergibt sich kaum eine günstigere Lage wie in dem zuvor behandelten Fall. Die folgenden Tafeln entsprechen in allem den Tafeln des ersten Beispiels.

Für das Innenfeld sind die Hilfswerte:

Tafel 21.

Stellung	S_2 kg	E kg/cm²	J cm⁴	$k^2 = \frac{E \cdot J}{S}$	k cm	s_2 cm	$\alpha = \frac{s_2}{k}$ Bogen	Grad	$\sin \alpha$	$\operatorname{tg} \alpha$	$\operatorname{cotg} \alpha$
a	2970	120000	113	4565,5	67,57	230	3,404		− 0,2588	+ 0,2679	+ 3,73
b	2970	120000	113	4565,5	67,57	220	3,256		− 0,1132	+ 0,1139	+ 8,77
c	2970	120000	113	4565,5	67,57	210	3,1078		+ 0,0337⁴	− 0,0337⁵	− 29,66
d	2970	120000	113	4565,5	67,57	200	2,960		+ 0,1851	− 0,1883	− 5,32
e	2970	120000	113	4565,5	67,57	190	2,812		+ 0,320	− 0,338	− 2,96
f	2970	120000	113	4565,5	67,57	180	2,6639		+ 0,46	− 0,5175	− 1,935
g	2970	120000	113	4565,5	67,57	170	2,516		+ 0,585	− 0,720	− 1,387

Stellung	$\nu' = 1 - \frac{\alpha}{\mathrm{tg}\cdot\alpha}$	$\nu'' = \frac{\mathrm{tg}\frac{\alpha}{2}}{\alpha} - \frac{1}{2}$	$\psi' = \frac{\nu'\cdot 10^5}{S\cdot s}$	$\psi''' = \frac{\nu'''\cdot 10^5}{S\cdot s}$	g kg/cm	gk^2	$S\cdot s\cdot 10^{-2}$
a	−11,70	− 2,73	− 1,712	−0,3996	1,425	6506	6831
b	−27,57	− 5,91	− 4,219	−0,9045	1,425	6506	6534
c	+93,0685	+18,5697	+14,9219	+2,97735	1,425	6506	6237
d	+16,69	+ 3,125	+ 2,810	+0,5260	1,425	6506	5940
e	+ 9,335	+ 1,661	+ 1,645	+0,2943	1,425	6506	5643
f	+ 6,142	+ 1,042	+ 1,1488	+0,1949	1,425	6506	5346
g	+ 4,47	+ 0,729	+ 0,885	+0,1443	1,425	6506	5049

Für des Außenfeld sind die Hilfswerte:

Tafel 22.

Stellung	S_1 kg	E kg/cm²	J cm⁴	$k^2 = \frac{E\cdot J}{S}$	k cm	s_1 cm	$\alpha = \frac{s_1}{k}$ Bogen	sin α	tg α	cotg α
a	919,4	120000	113	14740	121,4	250	2,058	0,883	−1,88	−0,532
b	975,0	120000	113	13910	117,9	260	2,205	0,806	−1,36	−0,735
c	1030,6	120000	113	13157	114,7	270	2,35396	0,709	−1,01	−0,99
d	1086,2	120000	113	12480	111,7	280	2,51	0,588	−0,72	−0,375
e	1141,8	120000	113	11880	109,0	290	2,661	0,450	−0,52	−1,925
f	1197,2	120000	113	11326	106,4	300	2,8195	0,316	−0,333	−3,00
g	1252,0	120000	113	10822	104,0	310	2,9807	0,1605	−0,163	−6,14

Stellung	$\nu' = 1 - \frac{\alpha}{\mathrm{tg}\cdot\alpha}$	$\nu'' = \frac{\alpha}{\sin\alpha} - 1$	$\nu''' = \frac{\mathrm{tg}\frac{\alpha}{2}}{\alpha} - \frac{1}{2}$	$\psi' = \frac{\nu'\cdot 10^5}{S\cdot s}$	$\psi'' = \frac{\nu''\cdot 10^5}{S\cdot s}$	$\psi''' = \frac{\nu'''\cdot 10^5}{S\cdot s}$	g kg/cm	gk^2	$S\cdot s\cdot 10^{-2}$
a	2,09	1,33	0,308	0,909	0,578	0,1340	1,425	21000	2298
b	2,62	1,74	0,396	1,034	0,686	0,1562	1,425	19820	2535
c	3,342	2,319	0,522	1,2010	0,8334	0,1876	1,425	18750	2782
d	4,46	3,276	0,725	1,466	1,077	0,2383	1,425	17780	3041
e	6,155	4,803	1,093	1,859	1,451	0,3150	1,425	16930	3311
f	9,443	7,89	1,681	2,6288	2,1965	0,4680	1,425	16140	3592
g	19,29	17,53	3,64	4,963	4,510	0,9366	1,425	15420	3884

Die Stützenmomente ergeben sich dann:

Tafel 23.

Stellung	s_1^2	$s_1^2\psi_1'''$	s_2^2	$s_2^2\psi_2'''$	Σ_1	$\Sigma_1\cdot g$	$M_0\cdot\psi_1''$	Σ_2	$\psi_1'+\psi_2'$	M_{st}	σ_1	$\sigma = \sigma_1 + 170$
a	62500	8370	52900	− 21140	− 12770	−18200	− 3860	−22060	− 0,803	−27470	846	1016
b	67600	10560	48400	− 43780	− 33220	−47340	− 4580	−51920	− 3,185	−16300	504	674
c	72900	13678	44100	+131301	+144979	206595	− 5567	201028	+16,1229	−12468	386	556
d	78400	18680	40000	+ 21040	+ 39720	56600	− 7190	49410	+ 4,276	−11530	356	526
e	84100	26490	36100	+ 10620	+ 37110	52880	− 9690	43190	+ 3,504	−12320	380	550
f	90000	42120	32400	+ 6315	+ 48435	69020	−14670	54350	+ 3,7776	−14390	445	615
g	96100	90000	28900	+ 4170	+ 94170	134190	−30130	104060	+ 5,848	−17800	550	720

Die größten Feldmomente des **Innenfeldes** sind:

Tafel 24.

Stellung	$D_{n-1}=M_{n-1}+gk^2$	$D_n = M_n+gk^2$	I. $\frac{D_n}{D_{n-1}\cdot\sin\alpha}$	II. $\operatorname{cotg}\alpha$	$\operatorname{tg}\frac{x}{k}$ = I − II	$\frac{x}{k}$ Grad	Bogen
a	− 27470 + 6506 − 20964	0 + 6506	+ 1,14	+ 3,73	− 2,59	$90^0 + 21^0$	—
b	− 16300 + 6506 − 9794	0 + 6506	+ 5,84	+ 8,77	− 2,93	$90^0 + 18^0\,50'$	—
c	− 12468 + 6506 − 5962	0 + 6506	− 32,7	− 29,76	− 3,0	$90^0 + 18^0\,30'$	—
d	− 11530 + 6506 − 5024	0 + 6506	− 6,98	− 5,32	− 1,66	$90^0 + 31^0$	2,12
e	− 12320 + 6506 − 5814	0 + 6506	− 3,50	− 2,96	− 0,54	$90^0 + 61^0\,40'$	2,63
f	− 14390 + 6506 − 7894	0 + 6506	− 1,79	− 1,935	+ 0,14	8^0	0,01
g	− 17800 + 6506 − 11294	0 + 6506	− 0,984	− 1,387	+ 0,403	$22^0\,0'$	0,384

Stellung	$\cos\frac{x}{k}$	$\frac{D_{n-1}}{\cos\frac{x}{k}}$	$M_{\substack{max\\min}} = \frac{D_{n-1}}{\cos\frac{x}{k}} - gk^2$	F cm²	W cm³	$\frac{S}{F}$	$\frac{M}{W}$	σ
a	− 0,358	+ 58700	− 6500 = + **52200**	17,5	32,4	170	1610	1780
b	− 0,323	+ 30300	− 6500 = + **23800**	17,5	32,4	170	735	905
c	− 0,317	+ 18800	− 6500 = + **12300**	17,5	32,4	170	380	550
d	− 0,515	+ 9750	− 6500 = + **3250**	17,5	32,4	170	100	270
e	− 0,880	+ 6630	− 6500 = + **130**	17,5	32,4	170	4	174
f	+ 0,990	− 8000	− 6500 = − **14500**	17,5	32,4	170	447	617
g	+ 0,927	− 12150	− 6500 = − **18650**	17,5	32,4	170	575	745

Für das **Außenfeld** sind die größten Feldmomente:

Tafel 25.

Stellung	$D_n = M_n + g k^2$	$D_{n-1} = M_n + g k^2$	I. $\frac{D_n}{D_{n-1} \cdot \sin \alpha}$	II. $\operatorname{cotg} \alpha$	$\operatorname{tg} \frac{x}{k}$ = I − II	Grad
a	− 27 470 + 21 000 + 6 470	− 6 680 + 21 000 + 14 320	+ 0,511	− 0,532	1,043	46° 14′
b	− 16 300 + 19 820 + 3 520	− 6 680 + 19 820 + 13 140	+ 0,331	− 0,735	+ 1,066	46° 50′
c	− 12 468 + 18 750 + 6 282	− 6 680 + 18 750 + 12 070	+ 0,735	− 0,99	+ 1,72	59° 50′
d	− 11 530 + 17 780 + 6 250	− 6 680 + 17 780 + 11 100	+ 0,956	− 1,375	+ 2,331	66° 50′
e	− 12 320 + 16 930 + 4 610	− 6 680 + 16 930 + 10 250	+ 1,00	− 1,925	+ 2,925	71° 50′
f	− 14 390 + 16 140 + 1 750	− 6 680 + 16 140 + 9 460	+ 0,586	− 3,00	+ 3,58	74° 25′
g	− 17 800 + 15 420 − 2 380	− 6 680 + 15 420 + 8 740	− 1,70	− 6,14	+ 4,44	77° 20′

Stellung	$\cos \frac{x}{k}$	$\frac{D_{n-1}}{\cos \frac{x}{k}}$	$M_{\substack{max \\ min}} = \frac{D_{n-1}}{\cos \frac{x}{k}} - g k^2$	F cm²	W cm³	$\frac{S}{F}$	$\frac{M}{W}$	σ
a	0,691	20 700	− 21 000 = − **300**	17,5	32,4	53	9	62
b	0,684	19 200	− 19 820 = − **620**	17,5	32,4	56	19	75
c	0,502	24 000	− 18 750 = + **5250**	17,5	32,4	59	162	221
d	0,393	28 200	− 17 780 = + **10 420**	17,5	32,4	62	316	378
e	0,312	32 900	− 16 930 = + **16 000**	17,5	32,4	65	494	559
f	0,268	35 300	− 16 140 = + **19 200**	17,5	32,4	68	593	661
g	0,225	39 700	− 15 420 = + **24 300**	17,5	32,4	71	750	821

Diese Ergebnisse sind in den Figg. 53 und 54 eingetragen.

Es ist von Interesse, das Verhältnis der beiden Knicksicherheiten für die gefundene günstige Holmteilung anzuschreiben.

Bei dem kleineren, in die erste Rechnung eingesetzten Trägheitsmoment ergeben sich die Knicksicherheiten der einzelnen Balken im Innenfeld:

$$\mathfrak{S}_i = \frac{J}{J_E} = \frac{J \cdot E \cdot \pi^2}{S \cdot s_2^{\,2}} = \frac{3848{,}5 \cdot 10}{201{,}8^2} = 0{,}95$$

und im Außenfeld:

$$\mathfrak{S}_a = \frac{11\,560 \cdot 10}{278{,}2^2} = 1{,}50$$

also ein Verhältnis

$$\mathfrak{S}_i : \mathfrak{S}_a = 0{,}63$$

Für das größere Trägheitsmoment, bei dem dieselbe Stielstellung zugrunde gelegt ist, wird das Verhältnis:

$$\mathfrak{S}_i' : \mathfrak{S}_a' = 1{,}12 : 1{,}65 = 0{,}67$$

Diese Zahlen lassen jedoch eine Verallgemeinerung nicht zu. —

g) Holmberechnung eines Dreistielers bei verschiedener Stielstellung. Beispiel.

Im Gegensatz zu der Berechnung eines Zweistielers ist es bei dem Dreistieler nicht möglich, mit einfachen Mitteln bei sämtlichen denkbaren Stielstellungen die Spannungen zu verfolgen und zeichnerisch darzustellen. Bei einer unverändert festgehaltenen Feldweite können sich die beiden anderen Feldweiten immer streng genommen unendlich vielmal ändern.

Um jedoch für den praktischen Flugzeugbau ein nützliches Beispiel zu geben, soll der Holm eines ausgeführten Großflugzeuges betrachtet und die errechneten Spannungen durch Änderung der einzelnen Feldweiten etwa gleich und zu einem Kleinstwert gemacht werden.

Zum Abschluß dieser Untersuchung wird das Trägheitsmoment bei der neu gefundenen Feldweite derart geändert, daß die neu auftretenden Größtspannungen ebenso groß sind wie die ursprünglichen. Es zeigt sich dann, daß der Gewichtsgewinn die aufgewandte Rechenarbeit lohnt.

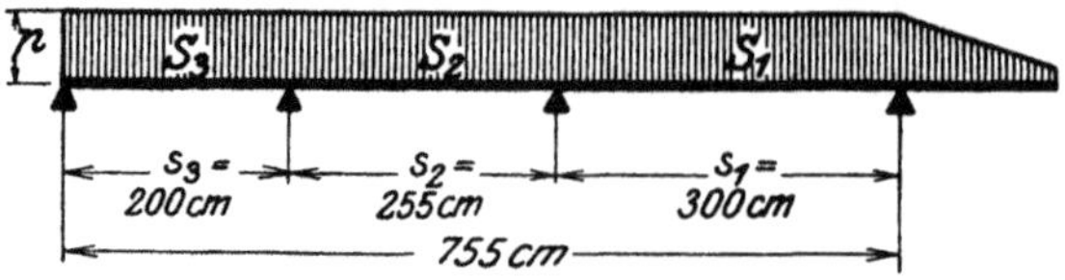

Fig. 55.

Nach obenstehender Fig. 55 betragen die ursprünglichen Einzelfeldweiten des ausgeführten Großflugzeuges:

$$s_3 = 200 \text{ cm} \qquad s_2 = 255 \text{ cm} \qquad s_1 = 300 \text{ cm}$$

Nach einer vorausgegangenen Rechnung, die hier nur als Ergebnis verwandt wird, sind die Längskräfte S:

$$S_3 = 6305 \text{ kg} \qquad S_2 = 3060 \text{ kg} \qquad S_1 = 625 \text{ kg}$$

Ferner liegen dem Holm zugrunde:

$$I = 280 \text{ cm}^4 \qquad W = 68{,}3 \text{ cm}^3 \qquad F = 32{,}9 \text{ cm}^2$$

und

$$E = 130000 \text{ kg/cm}^2$$

Die etwas hohe Elastizitätszahl wird durch die geringer als zulässig angenommene Spannung von $\sigma = 400 \text{ kg/cm}^2$ wieder ausgeglichen. Sie soll aber in dem betrachteten Fall als durch Versuche nachgewiesen angesehen werden.

Zu den angeschriebenen Längskräften gehört eine Querbelastung von

$$p = 2{,}976 \quad \text{kg/cm}$$

(Diese Querbelastung ist ziemlich hoch. Sie kommt bei tiefen Flügeln oder dann vor, wenn der Druckmittelpunkt in der Nähe des betrachteten Holmes liegt.)

Bei den Stützenmomenten wird auch für die ganzen folgenden Untersuchungen aus den gleichen Gründen wie oben, Seite 129, das Moment des überstehenden Endes außen mit

$$M_0 = -14250 \text{ kg} \cdot \text{cm}$$

als konstant angenommen. Das Moment am Innenanschluß ist ebenfalls konstant $= -5675$ kg·cm, da es durch eine exzentrische Anordnung des Holmanschlusses nach Seite 270 gebildet wird.

Die ursprüngliche Berechnung der größten Feldmomente nach den verallgemeinerten Clapeyronschen Gleichungen ergab folgende Werte:

$$M_3 = +13800 \text{ kg} \cdot \text{cm} \quad M_2 = +6200 \text{ kg} \cdot \text{cm} \quad M_1 = +17000 \text{ kg} \cdot \text{cm}$$

Die Beanspruchungen, nach denen wir in der Hauptsache fragen, sollen nur in den Feldern verglichen werden. Es wird aus konstruktiven Gründen leicht möglich sein, die Spitzen der Stützenmomente durch einen vollen Holm oder durch Beilagen über den Stielen zu bewältigen.

Die größten Beanspruchungen aus Längskraft und Biegungsmomente ergaben sich also in den drei Feldern der ursprünglichen Anordnung:

kg/cm²	kg/cm²	kg/cm²
$\sigma_{3_{Druck}} = \frac{6305}{32,9} = 188$	$\sigma_{2_D} = \frac{3060}{32,9} = 93$	$\sigma_{1_D} = \frac{625}{32,9} = 19$
$\sigma_{3_{Biegung}} = \frac{13800}{68,3} = 202$	$\sigma_{2_B} = \frac{6200}{68,3} = 90$	$\sigma_{1_B} = \frac{17000}{68,3} = 248$
$\sigma_3 = \sigma_{3_B} + \sigma_{3_D} = \mathbf{390}$	$\sigma_2 = \mathbf{183}$	$\sigma_1 = \mathbf{267}$

Fall I.

Um die aerodynamische Anordnung der Flugzeugzelle nicht zu ändern, soll die Summe der drei Spannweiten

$$s_3 + s_2 + s_1 = 755 \text{ cm} = \text{konst}$$

sein.

Die Beanspruchung im Feld 3 war im ursprünglichen Fall wesentlich zu groß. Als erster Versuch wurde die Spannweite im Feld 3 um 25 cm verkleinert. Da die Spannung im Felde 2 am niedrigsten war, wird diese Länge dem Felde 2 zugeschlagen.

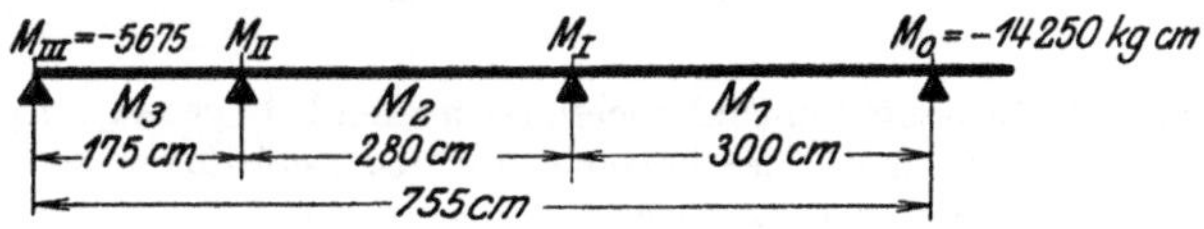

Fig. 56.

Für dieses System werden nun die Rechnungen tabellarisch durchgeführt. Es ergeben sich zunächst die Hilfswerte:

Tafel 26.

Stab	s cm	S kg	$k^2 = \frac{E \cdot J}{S}$	$k = \sqrt{\frac{E \cdot J}{S}}$	$\alpha = \frac{s}{k}$ Bogen	Grad	ν'	ν''	ν'''	$S \cdot s$
3	175	6305	5 770	75,96	2,303	132° 0′	3,074	2,100	0,475	1 103 370
2	280	3100	11 750	108,4	2,583	147°50′	5,10	3,84	0,843	868 000
1	300	625	58 400	241,6	1,241	71° 5′	0,573	0,311	0.0756	187 500

Stab	$\psi' \cdot 10^5$	$\psi'' \cdot 10^5$	$\psi''' \cdot 10^5$	$g\,k^2$ $g = 2,976$ kg/cm	$\frac{10^6}{S \cdot s}$
3	0,2786	0,1903	0,04305	17 170	5,333
2	0,5875	0,4423	0,09711	34 970	1,152
1	0,3056	0,1658	0,04032	173 710	0,9063

Die Auflösung der beiden Clapeyronschen Gleichungen (Gl. Nr. 53) ergibt folgende Stützenmomente M_I und M_{II}.

$$-14250\cdot 0{,}1658 + M_I\cdot(0{,}3056 + 0{,}5875) + M_{II}\cdot 0{,}4423 = -2{,}976\,(90000\cdot 0{,}04032 + 78400\cdot 0{,}09711)$$

$$+ M_I\cdot 0{,}4423 + M_{II}\cdot(0{,}5875 + 0{,}2786) - 5675\cdot 0{,}1903 = -2{,}976\,(78400\cdot 0{,}09711 + 30625\cdot 0{,}04305)$$

$$-2363 + M_I\cdot 0{,}8931 + M_{II}\cdot 0{,}4423 = -33477$$

$$+ M_I\cdot 0{,}4423 + M_{II}\cdot 0{,}8661 - 1080 = -26580$$

$$M_I\cdot 0{,}8931 + M_{II}\cdot 0{,}4423 = -31114$$

$$M_I\cdot 0{,}4423 + M_{II}\cdot 0{,}8661 = -25400$$

$$M_I = \frac{-31114\cdot 0{,}8661 + 25400\cdot 0{,}4423}{0{,}8931\cdot 0{,}8661 - 0{,}4423\cdot 0{,}4423} =$$

$$M_I = \frac{-26950 + 11230}{0{,}774 - 0{,}196} = \frac{-15720}{0{,}578} = -\mathbf{27200}\ \mathbf{kg\cdot cm}$$

$$M_{II} = \frac{-25400\cdot 0{,}8931 + 31114\cdot 0{,}4423}{\Delta} =$$

$$M_{II} = \frac{-22680 + 13760}{\Delta} = \frac{-18920}{0{,}578} = -\mathbf{15420}\ \mathbf{kg\cdot cm}$$

Daß die Stützenmomente rechnerisch ziemlich genau ausgewertet werden müssen, wurde schon bei der Betrachtung des Zweistielers betont. Es ergeben sich dann tabellarisch die größten Feldmomente;

Tafel 27.

Stab	D_{n-1}	D_n	$\sin\alpha$	$\operatorname{cotg}\alpha$	$\frac{D_n}{D_{n-1}\cdot\sin\alpha}$	$\operatorname{tg}\frac{x}{k}$ / $\frac{x}{k}$	$\cos\frac{x}{k}$	$M_{max} = \frac{D_{n-1}}{\cos\frac{x}{k}} - g\,k^2$	$x = \frac{x}{k}\cdot k$
	+ 17170	+ 17170				1,106		+ 17150	
3	− 5670	− 15420	0,743	− 0,902	0,2045	47° 55′	0,67	− 17170	63,4
	+ 11500	+ 1750				0,836		− 20	
	+ 34970	+ 34970				2,35		+ 50000	
2	− 15420	− 27200	0,532	− 1,60	0,746	67°	0,39	− 34970	127
	+ 19550	+ 7770				1,17		+ 15030	
	+ 173710	+ 173710				0,807		+ 188200	
1	− 27200	− 14250	0,943	+ 0,345	1,152	38° 55′	0,778	− 173710	164
	+ 146510	+ 159460				0,679		+ 14490	

Für den so errechneten Fall I werden danach die Spannungen

$$\sigma_{3D} = \frac{6305}{32,9} = 188,6 \qquad \sigma_{2D} = \frac{3100}{32,9} = 94 \qquad \sigma_{1D} = \frac{625}{32,9} = 19$$

$$\sigma_{3B} = \frac{0}{68,3} = 0 \qquad \sigma_{2B} = \frac{15030}{68,3} = 220 \qquad \sigma_{1B} = \frac{14900}{68,3} = 219$$

$$\sigma_3 = \mathbf{188}\ \mathrm{kg/cm^2} \qquad \sigma_2 = \mathbf{314}\ \mathrm{kg/cm^2} \qquad \sigma_1 = \mathbf{238}\ \mathrm{kg/cm^2}$$

Fall II.

Es zeigt sich, daß die Verbesserung zu groß war. Das Feld 1 hat jetzt die kleinsten Spannungen und das Feld 2 die größten Spannungen aufzuweisen. Sie sind schon etwas kleiner als im ursprünglichen Fall. Es ist jetzt leicht, Zwischenwerte für die Feldweiten zu finden, bei denen sich etwa gleiche Spannungen berechnen lassen.

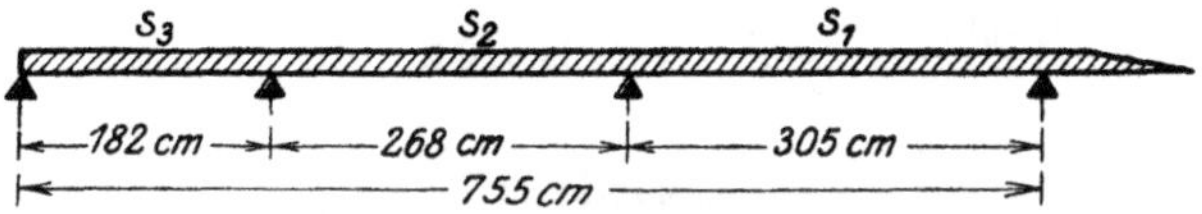

Fig. 57.

Die Rechnungsergebnisse selbst sind im folgenden wieder tabellarisch zusammengestellt.

$$E J = 130000 \cdot 280 = 36400000 \qquad g = 2,976\ \mathrm{kg/cm}$$

$$S_3 = 6305\ \mathrm{kg} \qquad S_2 = 3100\ \mathrm{kg} \qquad S_1 = 650\ \mathrm{kg}$$

$$\frac{E \cdot J}{S} = k_3^2 = 5773 \qquad k_2^2 = 11740 \qquad k_1^2 = 56000\ \mathrm{cm^2}$$

$$k_3 = 75,96 \qquad k_2 = 108,3 \qquad k_1 = 236,7\ \mathrm{cm}$$

Tafel 28.

Stab	$\alpha = \frac{s}{k}$	Grad	ν'	ν''	ν'''	$S \cdot s$
3	2,40	137° 40′	3,64	2,57	0,575	1147510
2	2,475	141° 50′	4,15	3,00	0,668	830800
1	1,289	73° 50′	0,626	0,342	0,0830	198250

Stab	$\psi' \cdot 10^5$	$\psi'' \cdot 10^5$	$\psi''' \cdot 10^5$	$g k^2$	$\frac{10^6}{S \cdot s}$	s^2
3	0,3172	0,224	0,0501	17180	0,8714	33124
2	0,499	0,361	0,08036	34938	1,203	71824
1	0,3157	0,1725	0,04187	166656	5,0442	93025

Die Stützenmomente ergeben sich ähnlich wie oben.

$$-14250\cdot 0{,}1725 + M_I\,(0{,}316 + 0{,}499) + M_{II}\cdot 0{,}361$$
$$= -2{,}976\,(93\,025\cdot 0{,}041\,87 + 71\,824\cdot 0{,}080\,36)$$

$$+ M_I\cdot 0{,}361 + M_{II}\,(0{,}499 + 0{,}317) - 5675\cdot 0{,}224 = -2{,}976\,(71\,824\cdot 0{,}08\,036$$
$$+ 33\,124\cdot 0{,}0501)$$

$$+ M_I\cdot 0{,}815 + M_{II}\cdot 0{,}361 = -28\,770 + 2460 = -26\,310$$

$$+ M_I\cdot 0{,}361 + M_{II}\cdot 0{,}816 = +1270 - 22\,100 = -20\,830$$

$$M_I = \frac{-26\,310\cdot 0{,}816 + 20\,830\cdot 0{,}361}{0{,}815\cdot 0{,}816 - 0{,}361\cdot 0{,}361}$$

$$= \frac{-21\,470 + 7520}{0{,}664 - 0{,}130} = \frac{-13\,950}{0{,}534} = \mathbf{-26150\ kg\cdot cm}$$

$$M_{II} = \frac{-20\,830\cdot 0{,}815 + 26\,310\cdot 0{,}361}{\Delta}$$

$$= \frac{-17\,000 + 9500}{\Delta} = \frac{-7500}{0{,}534} = \mathbf{-14040\ kg\cdot cm}$$

Tafel 29.

Stab	D_{n-1}	D_n	$\sin\alpha$	$\operatorname{cotg}\alpha$	$\frac{D_n}{D_{n-1}\cdot\sin\alpha}$	$\operatorname{tg}\frac{x}{k}$	$\cos\frac{x}{k}$	$\frac{D_{n-1}}{\cos\frac{x}{k}} - gk^2$	$\frac{x}{k}$,
3	+ 17 180 − 5 670 + 11 510	+ 17 180 − 14 040 + 3 140	0,673	$\frac{1}{-0{,}911} =$ − 1,098	0,405	1,503 56°40′ 0,989	0,549	20 950 17 180 + 3 770	75, 75
2	+ 34 940 − 14 040 + 20 900	+ 34 940 − 26 150 + 8 790	0,618	$\frac{1}{-0{,}786} =$ − 1,272	0,682	1,954 62°55′ 1,098	0,455	45 900 34 900 + 11 000	108 119
1	+ 166 660 − 26 150 + 140 510	+ 166 660 − 14 250 + 152 410	0,9605	$\frac{1}{3{,}445} =$ + 0,290	1,127	0,847 40°15′ 0,702	0,763	184 200 166 700 + 17 500	236 116

Die Spannungen sind dann für den Fall II:

	kg/cm²		kg/cm²		kg/cm²
$\sigma_{3_D} = \frac{6305}{32{,}9} =$	192	$\sigma_{2_D} = \frac{3100}{32{,}9} =$	94	$\sigma_{1_D} = \frac{650}{32{,}9} =$	19
$\sigma_{3_B} = \frac{3770}{68{,}3} =$	55	$\sigma_{2_B} = \frac{11000}{68{,}3} =$	161	$\sigma_{1_B} = \frac{17500}{68{,}3} =$	256
$\sigma_3 =$	**247**	$\sigma_2 =$	**255**	$\sigma_1 =$	**275**

Man könnte sich mit dieser Berechnung begnügen; denn es hat keinen Sinn, eine größere Übereinstimmung als die errechnete von 247 gegen 255 und 275 zu suchen. Da jedoch bei der ursprünglichen Rechnung die zulässige Spannung mit 400 kg/cm² angenommen war, so wollen wir in einer dritten Durchrechnung, wie oben auseinandergesetzt, einen schwächeren Holm zugrunde legen.

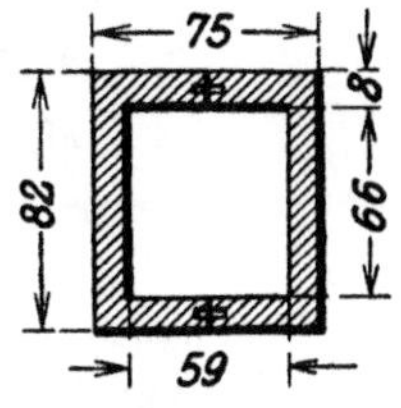

Fig. 58.

Für den gezeichneten neuen Querschnitt, der im Flügel dieselbe größte Konstruktionshöhe von 82 mm hat wie der ursprüngliche, sind die Querschnitte und Trägheitsmomente folgende:

$$F_1 = 61{,}5\ \text{cm}^2 \qquad J_1 = 345\ \text{cm}^4 \qquad W = \frac{204}{4{,}1} =$$
$$F_2 = 38{,}9\ \text{cm}^2 \qquad J_2 = 141\ \text{cm}^4$$
$$F = 22{,}6\ \text{cm}^2 \qquad J = 204\ \text{cm}^4 \qquad W = \mathbf{50}\ \text{cm}^3$$

Damit ergeben sich in der gleichen Tabellenform, wie vorher gerechnet, die Momente und Spannungen:

Fall III.

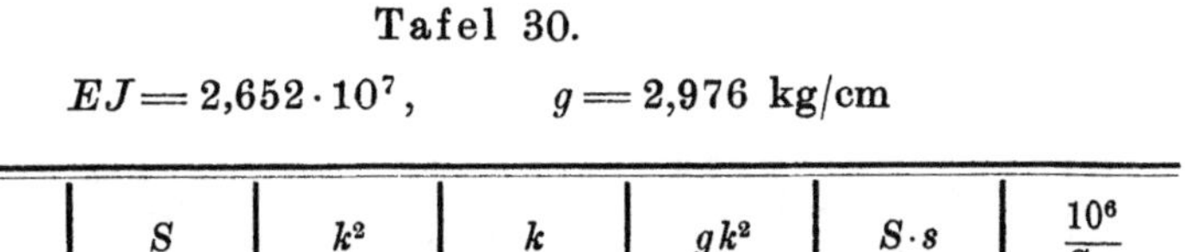

Fig. 59.

Tafel 30.

$$EJ = 2{,}652 \cdot 10^7, \qquad g = 2{,}976\ \text{kg/cm}$$

Stab	s	S	k^2	k	gk^2	$S \cdot s$	$\frac{10^6}{S \cdot s}$
3	184	6305	4 206	64,85	12 520	1 160 120	0,862
2	267	3100	8 554	92,49	25 460	827 700	1,2081
1	304	650	40 800	202	121 420	197 600	5,060

Stab	$\alpha = \frac{s}{k}$		ν'	ν''	ν'''	$\psi' \cdot 10^5$	$\psi'' \cdot 10^5$	$\psi''' \cdot 10^5$
3	2,837	162° 32′	10,03	8,48	1,807	0,8646	0,731	0,1558
2	2,887	165° 25′	12,13	10,48	2,21	1,465	1,266	0,2670
1	1,505	86° 15′	0,901	0,508	0,122	0,456	0,257	0,0617

$$-14250 \cdot 0{,}257 + M_I \cdot (0{,}456 + 1{,}465) + M_{II} \cdot 1{,}266$$
$$= -2{,}976\,(92416 \cdot 0{,}0617 + 71289 \cdot 0{,}2670)$$
$$M_I \cdot 1{,}266 + M_{II}(1{,}465 + 0{,}865) - 5670 \cdot 0{,}731$$
$$= -2{,}976\,(71289 \cdot 0{,}2670 + 33856 \cdot 0{,}1558)$$
$$-3660 + M_I \cdot 1{,}921 + M_{II} \cdot 1{,}266 = -73610$$
$$+M_I \cdot 1{,}266 + M_{II} \cdot 2{,}330 - 4150 = -72340$$
$$M_I \cdot 1{,}921 + M_{II} \cdot 1{,}266 = -69950$$
$$M_I \cdot 1{,}266 + M_{II} \cdot 2{,}330 = -68190$$

$$M_I = \frac{-69950 \cdot 2{,}330 + 68190 \cdot 1{,}266}{1{,}921 \cdot 2{,}330 - 1{,}266 \cdot 1{,}266} =$$

$$M_I = \frac{-162984 + 86328}{4{,}4760 - 1{,}6027} = \frac{-76656}{2{,}8733} = -\mathbf{26680}\ \text{kg}\cdot\text{cm Stützenmoment}$$

$$M_{II} = \frac{-68190 \cdot 1{,}921 + 69950 \cdot 1{,}266}{\Delta} =$$

$$M_{II} = \frac{-130992 + 88557}{\Delta} = \frac{-42435}{2{,}8733} = -\mathbf{14770}\ \text{kg}\cdot\text{cm Stützenmoment}$$

Tafel 31.

Stab	D_{n-1}	D_n	$\sin\alpha$	$\operatorname{cotg}\alpha$	$\frac{D_n}{D_{n-1}\sin\alpha}$	$\operatorname{tg}\frac{x}{k},\ \frac{x}{k}$	$\cos\frac{x}{k}$	$M = \frac{D_{n-1}}{\cos\frac{x}{k}} - g k^2$
3	+12520 − 5670 + 6850	+12520 −14770 − 2250	0,299	−3,184	−1,044	2,140 65° 0′	0,422	+16200 −12520 + 3680
2	+25460 −14770 +10690	+25460 −26680 − 1220	0,251	−3,861	−0,454	3,407 73° 40′	0,281	+38000 −25460 +12540
1	+121420 − 26680 + 94740	+121420 − 14250 +107170	0,9976	+0,0661	+1,134	1,068 46° 55′	0,683	+138200 −121400 + 16800

Die Spannungen sind:

kg/cm²	kg/cm²	kg/cm²
$\sigma_{3_D} = \frac{6305}{22{,}6} = 279$	$\sigma_{2_D} = \frac{3100}{22{,}6} = 143$	$\sigma_{1_D} = \frac{650}{22{,}6} = 29$
$\sigma_{3_B} = \frac{3680}{50} = 74$	$\sigma_{2_B} = \frac{12540}{50} = 250$	$\sigma_{1_B} = \frac{16800}{50} = 336$
$\sigma_3 =$ **353**	$\sigma_2 =$ **393**	$\sigma_1 =$ **365**

Die Übereinstimmung der drei Werte 353, 365 und 393 kg/cm² wird als genügend angesehen. Die Spannung ist also in dem ganzen Holm für die Anordnung III nicht größer als in dem ursprünglichen Fall, nur gleichmäßiger verteilt.

Um den Gewichtsunterschied zu erkennen, berechnen wir den Unterschied der ursprünglichen und der neuen Querschnittsfläche zu:

$$\Delta F = 32{,}9 - 22{,}6 = 10{,}3 \text{ cm}^2$$

Die Gesamtspannweite des Flugzeugs beträgt 22 Meter, das spezifische Gewicht des Holzes mit Verleimung etwa 0,75. Um nicht zu günstig zu rechnen, wollen wir bei den vier vorhandenen Holmen nur drei in die Rechnung einsetzen. Es ergibt sich damit ein Gewichtsunterschied von insgesamt:

$$\Delta W = 10{,}3 \cdot 2200 \cdot 0{,}75 \cdot 3 = 50 \text{ kg}$$

Auch bei einem Großflugzeug sind 50 kg Erleichterung des Flügelgewichts von Bedeutung und lohnen die aufgewandte Rechenarbeit. Denn in ähnlicher Weise wie beim Schiffbau trägt jede Gewichtsersparnis zu neuen Ersparnissen im Fahrgestell, Rumpf usw. bei. Vom aerodynamischen Gesichtspunkt aus ist es wohl gleichgüleig, an welcher Stelle die Stiele stehen. Statisch ist die neue Anordnung auch deshalb vorzuziehen, weil in der ursprünglichen Konstruktion die Spannungen nach Flugzeugmitte hin zunahmen. Aus Gründen der Sicherheit ist es aber immer erwünscht, nach innen zu geringere Spannungen zu haben. Bei einem außen eintretenden Flügelbruch kann vielleicht noch das ganze Flugzeug gerettet werden.

Auf Fig. 60 sind der ursprüngliche Fall und die neuen Fälle mit ihren Momenten und Spannungen übersichtlich dargestellt.

Wenn wir die Knicksicherheiten der einzelnen Felder anschreiben, so folgt mit: $\mathfrak{S} = \frac{J}{J_E} = \frac{J \cdot E \cdot \pi^2}{S \cdot l^2}$

$$\mathfrak{S}_i = \frac{2{,}652 \cdot 10^8}{6305 \cdot 184^2} = 1{,}25$$

$$\mathfrak{S}_m = \frac{2{,}652 \cdot 10^8}{3100 \cdot 267^2} = 1{,}20$$

$$\mathfrak{S}_a = \frac{2{,}652 \cdot 10^8}{650 \cdot 304^2} = 4{,}42$$

Abgesehen von dem äußeren Feld, das bei der geringen Längskraft eine große Knicksicherheit besitzt, kann man sagen, daß es bei sehr großen Ausführungen mit vielen Feldern nicht ungünstig ist, die Feldteilung so zu wählen, daß etwa gleiche Knicksicherheiten erreicht werden. Immerhin können besondere Verhältnisse Abweichungen bedingen.

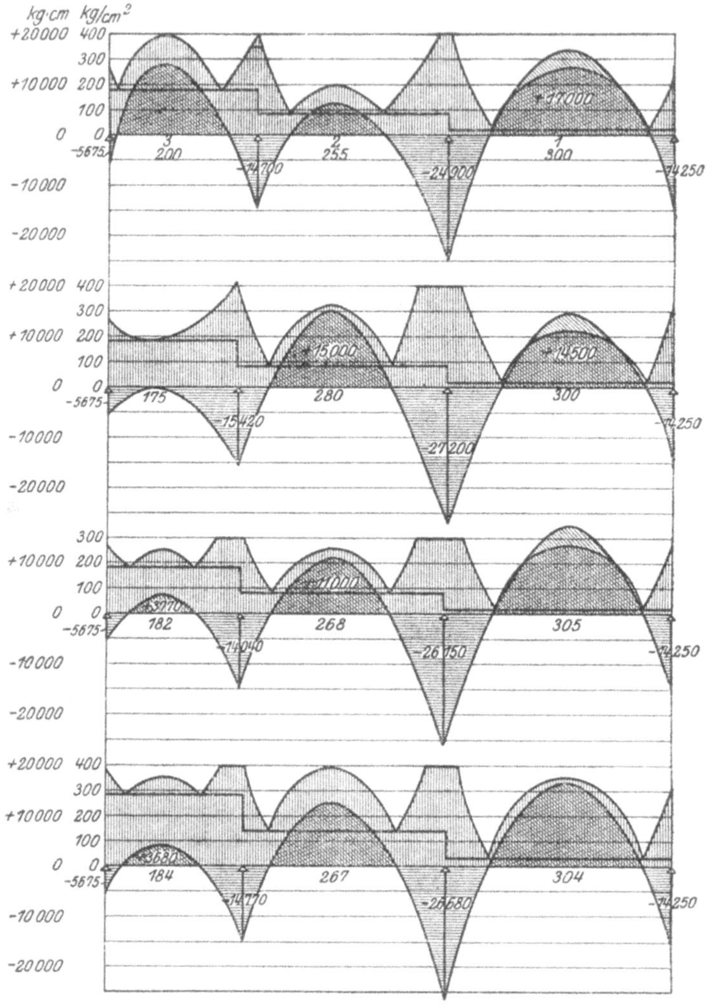

Fig. 60. Zusammenstellung der Momente und Spannungen für die verschiedenen Stützenstellungen.

Oft ist jedoch auch die Feldteilung und Stielstellung durch konstruktive Gesichtspunkte bedingt. So ist z. B. bei dem Torpedoflugzeug von Blackburn der erste Außenstiel nahe an den Innenstiel herangerückt, um die Schwimmerstreben unmittelbar aufzunehmen.

h) Verschiedene Näherungsformeln zur Holmberechnung.

Der öfteren Anwendung der verallgemeinerten Clapeyron'schen Gleichung (Nr. 53) stellen sich in der Praxis meist zwei Schwierigkeiten entgegen:

1. Die Frage der Vorzeichen ist nicht ganz einfach. Abgesehen von den Vorzeichen der Stützen- und Feldmomente müssen auch die Vorzeichen der Kreisfunktionen, die nicht nur im ersten Quadranten auftreten, stets aufmerksam verfolgt werden.

2. In vielen Fällen ergeben sich die gesuchten Rechnungswerte als Unterschiede von zwei recht großen Zahlen, so daß die Rechnung mit einem größeren Aufwand von Genauigkeit durchzuführen ist.

Auch kann nicht geleugnet werden, daß besonders für den Entwurf der Flugzeuge diese Bechnung zu zeitraubend, umständlich und unübersichtlich wird. Letzteres hat seinen inneren Grund darin, daß die Lösung einer Differenzialgleichung ein Vorgang ist, den wir wohl begründen und beweisen, nicht aber „gefühlsmäßig" durchschauen können. Es ist nicht sofort zu übersehen, wieviel eine bestimmte Vergrößerung z. B. des Trägheitsmomentes zur Änderung der Spannungen ausmacht. Dazu kommt noch, daß infolge der Unsicherheit der Elastizitätszahl und aus anderen Gründen, die auf Seite 12 und 78 angeschrieben sind, die Rechnung doch nicht als ideal und einwandfrei angesehen werden kann.

Man hat deshalb schon früher nach einfachen Näherungsformeln gesucht, die für Überschlagsrechnungen und zu allgemeinen Untersuchungen von Fachwerksanordnungen und Holmhöhen brauchbar wären.

Bei den im folgenden aufgestellten Vergleichen der Näherungsformeln wurden nicht nur die Momente einander gegenübergestellt, sondern auch die endgültigen Spannungen. Nur diese lassen einen genauen Vergleich zu.

In erster Linie kommt die sogenannte Vianello'sche Formel in Betracht. Weiterhin haben Krohn-Danzig und Müller-Breslau Näherungsformeln abgeleitet. Dann kann die „genaue" Kosinusformel der „Hütte", die abgeänderte Kosinusformel und schließlich die Formel für den eingespannten, gleichmäßig belasteten Balken in Betracht gezogen werden. Neuerdings haben die Engländer Webb und Thorne eine Näherungsrechnung bekannt gegeben.

Wir werden an einem Zahlenbeispiel den Rechnungsgang und die Genauigkeit dieser Formeln im Vergleich zueinander prüfen, was nicht ausschließt, daß in anderen Fällen die Verhältnisse anders liegen.

Es ergibt sich dann: Die Vianellosche Formel, wie sie hier aufgefaßt wird, ist dermaßen einfach und zuverlässig, daß es kaum mehr empfohlen werden kann, im Entwurf mit der strengen Gleichung des Balkens auf mehreren Stützen zu arbeiten. Man führe die Rechnung mit einfacher Last, d. h. nur mit dem Bruchteil der geforderten Last durch, der durch die Sicherheit angegeben ist. Berechne das Moment M_0 des Balkens ohne Mitwirkung der Längskraft, wobei man auf exzentrischen Anschluß, Durchlaufen des Balkens und Nachgeben der Stützen Rücksicht nehmen kann. (M_0 immer ohne Berücksichtigung der besonderen, gerade vorliegenden Verhältnisse als Moment des einfachen Balkens einzusetzen, wäre unsinnig. Dann freilich, mit $M_0 = \frac{g \cdot l^2}{8}$, sind die bekannten absprechenden Urteile gegen diese Formel recht begründet.) Alsdann berechne man die Knicksicherheit n bei nicht vervielfachter, also einfacher Last wiederum ohne Sicherheit und bilde den Ausdruck:

$$M = M_0 \cdot \frac{n}{n-1} \quad \ldots \ldots \ldots \quad (74)$$

Dieses Moment, multipliziert mit dem Sicherheitsgrad, gibt dann genau genug das Biegungsmoment bei Bruchlast an.

Das im folgenden betrachtete Beispiel ist der von der Flugzeugmeisterei herausgegebenen Normalberechnung des Zweistielers entnommen. Es wurde der Stab zugrunde gelegt, der für den A-Fall als Vorderholm oben dort im Felde 6 bis 2 einer eingehenden Untersuchung unterzogen war (vgl. auch S. 199).

I. Der üblichen genaueren Berechnung liegen zugrunde: Holmquerschnitt $F = 11{,}56$ cm², Trägheitsmoment $J = 77{,}48$ cm⁴, Widerstandsmoment $W = 19{,}0$ cm³, Längskraft des Stabes bei Bruchlast $S = 792$ kg Druck, Gesamtlänge des Stabes 260 cm. Die beiden Momente am Ende des durchlaufenden Feldes sind

$$M_2 = -8670 \text{ kg} \cdot \text{cm}$$
$$M_6 = -9047 \text{ kg} \cdot \text{cm}$$

Das größte Moment tritt bei Bruchlast an der Stelle $x = 131{,}0$ cm und für 0,5fache Bruchlast an der Stelle $x = 123{,}9$ cm auf. Die Elastizitätszahl des Holzes wird mit 110000 kg/cm² in Rechnung gesetzt. Die Querbelastung p beträgt 1,405 kg/cm.

Damit ergibt sich dort ein größtes Biegungsmoment nach der Normalberechnung der Flugzeugmeisterei bei einfacher Bruchlast $M_{max} = 4947$ kg · cm; bei 0,5facher Bruchlast $M_{max} = 2092$ kg · cm.

Die Spannung beträgt dann bei einfacher Bruchlast:

$$\sigma = \frac{792}{11{,}56} + \frac{4947}{19{,}0} = 329 \text{ kg/cm}^2$$

Nimmt man eine zulässige Bruchspannung von 750 kg/cm² an, so ergibt sich eine gesamte Sicherheit von $\mathfrak{S} = \frac{750}{329} = 2{,}28$.

Bei 0,5facher Last folgt:

$$\sigma = \frac{396}{11{,}56} + \frac{2092}{19{,}0} = 145\ \text{kg/cm}^2$$

Damit die Sicherheit: $\frac{750}{145} = \mathbf{5{,}18}$.

Die ausführliche Ableitung der Grundlage dieser genaueren Rechnung verbot der beschränkte Raum. Sie ist in der oben erwähnten Abhandlung genau genug dargelegt.

II. Verfahren nach Vianello.

In der Vianello'schen Gleichung

$$M = M_o \cdot \frac{n}{n-1}$$

ist zunächst der bereits erläuterte Wert M_o zu berechnen. Aus der Normalberechnung wird für einfache Bruchlast übernommen: das Moment des Kragarmes $M_2 = -8670$ kg·cm, das Stützenmoment für den durchlaufenden Balken ohne Druckkraft

$$M_6 = -7631\ \text{kg}\cdot\text{cm} \quad \text{(gegen 9047 bei Druckkraft)}$$

und das Feldmoment des einfachen Balkens:

$$M_1 = p\,\frac{l^2}{8} = 1{,}405 \cdot \frac{260^2}{8} = 11\,870\ \text{kg}\cdot\text{cm}$$

Daraus ergibt sich:

$$M_0 = M_1 - \frac{M_2 + M_6}{2} = 11\,870 - \frac{7631 + 8670}{2} = 3668\ \text{kg}\cdot\text{cm}$$

Die Sicherheit gegen Knicken $n = \frac{P_E}{P}$ wird für unser Beispiel:

$$\text{mit} \quad P_E = \frac{\pi^2 \cdot E \cdot J}{l^2} = \frac{10 \cdot 110\,000 \cdot 77{,}48}{260 \cdot 260} = 1260\ \text{kg}$$

und damit n für einfache Bruchlast bei $S = 792$ kg (nach der Rechnung dort)

$$n = \frac{1260}{792} = 1{,}59 \qquad n - 1 = 0{,}59$$

Mit diesen Hilfswerten sei die Vianelloscha Gleichung für verschiedene Lastvielfache im folgenden tabellarisch ausgerechnet.

Tafel 32.

	Vielfaches der Bruchlast.			
	1,00	0,75	0,50	0,25
M_o kg·cm	3668	2751	1834	917
n	1,59	$\frac{1{,}59}{0{,}75} = 2{,}12$	$\frac{1{,}59}{0{,}5} = 3{,}18$	$\frac{1{,}59}{0{,}25} = 6{,}36$
$n-1$	0,59	1,12	2,18	5,36
M_{max} kg·cm	9880	5208	2675	1087
$\sigma = \frac{M_{max}}{W} + \frac{S}{F}$	608	325	175	74
Sicherheit $\mathfrak{S} = \frac{750}{\sigma}$	1,23	2,33	4,29	10,12

Eine besondere Anwendung der Vianelloschen Formel ergibt sich für den Fall, daß nach Durchführen einer Berechnung die errechnete Beanspruchung eines Holmes zu groß erscheint, daß also die zuerst gewählten Abmessungen des Holmes nicht genügen. Es ist dann M_{max}, n und $n-1$ bekannt. Daraus kann M_0 gefunden werden und mit Hilfe einer entsprechend kleiner angesetzten Knicksicherheit ein anderes, d. h. in diesem Falle ein vorher festgelegtes Biegungsmoment errechnet werden.

Diese Rechnung liefert dann das neue Trägheitsmoment, das sofort den gesetzten Anforderungen entspricht. Die Lösung derselben oft vorkommenden Aufgabe nach Clapeyron würde auch bei ziemlicher Gewandtheit und Übung einen wesentlich größeren Zeitaufwand erfordern.

III. „Genaue" Kosinus-Formel.

Die sogenannte „genaue" Kosinusformel („Hütte" I) liefert in unserem Falle zu ungünstige Werte, da sie für den beiderseits frei aufliegenden Balken abgeleitet ist und Einspannungsmomente nicht berücksichtigt[1]).

a) Einfache Bruchlast. Die Formel für das Größtmoment lautet

$$M_{max} = \frac{p}{\omega^2}\left(\frac{1}{\cos \omega l} - 1\right) \quad . \quad . \quad . \quad . \quad . \quad . \quad . \quad . \quad . \quad . \quad (75)$$

Hierbei ist

$$\omega = \sqrt{\frac{S}{E \cdot J}} = \sqrt{\frac{792}{110\,000 \cdot 77{,}48}} = 0{,}00863$$

und l die halbe Spannweite $l = 130$ cm. Es ergibt sich:

$$\omega \cdot l = 0{,}00863 \cdot 130 = 1{,}25 = 71^0\,40' \quad \text{und} \quad \cos \omega l = 0{,}314^{2)}.$$

Das Größtmoment folgt durch Einsetzen der angeschriebenen Hilfswerte zu

$$M_{max} = \frac{1{,}405 \cdot 1000^2}{9{,}63^2}\left(\frac{1}{0{,}314} - 1\right) = 33\,100 \text{ kg} \cdot \text{cm}$$

Damit ergibt sich die Beanspruchung:

$$\sigma = \frac{S}{F} + \frac{M}{W} = \frac{792}{11{,}56} + \frac{33\,100}{19} = 68 + 1732 = \mathbf{1800}\ \text{kg/cm}^2$$

Und die Sicherheit $\mathfrak{S} = \frac{750}{1800} = \mathbf{0{,}416}$

Für die verschiedenen Teile der Bruchlast ergeben sich die Momente, Spannungen und Sicherheiten, in gleicher Weise nach folgender Tafel:

---

[1]) In der Nähe der Bruchlast ist übrigens die Annäherung für

$$\cos \omega l = 1 - \frac{S \cdot l^2}{2 \cdot E \cdot J}$$

nur wenig zutreffend, wie die folgenden Beispiele genauer zahlenmäßig zeigen werden.

[2]) Nach der angenäherten Formel würde sich ergeben:

$$\cos \omega l = 1 - \frac{792 \cdot 130^2}{2 \cdot 110\,000 \cdot 77{,}48} = 0{,}215$$

Die Annäherung ist also nicht genau genug.

Tafel 33.

	Vielfaches der Bruchlast		
	0,75	0,5	0,25
ω	0,00834	0,00682	0,00482
$\omega\, l$ Bogenmaß	1,082	0,883	0,625
$\omega\, l$ ∢ Maß	62°	50° 35′	35° 50′
$\cos \omega\, l$	0,412	0,635	0,809
$\dfrac{1}{\cos \omega\, l}$	2,132	1,575	1,235
M_{max} kg·cm	17200	8660	3500
σ kg/cm²	953	489	204
$\mathfrak{S} = \dfrac{750}{\sigma}$	0,786	1,53	3,68

IV. Angenäherte Kosinusformel.

Um den Einfluß der Einspannung in der Überschlagsrechnung zu berücksichtigen, wollen wir die genaue Kosinusformel des vorhergegangenen Abschnittes durch Einsetzen der Abkürzung für $\cos \omega\, l$ und durch Einführung des Wertes $\omega^2 = \dfrac{S}{E \cdot J}$ umformen.

Es ergibt sich:

$$M_{max} = \frac{p \cdot E \cdot J}{S}\left(\frac{1 - \cos \omega\, l}{\cos \omega\, l}\right) = \frac{p \cdot E \cdot J}{S}\left(\frac{1 - 1 + \dfrac{S\, l^2}{2\, E \cdot J}}{1 - \dfrac{S\, l^2}{2\, E \cdot J}}\right)$$

$$= \frac{p \cdot E \cdot J}{S} \cdot \frac{S \cdot l^2}{2\, E \cdot J - S \cdot l^2} = \frac{p\, l^2}{2}\left(\frac{1}{1 - \dfrac{S\, l^2}{2\, E \cdot J}}\right)$$

In der Endformel

$$M_{max} = 0{,}5 \cdot p \cdot l^2 \left(\frac{1}{1 - 0{,}5\, \dfrac{S \cdot l^2}{E \cdot J}}\right)$$

seien die Beiwerte 0,5, die für den Balken ohne Einspannung gelten, durch 0,166 oder 1/6 versuchsweise ersetzt. Es ergibt sich dann die einfache Formel:

$$M_{max} = 0{,}16 \cdot p \cdot l^2 \cdot \frac{1}{1 - 0{,}16 \cdot \dfrac{S \cdot l^2}{E \cdot J}} \quad \ldots \ldots \ldots \quad (76)$$

Diese Gleichung wird wie früher für verschiedene Teile der Bruchlast ausgewertet. Man findet:

a) einfache Bruchlast.

$$M_{max} = 0{,}166 \cdot 1{,}405 \cdot 130^2 \cdot \frac{1}{1 - 0{,}262} = 5350 \text{ kg cm}$$

In gleicher Weise für

b) ³/₄ fache Bruchlast. $M_{max} = 3710$ kg·cm

c) ¹/₂ fache Bruchlast. $M_{max} = 2280$ kg·cm

d) ¹/₄ fache Bruchlast. $M_{max} = 1060$ kg·cm

V. Formeln von Krohn.

Wenn n' die Sicherheit eines Stabes gegen Knicken allein und n'' die Sicherheit gegen Biegung allein bedeutet, so ergibt sich nach Krohn die Gesamtsicherheit zu

$$\mathfrak{S} = \frac{2 \cdot n' \cdot n''}{n' + n''} \quad \ldots \ldots \ldots \ldots \quad (77)$$

Unter Verwendung der bereits gebrauchten Zahlenwerte folgt:

a) einfache Bruchlast.

n' oben errechnet $= 1{,}59$ $\quad n'' = \frac{19 \cdot 750}{3668} = 3{,}88 \quad \mathfrak{S} = \frac{1{,}59 \cdot 3{,}88 \cdot 2}{5{,}47} = \mathbf{2{,}25}$ fach

In gleicher Weise für

b) 0,75 fache Bruchlast.

$n' = 2{,}12\,, \quad n'' = 5{,}187\,, \quad \mathfrak{S} = \mathbf{3{,}05}$ fach

c) 0,5 fache Last.

$n' = 3{,}18\,, \quad n'' = 7{,}76\,, \quad \mathfrak{S} = \mathbf{4{,}52}$ fach

d) 0,25 fache Last.

$n' = 6{,}36\,, \quad n'' = 15{,}5\,, \quad \mathfrak{S} = \mathbf{9{,}01}$ fach

VI. Genaue Cosinus-Formeln mit beiderseitiger Einspannung.

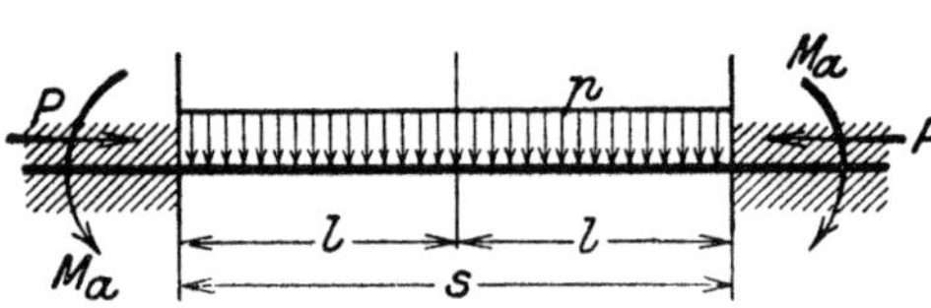

Fig. 61.

In der „Hütte", Band I, sind für den Fall der starren Einspannung die Momente nur für Einzellasten angeschrieben. Wir geben deshalb im folgenden die Ableitung für den Fall der gleichmäßigen Belastung.

Die allgemeine Gleichung der Biegungslinie (s. Seite 116):

$$y = C_1 \cdot \cos\frac{x}{k} + C_2 \cdot \sin\frac{x}{k} - \frac{g \cdot k^2}{S} - \frac{1}{S}\left(M_A + \frac{M_B - M_A}{s}\,x + g\,\frac{s \cdot x}{2} - g\,\frac{x^2}{2}\right)$$

mit ihrer Ableitung

$$y' = -\,C_1 \cdot \sin\frac{x}{k} \cdot \frac{1}{k} + C_2 \cdot \cos\frac{x}{k} \cdot \frac{1}{k} - \frac{1}{S}\left(\frac{M_B - M_A}{s} + \frac{g \cdot s}{2} - g \cdot x\right)$$

muß hier den Bedingungen genügen:

1. Für $x = 0 \quad y = 0$

Daraus

$$0 = C_1 - \frac{g \cdot k^2}{S} - \frac{M_A}{S} \quad \text{oder} \quad C_2 = +\frac{g \cdot k^2}{S} + \frac{M_A}{S}$$

2. Für $x=0 \quad y'=0$

Daraus der Wert der zweiten Integrationskonstante

$$0=C_2\cdot\frac{1}{k}-\frac{g\cdot s}{2\cdot S} \qquad \text{oder} \qquad C_2=\frac{g\cdot s\cdot k}{2\cdot S}$$

Aus Symmetriegründen sind die Einspannmomente auf beiden Seiten des Balkens einander gleich. $M_A=M_B$. Zur Bestimmung von M_A kann die Bedingung benutzt werden $x=s$, $y=0$ oder auch die anderen Bedingungen $x=s$, $y'=0$ oder $x=s/2$ $y'=0$.

Für $x=s$, $y=0$ folgt:

$$0=\left(\frac{g\cdot k^2}{S}+\frac{M_A}{S}\right)\cos\frac{s}{k}+\frac{g\cdot s\cdot k}{2\cdot S}\sin\frac{s}{k}-\frac{g\,k^2}{S}-\frac{1}{S}M_A$$

Daraus ergibt sich das Einspannungsmoment:

$$M_A=-g\cdot k^2+\frac{g\cdot s\cdot k}{2}\cdot\frac{\sin\frac{s}{k}}{1-\cos\frac{s}{k}} \quad \ldots\ldots\ldots \quad (78)$$

Das Einspannungsmoment ist im allgemeinen das größte. Zum Vergleich sei noch das Moment in Balkenmitte angegeben:

$$M_{Mitte}=S\cdot\left(C_1\cdot\cos\frac{s}{2\,k}+C_2\cdot\sin\frac{s}{2\,k}\right)-g\cdot k^2$$

oder wenn man die Konstanten von oben einsetzt:

$$M_{Mitte}=\frac{g\cdot s\cdot k}{2\cdot\sin\frac{s}{2\,k}}-g\,k^2 \quad \ldots\ldots\ldots \quad (79)$$

Führt man statt der von Müller-Breslau benutzten Bezeichnungen die Formelzeichen der „Hütte“ ein, die in den oben gebrauchten cos-Formeln bereits verwendet wurden, so folgt mit $s=2\,l$ und $l\,k^2=\omega^2$

$$M_A=-\frac{g}{\omega^2}+\frac{g\cdot l}{\omega\cdot\operatorname{tg}\omega\,l} \quad \ldots\ldots\ldots \quad (80\text{a})$$

und

$$M_{Mitte}=-\frac{g}{\omega^2}+\frac{g\cdot l}{\omega\cdot\sin\omega\,l} \quad \ldots\ldots\ldots \quad (80\text{b})$$

Die Anwendung auf unser Beispiel ergibt unter Verwendung der oben entwickelten Zahlenwerte:

a) einfache Bruchlast.

$$M_A=-\frac{1{,}405}{0{,}0000927}+\frac{1{,}405\cdot 130}{0{,}00963\cdot 3{,}018}=-15160+6230=-\mathbf{8930}\ \text{kg}\cdot\text{cm}$$

$$M_{Mitte}=-15160+\frac{1{,}405\cdot 130}{0{,}00963\cdot 0{,}949}=-15160+20000=+\mathbf{4840}\ \text{kg}\cdot\text{cm}$$

In gleicher Weise folgt für

b) 0,75 fache Bruchlast.

$$M_A = -15160 + 8700 = -\mathbf{6460}\ \text{kg}\cdot\text{cm}$$

$$M_{Mitte} = -15160 + 18560 = +\mathbf{3400}\ \text{kg}\cdot\text{cm}$$

c) 0,5 fache Bruchlast.

$$M_A = -15160 + 11060 = -\mathbf{4100}\ \text{kg}\cdot\text{cm}$$

$$M_{Mitte} = -15160 + 17350 = +\mathbf{2200}\ \text{kg}\cdot\text{cm}$$

d) 0,25 fache Bruchlast.

$$M_A = -15160 + 13600 = -\mathbf{1560}\ \text{kg}\cdot\text{cm}$$

$$M_{Mitte} = -15160 + 16260 = +\mathbf{1100}\ \text{kg}\cdot\text{cm}$$

Das Größtmoment am Auflager ist für einen Vergleich nicht geeignet. Einige Übereinstimmung mit den vorhergegangenen Berechnungen läßt sich jedoch erreichen, wenn man das Moment in der Mitte zugrunde legt.

a) einfache Last.

$$\sigma = \frac{4840}{19} + \frac{792}{11{,}56} = 323\ \text{kg/cm}^2 \qquad \mathfrak{S} = \frac{750}{323} = \mathbf{2{,}32}$$

b) 0,75 fache Last.

$$\sigma = \frac{3400}{19} + 0{,}75\cdot 68 = \mathbf{230}\ \text{kg/cm}^2 \qquad \mathfrak{S} = \frac{750}{230} = \mathbf{3{,}25}$$

c) 0,5 fache Last.

$$\sigma = \frac{2200}{19} + 0{,}50\cdot 68 = \mathbf{149}\ \text{kg/cm}^2 \qquad \mathfrak{S} = \frac{750}{149} = \mathbf{5{,}0}$$

d) 0,25 fache Last.

$$\sigma = \frac{1100}{19} + 0{,}25\cdot 68 = \mathbf{75}\ \text{kg/cm}^2 \qquad \mathfrak{S} = \frac{750}{75} = \mathbf{10}$$

VII. Näherungsformel von Müller-Breslau.

In den Technischen Berichten II, Seite 512, empfiehlt Müller-Breslau folgende Näherungsformel für das Moment in Balkenmitte, das bei ähnlichen Stützenmomenten M_A und M_B angenähert dem Größtmoment gleich gesetzt wird.

$$M_{Mitte} = \frac{-g\frac{s^2}{8}\cdot n + 0{,}6\,(M_A + M_B)}{n-1} + \frac{1}{2}(M_A + M_B) \quad \ldots \quad (81)$$

Die Anwendung dieser Formel auf unser Beispiel ist freilich bei verschiedenen M_A und M_B verhältnismäßig zu ungünstig. M_B folgt aus der einfachen Dreimomentengleichung ohne gleichzeitige Druckkraft entsprechend Nr. II.

Tafel 34.

	Einfache Last	0,75 fache Last	0,5 fache Last	0,25 fache Last
$g \cdot \frac{s^2}{8}$	11870	8902	5935	2967
n	1,59	2,12	3,18	6,36
$g \cdot \frac{s^2}{8} \cdot n$	18880	18880	18880	18880
$0{,}6\,(M_A + M_B)$	9780	7335	4890	2445
Zähler	9100	11545	13990	16435
$n - 1$	0,59	1,12	2,18	5,36
Erstes Glied	15400	10390	6410	3070
$0{,}5\,(M_A + M_B)$	8150	6100	4075	2037
$M_{\mathfrak{M}}$	7250	4290	2335	1033
$\sigma_1 = \frac{M}{W}$	381	226	123	54
$\sigma_2 = \frac{S}{F}$	68	51	34	17
$\sigma = \sigma_1 + \sigma_2$	449	277	157	71
$\mathfrak{S} = \frac{750}{\sigma}$	1,67	2,71	4,78	10,53

Zusammenstellung.

Um die Ergebnisse der einzelnen Näherungsrechnungen besser vergleichen zu können, seien die errechneten Sicherheiten für einfache Bruchlast, dreiviertelfache Bruchlast, einhalbfache Bruchlast und einviertelfache Bruchlast zusammengestellt:

Tafel 35.

	Vielfaches der Bruchlast			
	1	$^3/_4$	$^1/_2$	$^1/_4$
1. Clapeyronsche Gleichung	2,28	—	5,18	—
2. Verfahren nach Vianello . . .	1,23	2,33	4,29	10,12
3. Einfache Kosinusformel	0,416	0,78	1,53	3,68
4. Abgeänderte Kosinusformel . .	2,14	3,04	5,1	10,3
5. Krohnsche Formel	2,25	3,05	4,52	9,01
6. Formel für den eingespannten, gleichmäßig belasteten Balken .	2,32	3,6	5,0	10,0
7. Näherungsformel für Balkenmitte, Müller-Breslau	1,67	2,71	4,78	10,53

Bezieht man die für den vierten Teil der Bruchlast in der letzten Spalte errechneten Sicherheiten auf die Sicherheit bei einfacher Bruchlast, so ergibt sich folgende Tafel 36, die einen entsprechenden unmittelbaren Vergleich der einzelnen Formeln erlaubt.

Tafel 36.

	$\mathfrak{S}$	$\mathfrak{S} : \mathfrak{S}_g$
1.	2,28	1,00
2.	10,12 : 4 = 2,53	1,11
3.	3,68 : 4 = 0,92	0,40
4.	10,30 : 4 = 2,57	1,13
5.	9,01 : 4 = 2,27	1,00
6.	10,0 : 4 = 2,50	1,09
7.	10,53 : 4 = 2,64	1,16

Das benutzte Beispiel kann zwar nicht die äußersten Fälle umfassen. Trotzdem ergibt sich, daß die Vianellosche Formel bei einviertelfacher Bruchlast, was der Sicherheit 1 nach der alten Bezeichnung bei einer geforderten vierfachen Last entspräche, verwendbar ist. Man errechnet: 10,12 : 4 = 2,53. Dieser Wert entspricht durchaus genau genug dem ersten Wert von 2,28. — Es wäre also falsch, wenn man bei ganzer Bruchlast etwa eine 1,2 fache Sicherheit nach Euler sich errechnet, mit $n - 1 = 0{,}2$ den Faktor der Vianelloschen Gleichung dann mit $1{,}2 : 0{,}2 = 6$ in die Rechnung einstellt. Es müßte vielmehr, da die einfache Bruchlast einer vierfachen Last entspricht eingesetzt werden:

$$n = 1{,}2 \cdot 4 = 4{,}8 \quad \text{und} \quad n - 1 = 3{,}8$$

so daß der Vianellosche Faktor statt 6 nur $4{,}8 : 3{,}8 = 1{,}26$ wird.

Die „einfache Kosinusformel" ist hier meist völlig unbrauchbar. Dies erklärt sich daraus, daß bei ihr keinerlei Einspannung des Balkens berücksichtigt wird. Die abgeänderte Kosinusformel liefert zwar recht gute Werte, die Rechenarbeit ist jedoch immer größer wie bei der Vianelloschen Formel. Es ist auch fraglich, ob sie für alle Fälle eine derartige Übereinstimmung liefert.

Die Formel für den eingespannten Balken liefert recht gute Werte, die im Gegensatz zu der Vianello'schen Formel nicht nur bei einfacher Sicherheit, d. h. hier bei einviertelfacher Bruchlast, sondern auch bei der einfachen Bruchlast, d. h. bei vier- oder fünffacher Sicherheit, gut entsprechen. — Die Formel von Krohn liefert ebenfalls bei mehrfacher Sicherheit die beste Übereinstimmung: 2,25 gegenüber 2,28. Bei einfacher Sicherheit ist der Rechnungswert etwas zu klein.

Die gegebene Näherungsformel von Müller-Breslau für das Mittenmoment liefert ebenfalls bei der Durchführung der Berechnung mit Bruchlast keine ganz befriedigenden Werte. Sie ist dagegen, wie die Zusammenstellung zeigt, bei Zugrundelegung eines kleineren Teiles der Bruchlast recht brauchbar. Die Abweichung liegt in der Anwendung dieser Formel auf einen Fall verschiedener Endmomente, für die sie nicht bestimmt ist. Eine bis jetzt noch nicht veröffentlichte andere Näherungsformel Müllers-Breslau hat diesen Nachteil nicht. Sie gründet sich auf eine neue Darstellung des Wertes $\operatorname{tg}\frac{\alpha}{2}$ und ist auch noch für die kleinsten Sicherheitsgrade genau. —

Auf die Abhandlung von Professor H. Kayser, Darmstadt, in der Zeitschrift für Bauwesen 1912, sei hier nur hingewiesen. —

Näherungsmethode aus dem Flight zur Bestimmung der Beanspruchung in den Flugzeugholmen.

Für den Balken ohne Längskraft wird mit Hilfe der Clapeyron'schen Gleichung oder nach der Methode der verschränkten Mittelsenkrechten die Momentenlinie ermittelt. Dann wird die (oft wenig zutreffende Annahme) gemacht, daß die Stützenmomente sich durch die Längskraft nicht ändern und die Wendepunkte auf dem Holm sich um die Hälfte ihrer Entfernung nach dem Auflagerungspunkt zu verschieben.

Mit den Bezeichnungen: l_c Entfernung der Wendepunkte, l_l Spannweite, p Querbelastung, S_E Eulersche Knicklast und S wirkende Längskraft ergibt sich folgende Näherungsformel:

$$\sigma = \frac{p\cdot\left(\frac{l_l+l_c}{2}\right)^2}{8\cdot W}\,\frac{S_E}{(S_E-S)}+\frac{S}{F} \quad \ldots\ldots\ldots\ldots \quad (82)$$

Diese Formel bedeutet im wesentlichen nichts anderes wie die Vianelloschen Formel, in welcher der Wert für das Moment unter Berücksichtigung der obigen Annahmen ausgedrückt ist.

Der Vorteil der Vianelloschen Formel, daß man sie von Fall zu Fall für den durchlaufenden Balken und besondere Einzelfälle durch Änderung des Wertes M_o anpassen kann, ist freilich nicht voll ausgenutzt.

Es ist für uns nur von Interesse, festzustellen, daß man in England für Überschlagsrechnungen im Flugzeugbau diese Formel verwendet und sich dabei in der von Vianello vorgezeichneten Richtung bewegt. —

Näherungsformel von Webb und Thorne.

Um die möglichen Rechenfehler bei der Anwendung der Kreisfunktionen in der üblichen verallgemeinerten Dreimomentengleichung zu umgehen, haben Webb und Thorne folgenden Ansatz mitgeteilt, in dem die Längskräfte S mit dem Zeiger E die Knicklasten nach Euler bezeichnen. R bedeckt rechts und L links.

$$\frac{1}{l_1(S_{1E}-S_1)}\left\{M_{A_R}\cdot\left[1+0{,}2\frac{S_1}{S_{1E}}\right]+2M_{B_L}\cdot\left[1-0{,}38\frac{S_1}{S_{1E}}\right]+\frac{1}{4}q_1 l_1^2.\right.$$

$$\left.\cdot\left(1-\frac{1}{70}\frac{S_1}{S_{1E}}\right)\right\}+\frac{1}{l_2(S_{2E}-S_2)}\left\{M_{C_L}\cdot\left[1+0{,}2\frac{S_2}{S_{2E}}\right]+2M_{B_R}\cdot\left[1-0{,}38\frac{S_2}{S_{2E}}\right]\right.$$

$$\left.+\frac{1}{4}q_2 l_2^2\left(1-\frac{1}{70}\frac{S_2}{S_{2E}}\right)\right\}=0 \quad \ldots\ldots\ldots\ldots \quad (83)$$

Der Wert in Feldmitte wird ebenso:

$$M_{mitte}=\frac{S_E}{S_E-S}\left\{\frac{1}{2}(M_A-M_B)\left[1+0{,}26\frac{S}{S_E}\right]+1{,}02\frac{q\cdot l^2}{8}\right\} \quad \ldots \quad (84)$$

Die Genauigkeit dieser Formeln ist von den Verfassern an Hand zahlreicher Beispiele nachgewiesen. Die Formel vermeidet also die Funktionen sin und cos.

i) Beispiel für den Anteil des Wertes $S\cdot y$ an dem gesamten Biegungsmoment.

Es wurde schon mehrfach darauf hingewiesen (vgl. auch S. 358), daß die Beanspruchung des Holmes bei Knickung und Biegung sich aus drei Teilen zusammensetzt:

1. die reine Druckspannung infolge der Längskraft S,

2. die einfache Biegungsspannung infolge der Querkraft p,

3. der Biegungsanteil der Längskraft, die an dem Pfeil der Durchbiegung y ein weiteres Moment für den Balken erzeugt.

Dieser dritte Anteil soll im folgenden an einem Beispiel auf seine Größe hin zahlenmäßig kurz betrachtet werden.

Außerdem soll untersucht werden, mit welcher Genauigkeit dieser Zusatzbeitrag des Momentes derart berücksichtigt werden kann, daß man für die einfacher zu berechnende Durchbiegung des Balkens ohne Längskraft den Wert: Stabkraft mal anfängliche Durchbiegung als Moment der Holme hinzufügt. — Es ist dabei der weitere Einfluß vernachlässigt, daß das Moment Längskraft mal einfache Durchbiegung für sich wiederum eine neue Durchbiegung und damit eine neue Vergrößerung des Momentes bedingt.

Dem Beispiel liegt die Normalberechnung der Flugzeugmeisterei, Zweistieler, Festigkeitsnachweis oberer Vorderholm, Innenfeld, dortige Tafel 107, Seite 7, zugrunde.

Die Längskraft $S = 1080$ kg.

Tafel 37.

$x:l$	0	0,2	0,4	0,6	0,8	1,0
y (genau, cm)	0	+1,181	+1,660	+1,260	+0,399	0
M_x (kg·cm)	0	+3960	+4918	+2677	−2311	−9047
$S\cdot y$ (kg·cm)	0	+1275	+1792	+1362	+ 431	0
$M_x - S\cdot y$ (ohne Vorzeichen)	0	2685	3126	1315	1880	9047
$M_x : S\cdot y$	0	3,1	2,7	1,95	5,3	—

Aus der oben erwähnten Berechnung ist M_0 das Moment des gleichen Balkens, jedoch ohne Längskraft.

M_0 (kg·cm)	0	2975	3680	2150	1600	7630
$M_x - S\cdot y$	0	2685	3126	1315	1880	9047
$M_0-(M_x-S\cdot y)$	0	290	554	835	− 280	−1417
$\frac{M_x}{M_0}$	—	$\frac{3960}{2975}$	$\frac{4918}{3680}$	$\frac{2677}{2150}$	$\frac{2311}{1600}$	$\frac{9047}{7630}$
$\frac{M_x}{M_0}$	—	1,33	1,34	1,24	1,44	1,18

Im folgenden wird an einem Beispiel die Durchbiegung y_1 des entsprechenden Balkens auf drei Lagern ohne Längskraft berechnet, um sodann das Moment der Längskraft am Hebelarm der Durchbiegung $S\cdot y_1$ zu bilden und es mit dem genauen Moment $S\cdot y$ zu vergleichen[1]).

$S\cdot y_1$ =	990	1340	1070	357	kg·cm
M_0 =	2975	3680	2150	1600	kg·cm
$M_0 + S\cdot y_1$ =	3965	5020	3220	1957	kg·cm
M_x =	3960	4918	2680	2311	kg·cm
$M_0 - M_x$ =	5	100	540	− 354	kg·cm

Es zeigt sich also, daß hier gerade bei den größten Momenten die Abweichungen verhältnismäßig gering sind. Auf jeden Fall ist das genauere Moment stets um einiges größer als die Näherung. Etwa noch ein zweites Mal so vorzugehen, daß man aus der neu errechneten Momentenfläche für den statisch bestimmten Balken ohne Längskraft nochmals die Durchbiegung ableitet und dann wiederum $S\cdot y$

[1]) Die Durchbiegung wird nach den Formeln von Müller-Breslau, Graphische Statik der Baukonstruktionen II, 2, Seite 100 berechnet. Die M_k-Fläche

bildet, wäre doch zu umständlich. Der vorgeschlagene Weg wird auch im allgemeinen, wenn die Durchbiegung des Balkens auf mehreren Lagern berechnet werden muß, zu langwierig sein.

Als Nachprüfung oder wenn man bei der genauen Lösung auf größere Schwierigkeiten stößt, erscheint er innerhalb der gezogenen Grenzen dennoch annehmbar. —

---

wird in zwei Teile, 1. in eine Parabel und 2. ein Dreieck zerlegt. Die M_r-Fläche ist ein Dreieck mit der Spitze bei dem jeweils untersuchten Punkte.

Für die Parabelbelastung ist:

$$\int M_i\, M_k \cdot d_x = \frac{Y_1 \cdot Y_2}{3 \cdot l} \cdot (l^2 + \xi' \cdot \xi)$$

wobei

$$Y_1 = \frac{p \cdot l^2}{2}\, 0{,}25 = \frac{1{,}405 \cdot 200^2}{8} = 7020 \text{ kg} \cdot \text{cm}$$

und

$$\text{für } \frac{x}{l} = 0{,}2 \quad \text{ist} \quad Y_2 = 0{,}16 \cdot 200$$

$$\text{für } \frac{x}{l} = 0{,}4 \quad \text{ist} \quad Y_2 = 0{,}24 \cdot 200$$

Es ergeben sich demgemäß die folgenden Werte für die Durchbiegung an der Stelle:

$$\frac{x}{l} = 0{,}2 \qquad J \cdot E \cdot y = \frac{7020}{3 \cdot 200} \cdot 0{,}16 \cdot 200 \cdot (200^2 + 0{,}2 \cdot 0{,}8 \cdot 200^2) = 1\,740\,000 \text{ kg} \cdot \text{cm}^3$$

An der Stelle:

$$\frac{x}{l} = 0{,}4 \qquad J \cdot E \cdot y = \frac{7020}{3 \cdot 200} \cdot 0{,}24 \cdot 200 \cdot (200^2 + 0{,}4 \cdot 0{,}6 \cdot 200^2) = 2\,790\,000 \text{ kg} \cdot \text{cm}^3$$

Die Durchbiegung für $\frac{x}{l} = 0{,}6$ ist derjenigen für 0,4 gleich, ebenso entspricht 0,8 aus Symmetriegründen bei der Parabelbelastung dem Werte 0,2.

Für die Dreiecksbelastung der Momentenfläche ergibt sich der Wert des Integrals zu

$$\frac{Y_1 \cdot Y_2 (l + \xi)}{6}$$

wobei Y_1 = dem Wert des Stützenmomentes über dem Knotenpunkte = 7620 ist und Y_2 die gleiche Bedeutung wie vorher hat. Die Durchbiegungen an den vier betrachteten Punkten sind in diesem Fall verschieden groß. Es ergibt sich:

$$\frac{x}{l} = 0{,}2 \qquad E \cdot J \cdot y = \frac{7620 \cdot 0{,}16 \cdot 200 \cdot 240}{6} = 9\,750\,000$$

$$\frac{x}{l} = 0{,}4 \qquad E \cdot J \cdot y = \frac{7620 \cdot 0{,}24 \cdot 200 \cdot 280}{6} = 17\,400\,000$$

$$\frac{x}{l} = 0{,}6 \qquad E \cdot J \cdot y = \frac{7620 \cdot 0{,}24 \cdot 200 \cdot 320}{6} = 19\,500\,000$$

$$\frac{x}{l} = 0{,}8 \qquad E \cdot J \cdot y = \frac{7620 \cdot 0{,}16 \cdot 200 \cdot 360}{6} = 14\,600\,000$$

k) Genaue Lösung für die Gleichung der elastischen Linie nach Reißner.

Wie auf Seite 116 abgeleitet, wird bei der üblichen Entwicklung der elastischen Linie auch bei Biegung und Längskraft der Wert y'^2 in dem allgemeinen Ausdruck des Krümmungsradius

$$\varrho = \frac{(1 + y'^2)^{\frac{3}{2}}}{y''} \qquad \text{(85)}$$

gleich Null gesetzt. Besonders deshalb, weil die Festigkeitsberechnung des Flugzeugbaues wesentlich mehr an die Elastizitäts- und Bruchgrenzen herankommt, als die sonst in der Technik übliche Berechnung, ist es notwendig, sich ein Urteil darüber zu bilden, welchen Einfluß diese Vernachlässigung hat. Reißner hat in der Zeitschrift für Flugtechnik und Motorluftschiffahrt ein zeichnerisches Verfahren entwickelt, das die genaue Lösung des Problems enthält.

Vorher wollen wir jedoch kurz das von Dr. Treffts, Aachen entwickelte Verfahren auf ein Zahlenbeispiel anwenden, da es zwischen dem üblichen Vorgehen und dem Reißnerschen Verfahren einzureihen ist.

Treffts gibt eine genäherte Lösung dadurch, daß er den Wert $(y')^2$ nicht gleich Null setzt, sondern aus der ersten Annäherung bestimmt und dann zur weiteren Verbesserung der Lösung benutzt.

Das Rechnungsverfahren ist in seinem zahlenmäßigen Umfang für die Anwendung im Flugzeugbau zu umständlich und liefert außerdem keine großen Abweichungen gegenüber dem üblichen Vorgehen. Die Anwendung auf ein Zahlenbeispiel wird deshalb genügen. Wir legen das gleiche einfache Beispiel zugrunde, das im dritten Teil auf Seite 346 zahlenmäßig berechnet ist. Unter der Benutzung der Bezeichnungen von Treffts (siehe Zeitschrift für Flugtechnik und Motorluftschiffahrt 1918, Seite 101) ergibt sich für die Festwerte, die auf Seite 346 verglichen werden können:

$$\lambda = \frac{1}{2} \qquad \vartheta = \frac{\pi \sqrt{\lambda}}{2} = 1{,}11 = 64^0 \qquad \vartheta^2 = 1{,}232 \qquad K = \frac{1}{10}$$

Mit $S = 1080$ kg Druck, $E = 110\,000$ kg/cm², $J = 77$ cm⁴ und $E \cdot J = 8\,470\,000$ kg·cm² ist die Durchbiegung:

$y_1 \cdot E \cdot J \cdot 10^3 =$	17400	27900	27900	17400
$y_2 \cdot E \cdot J \cdot 10^3 =$	− 9759	− 17400	− 19500	− 14630
$y \cdot E \cdot J \cdot 10^3 =$	7750	10500	8400	2830

Durch Division mit dem Werte $E \cdot J$ ergibt sich y in cm:

y	**0,915**	**1,24**	**0,99**	**0,33** cm

damit werden nach einiger Zwischenrechnung

$$f_1(\vartheta) = 0{,}200 \qquad f_2(\vartheta) = 0{,}874 \qquad f_3(\vartheta) = 1{,}268$$

Es ergibt sich die Gleichung dritten Grades, in der die beiden ersten Glieder wegen der Kleinheit von a wenig ausmachen,

$$a^3 \cdot 1{,}24 - a^2 \cdot 0{,}0874 + a \cdot 2{,}63 = 0{,}123 \quad . \quad . \quad . \quad . \quad (86)$$

mit der Lösung:

$$a = 0{,}0467$$

so daß die größte Durchbiegung nach der von Trefftz gegebenen Gleichung

$$\eta = a - K \frac{\vartheta^2 + 2}{8\,\vartheta^2} \quad . \quad . \quad . \quad . \quad . \quad . \quad . \quad . \quad . \quad (87)$$

wird:

$$\eta = 0{,}0467 - \frac{1}{10} \cdot \frac{3{,}232}{8 \cdot 1{,}232} = 0{,}0467 - 0{,}0328 = \mathbf{0{,}0139}\,\mathrm{m}$$

in guter Übereinstimmung mit dem Ergebnis der üblichen Berechnung von Seite 347: $y = \mathbf{0{,}0132}$ m. —

Das folgende Verfahren liefert jedoch gänzlich abweichende Werte. Prof. Reißner behandelt zunächst den Balken auf zwei Stützen bei Quer- und Längsbelastung (Zeitschrift für Flugtechnik 1918, Seite 127).

Ohne jede Vernachlässigung oder Näherung wird hier das Problem zeichnerisch gelöst. Freilich ist es zunächst nur für sehr große Durchbiegungen oder unmittelbar in der Nähe der Knickgrenze brauchbar. Inwieweit der Lösung wegen der Veränderung der Elastizitätszahl und der bleibenden Dehnungen zunächst nur theoretische Bedeutung zukommt, hat sich Reißner selbst klar ausgesprochen. Immerhin überraschen die Ergebnisse. Die gefundenen Durchbiegungen und Momente sind von einer ganz anderen Größenordnung als die nach dem üblichen Verfahren berechnete. Es scheint, daß die z. B. von Trefftz eingeführte Näherung etwa wie die Ausrechnung mancher Reihen aufzufassen ist, die den Wert unendlich haben. Man erhält beim Ausrechnen solcher Reihen oft aus dem ersten hunderttausend Gliedern noch Zahlen, die beispielsweise unter der recht kleinen Zahl 20 bleiben, während die ganze Reihe den Wert ∞ besitzt. — Für den praktischen Fall eines Beispiels wird folgendermaßen vorgegangen: Die von Reißner eingeführten Zahlen r_1, q sind ebenso wie $E \cdot P$, p und l gegeben. Man zeichnet nun mit verschiedenen angenommenen t_0 (in unserem Beispiel, das dem Fall Seite 346 entspricht, $t_0 = 0{,}90$, 0,92 bis 1,00) Biegungslinien auf. Für kleine Werte t_0 entstehen dabei geschlossene Kurven, die keine Bedeutung für uns haben. Für die größten Werte andererseits, nahe bei 1, werden die Schnitte zu flach, um Ergebnisse ablesen zu können. Zwischen beiden Extremen ergibt sich durch Interpolation die Kurve, die der gegebenen Grenzbedingung $\frac{l}{2r} = \text{konst.}$ entspricht. Für diesen Wert liest man dann auf der Zeichnung die Durchbiegung $\frac{\delta}{r_1}$ ab und hat damit die Aufgabe gelöst. Für den in Fig. 62 behandelten Fall ist

$$l = 100 \text{ cm} \qquad P = 2000 \text{ kg} \qquad p = 2 \text{ kg/cm}$$

und

$$r_1 = 1001{,}248 \qquad \frac{P}{p \cdot r_1} = 0{,}99875 \qquad q = 250{,}93778$$

Aus der Zeichnung ergibt sich statt einer Durchbiegung von 1,3 cm (nach dem üblichen Verfahren) eine Durchbiegung von etwa 58 cm!

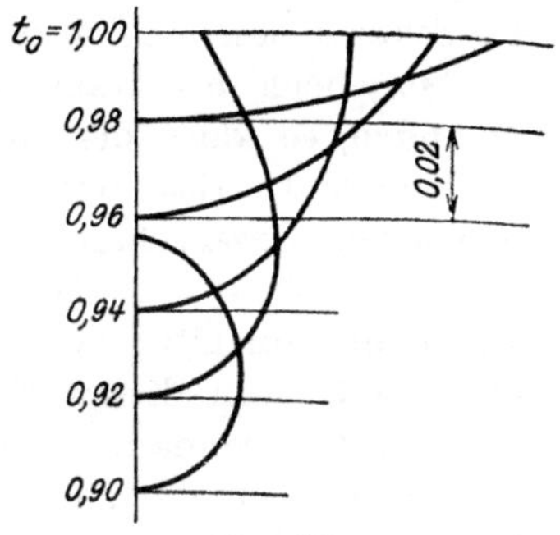

Fig. 62.

Die Anwendung dieses Vorgehens auf den durchlaufenden Balken und auf die Theorie der Knicksicherheit wäre von dem größten Interesse, besonders da auch hier trotz der Einschränkung der Gültigkeit unter der Elastizitätsgrenze wesentlich andere Ergebnisse wie bisher zu erwarten sind.

l) Die Knicksicherheit des Holmes auf mehreren Stützen. Nennerdeterminante.

Die allgemeine Bedingung der Knicksicherheit für den Balken auf mehreren Lagern ist das erste Nullwerden der Nennerdeterminante der rechts Null gesetzten Clapeyronschen Gleichung. Daß die ganze theoretische Grundlage für den Grenzfall nicht allzu genau ist, ergibt sich schon daraus, daß damit die Knicklast und die Knicksicherheit von der Querbelastung unabhängig erscheint. Es läßt sich aber ohne weiteres einsehen, daß die Biegungslinie und damit auch die beim Knicken mögliche Biegungslinie nicht von der Querbelastung unabhängig sein kann. Zu dieser Unsicherheit kommt noch die Veränderlichkeit der Elastizitätszahl E mit der Belastung. Zudem ist E an verschiedenen Stellen des Balkens nicht gleich.

Für die Beurteilung der Knicksicherheit von durchlaufenden Holmen ist es von Bedeutung, ob in irgendeinem Feld die Eulergrenze unterschritten wird oder ob in allen Stäben wenigstens die Knicksicherheit nach Euler vorhanden ist.

Wenn die Knicksicherheit jedes einzelnen Holmfeldes größer ist, als sie der Euler'sche Fall mit gelenkiger Lagerung der Enden verlangt, so braucht die Knicksicherheit des Holmes als Ganzes nicht weiter untersucht zu werden. Infolge der Stützenmomente des durchlaufenden Balkens liegt dann stets ein Fall der Knickbeanspruchung vor, der eine etwas höhere Knicksicherheit als der zweite Eulersche Fall bedingt. Um eine bekannte Anschauung zu Hilfe zu nehmen: die Knotenmomente bedingen eine Verschiebung der Momentennullpunkte und der Wendepunkte von den Stützen weg nach Balkenmitte zu und damit eine Verkleinerung der eigentlichen freien Knicklänge. Der Eulerfall selbst, auch beim durchlaufenden Balken, wenn gleichzeitig alle Stützenmomente $= 0$ werden und die Wendepunkte in den Stützen eintreten, bedarf keiner weiteren Betrachtung.

Ist jedoch in einem Felde die Eulersche Knicksicherheit nicht vorhanden, so kann der Holm als Ganzes trotzdem knicksicher sein. Die Knicklast tritt, wie Prof. Reißner im Jahrbuch der wissenschaftlichen Gesellschaft dargelegt hat, für den Holm als Ganzes bei dem Vielfachen auf, für das die Nennerdeterminante der nullgesetzten Clapeyron'schen Gleichungen zum erstenmal verschwindet. In diesem Falle, der übrigens nur seltener vorkommt, muß die Determinante untersucht werden, da man sonst auch bei der Momenten- und Spannungsberechnung selbst nicht beurteilen kann, ob diese noch in dem zulässigen Gebiet durchgeführt wurde. Es könnte sonst vorkommen, daß man sich kleine Biegungsmomente errechnet, während schon bei einem geringeren Lastvielfachen unendlich große Momente auftreten.

Die rechnerische Durchführung dieser Bedingung hat je nach der Anzahl der Stützen und Felder oft größere zahlenmäßige Schwierigkeiten. Es hat sich gezeigt, daß man auch bei der einfachen Interpolation zwischen einem gefundenen negativen und positiven Wert der Determinante leicht irren kann, wenn man nicht den allgemeinen Verlauf der Determinante wenigstens zum Teil verfolgt.

Wir wollen zunächst die Form der Determinante bei verschiedener Felderzahl anschreiben.

Bei zwei Feldern lautet die Knickbedingung:

$$\psi_1' + \psi_2' = 0 \quad \ldots \ldots \ldots \ldots \quad (88)$$

Bei drei Feldern hat die Determinante folgende Form:

$$\begin{vmatrix} \psi_1' + \psi_2' & \psi_2'' \\ \psi_2'' & \psi_2' + \psi_3' \end{vmatrix} = 0$$

oder in Form einer Gleichung geschrieben:

$$(\psi_1' + \psi_2')(\psi_2' + \psi_3') - \psi_2''^2 = 0 \quad \ldots \ldots \quad (89)$$

Bei **vier** Feldern lautet die Determinante:

$$\begin{vmatrix} \psi_1' + \psi_2' & \psi_2'' & 0 \\ \psi_2'' & \psi_2' + \psi_3' & \psi_3'' \\ 0 & \psi_3'' & \psi_3' + \psi_4' \end{vmatrix} = 0$$

oder in Form einer Gleichung geschrieben:

$$(\psi_1' + \psi_2')\,[(\psi_2' + \psi_3')(\psi_3' + \psi_4') - \psi_3''^2] - \psi_2''^2\,(\psi_3' + \psi_4') = 0 \,. \,. \quad (90)$$

Bei **fünf** Feldern lautet die Determinante:

$$\begin{vmatrix} \psi_1' + \psi_2' & \psi_2'' & 0 & 0 \\ \psi_2'' & \psi_2' + \psi_3' & \psi_3'' & 0 \\ 0 & \psi_3'' & \psi_3' + \psi_4' & \psi_4'' \\ 0 & 0 & \psi_4'' & \psi_4' + \psi_5' \end{vmatrix} = 0$$

oder in Form einer Gleichung:

$$\begin{aligned} &(\psi_1' + \psi_2')(\psi_2' + \psi_3')(\psi_3' + \psi_4')(\psi_4' + \psi_5') \\ &\quad - (\psi_1' + \psi_2')(\psi_2' + \psi_3')\psi_4''^2 - (\psi_1' + \psi_2')(\psi_4' + \psi_5')\psi_3''^2 \\ &\quad - (\psi_3' + \psi_4')(\psi_4' + \psi_5')\psi_2''^2 + \psi_2''^2\psi_4''^2 = 0 \,.\,.\,.\,.\,. \quad (91) \end{aligned}$$

Die Weiterführung für noch mehr Felder ergibt sich wohl von selbst. Ihre Anwendung wird nur in seltenen Fällen nötig oder durchführbar sein.

Cowley und Lewy schlagen folgenden Lösungsweg vor:

$$\begin{array}{lll} 1 & = \Delta_1 & \text{Feld } 1 \\ (\psi_1' + \psi_2')\Delta_1 & = \Delta_2 & \quad\text{„} \quad 2 \\ (\psi_2' + \psi_3')\Delta_2 - \psi_2''^2 \cdot \Delta_1 & = \Delta_3 & \quad\text{„} \quad 3 \\ (\psi_3' + \psi_4')\Delta_3 - \psi_3''^2 \cdot \Delta_2 & = \Delta_4 & \quad\text{„} \quad 4 \\ \ldots\ldots\ldots\ldots\ldots\ldots & & \\ (\psi_{n-1}' + \psi_n')\Delta_{n-1} - \psi_{n-1}''^2 \cdot \Delta_{n-2} & = \Delta_n & \quad\text{„} \quad n \end{array}$$

Wenn bei einem über die Mitte des Flugzeugs durchlaufendem Holm Symmetrie vorhanden ist, so vereinfacht sich die Determinante, worauf Müller-Breslau in der Zeitschrift für Flugtechnik und Motorluftschiffahrt hinweist. Die Biegungslinie für Knickung hat dann in Flugzeugmitte trotz der Symmetrie keine wagrechte Tangente, sondern einen Wendepunkt.

Es wird:

$$\begin{vmatrix} \psi_1' + \psi_2' & \psi_2'' & 0 & 0 \\ \psi_2'' & \psi_2' + \psi_3' & \psi_3'' & 0 \\ 0 & \psi_3'' & \psi_2' + \psi_3' & \psi_2'' \\ 0 & 0 & \psi_2'' & \psi_1' + \psi_2' \end{vmatrix} = \begin{vmatrix} \psi_1' + \psi_2' & \psi_2'' \\ \psi_2'' & \psi_2' + \psi_3' + \psi_3'' \end{vmatrix} = 0$$

Bei Betrachtung der Determinanten ergibt sich, daß die Werte ψ'' mit dem kleinsten und größten Zeiger, die also für das erste und letzte Feld gelten, nicht in die Determinante eingehen. Da diese beiden Werte nicht mit unbekannten Stützenmomenten, sondern nur mit den bekannten Momenten des überstehenden Endes verbunden sind, so werden sie zusammen mit dem Belastungsglied der rechten Seite nullgesetzt. Die Werte ψ''' gehen ebenfalls nicht in der Determinante ein. Sie stellen in der Hauptsache das Belastungsglied dar und werden mit ihm zu Null.

Für die Form der Determinante als Kurve ist kennzeichnend, daß sie zu den geraden Linien, die durch die Werte $\alpha_n = n \cdot \pi$ gegeben sind, asymptotisch verläuft. Für den Wert $\alpha = n \cdot \pi$ wird nämlich ν' immer unendlich, so daß die ganze Determinante dann unendlich groß wird. Bei einem Balken auf drei Lagern muß der gesuchte Nullpunkt der Determinante immer oberhalb dieser ersten Asymptote liegen. Durch die größere Knicksicherheit des zweiten Feldes wird der Nullpunkt der Determinante, d. h. die Knicksicherheit des Gesamtholmes, immer nach oben verschoben und größer.

Bei einem ausgeführten größeren Beispiel waren die Einzellängen l und Einzelknicksicherheiten n:

Tafel 38.

	l in m	A-Fall n_A	B-Fall n_B	$n_A \cdot l$	$n_B \cdot l$
	4,30	8,73	5,26	37,5	22,6
	3,80	4,73	2,84	18,0	10,8
	3,30	3,79	2,62	12,5	6,6
	2,40	6,64	3,67	16,0	8,8
Summe	13,80			84,0	48,8

Bildet man das Mittel $\frac{\Sigma n_i \cdot l}{\Sigma l}$, so ergibt sich

$$n = \frac{84,0}{13,8} = \mathbf{6,1} \quad \text{und} \quad \frac{48,8}{13,8} = \mathbf{3,53}$$

Werte, die immerhin noch kleiner sind als die genauen aus der Determinante dort ermittelten genauen Sicherheitszahlen

$$n = \mathbf{7,64} \quad \text{und} \quad \mathbf{4,30}.$$

In vielen Fällen zeigte sich in ähnlicher Weise, daß die wirkliche Sicherheit größer ist als der Mittelwert für die einzelnen Felder.

Trotz alledem ist auch in einfachen Fällen und auch bei Benutzung von Hilfstafeln die Aufsuchung des Nullpunktes der Determinante lästig und mühsam.

Herr Dr. H. Heimann hat ein Näherungsverfahren ausgearbeitet, das in anschaulicher und klarer Weise dem Knickproblem auch bei mehrfeldrigen Balken seinen verwickelten Charakter nimmt und die zahlenmäßige Durchführung entsprechend der Wichtigkeit der Knickung rechnerisch möglich macht.

Nach Heimann werden zwei Hauptfälle unterschieden:

1. der Holm auf drei Stützen, den wir mit dem einseitig eingespannten Balken vergleichen wollen, und

2. der Holm auf vier und mehr Stützen, der dann für die Näherung dem beiderseitig eingespannten Balken entspricht.

Unter der Voraussetzung, daß wie üblich die Trägheitsmomente und Elastizitätszahlen im ganzen Holm gleich sind, und für Null gesetzte Momente an den Balkenenden, hat bei dem Balken auf drei Stützen die Nennerdeterminante unter Verwendung der Werte χ (siehe Seite 120) die Form:

$$\Delta = s_1 \cdot \chi_1' + s_2 \cdot \chi_2' \quad \ldots \ldots \ldots \quad (92)$$

Wenn wir annehmen, daß in dem ersten Feld keine Längskraft vorhanden sei und deshalb das Feld II zum Knicken komme, so ist im ersten Feld $\chi_1' = \frac{1}{3}$. Folglich die Nennerdeterminante:

$$\Delta = \frac{s_1}{3} + s_2 \cdot \chi_2'$$

Sie wird Null für

$$\chi_2' = -\frac{1}{3}\frac{s_1}{s_2} \quad \ldots \ldots \ldots \quad (93)$$

Da aber $\frac{s_1}{s_2}$ eine gegebene Größe ist, so läßt sich der gesuchte Wert aus einer χ'-Tafel ohne weiteres ablesen.

Ist jedoch auch in dem ersten Feld eine Längskraft vorhanden, so kann man, um diesen Fall auf den erwähnten zurückzuführen, statt des längstkraftbelasteten ersten Feldes ein verlängertes, dafür aber längskraftfreies Feld einführen. Die Länge dieses neuen Feldes s_1' folgt aus der gegebenen Länge s_1 und dem festen Verhältnis $(\alpha_1 : \alpha_2)^2$ $\left(\text{wobei wie oben } \alpha = \frac{s}{k}\right)$, das durch die Längskräfte gegeben ist, nach der Formel:

$$s_1' = \frac{s_1}{1 - \frac{\alpha_1^2}{\alpha_2^2}}$$

Es tritt also an die Stelle der Nennerdeterminante

$$\Delta = s_1 \cdot \chi_1' + s_2 \cdot \chi_2'$$

die neue Bedingung;

$$\Delta = \frac{s_1'}{3} + s_2 \cdot \chi_2' = \frac{1}{3} \frac{s_1}{1 - \left(\frac{\alpha_1}{\alpha_2}\right)^2} + s_2 \cdot \chi_2'$$

und der Nullwert der Determinante:

$$\chi_2' = -\frac{1}{3} \frac{s_1}{s_2} \frac{1}{1 - \frac{\alpha_1^2}{\alpha_2^2}} \quad \ldots \ldots \ldots \quad (94)$$

läßt sich sofort aus der χ'-Tafel ablesen, da sowohl die Seitenlängen s wie die Verhältnisse der Winkel α bekannt sind.

Die Genauigkeit dieser Näherung ist dabei ebenso groß wie die Genauigkeit, mit der sich die ursprüngliche transzendente Bedingungsgleichung zahlenmäßig lösen läßt. —

Ähnlich wie dieser erste Fall des Balkens mit drei Lagern auf einen einseitig eingespannten Balken zurückgeführt ist, wobei das verlängerte zweite Feld gewissermaßen einer Einspannung entspricht, kann man den Balken auf vielen Stützen entsprechend auf den beiderseitig eingespannten Balken zurückführen. Die beiden rechts und links an das Knickfeld anschließenden Felder werden dann in ähnlicher Weise wie vorher in längskraftfreie, verlängerte Felder verwandelt.

Die Entscheidung, welches Feld das Knickfeld ist, läßt sich meist unmittelbar nach der Anschauung treffen. Ist diese Entscheidung nicht unmittelbar möglich und sind etwa mehrere nebeneinander liegende Felder in gleicher Weise der Knickgefahr nahe, so ist die ganze Untersuchung überflüssig. Es kann dann doch keine nennenswerte Abstützung und Entlastung des einen Feldes durch die beiden anderen Felder stattfinden.

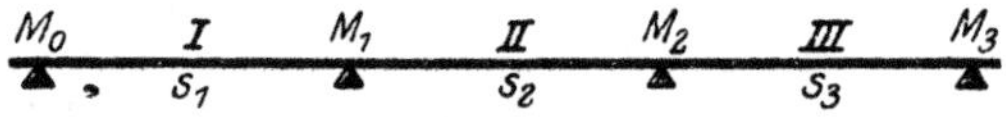

Fig. 63.

Wenn das mittlere Feld II der Fig. 63 als Knickfeld in Betracht kommt, so untersuchen wir zunächst das erste und zweite allein und berechnen nach der Formel

$$\chi_2' = -\frac{1}{3} \frac{s_1}{s_2} \frac{1}{1 - \left(\frac{\alpha_1}{\alpha_2}\right)^2}$$

den Wert $\bar{\alpha}_2$, für den der Knickfall eintritt. Dieser Wert sei

$$\bar{\alpha}_2 = (1 + \varepsilon)\,\pi$$

Auch im dritten Felde kann α_3 als ein bestimmtes Vielfaches von α_2 dargestellt werden. Also

$$\bar{\alpha}_3 = \lambda \cdot \bar{\alpha}_2 = \lambda\,(1 + \varepsilon)\,\pi$$

Damit das zweite Feld das Knickfeld sei, ist immer

$$\bar{\alpha}_3 = \lambda \cdot \bar{\alpha}_2 \quad < \pi$$

Man führt nun für den zweifeldrigen Stabteil I + II den einfeldrigen Ersatzstabteil von der Länge s' ein, die sich folgendermaßen berechnet:

Für das Feld II trat der Knickfall ein, wenn

$$\bar{\alpha}_2 = (1 + \varepsilon)\,\pi$$

da aber das Ersatzfeld bei derselben Längskraft knicken soll, so muß sein

$$S_K = \frac{\pi^2 \cdot J \cdot E}{s'^2} = \frac{(1+\varepsilon)\,\pi^2 \cdot J \cdot E}{s_2^{\,2}}, \qquad \text{also} \qquad s' = \frac{s_2}{1+\varepsilon}$$

Ferner gilt für den Winkel β des Ersatzstabes und den Winkel α_2 des Feldes II die Beziehung

$$S = \frac{\beta^2 \cdot J \cdot E}{s'^2} = \frac{\alpha_2^{\,2} \cdot J \cdot E}{s_2^{\,2}}, \qquad \text{also} \qquad \beta^2 = \frac{s'^2}{s_2^{\,2}} \cdot \alpha_2^{\,2} = \frac{\alpha_2^{\,2}}{(1+\varepsilon)^2}$$

Mit dem so festgelegten Ersatzstab kann man also das dreifeldrige Stabsystem wie ein zweifeldriges behandeln.

Es ist

$$\alpha_3 < \beta < \frac{\alpha_2}{1+\varepsilon}$$

Wenn in dem zweiten Stab der Knickfall eintreten soll, so gilt die Formel

$$\chi'_{E\,(\text{Ersatzstab})} = -\frac{1}{3}\,\frac{s_3}{s'}\,\frac{1}{1 - \dfrac{\alpha_3^{\,2}}{\beta^2}} = -\frac{1}{3}\,\frac{s_3\,(1+\varepsilon)}{s_2\left[1 - \dfrac{\alpha_3^{\,2}\,(1+\varepsilon)^2}{\alpha_2^{\,2}}\right]} \quad \ldots (95)$$

Auf der rechten Seite stehen also nur bekannte Zahlenwerte. Der Winkel $\bar{\beta}$ und damit auch $\bar{\alpha}_2 = (1+\varepsilon)\,\bar{\beta}$ läßt sich sofort aus der χ'-Tafel ablesen.

An einem einfachen Beispiel soll die Anwendung kurz gezeigt werden. Wir legen überall gleiches Trägheitsmoment und gleiche

Elastizitätszahl zugrunde.

$$J_1 = J_2 = J_3 = J$$

$$E_1 = E_2 = E_3 = E$$

Die Stablängen seien

$$s_1 = 1 \qquad s_2 = 2 \qquad s_3 = 3$$

und die Winkel z. B.

$$\alpha_1 = 0{,}707 \cdot \alpha_2$$

$$\alpha_3 = 0{,}750 \cdot \alpha_2$$

Die Anwendung der Formel (94) ergibt jetzt den Ersatzstab

$$\chi_2' = -\frac{1}{3} \cdot \frac{1}{2} \cdot \frac{1}{1 - (0{,}707)^2} = -0{,}333$$

Aus der χ'-Tafel folgt

$$\bar{\alpha}_2' = 213{,}5^0 = 1{,}185 \cdot \pi$$

also

$$1 + \varepsilon = 1{,}185$$

Damit wird nach (95)

$$\chi_E' = -\frac{1}{3} \cdot \frac{3}{2} \cdot \frac{1{,}185}{1 - 0{,}75^2 \cdot 1{,}185^2} = -2{,}76$$

Also aus der χ'-Tafel:

$$\bar{\beta} = 186{,}25^0$$

$$\bar{\alpha}_2 = (1 + \varepsilon)\bar{\beta} = 1{,}185 \cdot 186{,}25^0 = \mathbf{221{,}3^0}.$$

Man erkennt, daß dieses Vorgehen auch bei mehreren Feldern einfach und schnell zum Ziele führt, besonders im Vergleich zur Bestimmung des ersten Nullpunktes der Nennerdeterminante. —

Von besonderem Interesse ist noch die Anwendung der von Heimann entwickelten Formeln auf besondere Fälle.

a) Das Feld III habe die Länge 0 und keine Längskraft.

$$s_3 = 0 \qquad \alpha_3 = 0$$

Es liege also einseitige Einspannung vor. Dann wird

$$\chi_E' = -\frac{1}{3} \cdot 0 \cdot \frac{1 + \varepsilon}{s_2} \cdot \frac{1}{1 - 0} = 0$$

Nach der χ'-Tabelle folgt hieraus

$$\bar{\beta} = 257^0 \cong 1{,}41 \cdot \pi \cong \sqrt{2} \cdot \pi$$

also

$$\bar{\alpha}_2 = (\mathbf{1} + \varepsilon) \cdot \boldsymbol{\sqrt{2} \cdot \pi}$$

b) Bei **beiderseitiger Einspannung** habe außer dem Feld I auch das Feld III die Länge 0.

$$s_1 = 0 \qquad \alpha_1 = 0$$

$$s_3 = 0 \qquad \alpha_3 = 0$$

Dann berechnet sich der Wert $(1+\varepsilon)$ wie folgt:

χ_2' ist wieder $= 0$, $\bar{\alpha}_2' = \sqrt{2}\cdot\pi$, wie oben, d. h. $1+\varepsilon = \sqrt{2}$

Es wird also jetzt

$$\bar{\alpha}_2 = (1+\varepsilon)\cdot\sqrt{2}\cdot\pi = \pi\cdot\sqrt{2}^2 = \mathbf{2\cdot\pi}$$

in Übereinstimmung mit der genauen Theorie.

Für die einfachste Form der Determinante, bei dem Balken auf drei Lagern, läßt sich leicht eine zeichnerische Nullwertbestimmung angeben, obwohl man hier wohl auch durch Versuche zum Ziele kommt.

Mit Einführung der ursprünglichen Werte α_n, $\operatorname{cotg}\alpha_n$, S_n und s_n, bei denen sich die Zeiger auf die Felder beziehen, ergibt sich aus:

$$\psi_1' + \psi_2' = 0$$

$$(1-\alpha_1\cdot\operatorname{cotg}\alpha_1)\,S_2\cdot s_2 = -(1-\alpha_2\cdot\operatorname{cotg}\alpha_2)\,S_1\cdot s_1 \quad . \; . \quad (96)$$

Bezeichnet man

$$c = \frac{S_n\cdot s_n}{S_{n+1}\cdot s_{n+1}}$$

und formt man durch Wegschaffen von E aus den beiden Gleichungen:

$$\alpha_1 = \frac{s_1\sqrt{S_1}}{\sqrt{E}\,\sqrt{J_1}} \quad \text{und} \quad \alpha_2 = \frac{s_2\sqrt{S_2}}{\sqrt{E}\,\sqrt{J_2}}$$

die Gleichung (96) weiter um, so behält man nur eine Unbekannte α in folgender endgültigen Bestimmungsgleichung:

$$\frac{s_{n+1}}{s_n}\sqrt{\frac{S_{n+1}}{S_n}\cdot\frac{J_n}{J_{n+1}}}\cdot\alpha\cdot\operatorname{cotg}\alpha\cdot\left(\frac{s_{n+1}}{s_n}\sqrt{\frac{S_{n+1}\cdot J_n}{S_n\cdot J_{n+1}}}\right) - 1 - \frac{S_{n+1}\cdot s_{n+1}}{S_n\cdot s_n}$$

$$= -\alpha\cdot\operatorname{cotg}\alpha\cdot\frac{S_{n+1}\cdot s_n}{S_n\cdot s_{n+1}},$$

die mit der Abkürzung

$$\lambda = \frac{s_{n+1}}{s_n}\sqrt{\frac{S_{n+1}\cdot J_n}{S_n\cdot J_{n+1}}}$$

auch geschrieben werden kann

$$-\frac{\alpha\cdot\operatorname{cotg}\alpha}{c} = \lambda\cdot\alpha\cdot\operatorname{cotg}(\lambda\cdot\alpha) - \left(1+\frac{1}{c}\right) \quad . \; . \; . \; . \quad (97)$$

Aus dieser Gleichung kann nun zeichnerisch α bestimmt werden, wenn die Kurvenscharen für die Werte c und λ gezeichnet vorliegen. Man wird dann den Nullpunkt der Kurvenschar für λ um den Wert von $\left(1+\frac{1}{c}\right)$ nach unten verschieben und dann den Schnittpunkt mit der Kurvenschar für c suchen[1]).

Ist der Wert α so gefunden, dann ergibt sich der Wert

$$A_K = \frac{\alpha^2 \cdot E \cdot J_n}{s_n^{\,2}}$$

und damit die Knicksicherheit des ganzes Holmes n

$$n = \frac{A_K}{A_n}$$

Bei dieser Berechnung ist dasjenige Feld n mit den zugehörigen Werten J_n, S_n zugrunde zu legen, das den größten Wert

$$\alpha_n = \frac{s_n}{k_n}$$

besitzt.

Dieser beschriebene Weg wurde unabhängig von Dr. Ratzersdorfer für den Zweistieler noch weiter entwickelt. Wenn man nämlich in der Knickbedingung nicht den Wert α eliminiert und damit die obigen drei Konstanten c, α und λ beibehält, sondern die Werte α_1, α_2, und ϱ als Variabeln wählt, wobei

$$\sqrt{\varrho} = \frac{k_2}{k_1} \cdot \frac{S_2}{S_1} = \sqrt{\frac{S_2\, E_2\, J_2}{S_1\, E_1\, J_1}} \quad \text{und} \quad x = \frac{\alpha_1}{\alpha_2} = \frac{k_2 \cdot s_1}{k_1 \cdot s_2}$$

so kann man offenbar für diese drei Konstanten eine Kurvenschar aufzeichnen, aus der bei bekanntem Wert ϱ und bei bekanntem Verhältnis $\frac{\alpha_1}{\alpha_2}$ die Werte α_1 und α_2 entnommen werden können. Man hat dann unmittelbar die Knicklasten für beide Felder.

In der Zeitschrift für Flugtechnik und Motorluftschiffahrt vom Oktober 1918 ist auf Seite 131 und den folgenden das Verfahren genauer beschrieben. Auch sind dort die Kurvenscharen zum Abgreifen der Werte ϱ dargestellt.

Bei der Untersuchung der Knicksicherheit eines Zweistielers ist es schließlich noch von Interesse, die Größe des Stützenmomentes

[1]) In der von der Flugzeugmeisterei herausgegebenen Normalberechnung des Zweistielers sind diese beiden Kurvenscharen dargestellt.

abzuleiten für den Fall, daß in einem Feld die Knickgrenze erreicht ist, ohne daß das andere Feld gleichzeitig auch bis zu seiner Knickgrenze beansprucht wird.

Das Stützenmoment ist im allgemeinen:

$$M_{st} = \frac{-g\,(s_1^2\,\psi_1''' + s_2^2\,\psi_2''') + M_0\,\psi_1''}{\psi_1' + \psi_2'}$$

Werden hier beispielsweise die Glieder mit dem Zeiger 2 zu ∞ für $\alpha = \pi$, so wird der ganze Ausdruck $\infty : \infty$.

Durch Differenzieren findet man:

$$M_{st} = \frac{2}{\pi^2} \cdot g\,s_2^2 = 2\,g\,k^2 \quad \ldots\ldots\ldots \quad (98)$$

Da der Wert des Stützenmomentes sich im allgemeinen nicht sehr schnell ändert, so dient dieses einfach zu berechnende Moment zur Nachprüfung, ob die Rechnung richtig durchgeführt wurde.

Ähnliche Grenzbetrachtungen sind für die ψ-Werte bei $\alpha = 90^0$ anzustellen, wenn man sich nicht etwa durch Annahme einer anderen Elastizitätszahl über diese Schwierigkeiten schneller hinwegsetzen will.

---

11. Festigkeitszahlen und Baustoffe.

Wenn auch das Eingehen auf die Festigkeitsverhältnisse der im Flugzeugbau verwendeten Baustoffe nicht unmittelbar zu den hier besprochenen statischen Methoden gehört, so ist dieser Punkt doch für praktische Anwendungen nicht ganz zu übergehen. Es sollen deshalb einige für den Flugzeugbau wichtige Punkte kurz besprochen werden.

Am besten und zuverlässigsten werden die Baustoffe des Flugzeugbaues sicher durch eine Belastung des ganzen Flugzeuges untersucht. Auf die Durchführung einer Belastungsprüfung, entweder durch Sandlasten oder durch Auflegen des Flugzeuges an seinen äußeren Stielen, wurde auf Seite 6 oben schon hingewiesen.

Da aber dieses Verfahren im allgemeinen kostspielig ist und für die Durchführung der statischen Berechnung die Festigkeitszahlen der Baustoffe doch gebraucht werden, so bleibt die Prüfung der einzelnen Baustoffe doch noch immer von einer gewissen Bedeutung.

Durchschnittliche Festigkeits- und Gewichtszahlen, wie sie in Taschenbüchern oder sonst angegeben werden, haben für den Flugzeugbau wenig Zweck, da die Werte für Holz und Leichtmetall sich von Fall zu Fall ändern und da es notwendig ist, jedes gerade vorliegende Material voll auszunutzen und mit den Spannungen an die äußersten Grenzen heranzugehen. Auch darf man im Gegensatz zu dem sonst üblichen Verfahren bei stärker abweichenden Versuchswerten nicht die sogenannte mittlere Festigkeit den Berechnungen zugrunde legen, sondern man muß die kleinste gefundene Festigkeit annehmen, da wie bei einer Kette ein Glied mit geringerer Festigkeit den Aufbau des Ganzen gefährden würde.

Bei der Festlegung der zulässigen Spannung sollte man unterscheiden zwischen Hauptgliedern, deren Vorhandensein durchaus erforderlich ist und den Aufbau des Ganzen notwendigerweise bedingt, und untergeordneten Gliedern, deren Bruch noch nicht den Absturz unmittelbar nach sich zieht. Bei den untergeordneten Gliedern wird man sicher mit den Beanspruchungen wesentlich höher gehen können. Beispielsweise wird man das nur auf Biegung beanspruchte Mitteldeck eines Dreideckers oder die Rippen im Flügel mit einer hohen zulässigen Spannung entwerfen. Man kann z. B. die zulässige Spannung für einen Holm recht hoch annehmen, wenn die übrigen Holme bei dem gleichen Belastungszustand nur ganz geringe Beanspruchungen erfahren, weil dann der wirkliche Spannungsausgleich doch größer wird, als es die Rechnung ergibt.

Der Festigkeitsversuch hat also für den Flugzeugbau eine große Bedeutung. Insbesondere wäre es notwendig, endlich einmal ausführliche Versuche über das Verhalten der verschiedenen Hölzer im Bereich der Tetmajerschen Knickfestigkeit anzustellen. Die einzige Formel, die Tetmajer für Holz gegeben hat (s. Seite 360), kann wohl für den Zimmermann, aber nicht für die Verhältnisse, wie sie im Flugzeugbau liegen, Bedeutung haben. Auch die Lage der Proportionalitätsgrenze, die immer noch bei etwa 50 von Hundert der Bruchspannung angenommen wird, ist von Bedeutung. Die Abhängigkeit der Elastizitätszahl von der Belastung ist bei Holz ebenfalls noch nicht völlig durch Versuche klargestellt.

Auch darüber, welche dauernde Formänderungen nach einer Überbelastung des Holzes verbleiben und welchen Einfluß Feuchtigkeit und Temperaturänderung haben, liegen noch nicht genügend Versuche vor.

Karl Kühne hat in seiner Materialienkunde für den Flugzeugbau mit Recht darauf hingewiesen, welchen Einflüssen die Holzfestigkeit im besonderen noch unterworfen ist. Man muß unter scheiden, ob das verwendete Holmstück dem Zopfende, der Stammmitte oder dem Stammende entnommen ist. Harzarme und harzreiche Hölzer, feinfaserige und grobfaserige Hölzer geben andere Festigkeiten. Insbesondere die Esche, von der man teilweise eine besondere Zähigkeit verlangt, zeigt lang- oder kurzfaserig große Unterschiede. Auch ist noch zwischen Normalholz, Borkholz und Floßholz zu unterscheiden. Im allgemeinen nimmt bei gleichen Holzarten die Festigkeit schneller wie das spezifische Gewicht zu, so daß Holz von größerer Dichte oft vorzuziehen ist.

Wenn wir auch betonen, daß die Durchführung von Versuchen hier niemals durch allgemeine Zahlen ersetzt werden kann, so wollen wir doch im folgenden einige Zahlenwerte wiedergeben, die für den Flugzeugbau von Bedeutung sein können.

A. W. Judge hat in seinem Buch „The Design of Aeroplanes" folgende ausführliche Tafel für die Holzfestigkeit angegeben, die wir auf Kilogramm und Zentimeter umrechnen.

Tafel 39.

Holzart	Zugfestigkeit parallel zur Faser kg/cm²	Zugfestigkeit senkrecht zur Faser kg/cm²	Druckfestigkeit kg/cm²
Esche	850/1200	110/160	560/700
Buche	770/1550	100/140	500/630
Birke	1050	125	250
Westindische Ceder	350	70/100	400
Amerikanische Ceder	760	40/60	430
Ceder von Libanon	770	70/100	410
Englische Ulme	900/980	—	420/700
Canadische Ulme	900	—	500
Silber-Sbruce	710	30/60	450
Greenheart	630		1000
Lärche	630/700	90/120	200/400
Mahagoni von Honduras	1100/1400	125	560
„ „ Spanien	1050	90	575
Ahorn	810	100	500
Englische Eiche	700	100	450
Afrikanische Eiche	1470	140/175	650
Red Pine	840/980	85/100	380/530
White Pine	610/780	80/90	280/450
Yellow Pine	910	70/85	370
Riga Pine	320	—	275
Pitch Pine	880	90	560
Satinwood	700	—	500
Pappel	520	110	340
Hickory	1060/1260	165	630/770
Teakholz	500/1000	150	550/850
Französische Walnuß	500	110	400

Baumann hat folgende Tafel als Mittelwerte (kg/cm²) gegeben:

Tafel 40.

	Stahl	Tanne	Esche	Hickory	Cottonwood
k_z	4000	600 ÷ 700	1300	1800	1000 kg/cm²
k_d	4000	500	600	—	450 kg/cm²
k_b	4000	700	850	1000	800 kg/cm²
E	2200000	90000 ÷ 120000	85000	180000	115000 kg/cm²
γ	7,8	0,4 bis 0,5	0,7	0,8	—

In dem Taschenbuch der „Hütte" sind für Fichte und Kiefer einige Zahlen zusammengestellt, die aber für den Flugzeugbau etwas klein erscheinen.

Tafel 41.

	Feuchtigkeit %	E kg/cm²	P-Grenze σ_P kg/cm²	σ kg/cm²
Zug // Faser . .	13	90000	.	790
Druck // Faser .	18	96000	155	280
Biegung	23	108000	200	470
Schub // Faser .	25	.	.	45
⊥ Faser . . .	.	.	.	200

Auch in den ministeriellen Bestimmungen und in anderen Zusammenstellungen werden meist kleinere Zahlen gegeben.

Im allgemeinen kann man aber sagen, daß die Zugfestigkeit des Holzes bei weitem am größten ist, daß die Druckfestigkeit den kleinsten Wert hat und daß die Biegungsfestigkeit zwischen beiden liegt.

Die Lage der Elastizitätsgrenze bedingt außerdem die Wahl der zulässigen Spannungen. Je höher die Elastizitätsgrenze liegt, desto größere Spannungen können bei gleicher Festigkeit zugelassen werden.

Die Elastizitätszahl ist weiterhin von großer Bedeutung. Wenn sie nicht einwandfrei festliegt, so wird man gut tun, bei einer hochgewählten Elastizitätszahl nur kleinere Spannungen zuzulassen. Umgekehrt kann man bei niedergewählter Elastizitätszahl mit den Spannungen etwas höher gehen.

Auf die Verhältnisse der verschiedenen Formänderungsarbeit bei Holz und Metall gegenüber Kabeln haben wir schon öfters hingewiesen.

Für untergeordnete Zwecke wird man selbst bei dem vollständigen Metallbau Hölzer, die wie Linde auf ein spezifisches Gewicht von $\gamma = 0{,}32$ heruntergehen, nie ganz entbehren können.

Da die endgültigen Spannungen eines Holmes sich teils aus Biegungsspannungen und teils aus Druckspannungen zusammensetzen, so ist es notwendig, je nachdem die Druck- oder Biegungsspannung einen größeren Anteil an der Gesamtspannung hat, die zulässige Gesamtspannung zu interpolieren.

Es wurde dafür von den S. V. K. Warnemünde folgende Formel vorgeschlagen:

$$k_{db} = k_d + (k_b - k_d)\frac{\sigma_b}{\sigma_b + \sigma_d}, \quad \ldots \ldots \quad (99)$$

deren Verlauf für verschiedene Druck- und Biegungsspannungen bei einer zulässigen Spannung für gutes Holz

$$k_d = 400 \text{ kg/cm}^2 \quad \text{und} \quad k_b = 750 \text{ kg/cm}^2$$

in folgender Fig. dargestellt ist.

σ_d bedeutet die vorhandene errechnete Druckspannung,
σ_b „ „ „ „ Biegespannung.

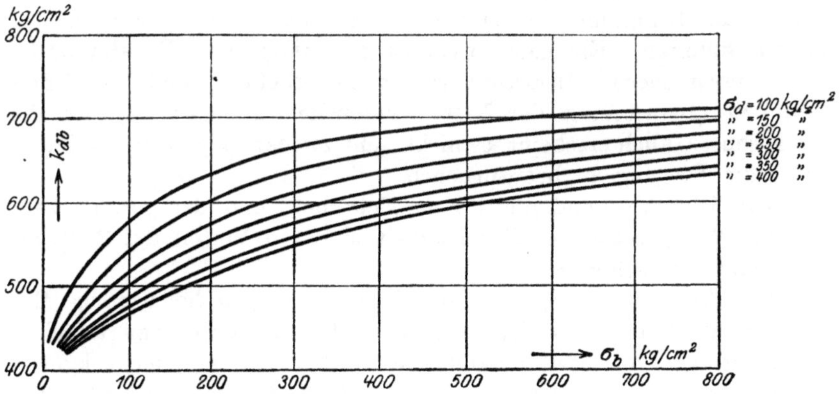

Fig. 64.

Die Zeppelinwerke Staaken empfehlen jedoch, für stärker ausgesparte Holme nur die Druckfestigkeit als maßgebende Biegungsfestigkeit anzunehmen.

Die Kurven in Fig. 64 haben nur in ihrem vorderen Verlauf Bedeutung. Beispielsweise die obere Kurve nur bis $\sigma_b = 600$ kg/cm².

Metalle.

Von allen Metallen kommen heute im wesentlichen nur hochwertige Stahle und Leichtmetalle wie Duraluminium in Betracht.

Die Verwendung von Duraluminium hat in der letzten Zeit hauptsächlich durch die eingehenden Versuche von Junkers und Zeppelin eine größere Verbreitung erfahren. Trotzdem ist das endgültige Urteil über Duraluminium noch nicht geklärt. Das geringe spezifische Gewicht von 2,8 zusammen mit einer Festigkeit, die derjenigen des Flußeisens gleichkommt, scheint zwar die Anwendung zu begünstigen. Man kann annehmen als Mittelwerte:

$$\sigma = 3800 \text{ kg/cm}^2 \qquad E = 650000 \text{ kg/cm}^2$$

Je nach der Zusammensetzung ist jedoch Festigkeit, Härte, Dehnung und Elastizität verschieden bis zu einer größten Festigkeit von 6000 kg/cm^2 und bis zu einer größten Dehnung von 35$^0/_0$. Auf der anderen Seite ist jedoch die Zuverlässigkeit dieses Materials, insbesondere bei Schwingungen und Wechsel der Belastung, noch nicht einwandfrei erwiesen. Auch die Empfindlichkeit gegen stärkere Erwärmung in der Werkstatt und die Gefahr, das Duraluminium mit gewöhnlichem Aluminium zu verwechseln, spricht in vielen Fällen gegen seine Anwendung. Dem Verfasser sind Fälle bekannt, wo Brüche in Duraluminium eintraten, die auf keine Weise erklärt werden konnten. Ein ganz zuverlässiges Material ist Duraluminium sicher noch nicht. Insbesondere ist zu beachten, daß die Scherfestigkeit (Berechnung der Niete) wesentlich geringer ist, wie die des Eisens. Auch erscheint es nicht sehr zweckmäßig, Duraluminium auf reine Biegung zu beanspruchen.

Die Wetterbeständigkeit, Feuersicherheit und der geringe Einfluß von Temperatur und Feuchtigkeit sind ein Vorteil des Materials gegenüber ungeschütztem Holz. —

Bei der Verwendung von Stahl kommen ganz hochwertige Materialien in Frage, bei denen man, statt der sonst etwa üblichen Bruchfestigkeit von etwa 6000 kg/cm^2, mit 19000 und mehr kg/cm^2 rechnen kann. Eine Dehnung von 6,5$^0/_0$ dürfte den geringsten zulässigen Wert darstellen. Insbesondere in viereckigen Röhren gezogene Stahlholme haben sich recht bewährt.

Zu der Verwendung von Metallen ist im allgemeinen zu sagen, daß viel Sondererfahrungen zu ihrer sachgemäßen Verwendung gehören, über die nicht jede Flugzeugfabrik ohne weiteres verfügt. Der auf „nur Duraluminium" eingeschworenen Schule möchte ich immer entgegenhalten, daß auch Holz noch nicht die Grenze seiner Leistungsfähigkeit erreicht hat. Das Gewicht des von Nagelo, Königswusterhausen, gegen Ende des Krieges gebauten Einsitzers ist wohl Beweis genug.

Die Verwendung von Stahl für Kabel und Seile ist auf Seite 273 u. 317 in einer Tafel berücksichtigt.

In der Frage der Stoffestigkeit hat Prof. Pröll erschöpfende Untersuchungen angestellt.

Welche Materialien für die verschiedenen Flugzeugstiele hauptsächlich in Frage kommen, ist von Dipl.-Ing. Kirste eingehend untersucht. Alles in allem kommt es nicht so sehr darauf an, allgemeine Untersuchungen anzustellen, welche Materialien bei Längskraft oder bei Biegung am günstigsten sind. Der Versuch muß immer ergänzend herangezogen werden.

Die Festigkeitsversuche mit Rippen sind auf Seite 236 erwähnt. Es werden immer nur Versuche in bezug auf spezifisches Gewicht oder zulässige Spannung und Elastizitätszahl die stets sehr verschiedenen Verhältnisse, die auch bei jedem Flugzeugteil anders liegen, vollkommen klären können. Dazu kommen noch Umänderungs- und Wiederherstellungsmöglichkeiten, die bei Holz oft günstiger liegen.

Bei kleinen Flugzeugen wird Holz den Vorzug haben. Bei größeren dagegen, bei denen man die Biegungskräfte mehr in Längskräfte auflösen kann, können Leichtmetalle wesentlich in Frage kommen, wenn nicht Preis und Bearbeitung die Verhältnisse verschieben. —

Zweiter Teil.

Einzelteile und Einzelanordnungen des Flugzeugs.

Einleitung zum zweiten Teil.

In diesem zweiten Abschnitt sollen Einzelteile und Einzelanordnungen des Flugzeugs, sowie ihr Einfluß und ihre Aufgabe innerhalb des ganzen statischen Gebildes der Zelle untersucht werden.

Durch die Entwicklung während des Krieges sind die Flugzeuge zwar derart durchgearbeitet, daß es nicht mehr möglich sein wird, noch sehr viel aus den Einzelteilen herauszuholen. Immerhin ist es von Interesse, die gewonnenen Ergebnisse zusammenzustellen und im Zusammenhang von statischen Gesichtspunkten aus zu betrachten. Man wird daraus einen gewissen Anhalt für die Weiterentwicklung gewinnen können.

Die vorliegenden Arbeiten sind im wesentlichen als Ansätze und Beispiele aufzufassen und nicht als endgültig abschließende Ergebnisse. Es gilt heute noch immer, die Entwicklung des Flugzeugbaues weiterzuführen.

Man könnte den Vorwurf machen, daß oft in Einzelheiten zu weit gegangen ist. Trotzdem ergeben sich gerade aus vielen Einzelheiten zusammen, bei sonst übereinstimmenden Hauptdaten der Flugzeuge, entscheidende Unterschiede in den Flugleistungen.

Die statischen Untersuchungen von Rumpf, Ruder, Steuer, Schwimmer, Motoreinbau, Fahrgestell, Beschläge und der übrigen Teile außerhalb der Flugzeugzelle sollen gegebenenfalls einem späteren, vierten Teil vorbehalten bleiben.

Die Bedeutung der Gewichte für die Flugzeugleistungen.

Bevor wir zu den Einzelheiten selbst übergehen, soll der bedeutende Einfluß des Flugzeuggewichtes betrachtet werden. Zusammen mit den Untersuchungen der schädlichen Widerstände, die dem dritten Teil vorausgestellt sind, wird diese allgemeine Erörterung den großen Beitrag des Gewichtes schätzen lehren und eine Grundlage zur Beurteilung der in dieser Abhandlung besprochenen Konstruktionen liefern.

Wir wollen im folgenden zunächst allgemein und dann an einfachen Beispielen den Einfluß des Gewichtes auf

a) die Steigfähigkeit und

b) auf die wagrechte Geschwindigkeit der Flugzeuge untersuchen.

Während des Krieges gab fast stets die Gipfelhöhe und die Steigfähigkeit der Flugzeuge den Ausschlag für die Bewertung. Für Friedenszwecke hat zuerst die Geschwindigkeit und dann die Tragfähigkeit in geringeren Flughöhen eine größere Bedeutung.

Die folgenden Untersuchungen könnten in manchen Punkten vielleicht etwas kleinlich erscheinen. Im Flugzeugbau ist es aber mehr als auf irgendeinem andern Gebiet der Technik notwendig, mit dem nötigen Baugewicht an die äußerste Grenze heranzugehen. Alle Anordnungen sind so zu treffen, daß Kleinstwerte von Gewicht bei nicht übermäßigem Widerstand erreicht werden. Das Betonen der Gewichtsverminderung hat nirgends sonst in der Technik die innere Berechtigung wie im Flugzeugbau. Es ist hier nötig, sich über die Einzelgewichte auch der kleinsten Teile klar zu werden. Nur durch stete Nachprüfung und das Bestreben, tatsächlich einzelne Gramme zu sparen, können bei der heutigen Entwicklung des Flugzeugbaues Kilogramme herausgeholt werden. Die Gewichtsersparnis ist auch deshalb noch sehr wichtig, weil sämtliche Gewichte wieder rückwirkend sich gegenseitig beeinflussen, so daß z. B. größere Rumpfgewichte ein größeres Gesamtgewicht und damit mittelbar nochmals größere Konstruktionsgewichte bedingen. Insbesondere bei allen Teilen, deren Bruch nicht den Zusammensturz des ganzen Flugzeugs unmittelbar nach sich zieht, muß an die äußerste Grenze mit den Beanspruchungen gegangen werden.

Bei der Betrachtung der Steigfähigkeit und der Gipfelhöhe können wir uns auf die grundlegenden Abhandlungen von Herrn Ing. Kann beziehen. Sie sind in den „Technischen Berichten“ I, Seite 231 veröffentlicht. Der abgeleiteten Formel für die Gipfelhöhe, die wir hier wiedergeben wollen, liegt ein gewöhnlicher

Motor zugrunde, dessen Leistung proportional mit der Höhe abnimmt. (Außerdem ist ein bestimmtes Gesetz für die Abnahme von Lufttemperatur und Dichte mit der Höhe zugrunde gelegt. Die aerodynamischen Betrachtungen liefern zunächst nur einen Ausdruck für die Luftdichte bei der Gipfelhöhe und nicht die Gipfelhöhe selbst in Metern. Für weitere Einzelheiten sei auf angeführte Abhandlung verwiesen.)

Nach Kann ergibt sich dann die Gipfelhöhe H:

$$H = 7280 \cdot \log \left[358 \frac{\left(\frac{c_a^3}{c_w^2}\right)_{max} \cdot \eta^2}{\left(\frac{G}{N_e}\right)^2 \cdot \frac{G}{F}} \right] \quad . \; . \; . \; . \; . \; (100)$$

Die Bezeichnungen sind hierbei die üblichen. Siehe auch Seite 18.

Für die Auswertung von Flugversuchen kann man die Gipfelhöhe schreiben:

$$H = c_1 \cdot \log \left[\frac{c_2}{\left(\frac{G}{N_e}\right)^2 \cdot \frac{G}{F}} \right] \quad . \; . \; . \; . \; . \; . \; . \; (100\,a)$$

wobei die Festwerte c_1 und c_2 durch zwei Versuchsreihen mit verschiedenem Gewicht, d. h. mit veränderter Zuladung bestimmt werden können. Man kann dann auf der Grundlage solcher Versuche recht genau die Wirkung eines anderen Motors oder jeder anderen Zuladung für das gleiche Flugzeug berechnen und umgeht damit die Schwäche der theoretischen Ableitung und den Fehler beim Übertragen von Modellmessungen.

Um die Bedeutung dieser Formel anschaulich zu machen, wollen wir zunächst das Zahlenbeispiel, das von Herrn Kann für einen Siemens-Einsitzer ausgerechnet wurde, wiedergeben und auf Hundert bezogen umrechnen. Die einzelnen Gipfelhöhen sind hier der Größe nach geordnet.

Es liegen dabei folgende Festwerte zugrunde:

$G = 650\,\text{kg}$ $\quad\quad$ $\eta = 0{,}75$

$F = 15{,}1\,\text{m}^2$ $\quad\quad$ $\frac{\gamma}{2g} = 1/16$

$N_e = 115\,\text{PS}_e$ $\quad\quad$ $\frac{c_a^3}{c_w^2} = 46$

Tafel 42a.

Zahlenwerte (der Größe nach geordnet).

	Gipfelhöhe m	Steigzeiten 1000 m	3000 m	5000 m
Grundwert	**5570** m	**3,47** sec	**14,3** sec	**43,5** sec
Schädlicher Widerstand 10 % kleiner	5710 „	3,42 „	13,75 „	39,6 „
Flügel um 10 % größer	6010 „	3,3 „	13,1 „	34,6 „
Widerstandsbeiwert der Flügel um 10 % kleiner	6060 „	3,31 „	13,0 „	34,0 „
Schraubenwirkungsgrad 10 % größer	6160 „	3,0 „	11,6 „	31,0 „
Motorleistung 10 % größer	6160 „	3,0 „	11,6 „	31,0 „
Auftriebsbeiwert der Flügel um 10 % größer	6460 „	3,23 „	12,2 „	29,8 „
Gewicht 10 % kleiner	6550 „	2,86 „	10,92 „	26,25 „

Dies ergibt auf 100 bezogen:

Tafel 42b.

Grundwert	100 %	100 %	100 %	100 %
Schädlicher Widerstand 10 % kleiner	102,5 %	98,6 %	96 %	91 %
Flügel um 10 % größer	108 %	95 %	92 %	79 %
Widerstandsbeiwert der Flügel um 10 % kleiner	109 %	95,4 %	91 %	78 %
Schraubenwirkungsgrad 10 % größer	111 %	86,4 %	81 %	71 %
Motorleistung 10 % größer	111 %	86,4 %	81 %	71 %
Auftriebsbeiwert der Flügel um 10 % größer	116 %	93,1 %	85 %	69 %
Gewicht 10 % kleiner	118 %	82,4 %	76 %	60 %

Statt die Steigzeiten auf die gleichen Höhen von 1000, 3000 und 5000 Meter zu beziehen, kann man auch, um die Anschaulichkeit des Bildes zu erweitern, die Höhen anschreiben, die den einzelnen Steigzeiten des Grundwertes entsprechen.

Tafel 43.

	Erreichte Höhe in 3,47 Min.	in 14,3 Min.	in 43,5 Min.
Grundwert	**1000** m	**3000** m	**5000** m
Schädlicher Widerstand 10 % kleiner	1020 „	3050 „	5190 „
Flügel um 10 % größer	1035 „	3120 „	5400 „
Widerstandsbeiwert der Flügel um 10 % kleiner	1040 „	3180 „	5430 „
Schraubenwirkungsgrad oder Motorleistung um 10 % größer	1130 „	3400 „	5780 „
Auftriebsbeiwert der Flügel um 10 % größer	1100 „	3300 „	5800 „
Gewicht um 10 % kleiner	1250 „	3650 „	6100 „

Zu den Zahlenwerten ist zu bemerken, daß die errechnete Gipfelhöhe selbst oft nicht ganz mit dem Steigversuch übereinstimmt, da die Kurve der wirklichen Motorleistung nach Versuchen von Herrn Noack in Höhen von 3000 bis 4000 m wesentlich von der Form der zugrunde gelegten Leistungskurve des Motors abweicht. Auch die verschiedene oft stark von dem Mittelwert abweichende Lufttemperatur hat einen großen Einfluß. Trotzdem sind die Werte ein ausgezeichnetes Mittel für Vergleiche. Die Steigzeiten bis etwa 3000 m sind recht genau.

Die auf 100 bezogenen Zahlen in der Tafel 42b geben wohl einen Überblick, wieviel die einzelnen Flugzeugdaten zu der Steigleistung beitragen. Der bedeutende Einfluß des Gewichtes fällt vor allem auf. Bei einer Änderung des Gewichtes von 10 v. H. ändert sich die Gipfelhöhe um 18 v. H. —

Um die Anschauung von dem Einfluß des Gewichtes noch zu vertiefen, soll bei dem gleichen Beispiel das Gewicht innerhalb möglicher Grenzen verändert und dazu jedesmal die Gipfelhöhe errechnet werden. Die Ergebnisse sind in der nebenstehenden Fig. 65 dargestellt.

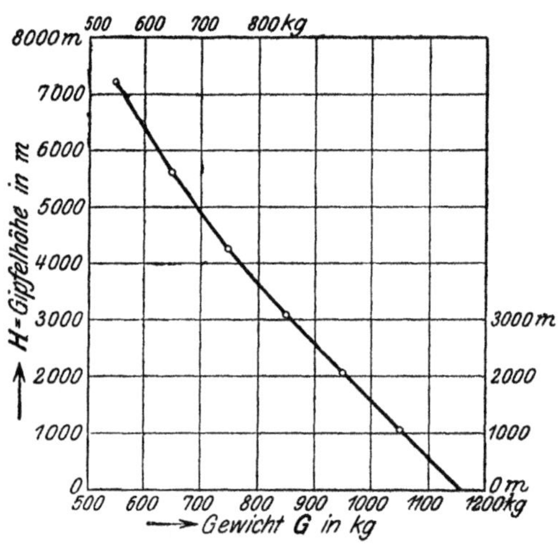

Fig. 65.

Bei einem Größtgewicht von $G = 1160$ kg des betrachteten Flugzeugs ist keine Steigfähigkeit mehr vorhanden. Auf der anderen Seite dürfte 550 kg ebenfalls ein kaum darstellbares Mindestgewicht für Eigengewicht bei 115 PS_e und geringster Nutzlast bedeuten.

Änderung der Gipfelhöhe mit dem Gewicht.

Um den Einfluß einer Änderung des Gewichtes auf die Gipfelhöhe allgemein darzustellen, differenzieren wir den Ausdruck Gleichung (100):

$$H = c_1 \cdot \log \frac{c_3}{G^3} \quad \text{oder} \quad y = c_1 \cdot \log \frac{c_3}{x^3}$$

Es ergibt sich dann:

$$y' = -\frac{c_1 \cdot 3}{x \cdot ln\, 10} = -\frac{7280 \cdot 3}{2{,}30} \cdot \frac{1}{x} = -9500 \cdot \frac{1}{x}$$

oder

$$\varDelta H = -\frac{\varDelta G}{G} \cdot 9500 \quad \ldots \ldots \ldots \quad (101)$$

Bei einer Änderung des Gewichtes ist es also in erster Näherung, d. h. solange die Gewichtsänderung noch als Differenzial aufgefaßt werden kann, gleichgültig, welche Flächenbelastung, Leistungsbelastung, Schraubenwirkungsgrad oder welches Flügelprofil das Flugzeug besitzt. Einer Änderung des Gewichtes um 1 von 100 entspricht immer eine Änderung der Gipfelhöhe um 95 m. Freilich ist die Gipfelhöhe selbst von den genannten Daten abhängig. —

Einfluß des Gewichtes auf die Geschwindigkeit.

Der Einfluß des Gewichtes auf die Geschwindigkeit des Flugzeuges ist bei weitem nicht so bedeutend, wie der betrachtete Einfluß des Gewichtes auf die Steigfähigkeit und die Gipfelhöhe.

Um diese Frage zahlenmäßig und allgemein verfolgen zu können, gehen wir nicht wie andere zeichnerisch vor, sondern stellen eine allgemeine Gleichung der Geschwindigkeit auf[1]). Diese entsteht dadurch, daß man das Polardiagramm für die Widerstand- und Auftriebsbeiwerte des Flügelprofils als Parabel mit den bekannten Beziehungen für das Gleichgewicht des ganzen Flugzeuges in wagrechter und senkrechter Richtung zu einer Gleichung vereinigt.

Dadurch gewinnt man nach Wegschaffen von c_a, c_w' und c_w'' aus vier Grundgleichungen mit vier Unbekannten die Gleichung und den Wert v aus:

$$\boldsymbol{v^4 - A \cdot v^2 - B \cdot v + C = 0} \quad \ldots \ldots \quad (102)$$

Hierin sind die Konstanten:

$$A = \frac{2 \cdot G \cdot 2\,g \cdot h}{\mathfrak{N} \cdot F \cdot \gamma} \qquad B = \frac{p \cdot N_e \cdot \eta \cdot 75 \cdot 2\,g}{\mathfrak{N} \cdot F \cdot \gamma}$$

$$C = \frac{G^2 \cdot (2\,g)^2 \cdot (1 + p \cdot d)}{F^2 \cdot \gamma^2 \cdot \mathfrak{N}} \qquad \mathfrak{N}\,(\text{Nennerglied}) = h^2 + p\,(e + f)$$

[1]) Weitere Entwicklungen zu dieser Gleichung werde ich in kurzem veröffentlichen.

Dabei bedeuten:

G das Gesamtfluggewicht in kg,

F die tragende Flügelfläche in m^2,

$\frac{\gamma}{2g}$ die Luftdichte (in Bodenhöhe meist $^1/_{16}$),

N_e die effektive Motorleistung in PS am Boden,

$e = c_w'' = \frac{\Sigma c_w F''}{F}$ den Beiwert des schädlichen Widerstandes bezogen auf die ganze Flügelfläche,

η den Schraubenwirkungsgrad in $^0/_0$,

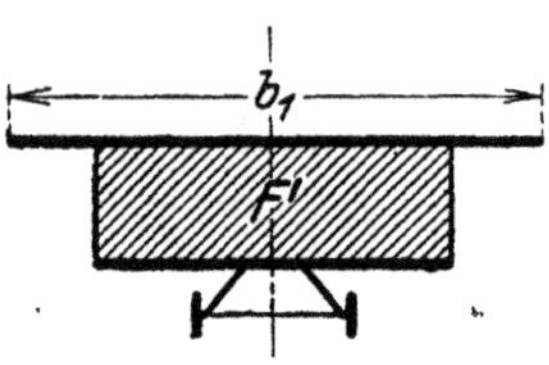

Fig. 66.

d eine Konstante, welche die gegenseitige Beeinflussung der Doppel- oder Mehrdeckerflügel angibt und nach der Abhandlung von Prof. Prandtl in den „Technischen Berichten" II, Seite 275, angegeben ist:

$$d = \frac{F}{\pi \cdot b_1^2 + 4 \cdot F'} \quad \ldots \ldots \ldots \quad (103)$$

Hierbei ist b_1 die größte Spannweite, F die Gesamtflügelfläche und F' der Inhalt des vom Unterflügel, Oberflügel und der Senkrechten auf dem kleinen Flügel gebildeten Rechteckes (siehe Fig. 66).

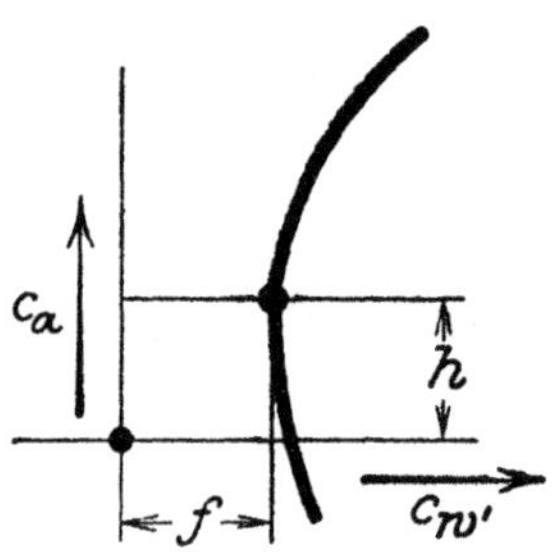

Fig. 67.

Die Größen f, h und p charakterisieren das Flügelprofil. Der kleinste Widerstandsbeiwert des Polardiagramms des Flügelprofils ist f, der zugeordnete Auftriebswert h (Fig. 67). Den Parameter p bestimmt man am einfachsten dadurch, daß man in die Parabelgleichung

$$p = \frac{(c_a - h)^2}{c_w' - f} \quad \ldots \quad (104)$$

ein zweckmäßiges, im Anwendungsbereich der Kurve gelegenes Wertepaar c_a und c_w' des Messungsergebnisses einsetzt. Diese Werte sind zwar zunächst den Modellmessungen im Windkanal zu entnehmen, können jedoch nachher durch Flugversuche verbessert oder ersetzt werden.

In der oben angeschriebenen allgemeinen Gleichung (102) der Geschwindigkeit nehmen wir jetzt für das folgende nur das

Gewicht G und die Geschwindigkeit v als abhängige Veränderliche an.

Durch Differenzieren ergibt sich die Änderung der Geschwindigkeit bei nicht zu großen Änderungen des Gewichtes aus (102) zu:

$$\Delta v = \frac{\Delta G}{G} \frac{-v^2 A + 2C}{[4v^3 - 2vA - B]} \quad \ldots \ldots \quad (105)$$

oder unter Verwendung der ursprünglichen Festwerte:

$$\Delta v = \frac{\Delta G}{G} \cdot \frac{-v^2 h + \frac{G}{F} \cdot \frac{2g}{\gamma}(1 + p\,d)}{\frac{2 \cdot v^3 [h^2 + p(e+f)] \cdot F \cdot \gamma}{G \cdot 2g} - 2vh - \frac{p}{2} \cdot \frac{N_e}{G} \cdot \eta \cdot 75} \quad (105\,a)$$

Für ein Beispiel eines seefähigen Wasserflugzeuges soll die Abhängigkeit des Gewichtes von der wagrechten Geschwindigkeit zahlenmäßig dargestellt werden. Wir legen zugrunde:

$N_e = 220\ \mathrm{PS}_e$ (Benz-Motor)

$F = 70{,}8\ \mathrm{m}^2$ (die Querruder zur Hälfte mitgerechnet)

$\eta = 0{,}74$

$\frac{\gamma}{2g} = \frac{1}{16}$ $\quad \frac{G}{N_e} = 10\ \mathrm{kg/PS_e}$ $\quad \frac{G}{F} = 31{,}3\ \mathrm{kg/m^2}$

Flügelprofil Nr. 146 der „Technischen Berichte" I, Seite 158.

Für

$G = 2200\ \mathrm{kg}, \quad e = 0{,}0234, \quad d = 0{,}0685,$

$h = 0{,}22, \quad f = 0{,}018, \quad p = 7{,}98,$

ergibt sich die allgemeine Gleichung:

$$v^4 - 576 \cdot v^2 - 58080 \cdot v + 1004400 = 0$$

oder

$$v^2 - 576 - \frac{58080}{v} + \frac{1004400}{v^2} = 0$$

und daraus die Lösung durch Versuch:

$$v = \mathbf{37{,}56}\ \mathrm{m/sec} \quad \text{oder} \quad 135{,}2\ \mathrm{km/St}.$$

Für andere Gewichte sind die Geschwindigkeiten in gleicher Weise entwickelt und in folgender Fig. 68 dargestellt.

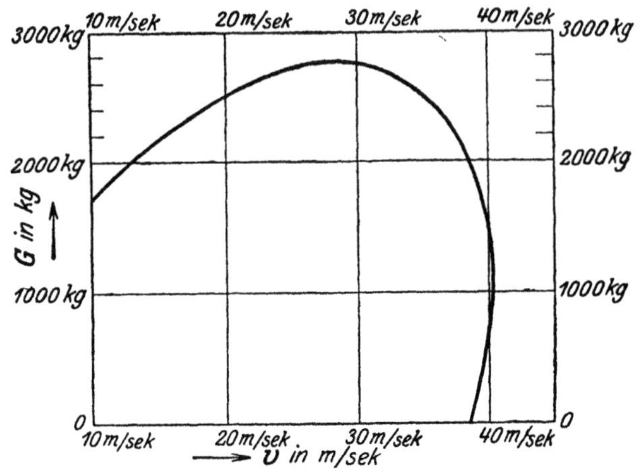

Fig. 68. Abhängigkeit der Geschwindigkeit vom Gewicht.

Bei einem kleinsten Gewicht von 1030 kg, mit dem das Flugzeug wohl kaum flugfähig zu bauen ist, wird die größtmögliche Geschwindigkeit erreicht. Wie das Bild zeigt, ändert sich aber auch bei zunehmendem Gewicht diese Geschwindigkeit zunächst nur langsam. Das größte Gewicht von 2760 kg entspricht dann einer Geschwindigkeit von 29,3 m in der Sekunde[1]).

Das Gewicht hat also für verschiedene Werte einen verschiedenen Einfluß auf die Geschwindigkeit, der aber immer kleiner ist, wie sein Einfluß auf die Gipfelhöhe. Daß zu den meisten Gewichten zwei Flugzustände und zwei Geschwindigkeiten gehören, ist in der Literatur schon öfter dargelegt.

Der Einfluß des Eigengewichtes auf Gipfelhöhe und Geschwindigkeit führte in erster Linie von dem früher verwendeten Eindecker zu dem Doppeldecker, der sich während des Krieges fast allein behauptete. Der Doppeldecker wurde deshalb leichter, da er in seinem Aufbau nicht wie der Eindecker einen biegungsfesten Balken, sondern ein Stabfachwerk benutzt. Die Auflösung der Biegungsspannungen des Balkens in die Zug- und Druckspannungen des Fachwerks bedingt den Gewichtsunterschied. Er kann im allgemeinen größer sein als der aerodynamische Nachteil, der durch die gegenseitige Beein-

[1]) Dasselbe Zahlenbeispiel wird auch noch weiterhin Seite 285 und Seite 287 zu Vergleichsrechnungen benutzt.

flussung beider Flügel entsteht. Es kommt immer auf das Verhältnis von Auftrieb zu Widerstand oder auf das Verhältnis von $(\text{Auftrieb})^3$ zu $(\text{Widerstand})^2$ an. Die entwickelten Gleichungen für Geschwindigkeit und Gipfelhöhe geben ein einfaches Mittel zum Vergleich verschiedener Fälle. Da sich aber nicht allgemein das Gewicht der Eindecker nach einer festen Formel im Verhältnis zum Doppeldeckergewicht darstellen läßt, so ist diese Hauptfrage in besonderen Fällen stets von neuem zu untersuchen.

Zusammenfassend kann man aber sagen: der Einfluß des Gewichtes überwiegt alle anderen Einflüsse und dem Gesichtspunkt der Gewichtsersparnis sind alle anderen Gesichtspunkte in der Konstruktion unterzuordnen. Hierin liegt die Wichtigkeit und Bedeutung der statischen Berechnung für den Flugzeugbau.

Friedensflugzeuge.

Die Flugzeuge des Friedens bauen sich auf den reichen Erfahrungen des Krieges auf. Unsere ganze Flugzeugstatik verdankt den größten Teil ihrer heutigen Entwicklung dem Kriege.

Das Hauptmerkmal für die Entwicklung während des Krieges war m. E. die Verwendung von immer stärker werdenden Motoren. So fielen Flugzeuge mit kleinen Motoren unter etwa 130 PS schließlich vollständig aus. Es ist anzunehmen, daß die Friedensflugzeuge ebenfalls in weiterem Maße sich der Entwicklung von großen Motoren anpassen werden. Ein großer Motor wird meist leichter werden, wie mehrere kleine. So hat man bei S. I. A. in Italien einen 600 PS Fiat-Motor eingebaut. Das kleine Flugzeug kann aber im Frieden wieder zur Geltung kommen, da es ohne Rücksicht auf die größtmöglichen Leistungen in der Anschaffung und im Betrieb stets das billigste sein wird.

Allgemein wird man heute die Verhältnisse am besten überblicken, wenn man folgende Hauptforderungen, die an ein Flugzeug gestellt werden, sinngemäß miteinander verbindet.

Die verschiedenen Hauptforderungen kann man nach ihren Abstufungen unterscheiden:

1. Geschwindigkeit: Schnelle und langsame Flugzeuge und solche, bei denen die Geschwindigkeit keine besondere Rolle spielt.

2. Tragfähigkeit: Ausgesprochene Lastenschlepper; Flugzeuge, die eine gegebene Nutzlast mit einem geringsten Aufwand schleppen, und Flugzeuge, die, um andere Höchstwerte zu erreichen, nur eine kleine Last tragen.

3. Flugdauer und Flugstrecke: Das Ozeanflugzeug, das imstande sein muß, die weitesten Strecken zurückzulegen; Flugzeuge

für ganz bestimmt geforderte Strecken und solche, bei denen Flugstrecke und Flugdauer zunächst keine Rolle spielen.

4. Gipfelhöhe und Steigfähigkeit: Große Steigfähigkeit zur Überwindung von natürlichen Hindernissen wie für Sportflüge auf der einen Seite, gegenüber dem Verzicht auf Gipfelhöhe zugunsten anderer Größtwerte.

5. Betriebssicherheit: Durch die Anordnung von mehreren Motoren ist die Durchführung des Fluges beim Ausfall eines gewissen Teiles der Gesamtleistung noch möglich.

6. Wasser- oder Landflugzeuge, je nach den vorliegenden Aufgaben.

Durch entsprechende Vereinigung dieser Forderungen wird man sich leicht den Sondertyp des Sportflugzeuges, des Lastenschleppers, des Übersee- und Kolonialflugzeuges und des Postflugzeuges ableiten. Nur durch ausgesprochene Entwicklung für Sonderzwecke lassen sich auch hier Höchstleistungen erreichen. Es steht jedoch fest, daß für die größten Luftstrecken und größten Lasten in normalen Höhen allein das Luftschiff zur Zeit in Frage kommt.

Eine Friedensverwendung des Flugzeuges läßt sich für folgende Fälle angeben:

1. Für den Verkehr dort, wo heute dem Bau von Eisenbahnen unüberwindliche technische Schwierigkeiten entgegenstehen. (Beispiel: Gebiete in den Anden und in der Sahara-Wüste.)

2. Dort, wo der Bau von Eisenbahnen sich nicht lohnt. (Beispiel: größere Südseeinseln.)

3. Als Wasserflugzeug für große, aber nicht die größten Strecken, wo es darauf ankommt, Zeit zu gewinnen. (Beispiel: Europa—Amerika-Flug, Mittelmeerflug.)

Die Hauptabmessungen der Flugzeugzelle.

Die Weiterentwicklung des Flugzeugbaues im Frieden ist zunächst auf die Auswertung der Ergebnisse des Krieges gestellt.

Wir halten es deshalb für wichtig, zunächst die Hauptabmessungen der Flugzeugzelle an bewährten neueren Ausführungen des Krieges zu zeigen.

Die dargelegten Hauptmaße und Verhältnisse sind die Grundlage für die Festigkeitsberechnung. Die Beispiele erstrecken sich auf deutsche und ausländische bewährte Typen, wie sie während des Krieges bekannt wurden.

Zu besonderem Dank für ihr Entgegenkommen und für die

freundliche Überlassung von Material bin ich verpflichtet: der A. E. G. Flugzeugfabrik Henningsdorf bei Berlin; Berlin-Halberstädter Industriewerke, Halberstadt; Rumplerwerken A.-G., Augsburg-Berlin; Zeppelinwerken, Staaken bei Spandau; Gothaer Waggonfabrik, Gotha; Herrn Prof. Dr.-Ing. Reißner, Charlottenburg; Siemens-Schuckert-Werke, Berlin-Nonnendamm. Das Hauptmaterial dieses Teiles entstammt jedoch den wechselseitigen Veröffentlichungen in deutschen und ausländischen Zeitschriften.

Die Darlegung der Hauptabmessungen der Flügelzelle teilen wir entsprechend den drei räumlichen Dimensionen in Spannweite b, Holmabstand s und Flügelabstand h ein. Bei jedem Punkt sollen die zugehörigen Verhältniszahlen mit berücksichtigt werden.

Es wird zunächst die Spannweite b und das statisch wichtige Verhältnis Spannweite zu Flügelabstand $b:h$ dargelegt. Da aus aerodynamischen Gründen auch das Verhältnis von Spannweite zu Flügeltiefe $b:t$ von Bedeutung ist, so wird es in diesem Zusammenhang angeführt, obwohl die Flügeltiefe t selbst kein rein statisches Maß darstellt. Außerdem wird noch die Größe der überstehenden Enden erörtert, da sie die in der ganzen Spannweite enthaltene Knicklänge der einzelnen Felder verringert.

Der Holmabstand s der gebräuchlichen neueren Flugzeuge wird sodann betrachtet und das Verhältnis $h:s$. Da der Holmabstand teilweise die Flügeltiefe und damit auch die Flügelfläche oben und unten bedingt, so werden in diesem Zusammenhang auch Werte $F_0 : F_u$ angegeben.

Schließlich wird die dritte, wichtige Dimension des Raumfachwerks: der Flügelabstand h betrachtet und das Verhältnis $h:t$ für eine große Reihe von Flugzeugen. Das Verhältnis von Höhe zur Spannweite wurde bereits in dem ersten Abschnitt zusammen mit der Spannweite erörtert.

Auf diese Weise wird man wohl ein deutliches Bild der gebräuchlichen Verhältnisse erhalten. Die Werte greifen naturgemäß stark ineinander über und sind teilweise auch durch besondere Gesichtspunkte beeinflußt.

1. Einfluß der Spannweite der Flügel.

a) Die Zusammenstellung von bewährten neueren Flugzeugen ist nach der Größe der Spannweite geordnet. Die Auswahl kann in dieser und in den folgenden Tafeln nur einen Teil der Flugzeuge umfassen, die in der letzten Zeit eine gewisse Bedeutung erlangt haben, da einige Firmen ihre Daten nicht zur Verfügung stellten. Die Tafel 44 ist als erste dieser Reihe angeführt, damit in den folgenden Tafeln auf die grundlegenden Hauptdaten der Flugzeuge hier Bezug genommen werden kann. Bei Angabe der Spannweite wurde meist der Größtwert von oben angeschrieben, während in den anderen Tafeln Mittelwerte verwendet sind. Auch das angegebene Gesamtgewicht ist nicht durchaus genau, da die Zuladung oft nicht bestimmt festliegt.

Wenn in den folgenden Zusammenstellungen oft besondere Ähnlichkeiten auftreten, so ist daraus nicht zu schließen, daß etwa Abweichungen davon schlecht seien und daß man nur in dieser üblichen Weise vorgehen könne.

Tafel 44.

Spannweite m	Gesamtgewicht kg	Motor PS	Firma und Bauart	Jahr
8,06	660	130	Hanriot	
8,15	950	200 H. Sw.	S. E. V. a	
8,35	725	200 Siemens	Siemens D 4	
8,35	900	210	S. V. A.	
8,70	—	160 Merc.	Roland D II	
9,85	917	200 H. Sw.	Sopwith Dolphin	
10,70	1070	160 Merc.	Halb. C L II	
11,00	—	220 Benz	Ago C 4	
11,06	1140	200 H. Sw.	Spad Zweisitzer	1917
11,80	1400	260 Merc.	Rumpler C 8	1917
12,00	1363	260 Merc.	Halb. C 8	1918
12,35	1380	260 Mayb.	Rumpler C 4	
12,54	—	220 Merc.	Albatros C 5	
12,93	1600	370 Rolls Royce	de Havilland 4	
12,98	1500	230 B. H. P.	de Havilland 9	
13,00	1430	200 Benz	D. F. W. C 5	1917
13,23	1290	200 Benz	L. V. G. C 5	
13,30	1330	190 Renault	A. R. (franz.)	
13,60	1360	220 Benz	Halb. C 5	1917
14,40	1945	300 Renault	Bréguet 14 B 2	
15,90	5800	3·260 PS Merc.	S. S. W. L 1	1918
18,16	3000	2·260 Merc.	A. E. G. G III	1916
18,16	3625	2·260 Merc.	A. E. G. G IV	1917
18,85	3330	2·260 Merc.	Rumpler G II	1916
19,91	3855	2·200 Liberty	de Havilland 10 a	1919
22,40	—	3·100 Fiat	Caproni G Zweidecker	
22,80	3900	2·260 Merc.	Gotha G	
23,50	4300(?)	2·230	Caudron C 23	1919
23,70	3930	2·260 Merc.	Friedrichshafen G 3	1916
28,00	5000	2·270 Salmson	Farman Goliath	1919
30,49	5900	2·260 Rolls Royce	Handley Page G	
35,0	12460	4·260 Merc.	D. F. W. R II	
41,0	verschieden	4·260 Mayb.	Staaken R	

Aus dieser Tafel ergibt sich, daß die Spannweite mit dem Gesamtgewicht und mit der Motorleistung zunimmt. Man erkennt in der aufgestellten Zahlenreihe eine Lücke, die früher teilweise durch die kleineren G-Flugzeuge mit 2 · 200 PS-Motoren ausgefüllt wurde. Sie entspricht einer Motorleistung von 300 bis 400 PS und einem

Gewicht von 2000 bis 3600 kg. Neue englische Flugzeuge und Motore scheinen diese Lücke auszufüllen.

Die Vergrößerung der Spannweite b bedingt ein größeres Eigengewicht, sie ist jedoch nicht ebenso von der Flügeltiefe t abhängig. Bei neueren Flugzeugen hat sich gezeigt, daß man mit der Spannweite bei Eindeckern noch gut auf ein Verhältnis $t:b$, Seitenverhältnis genannt, von $1:5$ heruntergehen kann. Bei großen Doppeldeckern dagegen haben sich selbst theoretisch noch nicht zu ungünstige Seitenverhältnisse von $1:7$ weniger bewährt. Großflugzeuge mit einem Seitenverhältnis von $1:10$ und mehr hatten die besten Ergebnisse.

Es ist dabei auch zu bedenken, daß ein größeres Seitenverhältnis $t:b$ immer eine kleinere Flügeltiefe und damit ein geringeres Wandern des Druckmittelpunktes bedingt.

Auch andere Gesichtspunkte können von ausschlaggebender Bedeutung für die Wahl der Hauptabmessungen sein. Die Möglichkeit des Bahntransportes beschränkt die Flügeltiefe auf etwa 3,40 m. Dabei muß die Flügelfläche aber schon einzeln, schräg in den Bahnwagen gestellt werden. Bei Riesenflugzeugen hat man sich deshalb in Deutschland von vornherein entschlossen, die Möglichkeit des Bahntransportes nicht vorzusehen und Überführungen stets durch die Luft vorzunehmen.

Vom statischen Gesichtspunkte aus ist die Vergrößerung der Spannweite ungünstig. Ausgeführte Beispiele der folgenden Tafel 46 zeigen, daß dabei die Fachwerkhöhe h nicht in gleicher Weise wie die Spannweite b zunimmt. Für kleine C-Flugzeuge ist im Mittel $b_c:h_c = 6{,}6$; für große G-Flugzeuge: $b_g:h_g = 10{,}0$.

Damit ergibt sich die Stabkraft S im Holm bei Flugzeugmitte, wenn man die Momentengleichung für einen Knotenpunkt aufstellt und einen Schnitt nach Ritter führt:

$$S_m = \frac{M_m}{h_m} = \frac{p \cdot \left(\frac{b}{2}\right)^2}{2 \cdot h_m} \quad \ldots \ldots \ldots \quad (106)$$

Nehmen wir eine Vergrößerung der Spannweite auf das Doppelte an, wie sie etwa den Verhältnissen der Zweisitzer- und Groß-Flugzeuge von 11 und 22 m Spannweite entspricht, so wird das Verhältnis für die Stabkräfte innen:

$$\frac{S_C}{S_G} = \frac{\dfrac{p \cdot b_c^2}{2 \cdot h_c \cdot 4}}{\dfrac{p \cdot b_g^2}{2 \cdot h_g \cdot 4}} = \frac{b_c^2 \cdot h_g}{h_c \cdot b_g^2} = \frac{6{,}6 \cdot 1}{10 \cdot 2} = \frac{6{,}6}{20} = \frac{1}{3}$$

d. h. bei ausgeführten mittleren Verhältnissen ist die Stabkraft beim Groß-Flugzeug etwa dreimal so groß wie bei einem Zweisitzer-Flugzeug mit der Hälfte der Spannweite.

Ändert man jedoch die Spannweite allein und behält den Flügelabstand bei, so wären die Kräfte viermal so groß entsprechend dem Quadrat der doppelten Spannweite. Bei einer entsprechend gleichen Veränderung der Fachwerkshöhe wären die Kräfte nur doppelt so groß. Man sieht also, daß bei bewährten Flugzeugen gerade der Mittelweg eingeschlagen ist.

Der Einfluß der Vergrößerung der Spannweite ist für die Festigkeit ein doppelter. Auf der einen Seite wird durch das größere Gesamtmoment der Luftkräfte am Außenflügel die Längskraft S im Holm vergrößert. Gleichzeitig werden aber auch die Knicklängen der einzelnen Holmfelder größer, wenn man nicht neue Stiele anordnen will, die im gleichen Sinne ungünstig wirken.

Beispiel:

In dem schon öfters zu Vergleichen herangezogenen Zweistieler der Normalberechnung der Flugzeugmeisterei sei die Spannweite oben um 12 v. H. von 600 auf 672 cm erhöht. Um dieselbe Flügelfläche wie vorher beizubehalten, wird gleichzeitig die Flügeltiefe von 180 cm auf 160 cm verkleinert.

Es ergeben sich dann für die Systemlängen und die Lage der Holme folgende Abmessungen (vgl. auch Fig. 52 und Seite 52 und 130):

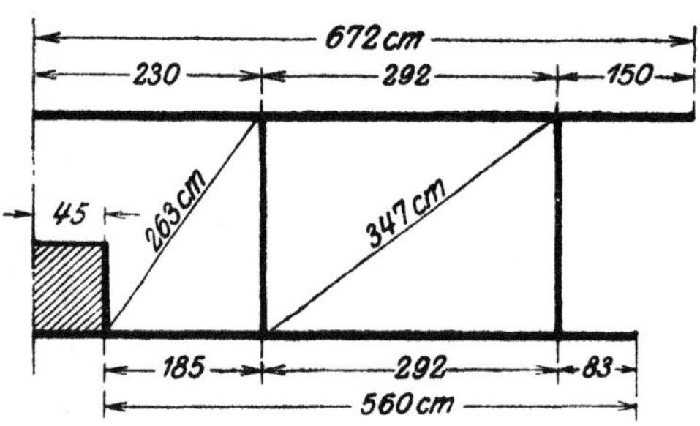

Fig. 69a.

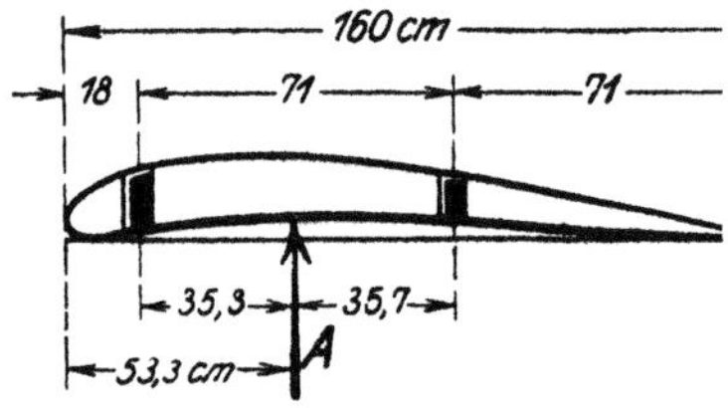

Fig. 69b.

Unter Beibehaltung der Staffelung werden die Diagonallängen:

$$d_5 = \sqrt{69000} = 263 \text{ cm}$$

$$d_1 = \sqrt{120060} = 347 \text{ cm}$$

Die Querbelastungen werden im A-Fall bei den längeren Flügeln:

$p_{ov} = 1{,}22$ kg/cm (gegenüber früher 1,41 kg/cm)
$p_{oh} = 1{,}22$ „ („ „ 1,41 „)
$p_{uv} = 1{,}00$ „ („ „ 1,15 „)
$p_{uh} = 1{,}00$ „ („ „ 1,15 „)

Da die Knotenlasten sich gegenüber dem ursprünglichen System bei derselben Flügelfläche und den gemachten Annahmen nicht oder nur ganz unwesentlich ändern (die Belastungsfläche eines jeden Knotens bleibt etwa die gleiche), so bereitet die Berechnung der Stabkräfte nach den auf Seite 38 des ersten Teils dargelegten Formeln keine große Schwierigkeit.

Im folgenden sind die errechneten Stabkräfte aufgeführt und in Klammern jedesmal die ursprünglichen Werte bei der um 12 v. H. kleineren ursprünglichen Spannweite beigefügt. Wegen des großen Einflusses der Staffelung wird bei geändertem Holmabstand und Staffelung die Rechnung für Vorder- und Hinterholm durchgeführt. Da der A-Fall für beide Holme maßgebend ist, so kann die Durchführung dieses Falles hier für einen ersten Vergleich genügen. Es ergeben sich für den Vorderholm die Stabkräfte:

$$\left.\begin{array}{l} A_2' = 892\ (792)\ \text{kg} \\ A_2'' = 492\ (477)\ \text{kg} \\ A_6' = 1188\ (1080)\ \text{kg} \\ A_6'' = 610\ (637)\ \text{kg} \end{array}\right\} \text{ und daraus die Mittelwerte: } \begin{array}{l} A_2 = 692\ \text{kg}, \\ A_6 = 899\ \text{kg}. \end{array}$$

Für den Hinterholm folgt:

$$\left.\begin{array}{l} A_4' = 1292\ (1107)\ \text{kg} \\ A_4'' = 1692\ (1422)\ \text{kg} \\ A_8' = 3359\ (2782)\ \text{kg} \\ A_8'' = 3934\ (3224)\ \text{kg} \end{array}\right\} \text{ und daraus die Mittelwerte: } \begin{array}{l} A_4 = 1492\ \text{kg}, \\ A_8 = 3647\ \text{kg}. \end{array}$$

Zum genauen Vergleich der Holmgewichte sollen zunächst die Trägheitsmomente der Holme berechnet werden. Wir benutzen dazu die auf Seite 264 des zweiten Teiles abgeleitete Vianellosche Näherungsformel:

$$J = J_{Euler} + \frac{M_0 \cdot e}{\sigma}$$

Es wird also zunächst das Euler'sche Trägheitsmoment berechnet und dann der zweite Wert für die Querbelastung $\frac{M_0 \cdot e}{\sigma}$ hinzugefügt. In diesem kann die neue, kleinere Holmhöhe und die gleiche Biegungsspannung, die in der ursprünglichen Berechnung zugrunde lag, verwendet werden. (Eine probeweise Anwendung dieser Vianelloschen Formel auf das ursprüngliche Beispiel bestätigt ihre hinreichende Genauigkeit.) Es ergibt sich nach dieser brauchbaren Formel:

Tafel 45.

Stab	a_2	a_6	a_4	a_8
	cm^4	cm^4	cm^4	cm^4
$J_E =$	$\frac{292^2 \cdot 692}{9{,}86 \cdot 110000} = 54{,}2$	$\frac{230^2 \cdot 899}{9{,}86 \cdot 110000} = 43{,}7$	$\frac{292^2 \cdot 1492}{9{,}86 \cdot 110000} = 116{,}5$	$\frac{230^2 \cdot 3647}{9{,}86 \cdot 110000} = 172{,}0$
$M_0 \cdot \frac{e}{\sigma} =$	$\frac{1{,}22 \cdot 292^2 \cdot 7{,}1}{10 \cdot 260} = 33{,}4$	$\frac{1{,}22 \cdot 230^2 \cdot 7{,}1}{10 \cdot 260} = 17{,}6$	$\frac{1{,}22 \cdot 292^2 \cdot 5{,}8}{10 \cdot 260} = 28{,}1$	$\frac{1{,}22 \cdot 230^2 \cdot 5{,}8}{10 \cdot 260} = 14{,}4$
Gesamtes neues J	$= 87{,}6$	$= 61{,}3$	$= 144{,}6$	$= 186{,}4$
Ursprüngliches J	$= (77)$	(77)	(125)	(125)

Der Vorderholm a_2 und a_6 kann also nach dieser Berechnung mit demselben Trägheitsmoment und demselben Gewicht ausgeführt werden. Die Zunahme der Knicklänge und Knicklast hält mit der Abnahme der Querbelastung sich die Wage. Für den Hinterholm ergibt sich mit einem

Unterschied des Trägheitsmomentes von im Mittel 40 cm⁴ nach der später entwickelten Formel (130) auf Seite 276 ein Gewichtsunterschied

$$\Delta G = l \cdot 0{,}000077 \cdot \Delta J = 672 \cdot 0{,}000077 \cdot 40 = \mathbf{2{,}0\,kg}.$$

Dieser Gewichtsunterschied ist absolut genommen klein und wird etwa durch geringere Rippengewichte, da die Rippen eine geringere Spannweite haben, zum Teil ausgeglichen. In bezug auf das ganze Holmgewicht beträgt er aber schon $^1/_5$. Es folgt also, daß der Einfluß der Spannweite innerhalb der möglichen Grenzen der Änderung bei gleicher Flügelfläche auf das Holmgewicht immerhin einen gewissen Einfluß hat.

b) Verhältnis von Spannweite zu Fachwerkshöhe $b:h$.

Tafel 46.

Verhältnis $b:h$	Einzelwerte in m $b:h$	Flugzeug
5,06	8,35 : 1,65	S. V. A.
5,7	8,55 : 1,50	Bristol Scout F
5,8	15,90 : 2,73	S. S. W. — L. 1
5,9	8,15 : 1,38	S. E. V. a
5,94	7,94 : 1,33	S. S. W. — D 4
5,95	10,10 : 1,70	Rumpler C 10
6,28	8,35 : 1,33	Siemens D 4
6,45	11,8 : 1,83	Ru. C 8
6,5	8,7 : 1,34	Roland D II
6,55	11,95 : 1,82	Argo C 4
6,7	12,35 : 1,85	Rumpler C 4
6,9	12,54 : 1,825	Albatros C 5
6,95	13,30 : 1,92	A. R. (franz.)
7,30	12,93 : 1,80	de Havilland 4
7,4	18,16 : 2,45	A. E G. G 3 u. G 4
7,4	11,83 : 1,60	Bristol Fighter
7,5	10,00 : 1,34	Sopwith Zweisitzer
7,5	18,85 : 2,50	Ru. G 2
7,6	9,85 : 1,3	Sopwith Dolphin
7,6	12,00 : 1,585	Halb. C 8
7,8	13,23 : 1,7	L. V. G. C V
8,0	10,7 : 1,355	Halb. C B II
8,1	35,0 : 4,30	D. F. W. R II
8,3	11,06 : 1,33	Spad Zweisitzer
8,33	14,40 : 1,73	Bréguet 14 B 2
9,13	28,0 : 3,065	Farman Goliath
9,15	13,6 : 1,485	Halb. C V
9,4	19,91 : 2,12	de Havilland 10 a
9,55	42,0 : 4,4	Staaken R
9,76	22,4 : 2,30	Caproni G Zweidecker
9,8	48,0 : 4,90	S. S. W. — R 8
11,3	23,7 : 2,1	Friedrichshafen G III

Die Ergebnisse dieser Tafel unterscheiden sich nicht sehr stark von der Tafel 47 für das Seitenverhältnis. Im allgemeinen ist die Flügeltiefe t dem Flügelabstand h etwa gleich.

Wenn auch die Fachwerkshöhe mit der Spannweite zunimmt,

so bleibt sie im ganzen bei großen Flugzeugen doch kleiner. Bei zunehmender Fachwerkshöhe werden die Stiele zu lang ausfallen. Man muß berücksichtigen, daß nicht nur die Holme, sondern auch die Stiele auf Knickung beanspruchte Glieder sind, die außerdem noch im Luftstrom stehen. Wie schon auf Seite 198 oben gezeigt, hat man für die Fachwerkshöhe einen gewissen Mittelwert gewählt, der die Holmkräfte wohl etwas größer werden läßt, aber andererseits auch die Zunahme der Knicklänge der Stiele mitberücksichtigt.

Für einen Einstieler sind diese widerstreitenden Verhältnisse allgemein auf Seite 315ff. untersucht.

c) Verhältnis von Spannweite zu Flügeltiefe $b:t$. (Seitenverhältnis.)

Tafel 47.

Verhältnis	Spannweite : Flügeltiefe m m	Flugzeug
5,06	8,35 : 1,65	S. V. A.
5,36	8,15 : 1,52	S. E. V. a
5,90	15,90 : 2,70	S. S. W. — L 1
6,0	8,70 : 1,45	Roland D II
6,25	10,00 : 1,60	Sopwith Zweisitzer
6,34	11,00 : 1,73	Ago C 4
6,42	10,10 : 1,60	Rumpler C 10
6,57	13,30 : 2,025	A. R. (franz.)
6,67	8,06 : 1,21	Hanriot D
6,86	12,00 : 1,75	Halb. C 8
7,04	11,80 : 1,68	Ru. C 8
7,16	12,54 : 1,75	Alb. C. 5
7,18	9,85 : 1,37	Sopwith Dolphin
7,20	14,40 : 2,0	Bréguet 14 B 2
7,38	10,70 : 1,45	Halb. C L II
7,44	11,22 : 1,48	Spad Zweisitzer
7,75	12,93 : 1,67	de Havilland 4
7,90	35,0 : 4,40	D. F. W. R II
7,94	7,94 : 1,0	S. S. W. — D 4
8,0	12,35 : 1,55	Rumpler C 4
8,0	13,23 : 1,66	L. V. G. C V
8,05	8,05 : 1,0	Sopwith Dreidecker
8,25	18,16 : 2,20	A. E. G. G III
8,35	8,35 : 1,0	Siemens D 4
8,4	18,85 : 2,25	Rumpler G 2
8,5	13,6 : 1,60	Halb. C V
9,14	28,0 : 3,065	Farman Goliath
9,4	19,91 : 2,12	de Havilland 10 a
9,9	48,0 : 4,850	S. S. W. R 8
10,1	30,5 : 3,045	Handley Page G
10,3	23,7 : 2,3	Friedrichshafen G III
10,5	22,8 : 2,175	Gotha G III
10,5	41,0 : 3,9	Staaken R
10,5	22,4 : 2,13	Caproni G Zweidecker
13,0	17,0 : 1,30	Caudron G 6

Diese Tafel ergibt eine Zunahme des Seitenverhältnisses mit der Spannweite. Daß aber gerade bei den größeren Flugzeugen große Seitenverhältnisse angewendet wurden, geschah nicht nur aus aerodynamischen Gründen zur Verbesserung des Wirkungsgrades der Luftströmung um den Flügel, sondern auch deshalb, um die absolute Wirkung der Druckpunktswanderung bei sehr tiefen Flügeln nicht allzu groß werden zu lassen. Es wird sonst für den Führer ohne Rudermaschine schwer, das große Flugzeug in der Luft zu steuern.

Bei den kleineren Kriegsflugzeugen bedingte die militärische Forderung der Wendigkeit ein geringeres Seitenverhältnis, als es sich vielleicht aus einem Abwägen der statischen und aerodynamischen Verhältnisse ergeben hätte. Das Seitenverhältnis ist für die statische Berechnung kein grundlegendes Maß. Das Raumfachwerk ist durch das Gerüst der Holme festgelegt. Trotzdem wird durch Flügeltiefe und Seitenverhältnis die Möglichkeit für Lage und Entfernung der Holme voneinander gegeben.

d) Größe der überstehenden Holmenden.

Bei der Einteilung des Fachwerksystems ist die Größe der überstehenden Holmenden von Bedeutung, da die freie Knicklänge der Holmfelder hierdurch herabgesetzt werden kann.

α) Zusammenstellung. Länge der überstehenden Enden a_0 und Verhältnis des überstehenden Endes zu dem benachbarten Holmfeld a_1.

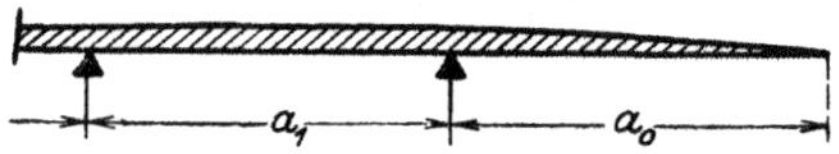

Fig. 70.

(Für a_0 sind Mittelwerte von vorn und hinten eingeführt. Die Zusammenstellung erstreckt sich vor allem auf größere Holmenden.)

Tafel 48.

Verhältnis $a_0 : a_1$	Einzelwerte a_0 in m a_1 in m	Flugzeug
0,25	1,25 : 5,00	Farman Goliath
0,312	1,00 : 3,20	A. E. G. G III
0,38	2,20 : 5,77	D. F. W. R II
0,40	1,13 : 2,85	A. R. (franz.)
0,475	1,06 : 2,23	Halb. C L S I oben
0,478	1,10 : 2,30	Siemens D I
0,492	1,25 : 2,55	Rumpler C 10
0,547	1,21 : 2,22	Spad Zweisitzer
0,591	1,55 : 2,62	L. V. G. C V
0,595	1,88 : 3,16	Halb. C 8 unten
0,646	1,35 : 2,09	Hanriot
0,662	1,21 : 1,83	Sopwith Dolphin
0,717	1,85 : 2,58	Alb. C 5
0,965	1,68 : 1,74	Sopwith Zweisitzer

Mittelwert = 7,510 : 14 = **0,54**

Diese Tafel ergibt für Alb. C 5 die größte Länge des überstehenden Endes von 1,85 cm. Das größte Längenverhältnis liegt bei Sopwith vor.

Als Mittelwert ergibt diese Tafel, bei der freilich meist größere Verhältnisse angeführt sind, 0,54 für das Verhältnis von $a_0 : a_1$.

Im Grenzfalle könnte man auch völlig freitragenden Eindecker nach der Art von Junkers als große überstehende Flügelenden ansehen.

Wenn das überstehende Ende wie bei Albatros D V und Bréguet Bombenflugzeug noch einmal durch ein Kabel abgefangen ist, wurde es in dieser Tafel nicht berücksichtigt.

β) In früheren Zeiten hat man das überstehende Ende unten oft deshalb klein ausgeführt, weil es bei einer schlechten Landung durch Aufschlagen auf den Boden brechen konnte.

Dadurch, daß in neuerer Zeit, hauptsächlich von Fokker und Junkers, Dessau, wesentlich dickere Profile mit Erfolg als Flügelprofile verwendet wurden, ergab sich die Möglichkeit, auch die überstehenden freitragenden Enden der Holme zu vergrößern. Im Innern des dicken Profils kann der Holm wieder in ein Fachwerk aufgelöst und deshalb verhältnismäßig leichter werden (vgl. die Anordnung von Siemens auf Seite 278 und Fig. 116).

Man verlangt jetzt durchgehend eine Festigkeitsberechnung der überstehenden Enden selbst mit gleichmäßig verteilter Last. Früher war wie bei der Gesamtzellenberechnung eine trapezförmige Lastabnahme auf ein Drittel oder die Hälfte der gleichmäßig verteilten Last nach außen zu gestattet. — In der Tat können bei Querruderausschlägen starke Überbeanspruchungen vorkommen.

Von besonderer Bedeutung bei der Bemessung von freitragenden Flügelenden ist die Größe der Durchbiegung, die man zulassen will. Nach der schon in der „Hütte" (22. Auflage, Seite 449) angegebenen Formel ist die zur Konstruktion notwendige Holmhöhe h bestimmt, sobald man die zulässige Biegungsspannung k_b, die Elastizitätszahl E und die zulässige Durchbiegung f am Holmende festgelegt hat. Statt der Durchbiegung selbst kann man besser das Verhältnis $\frac{f}{l}$ annehmen und dabei Werte von etwa $\frac{5}{100}$ zulassen.

Die Formel lautet bei gleichmäßiger Belastung;

$$f = \frac{1}{2} \cdot \frac{k_b}{E} \cdot \frac{l^2}{h} \qquad \ldots \ldots \ldots \ldots (107)$$

oder

$$h = \frac{1}{2} \cdot \frac{k_b \cdot l^2}{E \cdot f}$$

Bei einer Dreieckslast an Stelle des Rechtecks ergibt sich statt des Beiwertes $\frac{1}{2}$ der neue Beiwert von $\frac{2}{5}$.

Dieser Ausdruck liefert für Holz und Stahl ähnliche Durchbiegungen, da man für Holz

$$\frac{k_b}{E} = \frac{700}{100000} = \frac{7}{1000}$$

und für Stahl

$$\frac{k_b}{E} = \frac{15000}{2150000} = \frac{7}{1000}$$

annehmen kann. Wenn im allgemeinen bei Stahlrohrholmen größere Durchbiegungen der Flügel beobachtet wurden, so hat das seinen Grund nur darin, daß bei der Verwendung von Stahl für Holme meist eine geringere Konstruktionshöhe benutzt wurde.

Ordnet man ein großes überstehendes Ende an, so muß der Steifigkeit des Flügels der größte Wert beigemessen werden. Ist der Flügel weniger steif, so wird sich beim Ausschlagen des Querruders der ganze Flügel in sich derart verdrehen, daß gerade die entgegengesetzte aerodynamische Wirkung eintritt, wie diejenige, welche das Querruder für sich allein hervorgerufen hätte. Das Querruder wirkt in diesem Falle zusammen mit dem Flügel etwa in der gleichen Weise wie der Flettnersche Ausgleich eines Steuerorganes.

Um auf nicht zu große Holmgewichte zu kommen, wird man den Holm außen als Körper gleicher Festigkeit auch in bezug auf die Höhe zulaufen lassen. Es liegt in diesem Fall nahe, nicht überall dieselbe Rippe zu verwenden, sondern die Rippenhöhe bis zu einer gewissen Stärke den verschiedenen Holmhöhen anzupassen. Man hat dann nicht mehr den gewohnten Vorteil der Anfertigung von nur gleichen Rippen. Das Ergebnis kann jedoch günstiger sein.

Zusammenfassend kann man größere überstehende Enden nur empfehlen. Wie die Reihe der neueren freitragenden Flugzeuge zeigt, ist es heute möglich, die reine Biegung ohne zu großen Materialaufwand aufzunehmen. Je größer das überstehende Ende ist, desto kleiner wird die Knicklänge des Holmfeldes. Außerdem ist ein großes Stützenmoment über dem Stiel zur Entlastung des Feldmomentes meist nicht unerwünscht. —

2. Einfluß des Holmabstandes.

a) Die wagrechten Kräfte, die auf den Flügel wirken, sind im Vergleich zu den senkrechten klein. Infolgedessen wird auch die Änderung des Holmabstandes im Flügel zunächst ohne größeren Einfluß sein.

Die auf Seite 38 des ersten Teiles angeschriebenen allgemeinen Formeln des Zweistielers sollen für eine Änderung der Holmentfernung s untersucht werden.

Im A-Fall ergibt sich:

Die Hauptdiagonalen, die Gegendiagonalen, die Flügelstiele und die Kräfte in den Innenstielen sind von der Holmentfernung im allgemeinen unabhängig. Die Innendiagonalen c werden bei größerem Holmabstand etwas weniger belastet. Ihre Beanspruchungen sind im allgemeinen dem Wert:

$$\frac{c}{s} = \sqrt{\frac{h^2}{s^2} + 1}$$

proportional, nehmen also nicht in der gleichen Weise ab, wie der Holmabstand s zunimmt.

Die Holmkräfte werden bei der Verkleinerung des Holmabstandes um etwas kleiner. Der Beitrag der wagrechten Lasten spielt jedoch nur bei Staffelung eine Rolle. Es macht also hier die Änderung des Holmabstandes nur wenig aus.

Im B-Fall sind die Verhältnisse etwas weniger übersichtlich. Hier spricht auch die statisch unbestimmte Größe X_a im Tiefenkreuz mit. Durch die größere Breite des Systems ändert sich die Richtung des Tiefenkreuzkabels und damit der Anteil der senkrechten und wagrechten Teilkräfte. Da sich aber außerdem die Längen der Innendiagonalen vergrößern, so werden unter sonst gleichen Verhältnissen die Beiträge der Innenkabel zu den Elastizitätsgleichungen größer. Man folgt jedoch mehr den tatsächlichen Verhältnissen, wenn man, wie schon im ersten Teil, Seite 84, erwähnt, die Innendiagonale gegen die Steifigkeit der Rippen vollkommen vernachlässigt. Der Beitrag der Haupttragkabel nimmt dagegen ab, so daß im ganzen der Wert der statisch Unbestimmten sich kaum ändert. Eine für das Normalbeispiel der Flugzeugmeisterei durchgeführte Vergleichsrechnung ergab für eine Änderung von 12,5 % auf kg genau den gleichen Zahlenwert für X_a. Daher gelten auch für den B-Fall die gleichen, dargelegten Änderungen der Stabspannungen mit der Holmentfernung wie im A-Fall.

Für den C-Fall, in dem wegen der Torsion die größere Holmentfernung schon einige Bedeutung hat, wollen wir ein Beispiel durchrechnen.

Wir legen das mehrfach (vgl. Seite 52 und Seite 81) zu zahlenmäßigen Vergleichen herangezogene Normalbeispiel der Flugzeugmeisterei für einen Zweistieler zugrunde. Der Holmabstand, der ursprünglich 80 cm betrug, soll um 10 cm auf 90 cm vergrößert werden. Dies ist eine Änderung um 12,5 v. H., die im Rahmen des Systems und der Flügeltiefe noch gut ausführbar erscheint.

Zunächst soll X_a berechnet werden. Wir ermitteln die einzelnen Summenglieder und stellen ihnen in Klammern die Werte der ursprünglichen Rechnung gegenüber.

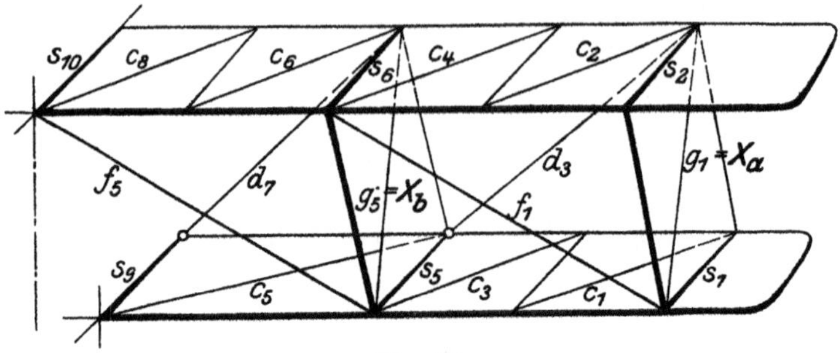

Fig. 71.

Die in Fig. 71 eingetragenen Stäbe haben dann folgende Längen:

	F cm²	$\alpha = \frac{l^1}{F \cdot \nu'}$
$s = 90$ cm (80 cm)		
$c_1 = c_3 = c_2 = c_4 = 158{,}1$ cm (152,6)	$= 0{,}0491$	$\alpha = 1840\ (1773)$
$c_5 = 179{,}3$ cm (172,2)	$= 0{,}0962$	$\alpha = 1070\ (1028)$
$c_6 = c_8 = 134{,}2$ cm (128,1)	$= 0{,}0962$	$\alpha = 785\ (750)$
$g_1 = g_5 = 184{,}5$ cm (182,5)	$= 0{,}0336$	$\alpha = 5110\ (5060)$
$1 : g = 0{,}00542$ (0,00548)		
$d_3 = 328{,}2$ cm	$= 0{,}0687$	$\alpha = 4440\ (4440)$
$d_7 = 242{,}7$ cm	$= 0{,}0687$	$\alpha = 2250\ (2250)$
$f_1 = 320{,}2$ cm	$= 0{,}0687$	$\alpha = 4440\ (4440)$
$f_5 = 273{,}5$ cm	$= 0{,}100$	$\alpha = 3712\ (3712)$

Mit diesen Hilfswerten errechnet man die Summengrößen der Elastizitätsgleichung. (Vergleiche auch Seite 56, 81 und Seite 91.)

Tafel 49.

Stab	S_o	S_a	S_b	α	δ_{mb}	δ_{ma}	δ_{ab}	δ_{bb}	δ_{aa}
F_1	1302	1,735	—	4440	+10030	—	—	—	13365
D_3	1302	1,735	—	4440	+10030	—	—	—	13365
C_1	309	0,857	—	1840	+ 488	—	—	—	}
C_3	309	0,857	—	1840	+ 488	—	—	—	} 5404
C_2	548	0,857	—	1840	+ 867	—	—	—	}
C_4	548	0,857	—	1840	+ 867	—	—	—	}
F_5	2160	1,516	1,516	3712	+12160	+12160	8445	8445	8445
D_7	1914	1,315	1,315	2250	+ 5663	+ 5663	3890	3891	3890
C_5	749	0,972	0,972	1070	− 779	− 779	1011	1010	1011
C_6	847	0,727	0,727	785	+ 485	+ 485	415	415	415
C_8	847	0,727	0,727	785	+ 485	+ 485	415	415	415
G_1	—	1,000	—	5110	—	—	—	—	5110
G_5	—	—	1,000	5110	—	—	—	5110	—
			Summe =		$38830 \cdot 10^3$	$18014 \cdot 10^3$	14176	19286	51419

Die statisch unbestimmte Größe ergibt sich nun bei zwei statisch Unbestimmten nach der Formel

$$X_a = \frac{\delta_{ma} \cdot \delta_{bb} - \delta_{mb} \cdot \delta_{ab}}{\delta_{aa} \cdot \delta_{bb} - \delta_{ab}^2}$$

Setzt man die errechneten Zahlenwerte ein, so folgt

$$X_a = \frac{748\,856 - 255\,334}{991{,}6 - 200{,}93} = \frac{493\,500}{790{,}7} = \mathbf{624{,}1\ kg}$$

gegenüber 628,8 kg in dem ursprünglichen System.

Die ursprünglichen Zahlenwerte waren dabei die Summen:

$$\delta_{ma} = 38\,985 \cdot 10^3$$

$$\delta_{mb} = 17\,927 \cdot 10^3$$

$$\delta_{ab} = 13\,992 \cdot 10^3$$

$$\delta_{bb} = 19\,052 \cdot 10^3$$

$$\delta_{aa} = 51\,358 \cdot 10^3$$

Die Kraft im Tiefenkreuzkabel ist also rechnungsmäßig um 4,7 kg kleiner. Eine Verkleinerung ist einerseits zu erwarten. Das Raumfachwerk muß durch den größeren Holmabstand schon etwas steifer werden. Andererseits ist aber die Änderung derartig klein, daß es sich nicht verlohnt, in ähnlichen Fällen eine neue Rechnung aufzustellen. — Die Momentenmethode von Seite 47 hätte in einfacher Weise zu dem gleichen Ergebnis geführt. —

b) Verhältnis von Flächenabstand *h* zu Holmabstand *s* im Flügel.

Tafel 50.

Flugzeug	$h:s$	Einzelwerte in m h s
Sopwith Zweisitzer	1,44	1,34 : 0,93
Roland D II	1,61	1,34 : 0,838
S. S. W. R 8	1,63	4,90 : 3,00
Bréguet B	1,73	1,73 : 1,00
Caproni G Zweidecker	1,76	2,30 : 1,30
Halberstadt C 8	1,76	1,554 : 0,884
Staaken R	1,77	4,40 : 2,48
S. S. W. L 1	1,82	2,73 : 1,52
Halb. C. L. S. I	1,83	1,42 : 0,775
Sopwith Dolphin	1,87	1,30 : 0,695
D. F. W. R II	1,87	4,30 : 2,30
S. E. V. a	1,94	1,38 : 0,71
de Havilland 4	1,96	1,80 : 0,92
Handley Page	2,04	3,44 : 1,685
Ru. G 2	2,08	2,50 : 1,20
Fdh. G III	2,10	2,10 : 1,00
Spad S II	2,15	1,335 : 0,622
A. R. (franz.)	2,15	1,92 : 0,90
A. E. G. G III	2,23	2,45 : 1,10
Alb. C 5	2,29	1,83 : 0,80
Ago C 4	2,30	1,73 : 0,75
Ru. C 4	2,44	1,83 : 0,75
Ru. C 8	2,53	1,90 : 0,75
Ru. C 10	2,72	1,70 : 0,625
S. S. W. D 4	2,82	1,33 : 0,47

In dieser Tafel sind bei *V*-Form der Flügel Mittelwerte für den Flügelabstand *h* und ebenso Mittelwerte für verschiedene Holmabstände *s* oben und unten eingeführt. Das Maß $h:s$ ist für den statischen Aufbau besonders wichtig. Nicht durch die Flügeltiefe, sondern durch die Holme und durch ihren Abstand und ihre Entfernung voneinander ist das statische Gebilde des Prismenfachwerks einer Flugzeugzelle festgelegt.

c) Verhältnis der Größe des Oberflügels zu der des Unterflügels.

In diesem Punkte bedingen im allgemeinen die aerodynamischen und statischen Forderungen entgegengesetzte Verhältnisse.

Aerodynamisch ist der Doppeldecker mit geringer Flügelfläche unten günstig. Er wird immer günstiger, je mehr er sich dadurch dem Eindecker nähert.

Vom statischen Standpunkt aus ist es wegen des großen Momentes im C-Fall (Sturzflug) erwünscht, eine möglichst große Holmentfernung besonders im Unterflügel zu besitzen. Je größer die Flügeltiefe ist, desto weiter werden bei sonst ähnlichen Verhältnissen in der normalen Zelle die Holme auseinanderliegen und desto geringere Kräfte werden in den Gurten, d. h. in den Holmen der wagrechten Fachwerkscheibe, die dann eine größere Konstruktionshöhe haben, auftreten. Es ist jedoch auch möglich, durch eine Stirnverspannung außerhalb des Flügels die nötige größere Konstruktionshöhe zu gewinnen.

Zum Ausgleich der beiden entgegenstehenden Verhältnisse hat man deshalb bei einer Reihe bewährter Flugzeuge Ober- und Unterflügel gleich tief gebaut.

Auf andere Weise kommt beispielsweise der Spad den Forderungen nach größerem Holmabstand unten nach. Trotzdem seine Flügeltiefe unten um 100 mm kleiner ist wie oben, ist der Holmabstand unten dennoch 155 mm größer wie oben. Diese Lösung der widerstreitenden statischen und aerodynamischen Verhältnisse erscheint wohl als die beste, da es leichter sein dürfte, für den Unterflügel eine andere Profilform zu finden, die noch weit genug hinten genügend Höhe für den Hinterholm besitzt. Gerade in diesem Punkte, der Zuordnung verschiedener Ober- und Unterflügelprofile, bleibt heute noch viel zu tun übrig.

Tafel 51.

Verhältnis	Fläche oben : Fläche unten	Flugzeug
1,06	44,3 : 41,7 m²	Friedrichshafen G III
1,06	11,8 : 11,0 „	S. E. V. a
1,12	7,83 : 6,98 „	S. S. W. D 4
1,17	21,1 : 18,0 „	Halb. C 8
1,18	26,4 : 22,36 „	Bréguet Bombenfl.
1,20	37,7 : 31,2 „	A. E. G. G III u. G IV
1,21	16,3 : 13,5 „	Spad Zweisitzer
1,22	41,18 : 34,38 „	Rumpler G 2
1,23	19,5 : 15,85 „	Rumpler C 8
1,235	23,7 : 19,2 „	L. V. G. C 5
1,325	17,1 : 12,9 „	Halb. C L 2
1,35	10,4 : 7,7 „	Hanriot
1,48	20,1 : 13,5 „	Rumpler C 4
2,11	10,36 : 4,92 „	Nieuport 27

Bei Wasserflugzeugen mit dem Widerstand von zwei Schwimmern unten können die aerodynamischen Verhältnisse anders liegen und eine recht große untere Flügelfläche bei kleiner oberen Fläche als günstig erscheinen lassen.

Durch die Anordnung von Schwimmern und Schwimmerstreben liegt der Schwerpunkt des schädlichen Widerstandes tiefer wie bei den Landflugzeugen.

In dieser Richtung angestellte neue Versuche mit großen Flugzeugen hatten günstige Ergebnisse für ein umgekehrtes Flächenverhältnis. —

3. Einfluß der Fachwerkshöhe *h*. (Flügelabstand.)

Die Änderung der Fachwerkshöhe ist allgemein von größerem Einfluß auf die Stabkräfte.

Die senkrechten Kräfte haben einen wesentlich größeren Anteil an der Zellenbelastung wie die wagrechten Kräfte, deshalb hat auch die Änderung der Fachwerkshöhe eine größere Bedeutung wie die Änderung des Holmabstandes. Die Änderung der Fachwerkshöhe besteht statisch betrachtet im wesentlichen darin, daß auf der einen Seite die Längskräfte in den Holmen kleiner werden und daß dafür auf der anderen Seite die Knicklängen der Stiele zunehmen. Es muß demnach untersucht werden, um wieviel diese beiden Änderungen auf die Gesamtgewichte der Holme und Stiele einwirken. Da das Verhältnis von Fachwerkshöhe zur Flächentiefe im Mittel gleich 1 ist, so genügt es, wenn wir in dem Normalbeispiel der Flugzeugmeisterei für den Zweistieler die drei Fälle untersuchen:

a) $h:t = 0{,}85$ d. h. $h = 153$ cm,

b) $h:t = 1{,}00$ „ $h = 180$ cm,

c) $h:t = 1{,}15$ „ $h = 207$ cm in unserem Beispiel.

Aus den allgemeinen Formeln von Seite 37ff. des ersten Teiles ergibt sich, daß sämtliche Holmkräfte im A-Fall der Fachwerkshöhe h umgekehrt proportional sind. Wir können deshalb, um Raum zu sparen, aus den im Normalbeispiel mit $h = t$ berechneten Werten folgende Stabkräfte der Oberholme sofort anschreiben.

Tafel 52.

Stab	$h:t = 0{,}85$	$h:t = 1{,}00$	$h:t = 1{,}15$
A_2	930 kg	792 kg	690 kg
A_6	1270 „	1080 „	940 „
A_4	1680 „	1422 „	1240 „
A_8	3800 „	3224 „	2800 „

Die Holmgewichte wollen wir wiederum nach der genäherten Vianelloschen Gleichung Seite 264 berechnen. Da die Querbelastung und die Feldweite sich hier nicht ändert, so ist der zweite Beitrag zu dem Trägheitsmoment: $M_0 \cdot \frac{e}{\sigma}$ in allen drei Fällen derselbe. Das wirkliche Trägheitsmoment, das bei derselben Größtspannung notwendig ist, wird gewonnen, indem man diesen in dem Normalbeispiel berechneten gleichbleibenden Wert zu den verschiedenen Eulerschen Trägheitsmomenten hinzuzählt (vgl. Seite 199 und 264).

Die Trägheitsmomente werden dann für die verschiedenen Fälle:

Tafel 53.

Stab	$h:t = 0{,}85$ $J_E + M_0 \frac{e}{\sigma} = J\,\text{cm}^4$	$h:t = 1{,}00$ $J_E + M_0 \frac{e}{\sigma} = J\,\text{cm}^4$	$h:t = 1{,}15$ $J_E + M_0 \frac{e}{\sigma} = J\,\text{cm}^4$
A_2	58,0 + 27,2 = 85,2	49,8 + 27,2 = 77	42,9 + 27,2 = 70,1
A_6	46,9 + 37,7 = 84,6	39,3 + 37,7 = 77	34,6 + 37,7 = 72,3
A_4	104 + 17,4 = 121,4	88,6 + 17,4 = 106	77,2 + 17,4 = 94,6
A_8	140 + 6,1 = 146,1	118,9 + 6,1 = 125	103 + 6,1 = 109,1

Benutzen wir wiederum die auf Seite 276 des II. Teiles dargelegten Gleichungen für die Holmgewichte, so ergibt sich für Vorder- und Hinterholm oben:

Tafel 54.

A_2	2,74 kg	2,59 kg	2,47 kg
A_6	2,10 „	1,99 „	1,92 „
A_4	3,88 „	3,58 „	3,46 „
A_8	3,38 „	3,04 „	2,80 „

und ein Gesamtgewicht für die Oberholme:

12,10 kg, 11,20 kg, 10,65 kg.

Nehmen wir der Einfachheit halber an, daß die Unterholme sich in demselben Verhältnis ändern, so wird das ganze Holmgewicht verdoppelt, zu:

24,20 kg 22,40 kg 21,30 kg.

Das Gewicht der Stiele ergibt sich aus dem Normalbeispiel bei einer Stiellänge r' von

$h:t = 0{,}85$ $h:t = 1{,}00$ $h:t = 1{,}15$

$r' =$ 151 cm, 176 cm, 203 cm,

indem man die Trägheitsmomente der Stiele und ihr Gewicht G nach Gleichung 122a Seite 260 errechnet.

Tafel 55.

	$h:t = 0{,}85$		$h:t = 1{,}00$		$h:t = 1{,}15$	
	J cm⁴	G kg/cm	J cm⁴	G kg/cm	J cm⁴	G kg/cm
R_1	0,736	0,0123	1,000	0,0136	1,33	0,0150
R_3	0,565	0,0113	0,767	0,0124	1,02	0,0138
R_5	1,075	0,0139	1,466	0,0155	1,94	0,0170
R_7	1,100	0,0141	1,492	0,0157	1,99	0,0172
		$\Sigma G = 0{,}0516$		$\Sigma G = 0{,}0572$		$\Sigma G = 0{,}0630$

Durch Vervielfachen mit der Stiellänge erhält man das gesamte Stielgewicht:

$151 \cdot 0{,}0516$ $176 \cdot 0{,}0572$ $203 \cdot 0{,}0630$

$G_{St} = 7{,}80$ kg, $= 10{,}1$ kg, $= 12{,}8$ kg.

Zählt man nun diese Stielgewichte zu den oben berechneten Holmgewichten, so ergibt sich ein veränderliches Gesamtgewicht:

	Fall a.	Fall b.	Fall c.
$G_{Stiel} =$	7,8	10,1	12,8
$G_{t\,Holm} =$	24,2	22,4	21,3
$G_t =$	**32,0 kg**,	**32,5 kg**,	**34,1 kg**.

Es zeigt sich also, daß innerhalb des aerodynamisch günstigen Bereiches die Stiele mehr an Gewicht zunehmen, als die Holme abnehmen. Berücksichtigt man außerdem, daß mit größerer Fachwerkshöhe noch die Widerstände der Stiele und Kabel wachsen, so kann von statischem Gesichtspunkt aus eine Vergrößerung der Fachwerkshöhe $h = t$, wenigstens bei normalen Stielen, nicht empfohlen werden. Die entwickelte Rechnung ist jedoch nur überschläglich und macht auf allgemeine Gültigkeit keinen Anspruch. Wird bei einem größeren Flügelabstand die Knicklänge der Stiele ungewöhnlich groß, oder treten sonst sehr große Knickkräfte in den Stielen auf, so kann das Abfangen der Stiele durch einen dünnen Draht in der Stielmitte in Betracht gezogen werden. Dies ist bei mehreren Riesenflugzeugen ausgeführt. Der Draht hat nicht die Aufgabe, größere Kräfte zu übernehmen. Er dient nur dazu, die dem Knicken vorausgehenden Durchbiegungen in Stielmitte zu verhindern und so durch Schaffung eines Wendepunktes der Biegungslinie, eine höhere Knicksicherheit zu geben.

Schon das Riesenflugzeug von Sikorski hat die Stiele zweimal abgefangen, während ein einmaliges Abfangen später bei Caproni und bei Staaken zweckmäßig ausgeführt wurde.

Die Entscheidung der aufgeworfenen Frage liegt also auf dem Gebiete der Aerodynamik.

Zusammenstellung des Verhältnisses: Flügelabstand und Flügeltiefe $h:t$.

Tafel 56.

Firma und Type	$h = \frac{h_i + h_a}{2}$	$t = \frac{t_0 + t_u}{2}$	$h:t$
F. E. (englisch) . . .	137	100	1,37
L. V. G. B I	200	150	1,332
Siemens D IV	133	100	1,33
Siemens R	602	470	1,296
Alb. C II	228	180	1,267
Nieuport 27	127	100,5	1,262
V. G. O. R	500	400	1,250
Rumpler C II	186	150	1,240
Linke Hofmann R . .	440	360	1,220
A. E. G. C IV	197	165	1,195
B. E II	200	168	1,190
Roland D 9	140	117,5	1,190
Rumpler C IV	190	160	1,188
Alb. D III	150	130	1,155
L. V. G. C IV	185	165	1,121
Caudron G IV	145	130	1,113
Rumpler G II	250	225	1,110
Rumpler C I	187	170	1,102
Alb. C 12	185	170	1,092
A. E. G. G 3 u. 4 . .	245	225	1,090
Rumpler C 8	183	168	1,090
Caproni Doppeldecker	230	213	1,080
De Havilland 4 . . .	180	167	1,075

Firma und Type	$h = \frac{h_i + h_a}{2}$	$t = \frac{t_0 + t_u}{2}$	$h : t$
D. F. W. C V	184	173	1,073
Aviatik C I	200	187	1,072
Bristol Scout. F . . .	159	150	1,060
Rumpler C X	170	160	1,060
Hannover C II . . .	185	175	1,056
Friedrichshafen G I .	190	180	1,053
Bréguet	200	190	1,051
Ago C 4	182	173	1,050
Fokker D 4	132	125	1,049
A. E. G. R	500	480	1,042
Alb. C 5	183	178	1,042
Fokker D 5	128	112	1,025
L. V. G. C 5	170	166	1,025
S. S. W. R 8	490	485	1,013
Ago C I	174	170	1,012
S. S. W. L 1	273	270	1,011
S. V. A.	165	165	1,000
Farman Goliath . . .	306,5	306,5	1,000
De Havilland X . . .	212	212	1,000
L. V. G. C 2	171	171	1,000
Sopwith	164	167	0,983 gesta.
Hanriot D	118	121	0,975
Gotha G 2	222	230	0,967
Caudron	145	150	0,965
Euler D 2	115	120	0,960
Sopwith Dolphin . .	130	137	0,950 gesta.
A. R. I	192	202	0,945
Halberst. C. L. S I . .	142	150	0,945 gesta.
Halberst. C. L II . .	135,5	145	0,935 gesta.
Halberst. C 5	148,5	160	0,935
Bristol Fighter . . .	160	172	0,930
Halberst. C 8	155,5	167,5	0,928
Albatros C 6	166	180	0,926
Roland D 2	134	145	0,925
Roland C I	165	180	0,916
Friedrichshafen G 3 .	210	230	0,915
Euler D I	146	160	0,912
S. E. V. a	138	152	0,908
Nieuport	118	130	0,907
Martinsyde Einsitzer .	162,5	180	0,904
Spad Zweisitzer . . .	134	148	0,904 gesta.
Bréguet Bombenflugz.	173	200	0,865 gesta.
Friedrichshafen D I .	145	170	0,855
Bristol Bomber . . .	220	258	0,854
Siemens Nieuport . .	109	130	0,844
L. F. G. C II	132	156	0,840
Linke-Hofmann C I .	130	155	0,837
Sopwith Zweisitzer . .	134	160	0,836 gesta.
Nieuport 12	140	170	0,825
Albatros G 3	231	290	0,800
Siemens Stef. R. . .	250	320	0,782

Von vielen der aufgeführten Flugzeuge sind die Leistungen allgemein bekannt. Es wird deshalb dem Flugzeugbauer nicht schwer sein, die vorstehende Tafel 56 zu werten und auf vorliegende Aufgaben anzuwenden. Neben dieser Tafel ist jedoch auch die Zusammenstellung der Seitenverhältnisse Seite 201 gleichzeitig zu beachten.

Der Mittelwert von einer sehr großen Reihe deutscher und anderer Flugzeuge ergibt also eine Fachwerkshöhe, die etwas kleiner wie die Flügeltiefe ist.

Wie Dipl.-Ingenieur Roland Eisenlohr in „T. B. III", Seite 251, hervorhebt, geben in vielen Fällen konstruktive Gesichtspunkte den Ausschlag. Soll z. B. der Oberflügel etwa in Augenhöhe liegen, so ist damit der Flügelabstand ungefähr gegeben. Es wird dann nur noch das Seitenverhältnis und das Verhältnis von Ober- zu Unterflügel veränderlich und zu bestimmen sein.

Im folgenden soll untersucht werden, wie sich eine günstigste Fachwerkshöhe näherungsweise bestimmen läßt.

Für eine große Fachwerkshöhe sprechen:

a) die geringeren gegenseitigen aerodynamischen Störungen der beiden Flügel;

b) die meist geringeren Holmgewichte.

Gegen eine große Höhe sprechen:

a) die größeren Widerstände von den längeren Stielen und Kabeln;

b) die größeren Gewichte der längeren Stiele und Kabel.

Der Begriff „günstigste Fachwerkshöhe" soll genauer festgelegt werden.

α) Zunächst sei die Aufgabe so gestellt: Welche Fachwerkshöhe ist die günstigste, wenn die Geschwindigkeit des Flugzeugs, dessen übrige Daten festliegen, in einer bestimmten Flughöhe einen Größtwert erreichen soll? In der oben auf Seite 189 entwickelten allgemeinen Gleichung (102) ändert sich durch die Fachwerkshöhe zunächst der Wert d, der durch die von Prandtl angegebene Gleichung (103) festgelegt ist. Die von den beiden Flügeln eingeschlossene Fläche F' (siehe Fig. 66) wird mit der Fachwerkshöhe größer. Außerdem ändert sich das Gesamtgewicht G um die Beiträge der Holm-, Stiel- und Kabelgewichte. Schließlich ergeben sich neue Beiwerte e oder c_w'' durch die neuen Beiträge der Stiele und Kabel. Sind diese drei Größen d, G und e berechnet, so kann man ohne weiteres die neue Geschwindigkeit finden. Es ist hier zweckmäßiger, für etwa drei verschiedene Fachwerkshöhen die Geschwindigkeiten unmittelbar auszurechnen, als durch Differenziation die Bildung eines Kleinstwertes zu versuchen. Die Auflösung der Bedingungsgleichung macht meist zu große rechnerische Schwierigkeiten. Freilich erfordert die Geschwindigkeitsrechnung selbst einige Arbeit, aber derartige Rechnungen sind doch immer noch wesentlich billiger als die Ausführung und der Versuch mit mehreren verschieden hohen Flugzeugzellen.

β) Wenn diejenige Fachwerkshöhe gesucht ist, die eine größte Gipfelhöhe für ein gegebenes Flugzeug liefert, so geht man in der gleichen Weise vor.

Die Werte G und $\frac{c_a^3}{c_w^2}$ ändern sich in der Gleichung 100 für die Gipfelhöhe. Der Wert von d ist wieder schnell nach der Formel von Prandtl zu berechnen. Welche Gewichtsänderungen die Stiele und Kabel etwa bedingen, kann man vergleichsweise aus den ähnlichen Rechnungen auf Seite 261 und 323 ersehen.

Man wird am schnellsten so vorgehen, daß man etwa ein Verhältnis von $h:t = 0{,}85$, 1,00 und 1,15 zugrunde legt und für diese drei Werte die ganze Rechnung in jedem Falle ausführt. Dadurch, daß Seitenverhältnis und Flügelfläche unverändert bleiben, ist der Umfang dieser Rechnung einigermaßen begrenzt. —

4. Die Flächenbelastung.

In den meisten Fällen ist die Flächenbelastung mit der Ausgangspunkt für die Bestimmung der Flügelgröße und damit auch für die Größe und für die Verhältnisse des Fachwerks. Auf eine Wiedergabe der einzelnen Flächenbelastungen bei den bewährten Kriegsflugzeugen wollen wir verzichten, da sich diese Verhältnisse bei den Flugzeugen des Friedens von Fall zu Fall wohl ändern werden. Dr. Everling hat in seiner Abhandlung: „Über die Vergrößerung der Flugzeuge“, „T. B.“ II, eine recht gute und umfassende Zusammenstellung gegeben. Die Werte sind jedoch wegen der Unsicherheit in der Annahme der Nutzlast immer etwas schwankend. Auch könnte sich das englische Vorgehen empfehlen, nur die Hälfte der Querruderfläche bei der Berechnung der Flächenbelastung mit in Rechnung zu setzen.

Im allgemeinen ist man im Laufe der Zeit mit der Wahl der Flächenbelastung immer weiter heraufgegangen und hat oft die größere Landegeschwindigkeit in Kauf genommen.

Für Doppeldecker gilt heute:

Kleinstwert	für	Sopwith Einsitzer, 90 PS le Rohne .	23,4	kg/m²
Mittelwert	„	voll seefähige Wasserflugzeuge . . .	31	„
„	„	beschränkt seefähige Wasserflugzeuge	38	„
„	„	schwerbelastete Landflugzeuge . . .	42	„
„	„	normale Landflugzeuge	47	„
Größtwert	nach	Dr. Everling C. k. 200 Benz	59	„

Die Wahl der Einheitsbelastung ist zunächst von dem Flugzeugsystem abhängig. Wegen der gegenseitigen Beeinflussung der Flügel muß man bei einem Doppeldecker die Flächenbelastung geringer annehmen als bei einem Eindecker, um das gewählte Flügelprofil in einer gleich günstigsten Anstellung auszunutzen. Bei einem Mehrdecker werden sich die aerodynamischen Verhältnisse noch ungünstiger gestalten, d. h. die Flächenbelastung muß noch kleiner angenommen werden.

Soweit die Verhältnisse voneinander unabhängig sind, kann man sagen:

Die Wahl einer bestimmten Flächenbelastung legt unter sonst gleichen Umständen einen bestimmten Auftriebsbeiwert c_a für den Flug fest. Die größere Flächenbelastung bedingt dann einen größeren Auftriebsbeiwert c_a. Im allgemeinen wird dadurch mit größerem Auftriebsbeiwert auch der Widerstand der Flügel größer.

Die Geschwindigkeit des wagrechten Fluges nimmt mit der Flächenbelastung nach Gleichung (102) zu. Aber auch die kleinstmögliche Geschwindigkeit, d. h. die Landegeschwindigkeit, wächst mit zunehmender Flächenbelastung. Mit der Forderung einer gewissen Landegeschwindigkeit ist somit die Grenze für die größte Flächenbelastung nach obenhin gegeben. Die Gipfelhöhe und die Steigleistung nehmen mit zunehmender Flächenbelastung nach Gleichung (100) ab.

In welchem Maß die Flächenbelastung unter sonst gleichen Verhältnissen die Steigleistung und die wagrechte Geschwindigkeit des Flugzeugs beeinflußt, soll folgendes Beispiel zeigen.

Wir legen wiederum das schon früher (s. Seite 191 und Seite 285) betrachtete Wasserflugzeug zugrunde. Obwohl wir eine Änderung der Flächenbelastung betrachten wollen und in der Gleichung für die Gipfelhöhe:

$$H = 7280 \cdot \log \left[358 \cdot \frac{\dfrac{c_a^3}{c_w^2} \cdot \eta^2}{\left(\dfrac{G}{N_e}\right)^2 \cdot \dfrac{G}{F}} \right]$$

die Flächenbelastung $G:F$ unmittelbar vorkommt, wollen wir trotzdem die Änderung der Flächenbelastung durch eine Änderung der Fläche selbst erreichen. In dem zweiten folgenden Vergleich für die Geschwindigkeit käme nämlich eine direkte Änderung der Flächenbelastung tatsächlich nur einer Gewichtsänderung gleich.

(Man könnte die oben angeschriebene Formel nach F auflösen. Es ist jedoch einfacher, verschiedene Werte von F unmittelbar in die gegebene Form der Gleichung einzusetzen und die zugehörige Gipfelhöhe zu errechnen.)

In unserem Beispiel ergibt sich dann mit $\frac{G}{N_e} = 10$, $\eta = 0{,}74$, $\frac{c_a^3}{c_w^2} = 34{,}5$

$$H = 7280 \cdot \log (0{,}0308 \cdot F)$$

Diese Gleichung ausgewertet, liefert:

$$\begin{array}{llll} F = 49{,}0\ \mathrm{m}^2, & 92{,}4\ \mathrm{m}^2, & 157\ \mathrm{m}^2, & 281\ \mathrm{m}^2, \\ H = 650\ \mathrm{m}, & 3290\ \mathrm{m}, & 5000\ \mathrm{m}, & 6820\ \mathrm{m}. \end{array}$$

Diese Ergebnisse sind in untenstehender Fig. 72 dargestellt.

Einfluß der Flügelgröße auf die Geschwindigkeit.

Wir legen die auf Seite 189 benutzte Formel zugrunde. Würden wir die Flächenbelastung als Unbekannte ansehen, so ergäbe sich, da das Gewicht nur in der Verbindung mit $F = x$ als Flächenbelastung auftritt, die Fläche aber noch einmal zusammen mit der Motorleistung vorkommt, eine Abhängigkeit, die nichts anderes als eine Änderung des Gewichtes bei gleichbleibender Fläche darstellt. Wir wollen also die Fläche x ändern und außer der Geschwindigkeit v alle übrigen Größen als unveränderliche Werte annehmen. Es folgt dann aus (102):

$$v^4 = \frac{2 \cdot h \cdot G \cdot 2\,g}{\mathfrak{R} \cdot \gamma} \cdot \frac{v^2}{x} + p \cdot \frac{N_e \cdot \eta \cdot 75 \cdot 2\,g}{\mathfrak{R} \cdot \gamma}\,\frac{v}{x} - \left(\frac{2\,g}{\gamma}\right)^2 \cdot \frac{(1 + p\,d)}{\mathfrak{R}} \cdot \frac{G^2}{x^2} \qquad (108)$$

oder

$$x^2 \cdot v^4 - x\left(\frac{2\,h \cdot G \cdot 2\,g}{\mathfrak{R} \cdot \gamma} \cdot v^2 + \frac{p \cdot N_e \cdot \eta \cdot 75 \cdot 2\,g}{\mathfrak{R} \cdot \gamma} \cdot v\right) + G^2 \cdot \left(\frac{2\,g}{\gamma}\right)^2 \left(\frac{1 + p\,d}{\mathfrak{R}}\right) = 0$$

oder in unserem Beispiel die Fläche selbst unter Verwendung der oben angeschriebenen Zahlen:

$$x = \frac{21{,}1}{v^3}\,[967 \cdot v + 97\,500] \pm \sqrt{(967 \cdot v + 97\,500)^2 - 11\,460\,000 \cdot v^2}$$

Diese Gleichung werten wir tabellarisch aus, indem wir zu bestimmten Geschwindigkeiten die zugehörigen Flächen suchen.

Es ergibt sich:

$$\begin{array}{lllll} v = & 25 & 30 & 35 & 40\ \mathrm{m/sec}, \\ F = x = & 281 & 157 & 92{,}4 & 49{,}0\ \mathrm{m}^2. \end{array}$$

Beide Ergebnisse sind in Fig. 72 dargestellt.

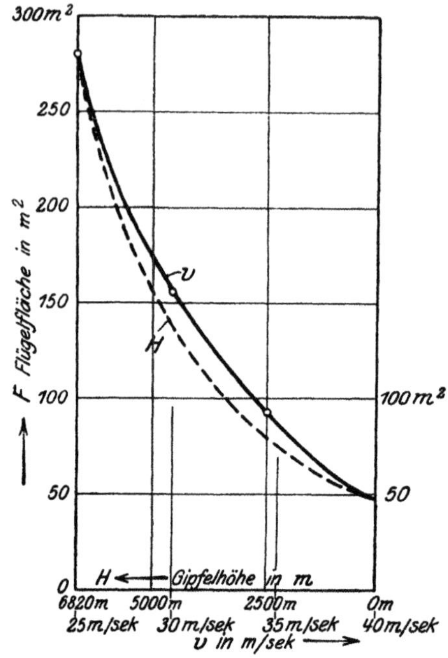

Fig. 72.

Einer Gipfelhöhe $H = 0$ entspricht die größte Geschwindigkeit. Die beiden Maßstäbe für die Geschwindigkeiten und die Gipfelhöhen sind so gewählt, daß die Anfangs- und Endpunkte zusammenfallen, um den ähnlichen Verlauf beider Kurven besser vergleichen zu können.

Es ist gegebenenfalls möglich, die verschiedenen Flächengrößen, die für große Geschwindigkeit einerseits und für geringe Landegeschwindigkeit auf der anderen Seite günstig sind, dadurch auszunutzen, daß man ein klappbares Flugzeug anordnet, bei dem der Flächeninhalt der Flügel durch Überdecken während des Fluges verändert werden kann.

Bis jetzt haben Bedenken wegen der Ausführung der beweglichen Teile im Weg gestanden, die sich aber besonders bei einem Wasserflugzeug mit Schwimmern beseitigen lassen. Welche Ergebnisse danach durch die wechselnde Flächenbelastung zu erwarten sind, läßt sich aus den angegebenen Formeln überschläglich ermitteln.

Einfluß der Flächenbelastung auf das Zellengewicht.

Dr. Everling hat in den „Technischen Berichten", II und III, an einer Reihe von Beispielen und auch allgemein dargelegt, daß mit zunehmender Flächenbelastung das Zellengewicht abnimmt.

Er berücksichtigt die Anteile der einzelnen Bauglieder am Zellengewicht, geht von den Kräften, Flächen, Widerstands- und Trägheitsmomenten der einzelnen Glieder aus und errechnet das Flügelgewicht bei verschiedener Flächenbelastung unter der zweifachen Annahme, daß

1. die Gesamtlast vermehrt und
2. die Flügelfläche verkleinert wird.

Es ergibt sich, wie auch die Erfahrung bestätigt, daß bei einer Verdoppelung der Flächenbelastung das Flächengewicht selbst um das 1,5fache zunimmt, der Flügelgewichtsanteil dagegen nur das 0,7fache beträgt. Wenn man beispielsweise von einer Flächenbelastung von 25 kg/m² auf 50 kg/m² übergeht, so wächst das Flügelgewicht von 4 kg/m² auf 6 kg/m². Der Gewichtsanteil der Flügel wird dabei von 16 auf 11 v. H. herabgesetzt. Es ist also günstig, wenn sonst keine anderen Verhältnisse im Wege stehen, eine etwas höhere Flächenbelastung zu wählen, weil dadurch das Flügelgewicht reichlich abnehmen kann. Man ist freilich nicht immer imstande, wegen der geforderten Tragfähigkeit oder Landegeschwindigkeit eine entsprechend höhere Flächenbelastung anzuwenden[1]). —

5. Einfluß der Staffelung.

Im allgemeinen ist bei uns eine Staffelung des Oberflügels nach vorn üblich. Bei neueren englischen und auch bei einigen französischen Flugzeugen hat man vielleicht hauptsächlich, um die Sicht des Führers nach vorn oben zu verbessern, eine Staffelung des Oberflügels nach hinten vorgenommen.

Es ist nicht unsere Aufgabe, hier die aerodynamische Wirkung der Staffelung zu betrachten. Es hat aber zurzeit den Anschein, als ob der aerodynamische Vorteil einer Staffelung nach vorn nicht allzu groß ist. Bei kleinen Verhältnissen von Flügelabstand zu Flügeltiefe $(h:t)$ wird aber, wie auch Tafel 56 zeigt, die Staffelung öfter verwendet.

In bezug auf die schädlichen Widerstände bedingt sie auch bei kreisförmigen Querschnitten von Stielen und Kabeln eine Verringerung, da diese Querschnitte dann in einer Ellipse von dem Luftstrom getroffen werden.

Vom statischen Gesichtspunkte aus läßt sich der Einfluß der Staffelung auf das Kräftebild am besten an Hand der im ersten Teil, Seite 38, dargelegten allgemeinen Formeln für die normale Zelle betrachten. Die Staffelung dient hauptsächlich dazu, die Hinterholmkraft zu ändern. Bei neuen und ersten Ausführungen von Flugzeugen mit wesentlich falscher Schwerpunktslage wird sie als

---

[1]) Vergleicht man die Ergebnisse der Rechnung über die Flächenbelastung mit den bei Flugversuchen im ausgeführten großen Flugzeug gemessenen Anstellwinkeln, so ergibt sich öfter, daß der gemessene Anstellwinkel größer ist als der errechnete. Ob nun Fehler in der Versuchsanordnung die Geschwindigkeitsunterschiede beim Modell und beim ausgeführten Flugzeug oder die Genauigkeit der Modellversuche oder die Nichtberücksichtigung der Einflüsse der Luftschraube und anderer Teile der Grund dafür ist, bleibt dahingestellt.

einfaches und stark wirksames Mittel zur Änderung des ursprünglichen Druckmittelpunktes angesehen. Da die Holmanschlüsse des Unterflügels am Rumpf meist nachträglich nur schwer verschoben werden können, nimmt man oft unter Änderung des Spannturms und der Stielneigung den Oberflügel weiter vor oder zurück.

Im A-Fall verschwinden beim Wegfall der Staffelung die Kräfte in der Diagonalverspannung des oberen Flügels. Dies ist von einiger Bedeutung, da im allgemeinen die Innenverspannung oben gerade im A-Fall am meisten von allen Fällen beansprucht wird.

Auch die Oberholme erhalten meist aus dem A-Fall die größten Drücke. Für sie wirkt die Staffelung nach vorn bei den Hinterholmen ungünstig, bei den Vorderholmen dagegen günstig. Da aber für den Vorderholm mehr Konstruktionshöhe im Flügelprofil zur Verfügung steht, so ist meist die zusätzliche Belastung des Hinterholms trotz der Entlastung des Vorderholms als Nachteil anzusehen. Die Staffelung nach vorn hat also im allgemeinen für den A-Fall einen ungünstigen Einfluß.

Im B-Fall wird ebenfalls der Hinterholm oben zusätzlich beansprucht. Trotz der entlasteten Wirkung der Tiefenkreuzverspannung verbleibt in den meisten Fällen noch ein großer, ausschlaggebender Druck im Hinterholm, der durch die Staffelung noch vergrößert wird.

Für die Holme im C-Fall ist die Staffelung im allgemeinen ohne größeren Einfluß, da die entsprechenden Knotenlasten vorn und hinten einander entgegengesetzt gleich sind, so daß die weiteren aus der Staffelung sich ergebenden Teilkräfte gegenseitig aufgehoben werden.

Die Staffelung bedingt meistens eine größere Änderung der Kräfteverteilung wie der Holmabstand und die Fachwerkshöhe. Gewisse Vorteile für die Festigkeit können mit der negativen Staffelung verbunden sein.

Es wurde der Vorschlag gemacht, als Maß der Staffelung den Winkel anzusehen, den die Senkrechte mit der Verbindungslinie der vorderen Drittelpunkte beider Flügel einschließt. Besonders bei Flugzeugen mit recht verschiedener Flügeltiefe oben und unten hat dieser Vorschlag seine Berechtigung. Da dieses Maß jedoch nicht so einfach festzustellen ist, wurde hier, wie früher üblich, der Abstand der Vorderkanten beider Flügel als Staffelung e bezeichnet.

In der folgenden Tafel 57 ist die Staffelung und das Verhältnis von Staffelung zu Flügelabstand, d. h. der Staffelungswinkel, für einige ausländische Flugzeuge angegeben. Die Werte sind nach der Größe dieses Winkels geordnet. Zunächst sind größte negative Werte angegeben, die über Null zu den größten positiven Werten führen. Eine Staffelung nach vorn wurde dabei als negativ bezeichnet.

Zusammenstellung von gestaffelten ausländischen Flugzeugen.

Tafel 57.

Flugzeug	Staffelung e in m	Flächenabstand h in m	$e:h$
Sopwith Zweisitzer . . .	0,72	1,34	1 : 1,86
Sopwith Einsitzer	0,45	1,41	1 : 3,14
Spad Zweisitzer	0,40	1,33	1 : 3,34
Martinsyde Einsitzer . .	0,43	1,62	1 : 3,8
Spad Einsitzer	0,30	1,15	1 : 3,82
Bristol Fighter	0,40	1,60	1 : 4,0
de Havilland IV	0,32	1,80	1 : 5,64
. . . .	ohne Staffelung	. . . .	1 : ∞
Bréguet Bombenflugzeug .	— 0,21	1,73	— 1 : 8,2
Sopwith Dolphin	— 0,31	1,30	— 1 : 4,2
A. R. (franz.)	— 0,46	1,91	— 1 : 4,15

6. Einfluß der Pfeilform.

Bei den meisten neueren Flugzeugen wird keine allzu große Pfeilform der Flügel im ersten Entwurf vorgesehen. Die Änderung der Pfeilform ist meist nur ein einfaches Mittel, um die Schwerpunktslage des ganzen Flugzeuges nachträglich zu verbessern. Die Pfeilform wird also oft erst später nach den ersten Flügen endgültig festgelegt.

Es ist deshalb notwendig, sich von vornherein über die statische Wirkung einer Änderung der Pfeilform oberflächlich klar zu werden.

Es soll zunächst eine Änderung der Pfeilform als Ganzes von Flugzeugmitte an und dann eine Änderung der Pfeilform außen bei feststehendem Mittelstück betrachtet werden.

a) Wenn man den ganzen Flügel in Flugzeugmitte um den vorderen Holm unter Beibehaltung des Spannturmes dreht, so ergibt sich nebenstehende Fig. 73.

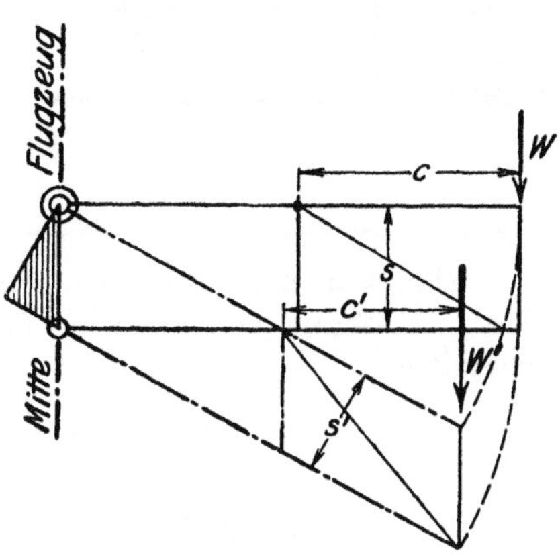

Fig. 73.

Die senkrechten Knotenlasten der vorderen Tragwand rufen dann dieselben Kräfte hervor wie bei dem Flugzeug ohne Pfeilform. Die wagrechten Kräfte bedingen ebenfalls dieselben Stabkräfte. Der Holmabstand s' wird zwar kleiner, der Hebelarm c' für die zugeordneten Momentenpunkte nimmt jedoch in derselben Weise ab.

Der einzige Unterschied besteht darin, daß der Hinterholm um die Seite des gestrichelten Dreiecks in seiner Knicklänge kleiner wird (Fig. 73).

b) Im allgemeinen wird man jedoch den Außenflügel selbst und damit die Holmentfernung bei einer Änderung der Pfeilform beibehalten. Der Spannturm muß dann geändert werden.

In diesem Falle bedingen bei größerer Pfeilform wagrechte wie senkrechte Lasten kleinere Kräfte in der Zelle hinten. Dies ergibt sich aus einer ähnlichen Betrachtung wie vorher.

Da die Hauptstiele der Zelle im Windschatten genau hintereinander liegen sollen, ist es nicht möglich, auch bei größerer Pfeilform die Innenstiele senkrecht zu den Holmen anzuordnen. Auch wird man zweckmäßig die Rippen genau in die Flugrichtung legen.

Einfluß einer teilweisen Pfeilform des Außenflügels.

Bei weitgespannten Flugzeugen hat die Änderung der Pfeilform einen recht großen Einfluß auf die Holmkräfte im Mittelfeld (siehe Fig. 75).

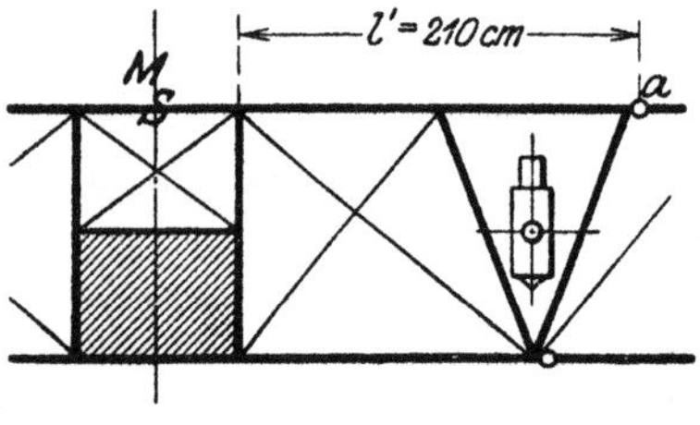

Fig. 74.

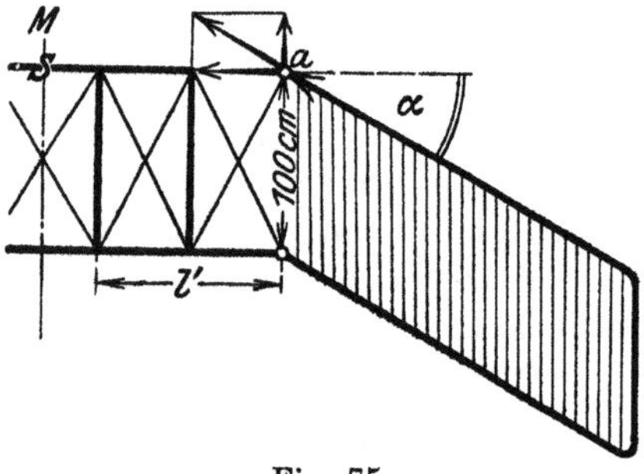

Fig. 75.

Nimmt man als Beispiel ein Großflugzeug an, so folgt mit einer Längskraft von 4000 kg für die Stabkraft S innen in Flugzeugmitte:

$$S_{innen} = S_o \cdot \left(\cos\alpha + \sin\alpha \cdot \frac{l'}{s}\right) \quad . \; . \; . \; . \; . \; . \quad (109)$$

Dieser Ausdruck für Pfeilformen von 2 bis 8 Grad ausgewertet, ergibt bei einem Holmabstand $s = 1{,}0$ m und $l' = 2{,}10$ m, Maße, die einer Ausführung entnommen sind:

$$S_i = 4000\left(\cos\alpha + \sin\alpha \cdot \frac{210}{100}\right)$$

$$\begin{array}{ll} \alpha = 0^0 & S_i = 4000\,\text{kg} \\ \alpha = 2^0 & S_i = 4300\,\text{kg} \\ \alpha = 4^0 & S_i = 4570\,\text{kg} \\ \alpha = 6^0 & S_i = 4850\,\text{kg} \\ \alpha = 8^0 & S_i = 5140\,\text{kg} \end{array}$$

Diese Änderung der Stabkräfte ist also bei größeren Winkeln der Pfeilform so beträchtlich, daß sie für die Knicksicherheit des mittleren Stabes wohl in Frage kommt.

Umgekehrte Pfeilform von hinten nach vorn.

Flügel mit umgekehrter Pfeilform, so daß die äußerste Spitze des Flügels weiter nach vorn steht wie die Flügelwurzel am Rumpf, sind bis jetzt wenig ausgeführt worden.

Die bessere Sicht der Besatzung nach vorn unten und seitlich dürfte vor allem eine derartige Anordnung empfehlen. Die Flügel fassen in diesem Falle wesentlich weiter hinten am Rumpfe an.

Modellversuche haben zwar keine aerodynamischen Nachteile dieser Anordnung ergeben. Ich glaube jedoch annehmen zu dürfen, daß sich diese Bauart nicht allgemein durchsetzen wird.

In statischer Beziehung entspricht dieser Fall einer Änderung der Pfeilform des Ganzen ohne Mittelstück. —

7. Flügelrippen.

a) Aufbau und Beanspruchung der Rippen.

Nach der Betrachtung der Zelle gehen wir zu den Rippen über.

An den Flügelgewichten haben die Rippen einen bedeutenden Anteil. Bei nur wenigen Teilen des Flugzeuges sind die Unterschiede im Materialaufwand so groß wie bei der Rippenausführung verschiedener Firmen. Es verlohnt sich also, die Rippen hier eingehender zu betrachten.

Nach ihrem konstruktiven Aufbau kann man unterscheiden:

Rippen nach dem Dreiecksystem,
Rippen nach dem Vierendeelsystem
und vollwandige Rippen.

Der Aufbau mit steigenden und fallenden Dreiecksdiagonalen wird nur bei größeren Rippen, die schon eine gewisse Fachwerkshöhe im Flügelprofil haben, zugrunde gelegt.

Für mittlere Verhältnisse bei einmotorigen Flugzeugen wird meist das System der Steifrahmen verwendet. Hierbei ist besonders zu beachten, daß bei dem Vierendeelträger auch an den senkrechten Ständern recht große Momente auftreten. Man beobachtet dann oft ein seitliches Einreißen des senkrechten Sperrholzrahmens oben und unten.

Bei kleinen Rippen und bei geringer Konstruktionshöhe wird man immer die Rippen am leichtesten vollwandig bauen. Es ist dann notwendig, das dünnste Sperrholz zu verwenden und die Knicksicherheit des Steges durch besondere Versteifungsleisten festzulegen.

Die *Knicksicherheit* der ganzen Rippen seitlich und die Knicksicherheit der Gurtungen ist in den meisten Fällen durch die Stoffbespannung gewährleistet. Bei älteren Flugzeugen wurden besonders in England leichte Stege und Leisten senkrecht zwischen den einzelnen Rippengurten eingebaut. Diese sollten die Rippen knicksicher gegeneinander halten. Heute wird eine derartige Festlegung der Rippen wohl besser durch kreuzweis gezogene Bänder hergestellt.

Für die *Beanspruchung* der Rippen ist zu beachten, daß als Belastung nicht „Gesamtgewicht weniger Flügelgewicht" in Frage kommt wie für die ganze Flugzeugzelle, sondern nur „Gesamtgewicht weniger Stoff- und Rippengewicht". Die Gewichte der Holme, Stiele und Verspannungen müssen von den Rippen noch als Lasten mitgetragen werden.

Festigkeitsberechnung einer Rippe.

In folgendem sollen für die Hauptbelastungsfälle *geschlossene Formeln* der Momente über den beiden Auflagern der Rippe an den Holmen und für das größte Feldmoment aufgestellt werden. Wir ziehen für die allgemeinen Entwicklungen das analytische Verfahren vor, trotzdem man auch schnell zeichnerisch zu Ergebnissen kommt.

Dabei legen wir folgende Bezeichnungen zugrunde, die in Fig. 76 eingetragen sind.

Die Rippenbelastung wird nach einem ausgleichenden Dreieck verteilt angenommen. Diese Annahme ist nach Göttinger und englischen Messungen gerechtfertigt, wie *Madelung* und *Heimann* in „T. B." I. 3 gezeigt haben.

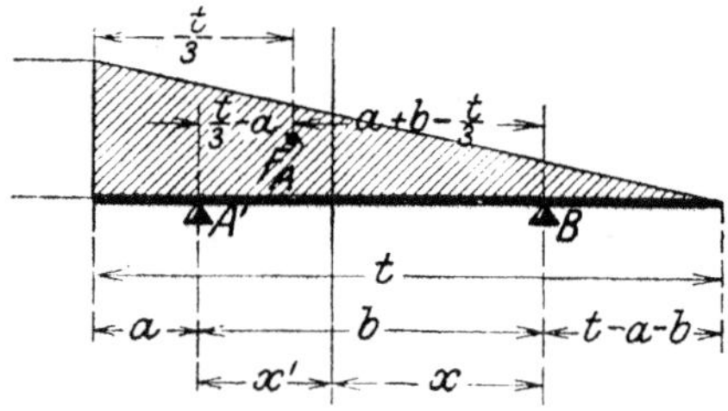

Fig. 76.

Wenn wir mit F_A die auf eine Rippe im A-Fall entfallende Belastungsfläche bezeichnen, so ergibt sich das Stützenmoment am Hinterholm:

$$M_B = F_A \cdot \frac{(t - a - b)^3}{3 \cdot t^2} \quad \ldots \ldots \ldots \quad (110)$$

Am Vorderholm wird:

$$M_A = \frac{F_A \cdot a^2}{t}\left(1 - \frac{a}{3\,t}\right) \quad \ldots \ldots \ldots \quad (111)$$

Für das Moment an der Stelle x zwischen beiden Holmlagern folgt:

$$M_x = \frac{F_A}{3}\left[\frac{(x + t - a - b)^3}{t^2} - \frac{x}{b}(t - 3\,a)\right] \quad \ldots \quad (112)$$

Durch Differenzieren ergibt sich die Stelle des Größtmomentes zu:

$$\frac{d\,M}{d\,x} = \frac{1}{t^2} \cdot 3\,(x + t - a - b)^2 - \frac{1}{b}(t - 3\,a) = 0$$

oder

$$x = -\,t + a + b + t \cdot \sqrt{\frac{t - 3\,a}{3\,b}} \quad \ldots \ldots \quad (112\,a)$$

Das Größtmoment selbst wird unter Benutzung von Gleichung (112) zu:

$$M_{größt} = F_A \cdot \frac{t - 3\,a}{3\,b} \cdot \left[-\frac{2}{3} \cdot t \cdot \sqrt{\frac{t - 3\,a}{3\,b}} - (a + b - t)\right]$$

Wir wollen die gewonnenen Formeln sofort für ein einfaches Beispiel anwenden.

Wenn eine Flächenbelastung ohne Stoff- und Rippengewicht von 30 kg/m², eine Rippenentfernung von 30 cm, eine Rippentiefe von 2 m und eine fünffache Last im A-Fall zugrunde gelegt ist, so wird mit

$$a = \frac{1}{10} \cdot t = 20 \text{ cm} \quad \text{und} \quad b = \frac{6}{10} \cdot t = 120 \text{ cm}$$

der Belastungswert einer Rippe:

$$F_A = 30 \cdot 0{,}3 \cdot 2 \cdot 5 = 90 \text{ kg}$$

Es wird im allgemeinen genügen, um die Momentenkurve genau genug aufzutragen, wenn man die Stützenmomente, den Ort und den Größtwert des Feldmomentes und dazu noch die Lage der Momentennullpunkte bestimmt.

Durch Einsetzen der angeschriebenen Festwerte in Gleichung (110 u. 111) ergeben sich die Stützenmomente an den Holmen:

$$M_B = 90 \cdot \frac{60^3}{3 \cdot 200^2} = 162 \text{ kg} \cdot \text{cm}$$

$$M_A = \frac{90 \cdot 200}{10 \cdot 10}\left(1 - \frac{1}{30}\right) = 180 \text{ kg} \cdot \text{cm}$$

Das größte Feldmoment tritt auf bei

$$x = -\frac{3}{10}\cdot t + \sqrt{\frac{7}{18}}\cdot t = 0{,}294\cdot t = 58{,}8\ \text{cm}\,.$$

Es nimmt den Wert an:

$$M_{größt} = 90\left(-\frac{2}{3}\cdot t\cdot\sqrt{\frac{7}{18}} + \frac{3}{10}\cdot t\right)\frac{7}{18} = 606\ \text{kg}\cdot\text{cm}\,.$$

Die Momentennullpunkte ergeben sich aus der Gleichung:

$$M_x = 0 \quad \text{oder} \quad \frac{(x+t-a-b)^3}{t^2} = \frac{t-3\,a}{b}\cdot x$$

oder

$$(x+60)^3 = 46600\cdot x$$

$$x + 60 = 36\cdot\sqrt[3]{x}$$

Durch einfache Versuchsrechnung findet man die beiden Lösungen:

$x = 6$ cm in der Nähe des Hinterholmes

und

$x = 114$ cm in der Nähe des Vorderholmes. —

Berechnung des B-Falles.

Auf Grund der Abhandlung von G. Madelung und H. Heimanr in den „Technischen Berichten" I, 3, ergibt sich mit den gleicher Bezeichnungen wie oben, folgende Fig. 77 der Belastungsfläche.

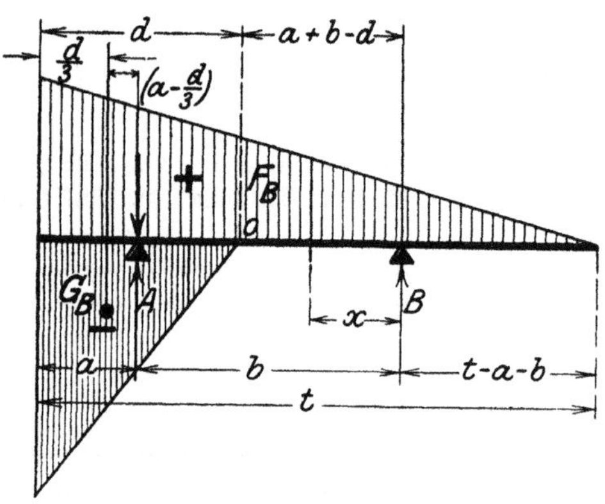

Fig. 77.

Für den B-Fal kann demnach die Be· lastung in eine positive dreieckförmige Belastung F_B gerade wie im A-Fal und in eine zweite negative Belastung G_B nach neben stehender Fig. 77 zerlegt werden. Die gesamte Be· lastung des B-Falles kanr dann aus zwei Formelr errechnet werden, vor denen die eine mit der bereits entwickelten For· meln des A-Falles überein· stimmt. Für den zweiter negativen Teil der Belastung sei zunächst im folgenden die Ent wicklung angeschrieben. Es ergibt sich, da auf dem einen über stehenden Ende des Balkens rechts keine negativen Kräfte wirken

$$M_{B_n} = 0$$

Das andere Stützenmoment wird:

$$M_{A_n} = \frac{G_B}{3} \cdot \frac{a^2}{d^2} (3\,d - a)$$

Das größte Feldmoment liegt stets in dem Gebiet der Rippe, in dem noch keine negative Belastung vorhanden ist. Wir brauchen nur in diesem Teil das Feldmoment anzuschreiben.

Es folgt also:

$$M_{x_n} = B \cdot x = G_B \cdot \frac{3\,a - d}{3\,b} \cdot x$$

Wenn wir mit G_B den Inhalt der negativen Belastungsfläche bezeichnen, so ergibt sich aus der bereits oben erwähnten Abhandlung:

$$G_B = \frac{25}{9} m \cdot \frac{t}{5} = \frac{5}{9} F_B$$

wobei nach der oben erwähnten Abhandlung $m \cdot t = F_B$. Dies in den Ausdruck für das Feldmoment eingesetzt und unter Verwendung von Gleichung (112) folgt:

$$M_x = F_B \frac{(x + t - a - b)^3}{3 \cdot t^2} - F_B \frac{t - 3\,a}{3\,b} \cdot x - G_B \frac{3\,a - d}{3\,b} \cdot x$$

$$= \frac{F_B}{3} \left[\frac{(x + t - a - b)^3}{t^2} - \frac{x}{b} \left(\frac{9\,t - 12\,a - 5\,d}{9} \right) \right] \quad . \; . \; (113)$$

Das Feldmoment erreicht einen Größtwert für

$$x = a + b - t + t \cdot \sqrt{\frac{9\,t - 12\,a - 5\,d}{27 \cdot b}}$$

Es nimmt dabei mit $d = \frac{t}{5}$ den Wert an:

$$M_{max} = \frac{F_B}{3 \cdot b} \frac{(8\,t - 12\,a)}{9} \left[-\frac{2}{3} t \sqrt{\frac{8t - 12a}{27 \cdot b}} - (a + b - t) \right]$$

Das endgültige Stützenmoment für die ganze positive und negative Belastung wird:

$$M_B = F_B \cdot \frac{(t - a - b)^3}{3 \cdot t^2} \quad . \; . \; . \; . \; . \; . \; . \; . \; . \; (114\,\text{a})$$

$$M_A = \frac{F_B \cdot a^2}{9 \cdot t^2} \left(\frac{116}{3} a - 16\,t \right) \quad . \; . \; . \; . \; . \; . \; . \; (114\,\text{b})$$

Für unser Beispiel errechnen wir zunächst die Belastungsfläche des B-Falles: $F_B - G_B$. Unter Verwendung des oben bestimmten Wertes $G_B = \frac{5}{9} F_B$

und unter Berücksichtigung einer 3,5 fachen Last im B-Fall gegenüber einer fünffachen Last im A-Fall ergibt sich:

$$F_B - G_B = \frac{90 \cdot 3{,}5}{5} = 63 \text{ kg}$$

oder

$$F_B\left(1 - \frac{5}{9}\right) = 63 \text{ kg}$$

oder

$$F_B = \frac{63 \cdot 9}{4} = 139 \text{ kg}.$$

Damit werden die Stützenmomente nach Gleichung 114:

$$M_B = 139 \frac{60^3}{3 \cdot 200^2} = \mathbf{242\ kg \cdot cm}$$

$$M_A = \frac{139}{3}(145{,}6 - 2{,}8 - 200 + 22{,}2 + 26{,}6) = \mathbf{376\ kg \cdot cm}$$

Das größte Moment tritt auf bei

$$x = -60 + 200\sqrt{0{,}42} = 69{,}8 \text{ cm}$$

und hat den Wert

$$M_{max} = \frac{44{,}7 \cdot 1360}{120 \cdot 9}\left[-\frac{2 \cdot 200}{3}\sqrt{0{,}42} + 60\right] = \mathbf{1485\ kg \cdot cm}$$

Berechnung des C-Falles.

Die Kurve der Belastungen wird im C-Fall in gleicher Weise wie im B-Fall durch zwei Dreiecke ausgeglichen. Die negative Belastungsfläche G_C ist nach der Definition des C-Falles der positiven F_C gleich (vgl. Seite 16ff.). Es ergeben sich dann in gleicher Weise wie oben die Momente an der Stelle x:

$$M_x = \frac{F_C}{3}\left[\frac{(x + t - a - b)}{t^2} - \frac{x}{b}(t - d)\right]$$

Das Größtmoment tritt auf bei:

$$x = a + b - t + t\sqrt{\frac{t - d}{3\,b}}$$

Es hat den Wert:

$$M_{max} = \frac{F_C \cdot (t - d)}{3 \cdot b}\left[-\frac{2}{3} \cdot t\sqrt{\frac{(t - d)}{3 \cdot b}} - (a + b - t)\right]$$

Die Stützenmomente sind:

$$M_B = F_C\,\frac{(t - a - b)^3}{3\,t^2} \quad \ldots\ldots\ldots\ldots (115\text{a}$$

$$M_A = \frac{F_C}{3}\left[\frac{(t - a)^3}{t^2} - \frac{(d - a)^3}{d^2} - t + d\right] \quad \ldots\ldots (115\text{b}$$

Auf unser **Beispiel** angewendet, ergibt sich der Inhalt der Belastungsfläche unter Berücksichtigung einer 2,5 fachen Last im C-Fall gegenüber einer 5 fachen Last im A-Fall aus der Bedingung, daß das Moment der beiden Belastungsflächen nach der B. L. V. von 1916: $\frac{2}{3}\cdot t$ betragen soll. Wenn man beachtet, daß der Hebelarm der Schwerpunkte beider Belastungsdreiecke gegeneinander dann immer $\frac{4}{15}\cdot t$ beträgt, so folgt:

$$F_C = F_A \cdot \frac{2{,}5}{5} \cdot \frac{2\cdot t}{3} \cdot \frac{15}{4\cdot t} = 1{,}25 \cdot F_A$$

in unserem Falle:

$$F_C = 1{,}25 \cdot 90 = 112 \text{ kg}$$

Damit werden die Stützenmomente:

$$M_B = 112 \cdot \frac{60^3}{3\cdot 200^2} = \mathbf{202\ kg\cdot cm} \quad \text{und}$$

$$M_A = \frac{112}{3}(145{,}6 - 5 - 200 + 40) = \mathbf{725\ kg\cdot cm}$$

Die Stelle des Größtmomentes

$$x = -60 + 200\sqrt{0{,}444} = -60 + 133 = 73 \text{ cm}$$

und das Größtmoment selbst nach obiger Gleichung $M_{größt} = \mathbf{1450\ kg\cdot cm}$

Vergleicht man die Ergebnisse dieser Rechnung für die drei Hauptbelastungsfälle, so zeigt sich, daß das Moment am Vorderholm im C-Fall bei weitem das größte ist. An dem Hinterholm entsteht ein größtes Stützenmoment im B-Fall. Die größten Feldmomente im B- und im C-Fall unterscheiden sich nicht wesentlich.

Wir haben im Vorhergehenden deshalb allgemeine Formeln aufgestellt, um den Einfluß der Holmlage, des Lastvielfachen und der einzelnen Belastungsfälle analytisch in den verschiedenen möglichen Fällen verfolgen zu können.

Wenn wir beispielsweise die Forderung aufstellen, daß die größten Feldmomente im A-Fall und im C-Fall einander gleich sein sollen, so ergibt sich die Bedingung:

$$F_A(t - 3a)\left[-\frac{2}{3}\cdot t\cdot\sqrt{\frac{t-3a}{3b}} - (a+b-t)\right]$$

$$= F_C(t-d)\left[-\frac{2}{3}t\sqrt{\frac{t-d}{3b}} - (a+b-t)\right]$$

Man erkennt, daß beide Momente gleich werden, wenn

1. $$d = 3\,a$$

und wenn

2. $$F_C = F_A$$

Bei einem Verhältnis der Lastvielfachen n von 2 zu 5 statt 2,5 in der oberen Gleichung von Seite 229, und einer Entfernung des Vorderholmes von der Stirnleiste von

$$a = \frac{t}{15}$$

da $d = \frac{t}{5} = 3\,a$ sein soll, tritt also dieser Fall ein. —

Ähnliche Bedingungen für die Momente oder die Auflagerdrücke der verschiedenen Hauptbelastungsfälle lassen sich mit Hilfe der entwickelten allgemeinen Formeln leicht aufstellen.

Wenn man aus den errechneten Biegungsmomenten den Rippenquerschnitt selbst bestimmt, kann man eine recht hohe zulässige Spannung (bis zu 800 kg/cm² bei sehr gutem Holz) zugrunde legen, da eine bleibende Formänderung, ja selbst der Bruch einzelner Rippen nicht den Zusammenbruch des ganzen Fachwerks unmittelbar nach sich zieht.

Wie aus der vorstehenden Festigkeitsrechnung hervorgeht, sind die Biegungsmomente im Mittelstück der Rippe verhältnismäßig groß. Um die Rippenquerschnitte diesen Verhältnissen anzupassen, ist es zunächst notwendig, die sonst übliche Aussparung (Kehlung) der Rippengurte in Rippenmitte zwischen den Holmen wegfallen zu lassen. Bei größeren Konstruktionen wird man sich ohne weiteres entschließen, die Gurtbreite der Rippen zu verändern. Bei den üblichen kleinen Rippen stände die Schwierigkeit der Ausführung in keinem Verhältnis zu dem Erfolg. Es wird zunächst genügen, wenn nur die Rippengurte an den höher beanspruchten Stellen voll bleiben.

In zweiter Linie ist die Größe der Querkraft in der Nähe des Hinterholmes zu beachten. Größere Aussparungen im Steg der Rippe sind dort unbedingt zu vermeiden. Die Anordnung von kleinen, wagrechten Querhölzern zur Übertragung der Querkraft von der Rippe auf den Holm war bis jetzt schon üblich. Es wird jedoch günstig sein, um die ganze Rippe gleichmäßig zu beanspruchen und zu bemessen, das Sperrholz des Rippensteges am Holm noch einmal zu verstärken.

Außerdem werden besonders die hinteren Rippenenden durch die Vorspannung und die Kräfteübertragung der Stoffbespannung auf Druck beansprucht. Diese Kräfte, die recht groß werden können, wachsen mit zunehmender Rippenentfernung. Sie entsprechen dem Durchhang des abschließenden Drahtes an der Hinterkante des Flügels. —

Für die Holmlage in der Rippe könnte man zwei Gesichtspunkte unterscheiden:

1. Welche Holmanordnung ergibt das günstigste Rippengewicht? und

2. Welche Anordnung ergibt ein günstigstes Fachwerkssystem?

Da aber das ganze Raumfachwerk und seine gleichmäßige Beanspruchung wichtiger ist wie das Teilgewicht der Rippen, und da die werkstattmäßige Ausführung von ganz schwachen Rippen an und für sich nicht einfach ist, so wollen wir hier nur die Holmlage zur Erreichung einer gleichmäßigen Beanspruchung des Fachwerks bei den verschiedenen Hauptbelastungsfällen untersuchen, ohne für die Rippe selbst die statisch günstigste Teilung festzustellen.

Im allgemeinen ist zu sagen, daß kleine Verschiebungen der Holmlage innerhalb der Rippe für die Beanspruchung des Fachwerks schon recht viel ausmachen können und daß durch besondere Arten der Verspannung etwa mit nur einem Hauptkabel die günstigsten Holmlagen stark beeinflußt werden.

Die verfügbaren Rippenhöhen bedingen in erster Linie die Lage der Holme. Da aber die Rippenprofile zu sehr verschieden sind, lassen sich hierfür keine allgemeine Regeln aufstellen. Verschiedene neuere deutsche und französische Rippen sind auf Seite 334 des III. Teiles dargestellt.

Aus den vier Hauptbelastungsfällen ergeben sich bei der Normalzelle folgende Gesichtspunkte für die Holmlage:

Je weiter für den A-Fall der Vorderholm nach vorn zu liegen kommt, desto mehr wird von den auf beide Holme ziemlich gleich verteilten Kräften auch der Hinterholm aufnehmen. Die Entlastung durch die Tiefenkreuzkabel ist hier im allgemeinen geringer.

Im B-Fall, bei dem die hintere Tragwand um etwa $30 \div 50$ v. H. durch die vordere Tragwand entlastet wird, ist es nicht ungünstig, wenn der Lastangriff mit $\frac{1}{3} \cdot t$ von hinten ziemlich in der Nähe des Hinterholms liegt.

Der C-Fall erfordert möglichst weit auseinanderliegende Unterholme, insofern nicht die stark kleiner werdende Konstruktionshöhe der Rippe hier eine Grenze zieht.

Für den D-Fall ist wiederum eine nach vorn gerückte Lage des Vorderholmes günstig, da dann auch die hintere Tragwand etwas mehr zur Mitwirkung herangezogen wird.

Für die Kräfte im Tiefenkreuzkabel ist es immer erwünscht, wenn die Holme weiter auseinander liegen. Bei einem zu steil geführten Tiefenkreuzkabel ist die Wirkung der statisch überzähligen Größe unsicher und nicht groß genug.

Alle diese Gesichtspunkte, die allgemein ohne weitere Berechnung aufgestellt sind, stimmen mit den zahlenmäßigen Ergebnissen der folgenden Betrachtungen gut überein. Wenn es das Rippenprofil zuläßt und im besonderen, wenn für den Hinterholm die notwendige Konstruktionshöhe zur Verfügung steht, kann man annehmen:

Der Vorderholm in etwa ein Zwanzigstel der Flügeltiefe von vorne und der Hinterholm in etwa ein Drittel der Flügeltiefe von hinten.

Die Lage der Holme im Flügel ist außerdem noch durch einige praktische Gesichtspunkte bedingt.

Zunächst kann bei gewöhnlichen Holmen der Hinterholm nicht weiter nach hinten rücken, als es der Ausschnitt des Sichtbogens in Flugzeugmitte erlaubt. Bei unten stark gewölbten Profilen, wie sie für schwer beladene Flugzeuge zum Teil üblich sind, kann es bei großem Holmabstand leicht vorkommen, daß der Innenstiel (Distanzrohr) oder die Innenverspannung des Flügels unten aus dem Rippenprofil herausschneiden würde. Es ist zwar möglich, die Diagonalen und Stiele der Innenverspannung in bezug auf die Holmmitte exzentrisch anzuschließen. Bei großen Kräften wird dies jedoch immer ein Nachteil sein. Schließlich bedingt ein größerer Holmabstand bei allen Profilen außer der größeren Länge von Innenstielen und Innenkabeln eine mehr oder weniger geringere Holmhöhe für den Hinterholm. In den meisten Fällen wird man besonders beim Oberflügel bei allzu beschränkter Holmhöhe hinten mehr Gewicht für das Trägheitsmoment des Holmes aufwenden, als durch die große Holmhöhe und die dadurch geringer werdenden Kräfte gespart wird. Immerhin sind die Verhältnisse von Rippe zu Rippe verschieden. Versuche von Prof. Junkers haben in letzter Zeit zu dem Gedankengang geführt, zuerst die Holmhöhen festzulegen, rein aus statischen Rücksichten, und um diese Holme ein — meist recht hohes — Flügelprofil herumzulegen. In dieser Weise sind die verspannungslosen Junkers- und Fokkerflugzeuge entstanden. — Hinten sehr flache Rippen können für Holzholme nicht verwendet werden. Bei vielen Rippen, insbesondere bei einigen englischen Ausführungen, kann man unmittelbar beobachten, daß das Rippenprofil hinten zur Erreichung einer größeren Konstruktionshöhe höher gezogen ist als es den gebräuchlichen Anschauungen über guten Luftabfluß entspricht.

Bei stärker elastischen Rippen könnte noch betrachtet werden, welche Form einer Rippe vorher zu geben wäre, damit sie nachher im belasteten Zustande eine bestimmte aerodynamisch vorgesehene Form einnimmt.

Da der Bespannungsstoff zwischen zwei Rippen und der Luftlast immer etwas nachgibt, so wird im allgemeinen ein Flugzeug ein anderes Profil für den wirklichen Flug aufweisen, als wohl ursprünglich beabsichtigt ist. — Bei Rippen mit elastischen Enden ist von vornherein das Nachgeben dieser Enden und die damit verbundene Druckpunktswanderung vorgesehen. —

b) Um die Holmlage in bezug auf das Fachwerk zu bestimmen, kann man verschiedene theoretische Bedingungen aufstellen. Beispielsweise: Der Stützendruck für den A-Fall vorn soll so groß sein wie der Stützendruck für den B-Fall hinten.

Oder: Der A-Fall soll vorn und hinten gleich große Drücke auf die Holme abgeben.

Oder: Der A-Fall hinten soll den gleichen Stützendruck ergeben wie der B-Fall hinten.

Wenn man noch berücksichtigt, daß durch das Tiefenkreuzkabel von dem Stützendruck im B-Fall hinten wenigstens 30 v. H. entlastet wird, so könnte man weiterhin in den genannten Bedingungen statt der vollen Last B hinten nur 0,7 des Stützendruckes von B hinten annehmen.

Die im folgenden aufgestellten Bedingungen führen aber meist auf kein zweckdienliches Ergebnis.

Die erste Bedingung soll lauten:

Stützendruck A-Fall vorn = Stützendruck B-Fall hinten.

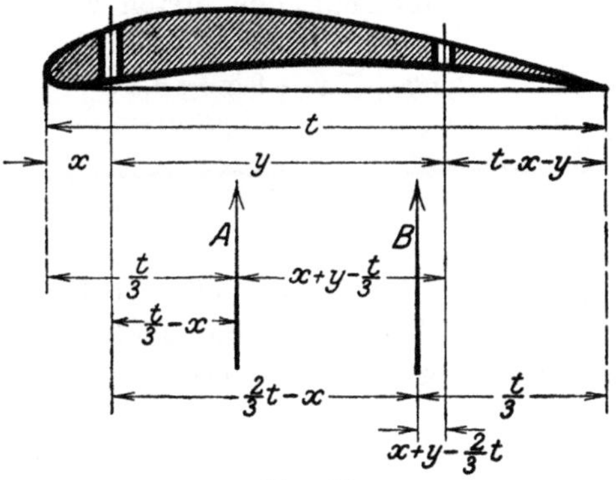

Fig. 78.

Unter Zugrundelegung der Bezeichnung in vorstehender Fig. 78 ergibt sich, wenn für den A-Fall 4,5fache und für den B-Fall dreifache Last vorgeschrieben und der wagrechte Teil der Belastung vernachlässigt wird, die Bedingung:

I. 1.

$$4{,}5 \cdot \frac{x + y - \frac{t}{3}}{y} = 3 \cdot \frac{\frac{2}{3}t - x}{y}$$

$$4{,}5\,x + 4{,}5\,y - 1{,}5\,t = 2\,t - 3\,x$$

$$7{,}5\,x + 4{,}5\,y = 3{,}5\,t \quad \ldots\ldots\ldots \quad (116)$$

In dieser Gleichung, die mit dem Lastvielfachen bei den einzelnen Flugzeugarten sich ändert, sind noch zwei Unbekannte. Die Gleichung kann also für eine Reihe von Wertepaaren erfüllt werden. Als zweite Gleichung nehmen wir die Bedingung hinzu: Der Auflagerdruck im A-Fall vorn sei so groß wie im A-Fall hinten.

Daraus ergibt sich die Gleichung:

I. 2.

$$4{,}5\,\frac{x + y - \frac{t}{3}}{y} = 4{,}5\,\frac{\frac{t}{3} - x}{y}$$

oder

$$2\,x + y = \frac{2}{3}t \quad \ldots\ldots\ldots \quad (117)$$

Diese zweite Gleichung mit der ersten verbunden, liefert die Bedingung:

$$7{,}5\,x + 3\,t - 9\,x = 3{,}5\,t$$

oder

$$x = -\frac{t}{3}$$

Dieser Wert von x liegt außerhalb der Rippe, hat also keine tatsächliche Bedeutung. Das heißt: die beiden aufgestellten Forderungen für die Verteilung der Stützendrücke sind nicht gleichzeitig erfüllbar.

Wenn man dagegen annimmt, daß infolge der Entlastung des Tiefenkreuzkabels nur 70 v. 100 des Auflagerdruckes im B-Fall von der hinteren Fachwerkswand übernommen werden, so ergibt sich:

$$1)\quad 4{,}5\,x + 4{,}5\,y - 1{,}5\,t = 1{,}4\,t - 2{,}1\,x$$

$$1')\quad 6{,}6\,x + 4{,}5\,y = 2{,}9\,t$$

$$2)\quad 2\,x + y = \frac{2}{3}\,t \quad \text{wie oben (Gl. 117)}$$

somit:

$$6{,}6\,x + 3\,t - 9\,x = 2{,}9\,t$$

$$x = \frac{1}{24}\,t \quad \text{und} \quad y = \frac{7}{12}\,t$$

die Holmentfernung

$$t - x - y = \frac{24 - 1 - 14}{24} \cdot t = \frac{9}{24}\,t = \frac{3}{8}\,t$$

Die Lösung dieser beiden Gleichungen zeigt ähnliche Werte, wie wir sie oben durch andere Betrachtungen gefunden hatten: der Vorderholm verhältnismäßig weit vorn und der Hinterholm weiter zurück als sonst üblich. Die Länge der Rippe hinten ergibt sich zu $\frac{3}{8}\,t$, also etwas größer wie $\frac{1}{3}\,t$. —

Als weitere Bedingung könnte man aufstellen: der Stützendruck im A-Fall hinten sei ebenso groß wie der Stützendruck im B-Fall hinten. Daraus ergibt sich folgende Gleichung:

$$4{,}5\,\frac{\left(\frac{t}{3} - x\right)}{y} = 0{,}7 \cdot 3\,\frac{\left(\frac{2\,t}{3} - x\right)}{y}$$

$$1{,}5\,t - 4{,}5\,x = 1{,}4\,t - 2{,}1\,x$$

und

$$x = \frac{1}{24}\,t$$

Dieses ist das gleiche Ergebnis wie bei der ersten Untersuchung und hätte auch aus den beiden ersten Bedingungen unmittelbar abgeleitet werden können.

Es würde zu weit führen, in ähnlicher Weise auch unter Heranziehung des C-Falles noch weitere Bedingungen aufzustellen. —

Im folgenden ist die Rippenteilung vorn, in der Mitte und hinten für verschiedene neuere bewährte Flugzeuge angegeben, die in der letzten Zeit veröffentlicht wurden.

Die Flugzeuge sind der Größe der Rippen nach geordnet.

Tafel 58.

Flugzeug	Rippenlänge mm	t_v mm	t_m mm	t_h mm	t_v %	t_m %	t_h %
Nieuport-Einsitzer . . .	700	245	—	455	35,0	—	65,0
Nieuport-Zweisitzer . . .	895	250	—	645	27,8	—	72,2
Sopwith-Dreidecker . . .	1000	180	380	440	18,0	38,0	44,0
Pfalz D 3 unten	1200	195	495	510	16,2	41,3	42,5
Nieuport-Einsitzer oben .	1200	120	775	305	10,0	64,5	25,5
Fokker D 7 unten . . .	1290	260	515	515	20,2	39,0	39,9
Sopwith Kamel	1370	175	695	500	12,8	50,7	36,5
Sopwith Dolphin	1370	215	695	460	15,7	50,7	33,6
de Havilland 5	1375	260	660	455	18,8	48,1	33,1
Halb. C. L. S. I unten . .	1400	100	700	600	7,2	50,0	42,8
Rumpler C 10 unten . .	1400	100	550	750	7,2	39,3	53,5
Pfalz D 12 oben	1400	130	630	640	9,3	45,6	45,7
Spad S 11 unten	1430	250	700	480	17,5	49,0	33,5
Roland D 2	1450	135	830	485	9,4	57,2	33,5
S. E. V. a	1520	260	710	550	17,1	46,7	36,2
Spad S 11 oben	1530	270	545	715	17,6	35,6	46,8
Sopwith Pup	1560	170	900	490	10,9	57,7	31,4
Fokker D 7 oben	1595	640	640	315	40,1	40,1	19,8
Halb. C 8 unten	1600	150	850	600	9,4	53,1	38,5
Pfalz D 3 oben	1645	195	800	650	11,8	48,6	39,6
Morane-Saulnier oben . .	1650	220	790	640	13,4	48,0	38,6
de Havilland 4	1670	200	920	550	12,0	55,0	33,0
B. E.	1675	265	790	620	15,8	47,2	37,0
Rumpler C 4	1650	180	750	720	10,9	45,4	43,7
Voisin	1750	130	1300	320	7,7	74,0	18,3
Halb. C 8 oben	1750	180	920	650	10,3	52,5	37,2
Rumpler C 10 oben . . .	1800	150	700	950	8,4	38,9	52,7
Martinsyde-Einsitzer . .	1800	150	1060	690	8,2	50,0	38,2
Nieuport-Zweisitzer oben	1810	190	945	675	10,4	52,2	37,4
Alb. C V	1822	82	800	940	4,5	43,9	51,6
Bréguet B	2000	150	1000	850	7,6	59,0	42,4
A. R. franz.	2025	300	900	825	14,8	44,4	40,8
Caproni G Doppeldecker	2130	220	1300	610	10.3	61,0	28,7
F. F. G. III	2300	272	1000	1028	11,8	43,5	44,7
S. S. W. — L 1	2800	300	1600	900	10,7	57,1	32,1
Handley Page G	3050	615	1685	750	20,2	54,3	24,5
Staaken R	4500	510	2480	1510	11,3	55,2	33,5
Siemens R 8 unten . . .	4500	380	2950	1170	8,3	65,3	26,4
Siemens R 8 oben . . .	5200	650	2950	1600	12,5	56,8	30,7

Aus dieser Tafel ergeben sich, wenn man Fokker D. 7 auße acht läßt, weil bei ihm andere Verhältnisse vorliegen, folgende Grenz werte der Holmlagen: Das vordere Stück von Nasenleiste bis Vor derholm ist am kleinsten bei Albatros C. V und beträgt 4,5 v. H., an größten bei Handley Page G mit 20,2 v. H.

Das Mittelstück zwischen beiden Holmen ist am kleinsten be Pfalz D·III mit 41,3 v. H. und am größten bei Siemens R·8 mi (65,2) v. H.

Das Endstück der Rippen ist am kleinsten bei Handley Page mit 24,5 und am größten bei Albatros C·V mit 51,6 v. H. Bei diesem letzten Flugzeug ist freilich noch ein blinder Hilfsholm zur Unterteilung des längeren Endstückes angeordnet.

Besonders hervorzuheben ist in diesem Zusammenhang auch die Anordnung des Spad-Zweistielers, der, um eine günstigere Kräfteverteilung im C-Fall zu erhalten, bei geringerer Rippentiefe unten trotzdem die Holme unten weiter auseinandernimmt. Der Unterflügel ist 143 cm tief gegen 153 cm beim Oberflügel. Der Holmabstand beträgt jedoch 70 cm unten gegen 54,5 cm oben.

Für ältere Flugzeuge, die im Anfang des Krieges entstanden sind und die wir nur mit der Typenbezeichnung ohne Angabe der Firma mitteilen wollen, wurden folgende Rippenteilungen angewandt.

Die Rippen sind wiederum der Größe nach geordnet.

Tafel 59.

Flugzeug	Rippenlänge mm	t_v in %	t_m in %	t_h in %
D I a	1250	12,0	48,0	40,0
D I b	1480	17,2	50,4	32,4
B I a	1509	6,7	53,0	40,3
D I c	1520	10,0	49,4	40,6
C II a	1550	6,2	38,3	55,5
C II b	1550	6,0	38,4	55,6
C I a	1595	12,3	44,0	43,7
C III a	1600	12,5	43,5	44,0
C IV a	1655	15,2	42,0	42,8
C I b	1660	9,9	45,0	45,1
C II c	1700	16,0	41,2	42,8
C IV b	1700	14,1	57,7	28,2
B III a	1705	5,6	41,0	53,4
C I c	1710	9,3	58,5	32,2
C II d	1745	14,0	51,4	34,6
C II e	1775	13,4	67,0	19,6
W I a	1800	5,0	44,3	50,7
W II b	1800	5,3	44,2	50,5
C I d	1800	5,4	44,0	50,6
C V a	1800	5,4	44,2	50,4
E IV a	1800	14,0	58,0	28,0
E I a	1805	15,8	59,2	25,0
B II a	1865	16,3	44,3	39,4
B I b	1920	19,0	63,0	18,0
C IV c	1925	12,7	51,5	35,8
G I a	1995	7,4	52,6	40,0
G I b	2210	11,8	54,2	34,0
C IV d	2330	2,0	58,0	40,0
R I a	3310	9,0	60,5	30,5
	Zusammen:	309,5 : 29	1446,8 : 29	1143,7 : 29
	Mittelwert =	10,67 %	49,88 %	39,44 %

Aus dieser Zusammenstellung ergibt sich für die Entfernung des Vorderholms von der Nasenleiste t_v ein Kleinstwert von 2,0 und ein Größtwert von 19,0 v. H. Für das Mittelstück zwischen den beiden Holmen t_m wird der Kleinstwert 38,3 und der Größtwert 67,0 v. H. Für das Rippenende hinter dem zweiten Holm t_h ergibt sich ein Kleinstwert von 18,0 und ein Größtwert von 55,6 v. H.

Die Mittelwerte liegen aber bei

$$t_v = 10{,}6\,\%, \quad t_m = 50{,}0\,\% \quad \text{und} \quad t_h = 39{,}4\,\%.$$

An den Rippengewichten kann in manchen Fällen noch sehr viel gespart werden.

In folgender Tafel 60 sind einige Versuchsergebnisse mitgeteilt. Die Lastvielfachen sind jedesmal mit angeschrieben. Aus dem Einheitsgewicht, das auf die cm² der Flügelfläche bezogen ist, kann man beim Bau von Rippen nachprüfen, ob man verhältnismäßig zu schwer oder leichter gebaut hat.

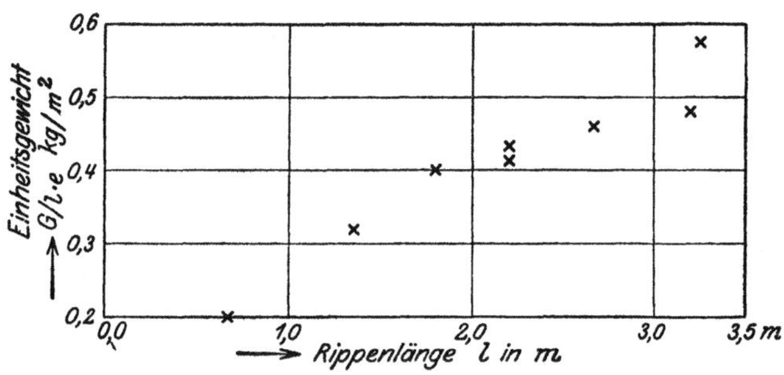

Fig. 79.

Tafel 60.

Lfd. Nr.	Länge cm	Rippen-gewicht G gr.	$\frac{G}{l \cdot e}$ = kg/m²	Festgestelltes Lastvielfaches	Belastungs-fall
1.	65	44	0,19	10	B.
2.	135	150	0,32	5,5	B.
3.	180	250	0,40	8	A.
4.	220	325	0,42	5,7	B.
5.	220	330	0,43	8,3	A.
6.	220	325	0,42	6,6	B.
7.	265	430	0,46	3,1	B.
8.	320	530	0,48	2,9	B.
9.	325	650	0,57	2,9	B.

Für große Rippen ist in erster Linie bei der Festlegung des Rippenabstandes die Stoffestigkeit maßgebend. Bei großen Abständen wird man vorn oben eine oder zwei schwache Hilfsrippen anordnen, welche die Profilform der Saugzone halten sollen. Wegen der Abnahme der Belastung nach außen kann man den Rippenabstand nach den Flügelenden zu größer werden lassen. Ebenso kann man beim Unterflügel im allgemeinen eine größere Rippenentfernung annehmen als oben. Der Rippenabstand bewegt sich zwischen 20 und 70 cm als äußerste Grenze, beträgt aber im Durchschnitt 30 bis 35 cm.

Die Ausführung von ganz leichten Rippen macht oft größere Schwierigkeiten, da die Bearbeitung der geringen Materialstärken nicht einfach ist. Es ist deshalb nicht möglich, die Rippen jedesmal genau auf die verlangte Sicherheit abzustimmen. Dazu kommt noch die Unsicherheit und Ungenauigkeit aller Holzversuche.

d) Besondere Rippen.

Bei dem Angriffspunkt der Flügelstiele und auch dort, wo Fahrgestelle und Schwimmerstreben am Flügel angreifen, ist es notwendig, kastenförmige Rippen anzuordnen, um einen festen Verband zu erzielen und um eine Verdrehung des Holmes zu vermeiden. Man hat Kastenrippen in folgenden beiden Ausführungsarten angeordnet, von denen die in Fig. 80 links jedoch leichter ist. Der gute Verband der Kastenrippen trägt zu einer Plattenwirkung des ganzen Flügels viel bei und ist deshalb für den Ausgleich der Lasten recht wichtig. Freilich erfordern sie auch sehr viel Gewicht. Bei Wasserflugzeugen sind sie aber nicht zu entbehren.

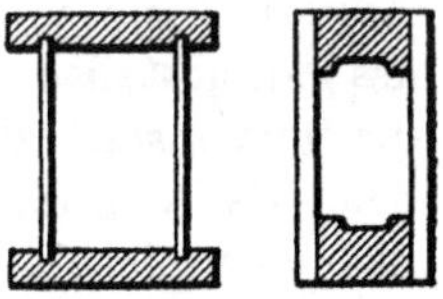

Fig. 80.

Für Duraluminiumrippen wurden von Nieuport und Zeppelin bei kleinen Rippen einfache, U-förmige Gurte vorgesehen. Bei größeren Rippen sind sie durch ein zweites eingelegtes U-Profil verstärkt (siehe Fig. 81). Teilweise zeigen Duraluminiumrippen eine geringe örtliche Festigkeit, obwohl sie bei zulässigem Gewicht den allgemeinen Belastungsprüfungen genügen.

Man hat auch versucht, Rippen im Dreiecksverband zwischen den Holmen anzuordnen. Sie sollen dann außer der Festlegung des Flügelprofils die Aufgabe der Innenverspannung mit übernehmen. Da jedoch der Luftabfluß durch das Hervortreten der schrägen Rippen ungünstiger wird, fand diese Anordnung keine weitere Verbreitung (vgl. Fig. 98). —

Fig. 81.

8. Flugzeuge mit nach innen zunehmender Konstruktionshöhe und Wasserflugzeuge.

Durch die übliche V-Form des unteren Flügels bei wagrechtem Oberflügel wird der Flügelabstand und damit die Konstruktionshöhe des Flügelfachwerks innen um einiges vergrößert. Bei größeren Verhältnissen kann dieser Unterschied der Konstruktionshöhe von innen gegen außen in der statischen Berechnung immerhin schon eine Rolle spielen. Die zahlenmäßige Größe dieses Einflusses ist in dem Beispiel eines Dreistielers berücksichtigt, der auf Seite 76 des ersten Teiles untersucht wurde. Je größer die Bauhöhe nach Flugzeugmitte zu wird, desto gleichmäßiger werden die Stabkräfte in den Holmen.

Wirkungsvoller wird die Konstruktionshöhe durch Abfangen des Flügelfachwerks nach den Schwimmern oder nach dem Fahrgestell vergrößert. Das Abfangen nach dem Fahrgestell ist bei Landflugzeugen nicht gestattet. Eine unbemerkte Verletzung des Fahrgestells bei einem schlechten Start könnte den baldigen Bruch des ganzen Flugzeuges in der Luft nach sich ziehen. Ich möchte jedoch auch folgende bis jetzt nicht ausgeführte Konstruktion vorschlagen: In derselben Windverkleidung wie das Fahrgestell, aber völlig getrennt konstruiert, kann man eine feste Brücke aufbauen, die mit dem Aufbau des Fahrgestelles selbst konstruktiv gar nichts mehr gemein hat. Durch die gemeinsame Windverkleidung wird neuer Luftwiderstand vermieden. Es ist in dieser Art wohl möglich, die größere Konstruktionshöhe und einen festen Punkt weiter unterhalb des Flugzeuges zu schaffen, nach dem die Tragkonstruktion des Flügels abgefangen werden kann.

Anders liegt der Fall bei Wasserflugzeugen. Das Schwimmergestell muß dort ohnehin schon wesentlich stärker als das Fahrgestell bei Landflugzeugen ausgeführt werden. Eine solche Ausnützung eines Gliedes für zwei nicht ineinander greifende Zwecke ist immer als Vorteil anzusehen. Es bestehen nach dem Vorgang von Brandenburg dann keine Bedenken, auch das Flügeltragwerk an dem Schwimmergestell zu befestigen. Immerhin wird auch in diesem Falle verlangt, daß beim Bruch der vorderen wagrechten Strebe, welche die beiden Schwimmer miteinander verbindet, der ganze Zug des Fachwerks von der Diagonalverspannung in der wagrechten Schwimmerebene unten aufgenommen werden kann.

In diesem Zusammenhang sollen einige interessante Bauarten von Wasserflugzeugen erwähnt werden, besonders da wegen der schweren Belastung der Wasserflugzeuge des Krieges diese Typen einen gewissen Ausgangspunkt für die Lastenschlepper des Friedens darstellen können. Außerdem werden die Wasserflugzeuge im Frieden ein größeres Feld ihrer Betätigung finden, da sie über See nicht mit dem Wettbewerb der Eisenbahnen und der gut ausgebildeten, schnellen Verkehrswege zu kämpfen haben.

Besonders unterscheidend ist für Wasserflugzeuge das Schwimmergestell. Es muß im allgemeinen sehr reichlich bemessen werden. Die Kräftewirkung ist beim Wassern ziemlich unsicher und unerforscht. Es hat sich gezeigt, daß ein statisch unbestimmter Schwimmerunterbau mit einer größeren Reihe von überzähligen Stäben praktisch am besten den Anforderungen auf volle Seefähigkeit genügt. Je unklarer die Kräfte auftreten und je verschiedenartiger sie angreifen, desto eher hat eine statisch unbestimmte Anordnung Berechtigung und Zweck.

Schwimmergestelle, die beweglich federnd, nach Art der Landfahrgestelle, versucht wurden, haben sich bis jetzt nicht bewährt. Auch können die Federungen unter dem Einfluß des Meerwassers leiden.

Durch den starren Aufbau des Schwimmerfahrgestelles wurde überhaupt erst der moderne Eindecker als Wasserflugzeug möglich, der vielleicht schon als eine Art von Endform anzusehen ist. Wenn man ein normales Zweischwimmerflugzeug als Doppeldecker nach den Schwimmern abfängt, so ist der statische Grundgedanke im Aufbau dieses Systems der gleiche wie der eines Dreideckers bei Landflugzeugen; denn ein Doppeldecker als Landflugzeug schafft sich die notwendige Konstruktionshöhe und den Fachwerkbalken gegenüber einem Eindecker durch Anordnung eines zweiten Flügels, da hier die Möglichkeit für ein Abfangen nach dem Fahrgestell nicht gegeben ist. Ein kleinerer Wassereindecker, der nach den Schwimmern abgefangen ist, verfügt dagegen schon von Hause aus über diese Konstruktionshöhe und würde durch Hinzufügen eines weiteren Decks als Doppeldecker eine Konstruktionshöhe besitzen, die für Landflugzeuge erst bei dem Dreidecker vorliegt.

Daraus folgt, daß bei einer Reihe von Flugzeugtypen für Wasserflugzeuge der Eindecker eine günstige Lösung des Drachenflugzeugs darstellt.

Wenn man einmotorige, kleinere Doppeldecker vor sich hat, bei denen man noch mit einem Stiel auskommen kann, so wäre es zunächst zu Erreichung großer Konstruktionshöhe günstig, eine Verspannung nach Fig. 82 anzuwenden. Der Angriff des Haupttragkabels am Schwimmer unten muß jedoch gut gesichert sein.

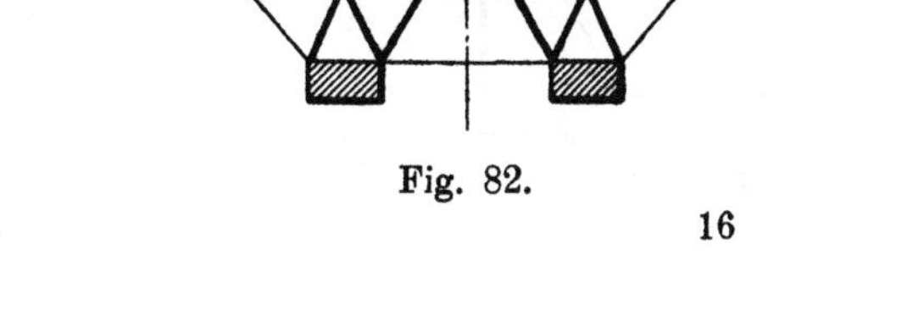

Fig. 82.

Will man jedoch der Festigkeit halber steife Stiele anwenden so wird man ein System nach Fig. 83 vorsehen.

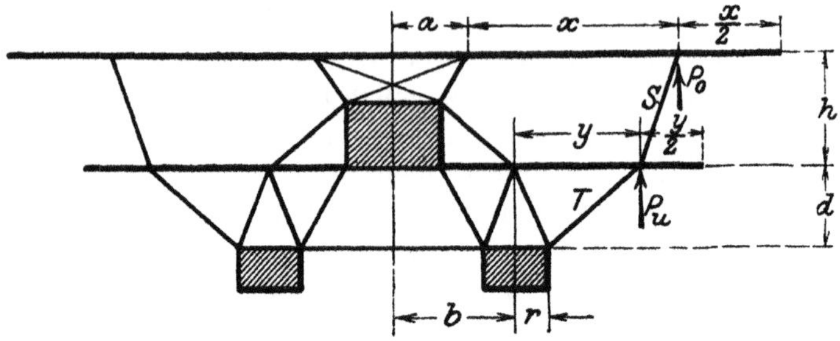

Fig. 83.

In den meisten Fällen ist die Flügelfläche und damit die Summe der Holmlängen oben und unten vorher festgelegt. Wir erhalten deshalb für die **günstigste Stielstellung** unter Benutzung der oben eingetragenen Bezeichnungen folgende Gleichung:

$$x + \frac{x}{2} + y + \frac{y}{2} + a + b = \text{konst.}$$

oder

$$x + y = c_1 \quad \ldots\ldots\ldots\ldots \quad (118\text{a}$$

Als zweite Bedingung, die uns die Stiellage festlegt, könnte man zweckmäßig aufstellen, daß die Knicksicherheiten nach **Euler** im Ober- und Unterholm dieselben sein sollen. Das heißt: die Holmkraft oben, multipliziert mit dem Quadrat der Holmlänge oben, soll gleich sein der Holmkraft unten, multipliziert mit dem Quadrat der Holmlänge unten, oder:

$$X \cdot x^2 = Y \cdot y^2 \quad \ldots\ldots\ldots\ldots \quad (118\text{b}$$

Nach nebenstehendem Kräfteplan, Fig. 84 lassen sich nun bei der Annahme, daß im vorliegenden Fall die überstehenden Enden die Hälfte der Holmlängen im Feld betragen und daß die Knotenlasten P_0 und P_u sich ebenso wie die Holmlängen verhalten, die Holmkräfte X und Y ausdrücken durch die Gleichung:

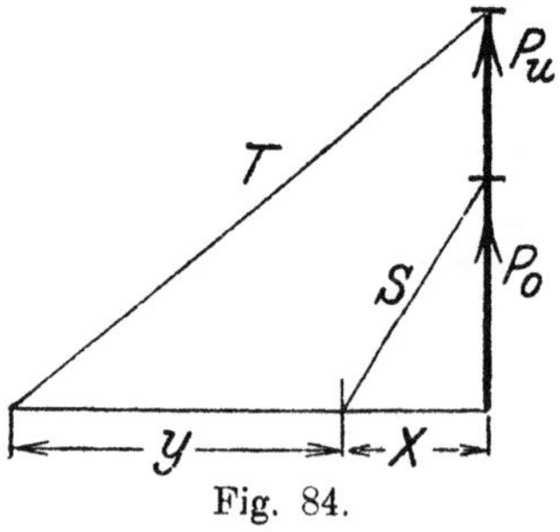

Fig. 84.

$$X = P_0 \frac{x + a - y - b}{h}$$

$$Y = (P_0 + P_u) \frac{y - r}{d} - P_0 \frac{x + a - y - b}{h}$$

Dies in die Bedingungsgleichung 118b eingesetzt ergibt:

$$\frac{x^2}{y^2} = \frac{(x+y)(y-r)\cdot h - d\cdot x(x-y+a-b)}{d\cdot x(x-y+a-b)}$$

Die Auflösung beider Bedingungsgleichungen gegeneinander ergibt für die Feldweite x eine Gleichung vierten Grades:

$$4\,d\,x^4 + x^3(c_1 h + 2\,a\,d - 2\,b\,d - 5\,c_1 d)$$
$$+ x^2(2\,d\,c_1 - 3\,c_1 h + h\,r + 2\,a\,d - 2\cdot b\cdot d)\cdot c_1$$
$$+ x\cdot c_1^2[+3\,h\,c_1 + 2\,h\,r + a\,d - b\,d] - c_1^3 h(c_1 - r) = 0$$

Diese Gleichung ist durch Versuchrechnung zu lösen, wenn man nicht vorzieht, aus verschiedenen Kräfteplänen die Lösung durch einige Versuche unmittelbar zu bestimmen. —

9. Der Einfluß von außenliegenden Lasten.

Als außenliegende Lasten kommen außer dem Eigengewicht der Zelle in erster Linie die Motore in Betracht, dann weiterhin Betriebsstoffe, Bewaffnung, Personen und Nutzlasten.

Um gute flugtechnische Eigenschaften zu erzielen, ist es erwünscht, zur Verkleinerung des seitlichen Trägheitsmomentes des ganzen Flugzeuges möglichst viel Masse in der Nähe des Schwerpunktes zu vereinigen, d. h. die Motore und sonstige große Lasten nicht seitwärts anzuordnen.

Die Anbringung von äußeren Lasten ist aber ein erwünschtes Mittel:

1. Zur Verkleinerung der Längskräfte während des Fluges in denjenigen Stäben des Fachwerks, die von den außenliegenden Motoren und Lasten aus nach innen zu liegen.

2. Zur einfachen Gewinnung neuer Antriebsebenen für die Luftschrauben ohne große Getriebegewichte.

In bewährten Ausführungen werden außenliegende Motore meist nur so weit nach außen angeordnet, als es der Durchmesser der Luftschrauben und die Konstruktionsbreite des Rumpfes vorschreibt.

Bei einem Motor von 260 PS haben wir meist einen Schraubendurchmesser von 310 cm, bei 160 PS von 276 cm. Sollen zwei Personen als Führer nebeneinander sitzen, so beträgt die nötige Rumpfbreite 1,1 m ÷ 1,3 m. Daraus ergibt sich ein Motorabstand von 4,2 ÷ 4,5 m.

Die seitliche Anordnung der Betriebsstoffe kann die Feuersicherheit des Flugzeuges erhöhen.

Wenn einmal ein vollkommen einwandfreier Stabilisator gebaut ist, sind viele und neue Möglichkeiten für das Unterbringen von Lasten außerhalb der Flugzeugmitte und des Rumpfes gegeben.

Der Aufbau des Raumfachwerks des Flugzeuges würde dadurch von Grund auf beeinflußt und festgelegt. Freilich muß dabei beachtet werden, daß die Massen außen zwar geringe Kräfte im Fluge ergeben, daß aber bei der Landung die Beanspruchungen desto größer werden. Es wird aber möglich sein, vielleicht für die Landung selbst dann einen Teil der Lasten außen nach innen zu nehmen und einen Ausgleich dieser Verhältnisse zu finden. Zur Zeit sind ohne einen entsprechend wirksamen Stabilisator die Massen nach innen zu oder besser noch in Flugzeugmitte anzuordnen. Im weiteren Sinn sind aber auch die Flügelgewichte als außenliegende Lasten anzusehen.

Nicht nur schwere Flügel sondern noch viel mehr weitgespannte Flügel sind für die fliegerischen Eigenschaften eines Flugzeuges von großem Einfluß. Vor allem ist es nötig, die Flügel selbst wenigstens außen recht leicht zu bauen. Vergleichende Rechnungen zeigen, daß eine geringe Zunahme der Flügelspannweite das Trägheitsmoment und damit die Wendigkeit des Flugzeugs mehr verschlechtert als etwa außenliegende Motore. In diesem Zusammenhange sind weitgespannte und jetzt oft bevorzugte, freitragende Flügel, die dadurch schwerer werden, nicht als vorteilhaft anzusehen.

Bei zentraler Motoranlage bestimmen die Flügel das Trägheitsmoment des ganzen Flugzeugs fast allein. Motor, Fahrgestell, Besatzung und Zuladung treten ganz zurück.

An dem Zahlenbeispiel des von den Franzosen veröffentlichten Riesenflugzeugs Staaken soll der Anteil des Trägheitsmomentes der hier recht weit außenliegenden Motore den Flügeln gegenüber überschläglich untersucht werden.

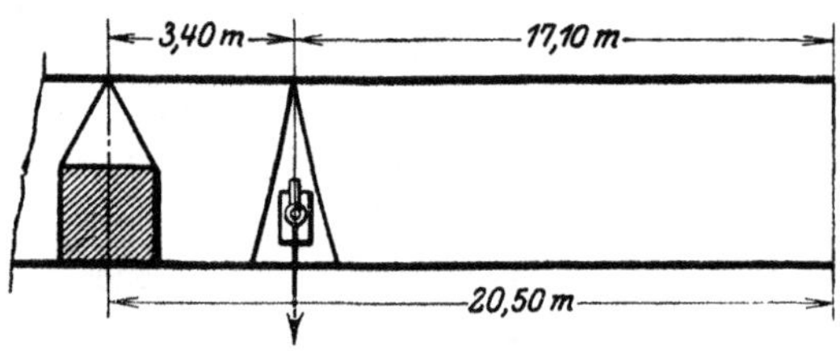

Fig. 85.

Wir errechnen zuerst aus der bekannten Fläche von 84,7 m² auf einer Seite oben und aus der halben Spannweite von $b = 20{,}5$ m eine mittlere Flügeltiefe von: $t = 4{,}13$ m. Bei einem mittleren Flügelgewicht von 5 kg/m² ergibt sich das Trägheitsmoment auf einer Seite, oben und unten

$$J_f = 2 \cdot \frac{\gamma_F}{g} \frac{t \cdot b^3}{3} = \frac{2 \cdot 5 \cdot 4{,}13 \cdot 20{,}5^3}{9{,}81 \cdot 3} = 12\,100 \quad \mathrm{kg \cdot m \cdot sec^2}\,. \qquad (119)$$

Da die beiden außenliegenden Motore auf einer Seite 3,40 m von Flugzeugmitte entfernt sind und mit einem Gewicht von etwa 900 kg eingesetzt werden können, so ergibt sich das Trägheitsmoment der Motore:

$$J_M = \frac{900 \cdot 3{,}4^2}{9{,}81} = 1060 \quad \mathrm{kg \cdot m \cdot sec^2}$$

Es beträgt also das Trägheitsmoment der Flügel ungefähr das **11,4 fache** von dem der außenliegenden Motore.

Andererseits brauchte man nur die halbe Spannweite des Flugzeugs von 20,5 m auf 21,1 m zu vergrößern, um ein Trägheitsmoment zu erhalten, das der Summe der beiden errechneten entspricht. Diesem Unterschied von nur 60 cm stehen aber durch die außenliegenden Motore eine ganze Reihe von Vorteilen gegenüber.

Bei einem der Staakener Riesenflugzeuge wurden nicht nur die Motore, sondern auch das zugehörige Benzin außen angeordnet. Dies ergibt eine große Entlastung der Kräfte im Flug.

Wieviel für den Fall eines ausgeführten Großflugzeuges die außenliegenden Motore für die Stabspannungen nach Flugzeugmitte zu ausmachen, zeigt folgender maßstäblicher Kräfteplan für den Hauptbelastungsfall *A* eines A. E. G.-Großflugzeuges (vgl. auch Seite 331).

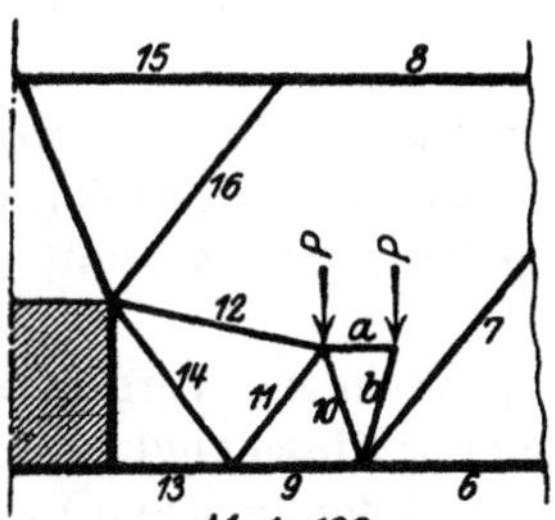

Fig. 86. Systemzeichnung.

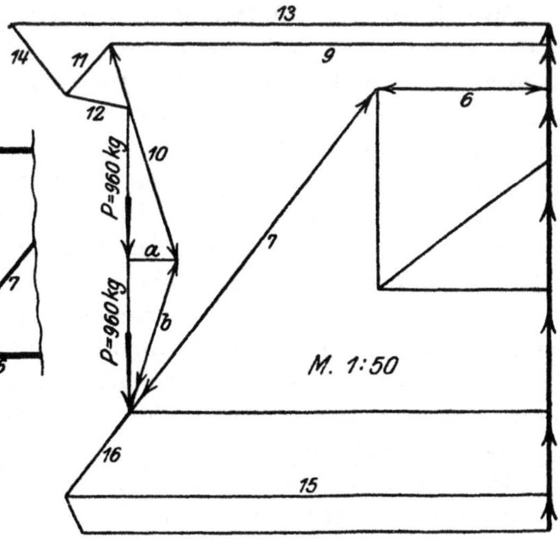

Fig. 87. Kräfteplan.

In diesem Beispiel, das dem A-Fall entspricht, liegt freilich die Hauptlast *P* der Motore gerade auf der vorderen Tragwand. Auf die hintere Tragwand würde entsprechend weniger entfallen. Der Stab 12, der vorn, wie der gezeichnete Kräfteplan ergibt, nur eine Spannung von 390 kg hat, erhält nach den Berechnungen der A. E. G. hinten eine Kraft von 1520 kg.

Würde die Entlastung der Motore vorn wegfallen, so ginge die Kraft im Stabe 10 von 1450 kg auf 2450 kg hinauf, die Kraft im Stabe 9 von 2780 kg auf 3400 kg.

Diese beiden Zahlen sprechen wohl deutlich genug. —

10. Tandemanordnung der Flügel.

Bei sehr großen Flugzeugen würde die Verwendung eines Doppeldeckers verhältnismäßig recht große Spannweiten bedingen, da das Verhältnis von Spannweite zu Flügeltiefe kaum kleiner als 1 : 5 angenommen werden kann. Faßt man nun, wie oben auseinandergesetzt, die ganze Flugzeugzelle als einen in der Flugzeugmitte eingespannten Balken auf, so ergibt sich, daß die Beanspruchung mit dem Quadrate der Spannweite wächst, d. h. bei großen Spannweiten muß das Holmgewicht im Verhältnis größer werden wie bei kleinen Flugzeugen, wenn nicht durch die besonderen Einzelheiten, wie z. B. in der Holmausbildung, andere Fälle vorliegen, die eine Ähnlichkeitsbetrachtung ausschließen.

In gleicher Weise wie der Dreidecker ist der Doppeldecker mit Tandemanordnung geeignet, die Spannweite der Flügel und damit das Eigengewicht der Zelle herabzusetzen.

Man kann das Tandemflugzeug so entstanden denken, daß die große Spannweite des ursprünglichen Zweideckers dadurch verkleinert wird, indem man auf jeder Seite außen eine gewisse Länge wegnimmt und sie weiter hinten zu einem neuen Flügelpaar wieder aufbaut.

Bei sehr großen Flugzeugen weist vieles auf den Mehrdecker oder die Tandemanordnung hin. Ob aber überhaupt Riesenflugzeuge mit 4000 und mehr PS eine Entwicklungsform der Zukunft darstellen, sei damit nicht behauptet.

Insbesondere setzt die neuerdings vorgenommene Vergrößerung der Forderungen im C-Fall der Entwicklung der Rieseneindecker eine Grenze, da es nicht möglich erscheint, selbst bei den dicksten Flügeln derartig weitgespannte Flächen den neuen Forderungen entsprechend torsionsfest auszuführen.

Im folgenden soll kurz untersucht werden, in ähnlicher Weise wie beim Dreidecker (siehe Teil III, Nr. 11), welche Ersparnisse an Zellengewicht möglich sind.

Wenn wir gleichen Flügelinhalt bei der normalen und bei der Tandemanordnung zugrunde legen, so ist

$$b_n \cdot t_n = 2 \cdot b_t \cdot t_t,$$

wobei die Zeiger n das normale und die Zeiger t das Tandemflugzeug bezeichnen.

Bei gleichem Seitenverhältnis wird

$$b_n : t_n = b_t : t_t = c$$

also

$$t_n = t_t \cdot \sqrt{2}$$

$$b_n = b_t \cdot \sqrt{2}$$

Die Holmkraft innen ergibt sich:

Normale Anordnung / Tandemanordnung

$$S_n = \frac{Q}{2} \cdot \frac{x_n}{h_n} \qquad S_t = \frac{Q}{4} \cdot \frac{x_t}{h_t}$$

Dabei ist der Hebelarm der äußeren Lasten

$$x_n = \frac{b_n}{4} \qquad x_t = \frac{b_t}{4}$$

Da in beiden Fällen die Fachwerkshöhe der Flügeltiefe gleich sein soll:

$$h_n = t_n \qquad h_t = t_t$$

so folgt die Stabkraft schließlich:

$$S_n = \frac{Q}{2} \cdot \frac{b_n}{4 \cdot t_n} \qquad S_t = \frac{Q}{4} \cdot \frac{b_t}{4 \cdot t_t} \quad . \; . \; (120)$$

Das heißt aber für die normale Anordnung ist die Stabkraft doppelt so groß wie bei der Tandemanordnung

$$S_n = 2 \cdot S_t$$

Um aber den Vergleich weiter auszuführen, müssen wir berücksichtigen, daß bei dem Tandemflugzeug im ganzen eine größere Holmlänge vorhanden ist. Vervielfachen wir die Stabkraft mit der zugehörigen Holmlänge, so verhalten sich die beiden Werte nicht mehr wie 2 : 1, sondern:

$$\frac{\boldsymbol{S_n \cdot b_n}}{\boldsymbol{S_t \cdot b_t}} = \frac{\mathbf{1{,}41}}{\mathbf{1}}$$

Der Vorteil der Tandemanordnung ist also bei nicht zu großen Flugzeugen nicht erheblich, insbesondere wenn man die großen aerodynamischen Nachteile mit in Erwägung zieht.

Eiffel und Kober haben in einer ganzen Reihe von gut durchgeführten Versuchen die entscheidenden aerodynamischen Nachteile bei den verschiedensten Tandemanordnungen gefunden. Insbesondere hat Kober mit vielen Änderungen der Flächenzahl, des senkrechten und des wagrechten Flächenabstandes das Problem der Tandemanordnung eingehend untersucht.

Schon bei dem Dreidecker fällt es nicht leicht, die statischen Vorteile den aerodynamischen Nachteilen gegenüber zur Geltung zu bringen. Bei der Tandemanordnung sind die aerodynamischen Nachteile um so viel größer, daß es sich kaum verlohnt, das System hier weiter eingehend zu betrachten. —

11. Spanntürme und Baldachin.

Die einfachste Art des Spannturmes ist die Anordnung eines senkrechten Stieles in Flugzeugmitte.

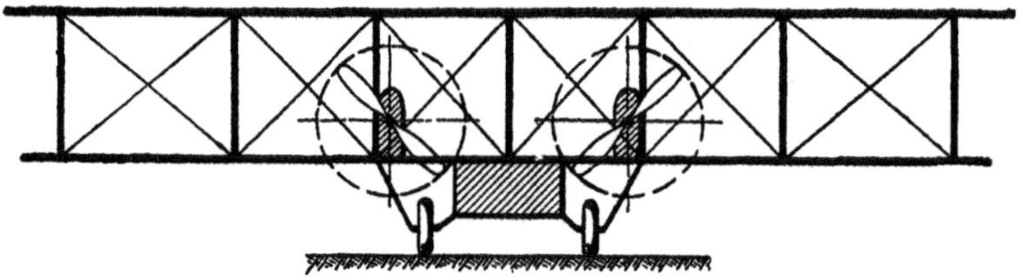

Fig. 88.

Derartige Ausführungen wurden von den Engländern bei dem zweimotorigen Curtissboot und später bei den neueren de Haviland-Großflugzeugen mit untenliegendem Rumpf getroffen.

Der Stab in der Mitte ist kaum als eigentlicher Spannturm oder Baldachin anzusehen. Es handelt sich hier (Fig. 88) also um ein mit nur senkrechten Stielen aufgebautes Zellenfachwerk, an das Rumpf, Fahrgestell und Motoranlagen als selbständige Teile angeschlossen sind. Rumpf und Zellenaufbau sind nicht miteinander verquickt. Die Motore sind in diesem Fall unmittelbar mit der Zelle verbunden. Dies ist ein konstruktiver Ausdruck dafür, daß das Flugzeug an der Kraftquelle, an dem Motor festgehalten ist und nicht an dem Rumpf, wie die folgenden Anordnungen zeigen.

Abgesehen von dieser besonderen Ausführungsart werden heute in der Hauptsache folgende drei Anordnungen verwendet:

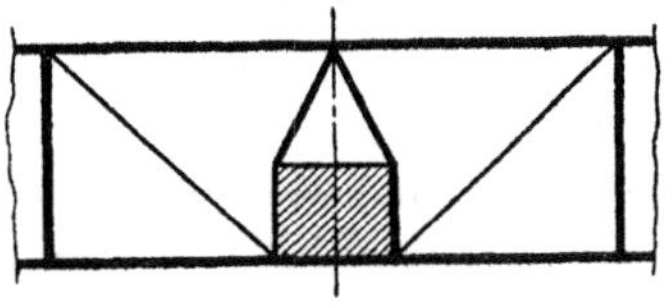

Fig. 89.

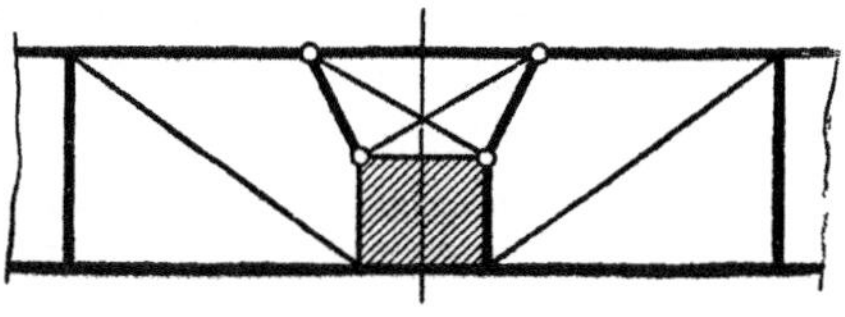

Fig. 90.

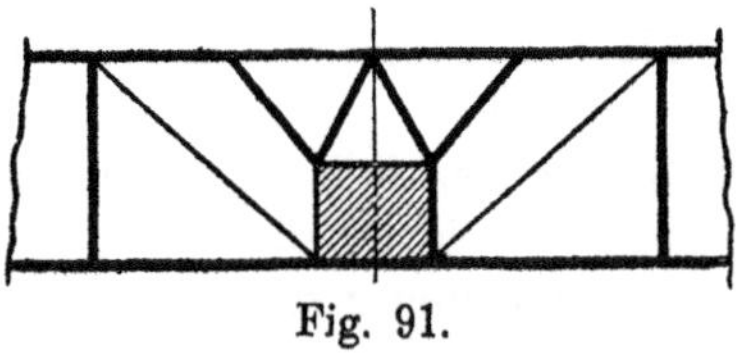

Fig. 91.

Die Wahl der einzelnen Ausführungen 1 ÷ 3 ist in erster Linie durch die Entfernung des nächstliegenden Außenstiels von Flugzeugmitte und durch die Größe der auftretenden Druckkräfte im Oberholm bestimmt.

Im Falle 1 ist die freie Knicklänge des Holmstabes oben am größten und im Falle 3 werden die auftretenden Knicklängen am kleinsten sein.

Der Ausführung 3 wird man bei einem größeren Einstieler öfter begegnen wie der Anordnung 2, die für einen Zweistieler günstiger ist. Die Anordnung 3 hat den Vorzug, die freie Länge des Oberholmes, die sonst um die halbe Rumpfbreite größer ist wie die des Unterholmes, entsprechend zu verkleinern. Führt man die zweite Anordnung senkrecht und gerade aus, wie sie bei vielen englischen Flugzeugen üblich ist, so ergeben sich oben und unten gleiche Knicklängen[1]).

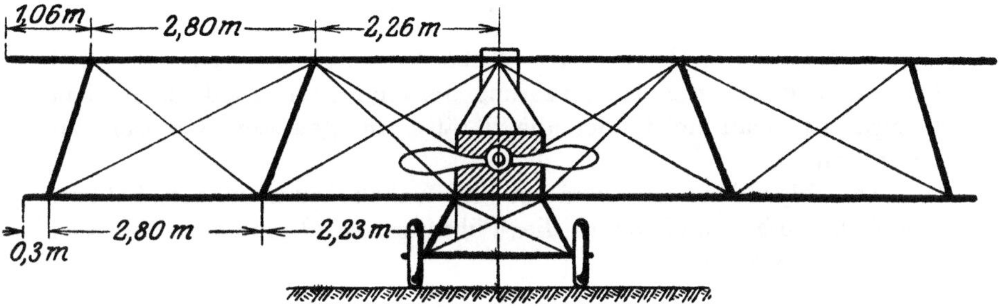

Fig. 92. Hansa-Brandenburg 200 PS.

Die Anordnung eines ausladenden Baldachins entspricht in bezug auf den Oberholm in der gleichen Weise der Anordnung einer Knickstrebe vom Rumpf nach dem Unterholm, wie sie auf Seite 331 des III. Teils für das A. E. G.-Großflugzeug beschrieben wird.

Im allgemeinen wird eine solche Stielneigung am günstigsten sein, bei der die Knicklängen der Felder oben um etwas kleiner sind wie diejenigen unten.

[1]) Bei einem Brandenburg-Flugzeug, das in Fig. 92 dargestellt ist, hat man bei der Anordnung 1 die Außenstiele nach innen schief gestellt, um oben und unten etwa gleiche Knicklängen der Holme zu erhalten. Da jedoch der Oberflügel meist größer ausgeführt wird wie der Unterflügel, so ist diese Anordnung nicht immer möglich. Man könnte sogar bei großem Oberflügel, unter Verwendung der dritten Anordnung, die Stiele zweckmäßig nach außen schief stellen, wie es auch Friedrichshafen bei einem alten Einschwimmerflugzeug ausgeführt hatte.

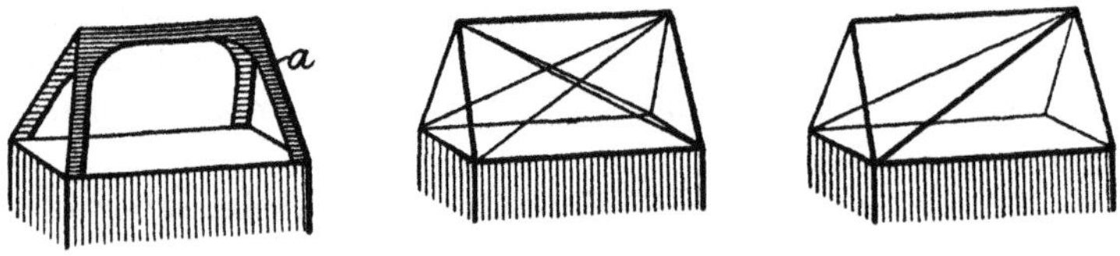

Fig. 93. Formen der Spanntürme.

Im Aufbau kann der Spannturm selbst entweder als steifer Rahmenspannturm oder mit Verspannung in der Tiefenrichtung ausgeführt werden. Es ist besonders zu berücksichtigen, daß bei der Verwendung von steifen Ecken das Biegungsmoment auch unterhalb der eigentlichen Ecken an der Stelle *a* (Fig. 93 links) noch recht groß ist. Aus dieser Tatsache sind manche Brüche zu erklären. —

12. Kabelführung.

Durch die Führung der Kabel in der Flugzeugzelle und besonders durch die Kabelführung im innersten Feld nach dem Rumpf ist man imstande, die Kräfte in gewissen Grenzen zu verändern.

Im folgenden soll zunächst die Kabelführung in den Feldern der Zelle selbst und dann die Führung der Rumpfanschlußkabel untersucht werden.

a) Schrägkabel in der Zelle.

Wenn man die Kabelführung einer normal verspannten Zelle unter Beibehaltung der Anzahl der Kabel ändern will, so kommt zunächst die E-Verspannung, die auf Seite 65ff. erörtert wurde, in Betracht. Ganz allgemein ist es aber möglich, die Kabel an einem beliebigen Punkt des biegungsfesten Innenstiels angreifen zu lassen.

Durch das Profil der Rippe ist, wie früher ausgeführt, eine Begrenzung der Konstruktionshöhe der Holme gegeben. Insbesondere der Hinterholm im oberen Flügel muß oft weniger hoch und deshalb breiter ausgeführt werden als günstig wäre. Zur Entlastung der Hinterholme kann man folgende Anordnung treffen:

Es besteht beispielsweise die Möglichkeit, durch räumliche Schrägkabeln die Last von hinten oben nach vorn unten zu übertragen und in der vorderen Tragwand aufzunehmen. Das eine Kabel der Tiefenkreuzverspannung für den Hauptbelastungsfall B und C wirkt

z. B. in diesem Sinne. Es entlastet die hintere Tragwand und gibt diese Last auf die vordere Tragwand ab.

Bei einem Typ des Großflugzeugs vom Flugzeugbau Friedrichshafen wurde ein derartiges räumliches Kabel zur Entlastung des Hinterholms ganz außen eingeführt. Seine Wirkung erstreckt sich dann auf alle Stabkräfte in der Zelle und ist nicht zu vernachlässigen.

Auch Sablatnig hat bei einem stark gestaffelten Flugzeug eine Anordnung außen nach folgendem Bild getroffen. Die äußerste Strebe geht nicht nach dem Punkte *h*, sondern nach *v*.

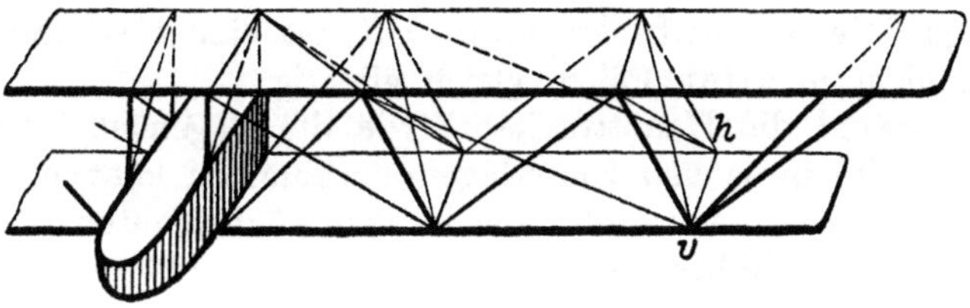

Fig. 94.

Die Verhältnisse werden wohl am klarsten, wenn wir die beiden Grenzfälle für eine Verschiebung des hinteren Kabels nach vorn betrachten.

In der Normallage des Kabels hinten und bei Lasten von unten ruft dir Beanspruchung des Kabels im Hinterholm oben Druck und im Hinterholm unten Zug hervor. Die übrigen Glieder desselben Feldes werden nicht beansprucht.

Ist das Kabel im anderen Grenzfall statt von dem hinteren Knotenpunkt unten von dem vorderen Knotenpunkt unten nach hinten oben gezogen, so entsteht zwar im Hinterholm oben noch Druck. Die Spannung im Hinterholm des nächsten Feldes unten ist aber in Druck übergegangen. Außerdem wird der Vorderholm oben auf Druck und der Vorderholm unten auf Zug beansprucht.

Es ist klar, daß man durch Verschieben des unteren Anschlußpunktes auf einem steifen Innenstiel zwischen diesen beiden Grenzlagen eine gewisse Abstufung zwischen diesen beiden Grenzbeanspruchungen erreichen kann.

Die *E*-Verspannung ist nichts anderes als ein besonderer Fall der Kabelführung, bei dem nur das hintere Hauptkabel nach dem entsprechenden vorderen Knotenpunkt unten gezogen ist.

(Im ersten Teil auf Seite 65ff. ist das Kräftebild eingehend betrachtet.)

b) Führung der Rumpfanschlußkabel.

In der Führung der Rumpfanschlußkabel bestehen die meisten Möglichkeiten. Dort sind an den Spanten des Rumpfes beliebige Anschlußpunkte für die Kabel vorhanden. Im allgemeinen wird es am günstigsten sein, die Anschlußkabel möglichst zu spreizen. Auf diese Art und Weise wird eine breitere Basis für den räumlichen Fachwerksbalken geschaffen.

Auch die Führung der überzähligen Stirnkabel ist unter diesem Punkte zu betrachten.

Ordnet man einen Verlauf der Kabel an, der von dem Üblichen stark abweicht, so ist es notwendig, meist alle vier Hauptbelastungsfälle zu untersuchen. Oft ist eine bestimmte Kabelführung nicht in allen Fällen gleich günstig.

Da sowohl die Haupttragkabel wie die Gegenkabel nach dem folgenden Bild in je vier Hauptlagen vorkommen können, so ergibt sich zunächst eine sehr große Anzahl von Möglichkeiten für die verschiedensten Kabelführungen.

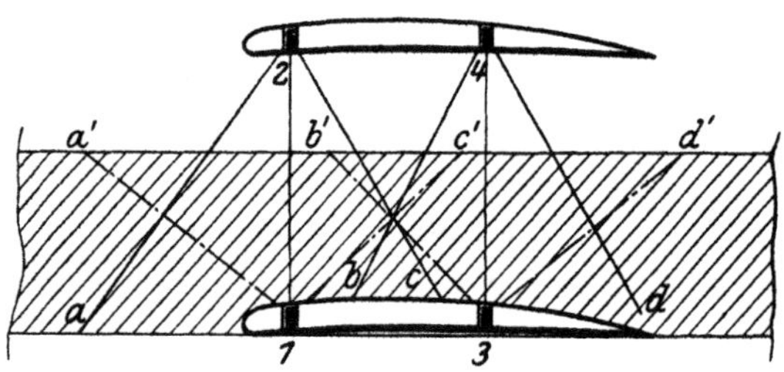

Fig. 95.

Betrachtet man jedoch alle Belastungszustände gleichzeitig, so vereinfacht sich die Aufgabe.

Im A-Fall kommen etwa gleiche Knotenlasten vorn und hinten vor. Es muß deshalb zunächst jede Kabelführung als unzweckmäßig angesehen werden, bei der die wagrechten Teilkräfte in einem Flügel sich nicht entgegenwirken. Dies tritt ein, wenn beispielsweise die Hauptkabel beide nach vorn oder beide nach hinten geführt sind. Aber auch der Fall, daß das hintere Kabel nach vorn und das vordere Kabel nach hinten geführt wird (Kreuzverspannung), scheidet als günstige Verspannung wegen der Wirkung des C-Falles aus. Diese Verspannung würde nur eine wagrechte Teilkraft im C-Fall liefern, oben nach vorn und unten nach hinten. Also eine Verdrehung der Zelle in dem gleichen Sinn, in dem auch das Moment der äußeren Kräfte wirkt. Man erkennt dies, wenn man die im C-Fall von unten

nach oben wirkende Kraft hinten in die Richtung der Innerverspannung und des schrägliegenden Hauptkabels $b \div 4$ und $c' \div 1$ zerlegt (Fig. 95).

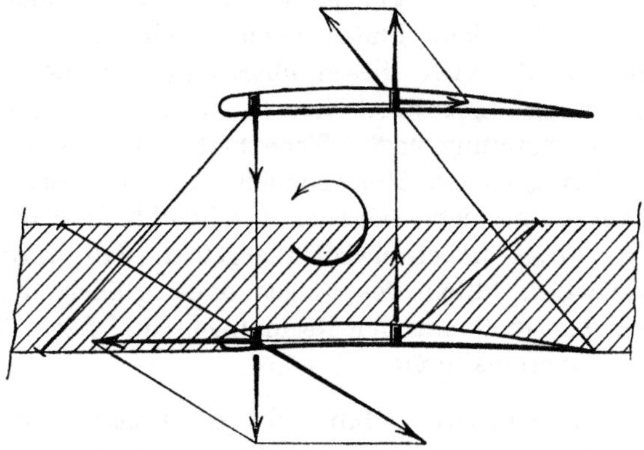

Fig. 96.

Es verbleibt also als günstige Anordnung nur noch der Fall, daß das hintere Tragkabel nach hinten und das vordere Tragkabel nach vorn gezogen wird. Die Gegenkabel sind dann in entsprechender Weise ebenso zu verspannen: das vordere nach vorn und das hintere nach hinten. Will man die volle Fachwerkshöhe ausnützen, so sind die Möglichkeiten für die Verschiebung der Gegenkabel am Oberflügel freilich auf eine steife Mittelrippe oben beschränkt. Es ist sonst nötig, die Gegenkabel nicht zum Spannturm, sondern flacher nach der Rumpfoberkante zu führen.

Sehr große Vorteile ergeben sich freilich nicht aus der räumlichen Führung der Kabel. Es läßt sich allgemein zeigen, daß die Holmkraft aus den direkten Knotenlasten in beiden Fällen dieselbe ist, wenn das Kabel in gleicher Höhe von der oberen Verspannung aus angreift. Trotzdem ist die Vergrößerung der Einspannungshöhe für die Steifigkeit des räumlichen Balkens von Bedeutung.

c) Stirnkabel.

Als besondere Kabelart sind bei der Kabelführung die Stirnkabel anzusehen. Hierbei werden nach den Bezeichnungen des ersten Teiles, Seite 27, unter Stirnkabel Diagonalen verstanden, die als überzählige Glieder von einem meist hinten liegenden Fachwerkspunkt aus der Zelle heraus sofort zu dem Hauptrumpf oder zu den Seitenrümpfen oder Schwimmern nach vorn verlaufen und ihre Spannkraft unmittelbar dorthin übertragen.

Erste Anordnung. Vor einiger Zeit führte man die Stirnkabel meist von der Zelle hinten oben durch das Feld nach vorn unten. Wenn nicht außer diesen überzähligen Kabeln die übliche Normalverspannung angeordnet ist, so liegt dann der Fall einer halben Kreuzverspannung vor. (Siehe Seite 293 des dritten Teiles.) Außer zum Abfangen von Motorgondeln und in besonderen Fällen wird diese Anordnung jetzt seltener durchgeführt. Kabelspannungsmessungen im Fluge haben nämlich ergeben, daß dieses Kabel in fast allen Belastungsfällen des Fluges ohne größere Kräfte bleibt, ein Ergebnis, das auch mit den Rechnungen und Betrachtungen auf Seite 294 gut übereinstimmt.

Zweite Anordnung. Man zieht es deshalb vor, das Stirnkabel in der Ebene des Unterflügels selbst von einem außen liegenden Punkt der Zelle nach dem Vorderrumpf zu führen. Daß auch diese zweite Anordnung nicht immer sehr vorteilhaft ist, leuchtet ein. Sie gibt zwar eine größere Konstruktionshöhe für die Innenverspannung unten. Dies kann oft sehr erwünscht sein. Aber in den meisten Fällen wurden diese Stirnkabel erst beim Nichtbestehen einer Bruchprüfung nachträglich als Notbehelf eingezogen. Die Konstruktionshöhe wird besonders vergrößert, wenn man vom Hinterholm, etwa am Vorderholm vorbei oder auch durch die Mitte des Vorderholms hindurch, das Stirnkabel nach vorn führt. Außer dem Eigenwiderstand des Kabels wird in der Luft vor dem Flügel durch das Stirnkabel eine gewisse turbulente Störung der Luftströmung hervorgerufen, die für den Wirkungsgrad des Flügelprofils selbst sicher nicht von Vorteil ist. Es soll als Grundsatz festgehalten werden, daß diejenigen Glieder, die ohne größeren Nachteil innerhalb des Flügels angeordnet werden können, auch dort anzuordnen sind[1]).

Trotzdem sind bei bewährten, ausländischen Flugzeugen Stirnkabel angewendet, wie z. B. bei de Haviland 4 und 9, bei dem französischen A. R. und bei Sopwith Dolphin, bei dem bekannten Caproni und bei dem italienischen S. P. 2. Sie bringen dort zum Ausdruck, daß die Flugzeugzelle und die Übertragung der Luftkräfte in erster Linie an dem Motor und dann erst an dem Rumpf ihre Gegenkräfte findet. —

---

[1]) Eine mit großem Aufwand durchgeführte Berechnung des letzten Siemens-Jagdflugzeuges ergab in gleicher Weise eine geringe Wirkung des Sturmkabels.

13. Anordnung der Innenverspannung.

Wie die Berechnungen des ersten Teiles zeigen, wird die Innenverspannung im Unterflügel besonders beim C-Fall stark beansprucht. Die Innenverspannung unten hat überhaupt eine nicht zu unterschätzende Bedeutung.

Die in den Kabeln der Innenverspannung auftretenden Kräfte sind zunächst der Neigung der Kabel proportional. Je flacher die Kabel angeordnet werden, desto stärker werden sie beansprucht. Treten wegen des außenliegenden Motors Erschütterungen und Schwingungen auf, so wird man die Innenverspannung in diesen Teilen eines Flügels nicht aus Drähten und Kabeln, sondern aus starren Rohren herstellen.

Bei dem Großflugzeug von Caproni läßt sich folgende Entwicklung verfolgen. In der ersten Ausführung wurde die Verspannung, die durch die Teilung der Hauptstiele gegeben war, zunächst nur einmal unterteilt. Bei späteren Ausführungen hat man sich entschlossen, statt der flachen Winkel der Innenverspannung eine nochmalige Unterteilung vorzusehen. Auch bei einem deutschen Großflugzeug, das früher ebenfalls nur von Stiel zu Stiel im Flügel verspannt war, hat man später die Innenverspannung unterteilt.

Je geringer die Holmentfernung selbst ist, desto enger wird meist die Unterteilung der Innenverspannung gewählt. (Beispiel Sopwith-Dreidecker.) Es hat jedoch keinen Vorteil, hierbei allzuweit zu gehen, da an den Knotenpunkten die vollen Holme und die Beschläge Mehrgewicht bedingen.

Die Unterteilung selbst wird im allgemeinen nicht in der Mitte oder in gleichen Abschnitten vorgenommen, sondern die Innenfelder sind kleiner wie die Außenfelder, da die Kräfte dort im allgemeinen größer werden und es erwünscht ist, etwa gleiche Knicksicherheiten auch in den einzelnen Abschnitten der Holmfelder zu besitzen.

Bei der Berechnung der Innenverspannung wird man meist zu sicher gehen, wenn man die Mitwirkung der Stoffbespannung der Flügel nicht berücksichtigt. — Bei einem Eindecker bildet man die Innenverspannung meist etwas stärker aus, da hier nicht in der gleichen Weise wie beim Doppeldecker ein Ausgleich der Beanspruchung möglich ist.

Wenn die Holme nicht gleichlaufend (parallel) sind, sondern sich zu einem Dreieck schließen wie in Fig. 130 und Fig. 138, so ist theoretisch keine Innenverspannung notwendig. Man erhält dann für Kühler und Behälter im Flügel Raum.

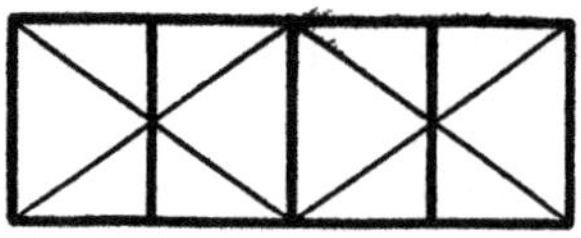

Fig. 97.

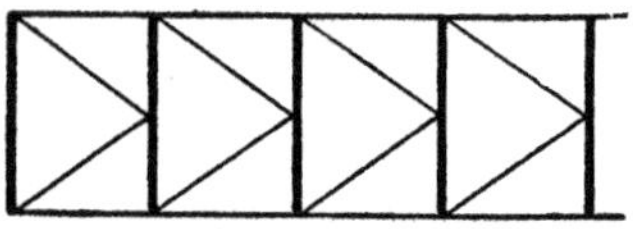

Fig. 98a.

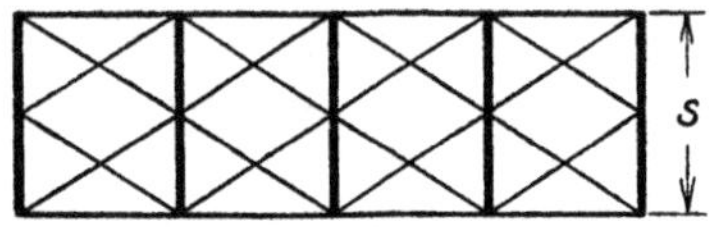

Fig. 98b.

Innenverspannung mit *K*-Verband.

Diese Möglichkeit der Innenverspannung soll nur gestreift werden. Man kann zwei Hauptfälle unterscheiden:

a) Verwendung von starren Diagonalen (Fig. 98a).

b) Verwendung von schlaffen Diagonalen mit Gegenkabeln (Fig. 98b). Dieser Aufbau hat, da der Holmabstand s meist recht klein ist, für den Flugzeugbau kaum größere Bedeutung. Er bedingt auch reichlich mehr Beschläge als sonst notwendig. Ebenso ist eine Unterteilung innen durch Zwischenstiele (Fig. 97) nach Art des „Spadsystem" unzweckmäßig. Die vorhandenen Rippen können den gleichen Zweck erfüllen.

Eine weitere Untersuchung ginge über den hier gegebenen Rahmen hinaus. —

14. Verwendung von überkreuzten Hauptstielen.

Vom statischen Gesichtspunkte aus bedingt die Anordnung von starren überkreuzten Stielen oder von steifen Flächenstielen statt der Kabel im Tiefenkreuz stets eine Vergrößerung der statisch unbestimmten Größen. Dieselbe statische Wirkung tritt auch bei einer stärkeren Ausbildung der Tiefenkreuzkabel ein: die Wirksamkeit der Tiefenkreuze wird größer.

Dies ist allgemein einzusehen, wenn man beachtet, daß die Tiefenkreuzkabel in den Zähler der Elastizitätsgleichung nicht eingehen. Für das Tiefenkreuzkabel selbst ist die Spannung im Hauptsystem $S_0 = 0$. Es gehört nicht mit zum Hauptsystem. Der Nenner dagegen wird bei starren Tiefenkreuzen um den Anteil des Tiefenkreuzes kleiner, X_a selbst also größer.

Für das Beispiel der Normalberechnung der Flugzeugmeisterei ergeben sich zahlenmäßig folgende Werte im B-Fall (vgl. Seite 52 und Seite 81):

Die Größe der verwendeten Summenglieder ist schon auf Seite 83 unten angeschrieben. Durch den Wegfall des Tiefenkreuzes wird:

$$\delta_{aa} = 47000 - 5060 = 41940$$

$$\delta_{bb} = 14698 - 5060 = 9638$$

Damit ergibt sich:

$$X_a = \frac{23344 \cdot 9{,}638 - 79500}{41{,}940 \cdot 9{,}638 - 93} = \frac{224990 - 79500}{404 - 93} = \frac{145490}{311} = \mathbf{480}\ \text{kg}$$

und

$$X_b = \frac{10^3 \cdot (8{,}276 \cdot 41{,}940 - 224{,}000)}{41{,}940 \cdot 9{,}638 - 93} = \frac{347095 - 224000}{404 - 93} = \frac{123095}{311} = \mathbf{396}\ \text{kg}$$

Der Unterschied gegen früher beträgt also:

$$\Delta X_a = 480 - 439 = 41\ \text{kg}$$

$$\Delta X_b = 396 - 279 = 117\ \text{kg}$$

Welchen Einfluß diese Änderung der statisch unbestimmten Größen beispielsweise auf die Holmstäbe A_8' und A_8'' oben hinten ausmacht, zeigt folgende Rechnung. Der zahlenmäßige Ansatz ist mit der erwähnten Normalberechnung der Flz. zu vergleichen:

$$A_8' = -4186 + 480 \cdot 4{,}247 + 396 \cdot 1{,}397 = -4186 + 2050 + 554$$
$$= -\mathbf{1582}\ \text{kg} \quad \text{gegen} \quad -\mathbf{1932}\ \text{kg dort}$$

$$A_8'' = -4800 + 480 \cdot 4{,}795 + 396 \cdot 1{,}945 = -4800 + 2300 + 770$$
$$= -\mathbf{1730}\ \text{kg} \quad \text{gegen} \quad -\mathbf{2153}\ \text{kg dort}.$$

Diese Berechnung bezog sich auf den B-Fall, wo der Oberholm entsprechend entlastet wurde. Eine gleiche Entlastung des Oberholmes tritt auch im C-Fall auf. Die Unterholme werden jedoch hinten stärker belastet, da dort eine Vergrößerung der Tiefenkreuzverspannung X_a eine Vergrößerung der Kräfte bedeutet.

Für die Konstruktion ist jedoch zu beachten, daß das Gesichtsfeld nach der Seite durch steife, überkreuzte Stiele gegebenenfalls mehr gestört werden kann, wie durch Kabel in der Tiefenkreuzverspannung.

Außerdem sind die durch die Stiele dargestellten seitlichen Flächen außen bei Böen nicht gerade günstig. —

Statt der steifen Stiele kann man auch viereckige Rahmen mit steifen Ecken als Tiefenkreuze einfügen. Die Berechnung ist dann dieselbe wie vorher. Auch der Nachteil der geringeren Formänderungsarbeit bei plötzlichen Überlastungen bleibt bestehen. Bei dem amerikanischen Le Piere Fighter mit 400 PS Liberty-Motor scheint dieses „Rahmentiefenkreuz“ zuerst ausgeführt zu sein.

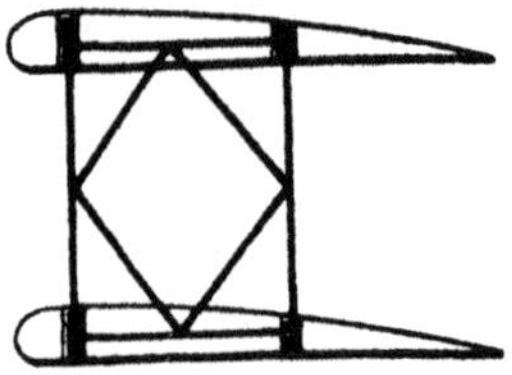

Fig. 99.

Halbe Diagonalen nach Fig. 99 sind weniger oder nicht zur Ausführung gekommen. Die Anschlüsse kosten stets Gewicht. Die übrigen Nachteile der steifen Tiefenkreuze bleiben.

Von einiger Bedeutung könnte diese Anordnung sein, wenn die Knicklänge der Hauptstiele in der Mitte unterfangen wird. Besonders bei kleineren und mittleren Flugzeugen mit nur einer Hauptverspannungsebene haben sich Stielformen entwickelt, die dem Statiker als nichts anderes als doppelt T, U und Z-Profile erscheinen. Bei Staffelung erscheint der steife, Z-förmige Stiel günstig (z. B. Rumpler D.).

15. Günstigste Stellung der Flugzeugstiele.

Einstieler.

Wenn die Hauptabmessungen eines Flugzeuges festliegen, so ist die Stellung der Stiele eine Frage, die von dem Standpunkt der Festigkeitslehre aus zu entscheiden ist. Aerodynamisch ist es meist gleich, an welcher Stelle des Holmes die Stiele angreifen.

In dem ersten Teil wurde die Frage nach der „besten“ Stielstellung nur vom Gesichtspunkte der geringsten Holmbeanspruchung aus für den Zweistieler und für ein Beispiel des Dreistielers durchgeführt. Wir wollen jetzt dazu übergehen, einen Einstieler noch etwas eingehender zu betrachten.

Wie ist der Stiel nach Fig. 100 zu stellen, damit nicht nur die Holmgewichte, sondern auch das Stielgewicht und die Auftriebsverluste infolge des Widerstandes der Stiele und Kabel einen Kleinstwert ergeben?

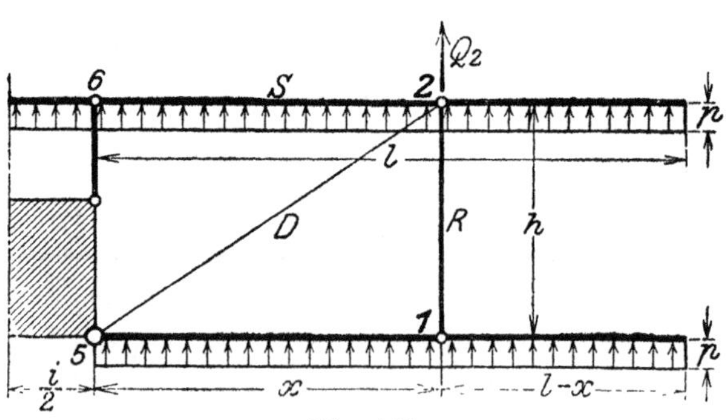

Fig 100.

In voller Allgemeinheit läßt sich die Gleichung:

$$\text{Gewicht (2 Holme} + \text{Stiel} + \text{Kabel)} + n \cdot \text{Widerstand (Stiel} + \text{Kabel)} = \text{Minimum} \quad \ldots\ldots. \quad (121)$$

auch bei einem Einstieler nicht lösen, trotzdem nur wenige Veränderliche vorhanden sind. Es seien gegeben: die halbe Spannweite außen l, die Systemhöhe h und die Querbelastung p auf den laufenden cm Holmlänge. Außerdem liegen für unser Beispiel folgende vereinfachende Annahmen zugrunde:

1. Das System habe oben und unten die gleiche Spannweite.

2. Der Baldachin sei gleich der Rumpfbreite i.

3. Der Oberholm sei mit einem exzentrischen Gelenk (6) (siehe Fig. 110) an den Baldachin angeschlossen, dessen Exzentrizität derart bei den einzelnen Stielstellungen verändert wird, daß das Biegungsmoment bei (2) von dem überstehenden Ende her dem Anschlußmoment bei (6) stets gleich wird. Dies ist immer ausführbar, selbst wenn das Gelenk aus der Umhüllung des Flügelprofils heraustritt.

Der Holm habe im Feld überall gleiches Trägheitsmoment. Seine Elastizitätszahl sei 100 000 kg/cm².

Für beide Holme sei der gleiche Hauptbelastungsfall maßgebend. (Das Gewicht des Unterholms ändere sich auch bei anderen etwa maßgebenden Hauptbelastungsfällen in gleicher Weise wie in dem untersuchten Fall.)

Der Beitrag der wagrechten Kräfte ist bei dem A-Fall zu vernachlässigen.

4. Der Außenstiel stehe senkrecht zum Holm.

5. Die Querbelastung werde der Einfachheit halber oben und unten als gleich angenommen.

6. Zuschläge für Stielschuhe, Spannschlösser und stellenweise volle Holme werden vernachlässigt.

Nicht angenommen wurden also vor allem exzentrischer Kabelanschluß oben und Gerbergelenke im Unterholm. Auch das Gegenkabel wurde nicht in die Betrachtung hineingezogen. Will man andere Annahmen machen, so kann die Rechnung, die nur als Beispiel dienen soll, ebenfalls ähnlich durchgeführt werden.

Wir wollen wieder, wie früher, leicht auswertbare allgemeine Formeln aufstellen, die dann für die verschiedenen Stielstellungen x ausgerechnet werden. In besonderen Fällen läßt sich die Aufgabe auch unmittelbar lösen. Man ermittelt dann das tatsächliche Gewicht für verschiedene Fälle und liest den Kleinstwert aus einer Kurve ab.

Als Hilfswerte brauchen wir zunächst eine Beziehung zwischen:

a) Stielgewicht und Trägheitsmoment der Stiele. Für die öfter verwendeten Stahlrohrstiele ergibt sich durch Versuch die ungefähre Gleichung:

$$J_{St} = G_{St}^3 \cdot 400\,000 \quad \text{oder} \quad G_{St} = \frac{1}{73{,}4} \cdot \sqrt[3]{J_{St}} \quad . \; . \; . \; (122\,\text{a})$$

Hierbei sind, wie im folgenden, kg und cm als Einheiten zu benutzen. Oder bei Verwendung der Euler'schen Formel:

$$G_{St} = \frac{1}{73{,}4} \sqrt[3]{\frac{P \cdot h^2}{\pi^2 \cdot E}} = \frac{1}{20\,000} \sqrt[3]{P \cdot h^2} \quad . \; . \; . \; . \; (122\,\text{b})$$

Das Zutreffen sei innerhalb des Geltungsbereiches durch folgende Tafel nachgewiesen.

Tafel 61.

Trägheitsmoment J	Breite	Gewicht vorhanden	Gewicht errechnet
cm^4	cm	kg/cm	kg/cm
0,06	1,0	0,0031	0,0053
0,31	1,5	0,0085	0,0092
0,83	2,0	0,0133	0,0128
1,60	2,5	0,0161	0,0160
2,90	3,0	0,0182	0,0193
4,80	3,5	0,0220	0,0229

b) Für die Abhängigkeit des Kabelgewichtes G_K von der Kabelkraft S_K wurde folgende Beziehung aufgestellt:

$$S_K = 2\,100\,000 \cdot G_K \quad \text{oder} \quad G_K = \frac{S_K}{2\,100\,000} \quad . \; . \; (123)$$

Diese gerade Linie gibt die Verhältnisse genau genug. Bei schwächeren Kabeln werden größere Sicherheiten verlangt wie bei stärkeren. Dabei ist eine mittlere Festigkeit aus Versuchen zugrunde gelegt.

Kaniss in Wurzen unterscheidet für den Flugzeugbau:

1.	Qualität	A	Tiegelguß-Stahldraht	$\sigma = 125 \div 140$ kg/mm²,
2.	„	B	Patent-Pflugstahldraht	$\sigma = 180 \div 190$ „
3.	„	C	„ „	$\sigma = 200 \div 220$ „
4.	„	D	„ „	$\sigma = 250 \div 300$ „

Das Kabelgewicht ist übrigens von recht geringem Einfluß. Die Genauigkeit der Gleichung wird durch die folgende Tafel nachgewiesen.

Tafel 62.

Zulässige Kabelkraft S kg	Durchmesser cm	Gewicht vorhanden kg/cm	Gewicht errechnet kg/cm
800	0,3	0,00041	0,00038
1500	0,39	0,00066	0,00071
2000	0,45	0,00095	0,00095
2400	0,5	0,00107	0,00114
3000	0,56	0,00139	0,00143
3600	0,63	0,00176	0,00173
4800	0,72	0,00228	0,00228

c) Für die Holme muß wegen der verschiedenen verfügbaren Bauhöhe zwischen Vorder- und Hinterholm unterschieden werden. Unter Benutzung der Werte für ausgeführte Holme von Seite 277 dieses Teiles ergibt sich:

$$\text{Vorderholm:} \quad \boldsymbol{G_{Hv} = 0{,}00445 + 0{,}00007 \cdot J_H} \quad . \quad . \quad (124\,a)$$

$$\text{Hinterholm:} \quad \boldsymbol{G_{Hh} = 0{,}00560 + 0{,}000077 \cdot J_H} \quad . \quad . \quad (124\,b)$$

Wir gehen nun so vor, daß wir das Gesamtgewicht aus Stiel, Kabel, Unterholm und Oberholm ermitteln und für drei Stielstellungen anschreiben, sodann die Widerstandswerte berechnen und schließlich alle Werte nach Gleichung 121 miteinander verbinden. Im allgemeinen ergibt sich:

Rückt der Stiel nach Flugzeugmitte zu, so wird zunächst

a) die Stielkraft größer,

b) die Kabelkraft größer,

c) der Unterholm innerhalb gewisser Grenzen leichter,

d) für den Oberholm besteht ein Kleinstwert bei einer ganz bestimmten Stielstellung.

1. Stielgewicht unseres Beispiels.

Nach Gleichung 122b ist das Stielgewicht:

$$G_{St} = h \cdot \sqrt[3]{\frac{J_{St}}{400000}} = h \cdot \sqrt[3]{\frac{R \cdot h^2}{\pi^2 \cdot E \cdot 400000}}$$

Da die Stielkraft R bei den angeführten Voraussetzungen:

$$R = \frac{p \cdot l^2}{2 \cdot x}$$

so folgt:

$$G_{St} = h \cdot \sqrt[3]{\frac{p \cdot l^2 \cdot h^2}{2 \cdot 400000 \cdot E \cdot \pi^2 \cdot x}}$$

Für unser Zahlenbeispiel nehmen wir fest an:

$$l = 420 \text{ cm}$$
$$h = 140 \text{ cm}$$
$$p = 1,5 \text{ kg/cm}$$

Damit ergibt sich für das Stielgewicht in kg:

$$G_{st} = \frac{9,35}{\sqrt[3]{x}}$$

bei	$x = 250$ cm	280 cm	310 cm
	$G_{st} = 1,50$ kg	1,43 kg	1,38 kg

2. Kabelgewicht.

Nach Gleichung (123) ist das Kabelgewicht:

$$G_K = \sqrt{h^2 + x^2} \cdot \frac{S_K}{2\,100\,000}$$

Da die Kabelkraft:

$$S_K = D = \frac{p \cdot l^2}{h} \sqrt{\frac{h^2}{x^2} + 1} \quad \text{oder} \quad = \frac{\sqrt{h^2 + x^2} \cdot p \cdot l^2}{x \cdot h}$$

so folgt:

$$G_K = \frac{(h^2 + x^2) \cdot p \cdot l^2}{2\,100\,000 \cdot x \cdot h}$$

Die Zahlen der obigen Festwerte eingesetzt, ergibt:

$$G_K = \frac{19\,600 + x^2}{1110 \cdot x}$$

für	$x = 250$ cm	280 cm	310 cm
	$G_{Ka} = 0,30$ kg	0,32 kg	0,33 kg

also immer zu vernachlässigen.

3. Gewicht der Unterholme.

Die Unterholme werden nur auf Biegung beansprucht. Für den einfachen Belastungsfall eines gleichmäßig belasteten Balkens auf zwei Lagern mit einem Kragmoment auf der einen Seite ergibt sich das größte Feldmoment

$$M_{max} = \frac{p \cdot l^2}{8} \left(2 - \frac{l}{x}\right)^2 \quad \ldots\ldots\ldots \quad (125)$$

Dieses Größtmoment ist aber für den ganzen Holm nur maßgebend, wenn das Kragmoment selbst nicht größer ist. Dies tritt ein für:

$$p\,\frac{(l-x)^2}{2}=\frac{p\cdot l^2}{8}\left(2-\frac{l}{x}\right)^2$$

oder

$$2\,x^2=l^2; \qquad x=\frac{l}{\sqrt{2}}=0{,}71\cdot l$$

$x<0{,}71\cdot l$ Kragmoment maßgebend,

$x>0{,}71\cdot l$ Feldmoment maßgebend.

Damit ergibt sich die Grenze für die Gültigkeit des Feldmomentes, sonst ist das Kragmoment der Dimensionierung zugrunde gelegt.

Mit der Beziehung:

$$M=W\cdot\sigma=\frac{J}{e}\,\sigma=\frac{p\cdot l^2}{8}\left(2-\frac{l}{x}\right)^2$$

ergibt sich hier:

$$J=\frac{p\cdot l^2}{8}\cdot\frac{e}{\sigma}\left(2-\frac{l}{x}\right)^2$$

Wenn man das Gewicht des überragenden Endes selbst wegen des Zulaufens außen mit 0,7 des Stützenquerschnittes einführt, so folgt für $x>0{,}71\cdot l$ das Gewicht:

$$G_H=x\left[0{,}00007\,\frac{p\cdot l^2\cdot e}{8\cdot\sigma}\left(2-\frac{l}{x}\right)^2+0{,}00455\right]+0{,}7\cdot(l-x).$$

$$\left[\frac{e}{\sigma}\,\frac{p\,(l-x)^2}{2}\cdot 0{,}00007+0{,}00455\right]$$

Für die Stützenstellung, bei welcher das Kragmoment überwiegt:

$$G_H=(0{,}7\,l+0{,}3\,x)\left[\frac{(l-x)^2}{400\,000}+0{,}00455\right]$$

Diese Formeln ausgewertet, ergeben:

$x=$	250 cm	280 cm	310 cm
$G_{UH}=$	4,35 kg	3,57 kg	3,46 kg

4. Gewicht des Oberholmes.

Der Oberholm wird außer der Biegung von einer bei allen Stielstellungen gleichbleibenden Druckkraft:

$$S=\frac{p\cdot l^2}{h}$$

beansprucht. (In ähnlicher Weise ist innen S auch für größere Flugzeuge durch g und die festen Abmessungen des Flugzeugs darstellbar.) Durch die gewählte Anordnung der Gelenke wird das größte Feldmoment immer bei $x/2$ auftreten. Da bei der genauen Rechnung nach der verallgemeinerten Clapeyron'schen Gleichung für das Größtmoment das Trägheitsmoment mit der Kosinus-Funktion verbunden vorkommt, so wollen wir zur Bestimmung von J die Vianellosche Näherungsformel verwenden.

$$M_{max} = M_o \cdot \frac{n}{n-1}$$

Die Knicksicherheit hierbei ist $n = \frac{J}{J_E}$, wobei J_E das nach Euler notwendige Trägheitsmoment bei einfacher Last bedeutet. Nach einigen Umformungen wird daraus:

$$J = M_o \frac{e}{\sigma} + J_E \quad \ldots \ldots \ldots \quad (126)$$

Wie schon auf Seite 199 und 210 verwendet mit σ als zulässige Spannung und e die Entfernung der äußersten Faser.

Oder in unserem Fall:

$$J = J_E + \frac{e}{\sigma}\left(\frac{p\,x^2}{8} - \frac{p\,(l-x)^2}{2}\right) \quad \ldots \ldots \quad (126\text{a})$$

Diese Formel liefert gute Werte, solange die M_0-Linie noch einen größeren positiven Wert in Feldmitte wie bei einem eingespannten Balken hat. Darüber hinaus wird das Trägheitsmoment und auch das Gewicht besser und schneller unmittelbar berechnet. Die Abhängigkeit des Trägheitsmomentes von der Feldweite ist in der nebenstehenden Figur 101 dargestellt. Die Zunahme des erforderlichen Trägheitsmomentes nach außen mit der größer werdenden Spannweite ist durch das größer werdende Eulersche Trägheitsmoment bedingt. Das Zunehmen nach innen zu ist eine Folge der dann größer werdenden Kragmomente.

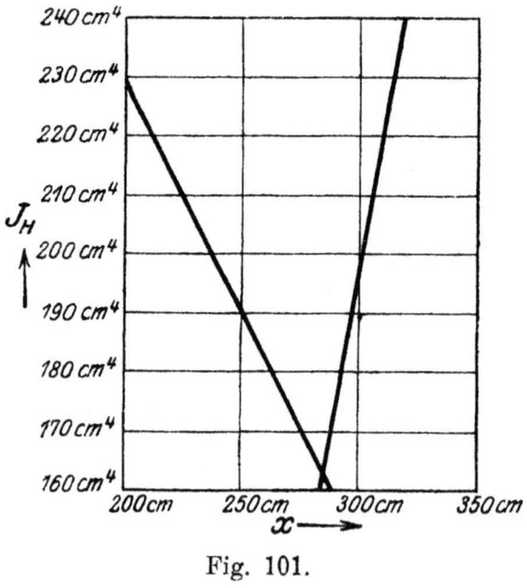

Fig. 101.

Die Zahlenrechnung, die immerhin wegen der erstrebten gleichen Höchstspannung größere Rechenarbeit erfordert, ergab bei gleichem $\sigma_{max} = 610$ kg/cm².

$x = 250$ cm	280 cm	310 cm
$G_{OH} = 6{,}08$ kg	6,60 kg	7,66 kg

Die Gesamtgewichte werden dann für die vier Glieder:

12,23 kg 11,92 kg 12,83 kg,

wie auch in der Fig. 102 dargestellt ist (siehe Seite 266).

II.

Berechnung der schädlichen Widerstände.

Nach den bekannten Formeln ist der schädliche Widerstand W von Kabeln und Stielen, dem Staudruck q, dem Widerstandsbeiwert c_w und der Widerstandsfläche aus Systemlänge mal Durchmesser proportional.

$$W = \frac{\gamma}{2g} \cdot v^2 \left(d \cdot \Phi d \cdot c_{wK} + r \cdot \Phi r \cdot c_{wSt}\right)$$

Wir wollen als Mittelwert annehmen: c_{wK} für Kabel $= 1$; für Stiele $c_{wSt} = 0{,}15$.

Den Staudruck nehmen wir mit 100 an, was in Bodenhöhe etwa einer Geschwindigkeit von 144 km/st entspricht.

Zwischen Kabeldurchmesser d_K und Kabelkraft S_K kann, wie im dritten Teil, Seite 317 ausführlich dargelegt ist, die Beziehung angeschrieben werden:

$$d_K = \frac{S_K}{8340} + 0{,}21 \quad \text{(cm)}$$

Ebenso benutzen wir die dort abgeleitete Formel zwischen Stielkraft und Stieldurchmesser (vergl. Seite 317):

$$J_{St} = 0{,}12 \cdot d_{St}^3$$

Dies eingesetzt, ergibt den Widerstand W in kg:

$$\frac{W}{100} = \left(\frac{D}{8340} + 0{,}21\right) \cdot d \cdot 1 + \sqrt[3]{\frac{R \cdot h^2}{\pi^2 \cdot E \cdot 0{,}12}} \cdot h \cdot 0{,}15$$

Oder unter Verwendung der allgemeinen bereits verwendeten Ausdrücke für die Stabkräfte:

$$\frac{W}{100} = \left(\frac{p \cdot l^2}{x \cdot h} \cdot \frac{\sqrt{h^2 + x^2}}{8340} + 0{,}21\right) \sqrt{h^2 + x^2} + \sqrt[3]{\frac{p \cdot l^2 \cdot h^2}{2 \cdot x \cdot \pi^2 \cdot E \cdot 0{,}12}} \cdot h \cdot 0{,}15$$

Setzt man in diese Gleichung die Zahlenwerte für l, p und h von Seite 262 oben ein, so folgt:

$$W = 0{,}227 \frac{19600 + x^2}{x} + 0{,}21 \sqrt{19600 + x^2} + \frac{210}{\sqrt[3]{x}}$$

Die Auswertung dieser Gleichung für die drei betrachteten Stielstellungen ergibt den Widerstand:

$x =$	250 cm	280 cm	310 cm
$W_{St+Ka} =$	1,964 kg	1,775 kg	1,874 kg

Hieraus durch Vervielfachen mit der Gleitzahl von etwa 6 (s. Seite 324):

$6 \cdot W =$	10,16 kg	10,65 kg	11,25 kg

Die Widerstände nehmen also mit wachsender Feldweite zu.

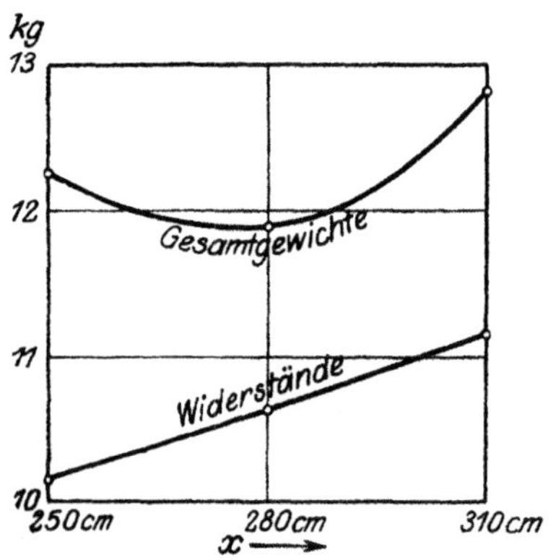

Fig. 102. Zusammenstellung.

III.

Addiert man das gesamte veränderliche Eigengewicht und die mit der Gleitzahl vervielfachten Widerstände, die einem Auftriebsverlust entsprechen, so ergibt sich:

$x =$	250 cm	280 cm	310 cm
$G_{total} =$	22,39 kg	22,57 kg	24,09 kg

Es zeigt sich also, daß die ganzen Unterschiede für die verschiedenen Stielstellungen nicht zu groß sind. Die günstigste Stiellage liegt bei $x = 245$ cm. Dies entspricht einem Verhältnis des überstehenden Endes zu Holmfeld ($a_0 = 1{,}75$ m)

$$a_0 : a_1 = 1{,}75 : 2{,}45 = 0{,}71$$

Die am Anfange dieses Teiles Seite 202 aufgeführte Zusammenstellung ergibt einen Mittelwert von $x : l = 0{,}54$.

Dieses Ergebnis ist also immerhin größer. Freilich ist die entwickelte Rechnung nur überschläglich und ohne Anspruch auf äußerste Genauigkeit.

16. Untersuchung des Einflusses exzentrischer Knotenpunktanschlüsse.

Die amerikanischen Vorschriften für den Flugzeugbau vom Jahre 1916 fordern ausdrücklich den zentrischen Anschluß der Diagonalen. In Deutschland werden die Diagonalen oft nicht zentrisch angeschlossen. Nicht genau zentrisch geführte Knotenpunkte ergeben in vielen Fällen einfachere Beschlagskonstruktionen. Durch einseitig aufgelegte Verstärkungen und unsymmetrische Holmquerschnitte können jedoch auch ungewollt exzentrische Anschlüsse in den Knotenpunkten entstehen. Oft genug wird dieser Punkt bei der Durcharbeitung der Einzelkonstruktionen nicht genügend gewürdigt. Es besteht deshalb die Aufgabe, die Zusatzspannungen infolge exzentrischer Diagonalen zu untersuchen und festzustellen, wie die Diagonalanschlüsse zu führen sind, um eine Verringerung der Größtmomente oder der Stützenmomente der Holme zu erreichen.

Die Abhandlung von Reißner über die Festigkeitsberechnung der Flugzeugholme („Jahrbuch der Wissenschaftlichen Gesellschaft für Luftfahrt", IV. Band, 1916, Springer) geht auf diesen Punkt genau ein und zeigt in einem größeren Beispiel, welche Einflüsse der Exzentrizität vorliegen. — Bei der Berechnung kann man zwei Wege einschlagen: Entweder man berücksichtigt die Exzentrizität sofort zusammen mit den äußeren Lasten in der verallgemeinerten Clapeyron'schen Gleichung, oder man stellt, um den Einfluß der Exzentrizität für sich beurteilen zu können, eine besondere Dreimomentengleichuug auf, die als Belastungsglied auf der rechten Seite nur die von der Exzentrizität herrührenden Werte aufweist.

Im folgenden soll der letztere Weg eingeschlagen werden. Bei ganzer Bruchlast ist er zwar nicht einwandfrei, da, wie schon öfter erwähnt, das Proportionalitätsgesetz nicht gilt. Bei kleineren Lasten wird der Unterschied nicht erheblich sein. Die Wirkung der Kräfte tritt jedoch bei der getrennten Untersuchung klarer hervor.

a) Bei einem Holm auf zwei Lagern, wie er bei einem Einstieler vorkommt, können die Kabel entweder unterhalb des Knotenpunktes in der in Fig. 103 mit a bezeichneten Lage oder oberhalb in der Lage b exzentrisch angreifen. Wird der Holm selbst an seinem anderen Ende innen in Holmmitte angeschlossen, so ist die Zusatzmomentenfläche immer ein Dreieck mit der Spitze an dem Stielknotenpunkt.

Das Zusatzmoment ergibt sich dann

$$M = D \cdot e_d = S \cdot e_s$$

Das Vorzeichen, d. h. die Überlagerung der Momentenfläche, ist verschieden, je nachdem die Querbelastung von oben oder unten kommt. Es gilt:

Oberdruck	und Lage	*a*	—	Momentenlinie	I (Druckstreben)
„	„ „	*b*	—	„	II („)
Unterdruck	„ „	*a*	—	„	I (Zugdiagonalen)
„	„ „	*b*	—	„	II („)

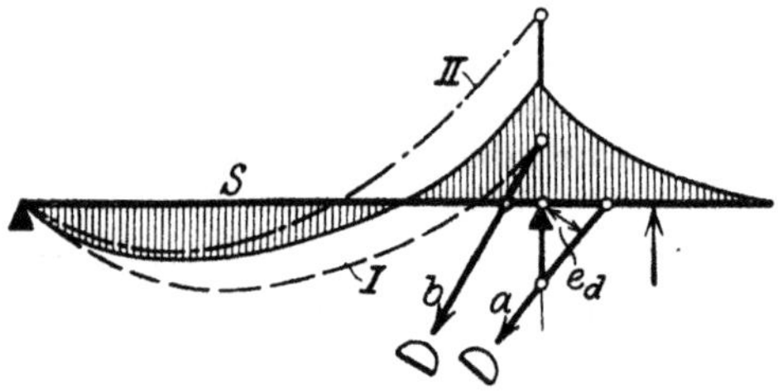

Fig. 103.

An den Knotenpunkten hat die Momentenfläche also immer eine Unstetigkeit.

Diese Lösung ist nur angenähert. Indessen ergeben sich bei Verwendung der genaueren Gleichungen für Druck und Querbelastung, wie sie auf Seite 116 des ersten Teiles angeschrieben sind, nach den Beispielen von Reißner keine großen Unterschiede.

Die Veränderung der Exzentrizität bietet ein einfaches Mittel, die Momentenflächen und damit die Holmspannungen an bestimmten Stellen innerhalb gewisser Grenzen zu verändern, wenn die Lage der Stiele gegeben ist oder die erste Form der Momentenfläche festliegt. —

b) Bei einem Holm auf drei Lagern kann man für den normalen Unterdruck acht Hauptfälle der verschiedenen Gelenkanordnungen unterscheiden. Vier Fälle sind in Figg. 104 bis 107 dargestellt.

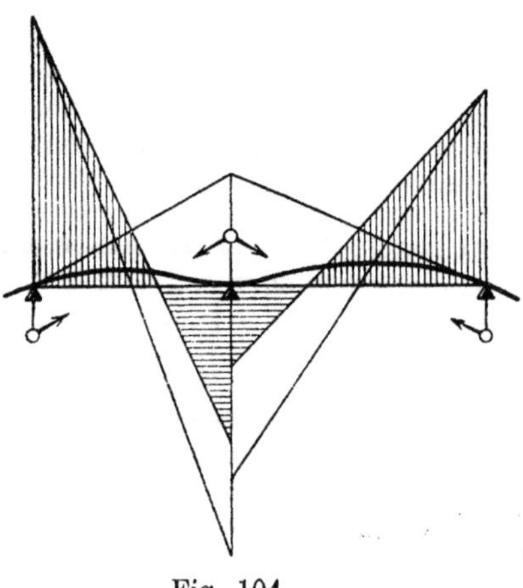
Fig. 104.

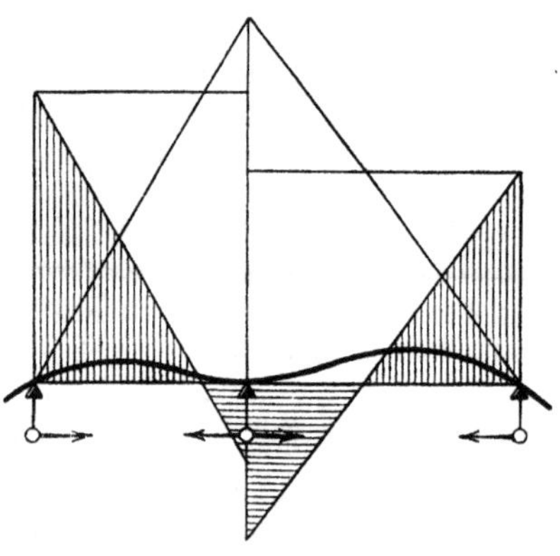
Fig. 105.

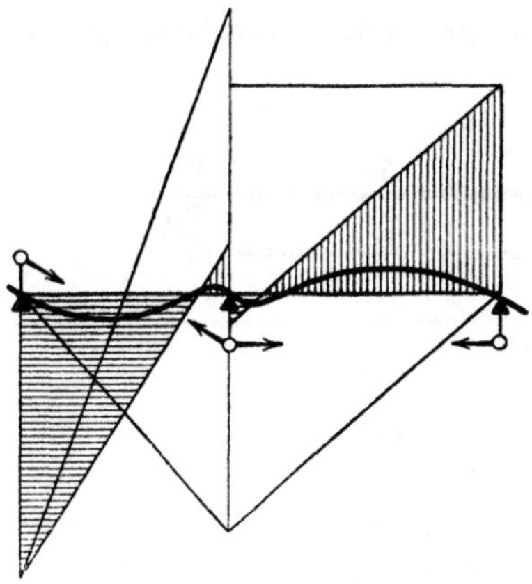

Fig. 106.

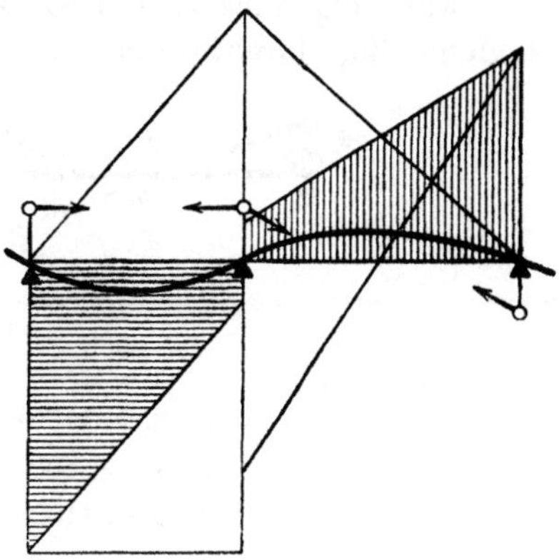

Fig. 107.

Das Spiegelbild in bezug auf die Balkenachse liefert weitere vier Fälle. Alle diese Fälle gelten nur für Druck und Belastung von unten im Balken. Für Zug und auch für Oberdruck lassen sich weitere Fälle aufstellen.

Wir benutzen wiederum die einfache und nicht die erweiterte Dreimomentengleichung:

$$M_0 \cdot s_1 + M_1 \cdot 2\,(s_1 + s_2) + M_2 \cdot s_2 = N_r \quad . \; . \; . \; . \quad (127)$$

Das Belastungsglied N_r auf der rechten Seite ist offenbar gleich Null, da wir die Wirkung der Exzentrizität für sich ohne äußere Belastung untersuchen wollen. Die beiden Momente M_0 und M_2 sind gegeben:

$$M_0 = S_1 \cdot e_5$$
$$M_2 = S_2 \cdot e_1$$

Für das Moment M_1 am mittleren Lager setzen wir ebenfalls, je nachdem es mit der ersten oder der zweiten Feldweite verbunden ist:

$$M_1' = M_I - S_1 \cdot e_3$$
$$M_1'' = M_I - S_2 \cdot e_3$$

Damit gewinnen wir für das Stützenmoment den Ausdruck:

$$M_I = -\frac{s_1 \cdot S_1\,(e_5 + 2\,e_3) + s_2 \cdot S_2 \cdot (e_1 + 2\,e_3)}{2\,(s_1 + s_2)} \quad . \; . \quad (128)$$

Hierbei kann e_i positiv oder negativ eingeführt werden. Dieser Rechnungswert von M_I kommt aber als tatsächlich wirkendes Biegungsmoment nicht in Betracht, da er rechts und links noch von verschiedenen Exzentrizitätsmomenten $S_1 \cdot e_3$ und $S_2 \cdot e_3$ überlagert wird.

Für folgendes **Beispiel** wollen wir eine Berechnung genaue zahlenmäßig durchführen:

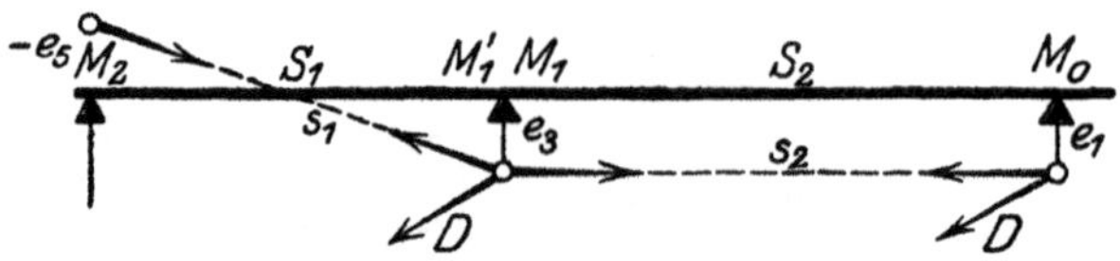

Fig. 108.

Damit wird

$$S_1 \cdot s_1 = 1100 \cdot 200 = 220\,000 \text{ kg} \cdot \text{cm}$$
$$S_2 \cdot s_2 = 800 \cdot 260 = 208\,000 \text{ kg} \cdot \text{cm}$$
$$S_1 \cdot e_5 = 1100 \cdot 5 = 5\,500 \text{ kg} \cdot \text{cm}$$
$$S_2 \cdot e_1 = 800 \cdot 5 = 4\,000 \text{ kg} \cdot \text{cm}$$

und da e_5 negativ ist

$$M_I = -\frac{220\,000 \cdot 5 + 208\,000 \cdot 15}{920} = -4590 \text{ kg} \cdot \text{cm}$$

Rechts von der Stütze wirkt dann

$$M_I - S_1 \cdot e_3 = 5500 - 4590 = +910 \text{ kg} \cdot \text{cm}$$

und links:

$$M_I - S_2 \cdot e_3 = 4000 - 4590 = -590 \text{ kg} \cdot \text{cm}$$

Den gesamten Momentenverlauf zeigt Fig. 106. In der gleichen Weise sind die Momente für die verschiedenen anderen Gelenkanordnungen berechnet und dargestellt. Dabei liegen die gleichen Festwerte wie oben zugrunde.

Es zeigt sich, daß man in der Wahl der Kabelanschlüsse ein Mittel in der Hand hat, die auftretenden Momente unabhängig von der gewählten Feldteilung zu verändern.

Für eine bestimmte Aufgabe wird man wohl am schnellsten zu einer wirksamen Verkleinerung der bestimmten Momente kommen, wenn man sich den Verlauf der **Biegungslinie** des Balkens ohne exzentrische Anschlüsse klar macht, und dann die Exzentrizität so wählt, daß durch sie eine entgegengesetzte Biegung auftritt.

c) Exzentrische Holmgelenke in Flugzeugmitte oder am Zellenanschluß.

Diese Anordnung ist nur ein besonderer Fall der soeben betrachteten allgemeinen Anordnung. Sie entsteht, wenn sämtliche exzentrischen Anschlüsse außer dem innersten Null werden.

Aus praktischen Rücksichten für die Beförderung der Flügel ist es meist erwünscht, schon bei einmotorischen, zweisitzigen Flugzeugen die weitgespannten Flügel in der Mitte oder am Baldachin zu teilen und dort ein Gelenk anzuordnen. Da jedoch ein Momentennullpunkt über einer Stütze für die Holme ungünstig ist, so empfiehlt es sich nach dem Vorgehen von Herrn Dipl.-Ing. G. Madelung immer, die Anschlußgelenke exzentrisch anzuordnen und dadurch mit Hilfe der Längskraft ein Einspannungsmoment hervorzurufen. Wenn der Holm auf Druck beansprucht wird, tritt dadurch eine wesentliche Entlastung ein. Diese Art der Einspannung ist einwandfreier als die sonst übliche durch Festhalten der Tangente des Balkens. Wird dagegen bei Oberdruck der Oberholm auf Zug beansprucht, so ist seine Festigkeit durch das exzentrische Gelenk ebenfalls nicht gefährdet. Er braucht nicht besonders berechnet zu werden. Der für Knickung erforderliche Querschnitt ist immer größer wie der Querschnitt, der für Zug erforderlich wäre. Aus praktischen Gründen hat man, um mit der Gelenkausbildung nicht über das Rippenprofil hinauszukommen, bei normalen Flugzeugen eine Exzentrizität von ungefähr 40 mm angeordnet.

Die Verschiebung des Gelenkes von Holmmitte aus nach oben oder nach unten kann man sich an Hand der Fig. 109 und 110 klarmachen.

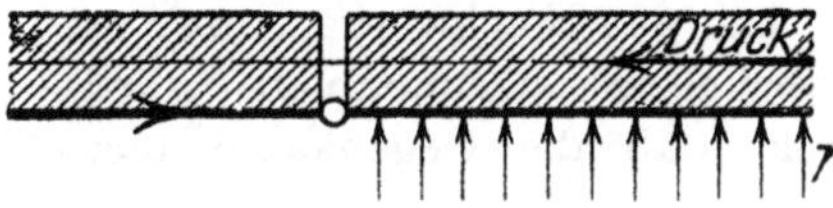

Fig. 109. Anordnung 1.

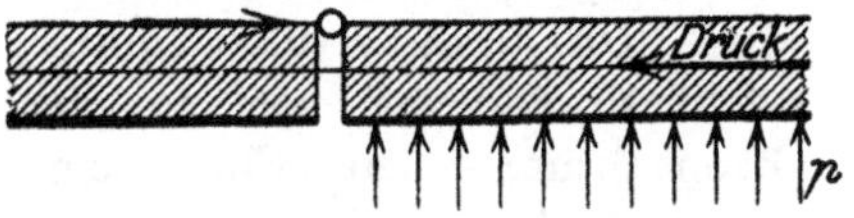

Fig. 110. Anordnung 2.

Die Anordnung 1 bedingt eine größer werdende Durchbiegung des Holmes in der Mitte, somit eine Vergrößerung des Biegungsmomentes. Diese Gelenklage ist also für die gezeichnete Belastung ungünstig.

Durch die Anordnung 2 in Fig. 110 wird die Durchbiegung in der Mitte kleiner, da die Querbelastung p für sich eine umgekehrte Durchbiegung wie die axiale Druckkraft S hervorruft. —

17. Einfluß der Vorspannungen der Kabel auf das Kräftesystem.

Im Flugzeugbau ist es üblich, sämtliche Haupt- und Gegenkabel mit einer gewissen Vorspannung zu versehen, hauptsächlich um das widerstandsvermehrende Schwingen der Gegenkabel im gewöhnlichen Flug zu beseitigen. Bei Belastungsproben mit Sand hat sich gezeigt, daß die Gegenkabel beim Ein- bis Zweifachen der gewöhnlichen einfachen Last spannungslos werden. Es soll deshalb im folgenden eine Verspannung von $^1/_3$ der Bruchlast zugrunde gelegt werden.

Die beiden Fälle sind zu unterscheiden: Bei der Belastung durch Luftkräfte ist die Vorspannung der Gegendiagonalen entweder bereits überwunden oder ein Teil der Vorspannung besteht auch dann noch. Sind die Gegenkabel bereits spannungslos, so ist kein Zweifel über die Zahl der notwendigen und mittragenden Glieder für den Aufbau des Fachwerkes. Das normale Fachwerk ist dann durch die Mitwirkung der Tiefenkreuzverspannung soviel mal statisch unbestimmt, als Tiefenkreuze vorhanden sind.

Sind jedoch die Gegenkabel infolge ihrer Vorspannung noch nicht spannungslos, so ist das Fachwerk außer der bereits vorhandenen statischen Unbestimmtheit so vielfach statisch unbestimmt als Felder mit Gegenkabel vorhanden sind.

Die Spannungsberechnung für den Fall, daß in einem Feld Haupt- und Gegenkabel infolge der Vorspannung Kräfte aufnehmen, hat kaum besondere Bedeutung, da im Augenblick der Bruchbelastung die Vorspannung sicher überwunden ist. Das Kräftebild ist zwar zunächst bei geringeren Belastungen ein anderes als das errechnete. Infolge der Vorspannung kann das betrachtete Kabel Druckspannungen aufnehmen. Sind die Vorspannungen aber durch diese Druckkräfte überwunden, so ist das Fachwerksystem tatsächlich dasselbe wie in der Berechnung angenommen wurde. Beobachtungen im Flug zeigen nun, daß die Gegenkabel meist spannungslos werden.

Die Anwendung von schlaffen Gegendiagonalen führt in der Berechnung auf folgende Punkte:

1. Tauscht man in einem Parallelogrammfeld die Diagonalen, so ändern nur die in diesem Parallelogramm liegenden Stäbe ihre Spannung.

2. Die Spannungen der getauschten Diagonalen verhalten sich wie ihre Längen und wechseln ihr Vorzeichen.

3. Die Zusatzspannnngen, welche die Umfangsseiten des Parallelogramms erhalten, verhalten sich zur Spannung der umgetauschten Diagonalen wie die bezüglichen Stablängen.

(Die Berücksichtigung von Trapezen als Feldformen führt zu weit. Größere Bedeutung hat das Rechteck.)

Welche Wirkungen durch die üblichen großen Vorspannungen ausgeübt werden können, soll an dem Beispiel eines Zweistielers gezeigt werden.

Im allgemeinen liegt ein Stiel in drei Feldern, von denen z. B. zwei der vorderen Tragwand und eins der Ebene der Tiefenkreuze angehören soll. Durch Anziehen einer Diagonale in jedem Feld erhalten die Glieder der Umrandung dieses Feldes nur Druckspannungen. Der Stiel wird also zusätzlich von drei Seiten her gedrückt.

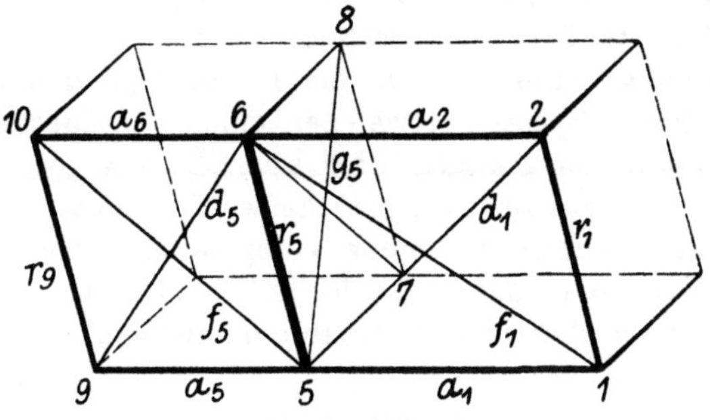

Fig. 111.

Verfolgen wir zahlenmäßig die Anteile des Druckes aus den Vorspannungen der einzelnen Felder, so ergibt sich die ganze Stielkraft:

$$R_5 = \frac{D_1}{d_1} \cdot r_5 + \frac{D_5}{d_5} \cdot r_5 + \frac{G_5}{g_5} \cdot r_5 = \left[\frac{D_1}{d_1} + \frac{D_5}{d_5} + \frac{G_5}{g_5}\right] r_5 \quad . \quad . \ (129)$$

aus dem folgenden Kräfteplan:

System. Kräfteplan.

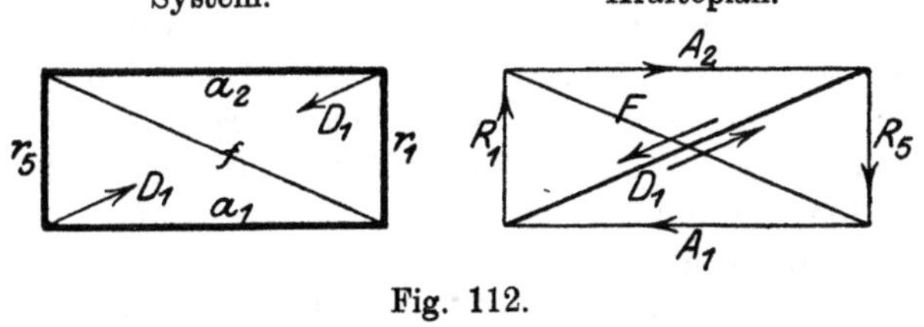

Fig. 112.

Wir wollen jetzt folgende Abmessungen des Normalbeispiels der Flugzeugmeisterei annehmen (vgl. auch Seite 52 unten):

Kabel	Durchmesser	Bruchlast	Vorspannungskraft	Länge
D_1	0,4 cm	1500 kg	500 kg	320 cm
D_5	0,5 cm	2400 kg	800 kg	242 cm
G_5	0,28 cm	700 kg	230 kg	181 cm

Diese Werte aus dem Rechnungsbeispiel der Flugzeugmeisterei ergeben mit einer Stiellänge $r_5 = 186{,}8$ cm eine Kraft:

$$\boldsymbol{R_5} = 186{,}8\,[1{,}56 + 3{,}30 + 1{,}27] = 186{,}8 \cdot 6{,}13 = \mathbf{1140\ kg}$$

Diese Kraft, die durch eine mittlere Vorspannung von nur einem Drittel der Bruchlast hervorgerufen wird, ist schon wesentlich größer wie die Kraft im A-Fall, die aus $R_5 = -(Q_1 + Q_2 + Q_5)\frac{v_5}{h}$ $= -777 \cdot 1{,}038$ zu 807 kg errechnet wurde.

Recht unangenehm werden diese Druckspannungen, wenn in einem besonderen System, etwa bei einem Dreidecker, ein Stiel sonst z. B. hinten nur gezogen wird und allein wegen dieser Nebenspannungen recht wesentlich verstärkt werden muß.

Man sollte deshalb nie mehr Vorspannung geben als zur Vermeidung der Kabelschwingungen erforderlich ist, und mit einem Spannungsmesser die vorhandene Vorspannung prüfen. —

18. Holmformen.

Die Flügelholme sind im allgemeinen auf Biegung und Längskraft hin zu dimensionieren. Die Holmgurte nehmen in der Hauptsache die Biegungsmomente und die senkrechten Holmstege die Querkräfte auf. Um möglichst günstige Holme zu erreichen, wird man versuchen, das Material unter voller Ausnutzung der Konstruktionshöhe in den Gurten außen anzuordnen. Je größer der Holm wird, desto mehr kann er selbst wieder in eine Fachwerkskonstruktion aufgelöst werden. Siemens hat für sein letztes Riesenflugzeug die in Fig. 116 dargestellten Verhältnisse gewählt. Auch bei dem großen Tarrant-Dreidecker waren die Holme aufgelöst. Bei gewöhnlichen Holmen können die Stege oft aus Sperrholz hergestellt werden. (Bei Wasserflugzeugen ist diese Bauart freilich nicht erlaubt.) Da die Holme an den Stielen, wo die größten Querkräfte auftreten, immer voll ausgeführt werden, ist eine besondere Berücksichtigung der Querkräfte meist nicht erforderlich.

Das seitliche Ausknicken der Holme wird im allgemeinen durch die Steifigkeit der Rippen verhindert. Da aber beide Holme eines Flügels zu derselben Zeit auf Knickung beansprucht werden können und da der eine Holm sich dann nicht gegen den andern abstützen kann, so ist hier die Rippenverbindung besonders wichtig, um für diesen Fall eine geschlossene, steife Platte zu bilden.

Es ist dann nur notwendig, das große Trägheitsmoment des Holmes in die Berechnungen einzusetzen. Trotzdem läßt sich allgemein sagen, daß derjenige Holmquerschnitt günstiger ist, der bei gleichem größten Trägheitsmoment und bei gleichem Flächeninhalt auch ein größeres Trägheitsmoment für die zweite senkrechte Achse besitzt. Ein Kastenquerschnitt wäre deshalb einem Doppel-T-Querschnitt vorzuziehen. Außerdem ist der Rippenanschluß an ein Kastenprofil immer leichter herzustellen.

Es ist trotz der gleichzeitigen Wirkung der Längskraft immer am günstigsten, die von den Rippen gebotene Konstruktionshöhe voll auszunutzen. (Gegenbeispiel: Handley Page, siehe Seite 332.) Erst dann, wenn sich bei Holz geringere Gurtstärken wie 6÷8 mm ergeben sollten, wird man die Höhe des Holmes beschränken oder die Holmstege auflösen.

Zur Erreichung einer großen Konstruktionshöhe der Holme haben die Berlin-Halberstädter Industrie-Werke beim unteren Hinterholm die Zwischenräume zwischen den Rippengurten über einem normalen doppel-T-förmigen Holm mit einer breiten Leiste ausgefüllt, deren Höhe der Gurthöhe der Rippen gleich ist. Um den Zusammenhang auch für die Zugfaser gut zu wahren, hat Halberstadt über diese Leisten, die mit Rippenoberkante bündig liegen, noch ein stärkeres Sperrholz von etwa 3,5 mm gelegt. Dieses Sperrholz darf kaum schwächer sein, da es sonst leicht ausknickt. Wird diese Ausführung sorgfältig hergestellt, so kann man stets bei gleich hohen Rippen mit geringeren Holmgewichten auskommen.

In manchen Fällen ist es möglich, die verschiedene Zug- und Druckfestigkeit des Holzes zu berücksichtigen. Bei den Hinterholmen, bei denen die Querbelastung immer nur von unten und nie von oben kommen kann, wird man den Holmquerschnitt nicht symmetrisch anordnen, sondern das Material nach der geringeren Spannung hin verschieben. Es muß dann nur scharf nachgeprüft werden, daß der Holm in der Werkstatt nicht etwa mit der falschen Seite nach oben eingebaut wird. Da in den Feldern die Biegungsmomente nicht an allen Stellen das gleiche Vorzeichen haben, so wird man die Veränderung des Querschnittes leicht durch unten oder oben aufgelegte Lamellen herstellen. Auf diese Möglichkeit der Gewichtsersparnis scheint bis jetzt noch nicht genügend Wert gelegt zu werden.

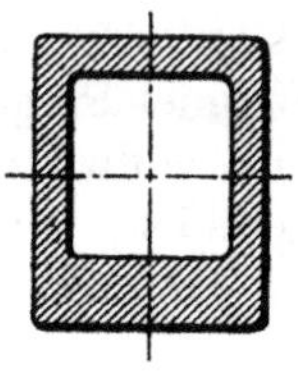

Fig. 113. Unsymmetrischer Holm.

In diesem Zusammenhang sei auf die bei dem Flugzeugbau Friedrichshafen übliche Art der Holmausfräsung aufmerksam gemacht, die bei einfacher Ausführung eine gute Materialausnutzung gestattet (Fig. 114).

Als besondere Holzform sind bei L. V. G. auch einfach gespreizte Hölzer versucht worden, die im wesentlichen aus zwei starken Gurten und stellenweise angeordneten „Stehblechen“ bestehen. Diese Holmform ist der Formgebung des Eisenbaues nachempfunden.

Fig. 114.

Man könnte schließlich noch eine gewisse Abhängigkeit der zu lässigen Spannung von der Holmform feststellen.

Die Festigkeitsversuche mit Holzholmen führen aber in allgemeinen, wenn sie nicht mit einer großen Anzahl von Ver suchsstücken durchgeführt werden, nur selten zu einem gan klaren Urteil über die Güte einer Anordnung. Das Holz material ist zu sehr verschieden. Ein Punkt mehr, die statisch Berechnung im Flugzeugbau nicht zu unsinnigen Feinheiten z treiben.

Neben Holzholmen wurden Metallholme zunächst als rund Rohre verwendet. Da jedoch das Widerstandsmoment eines Kreise verhältnismäßig gering ist im Vergleich zu der aufgewandten Fläch so ist man später bei der A. E. G. teilweise zu viereckig gezogene Stahlröhren übergegangen.

Die verwendeten Duraluminiumholme schließen sich im allge meinen an die im Eisenbau üblichen Formen an. Um mit dünnere Stehblechen auszukommen, hat man zur Erhöhung der örtliche Knicksicherheit die Ränder der Aussparungen im Stehblech umge bördelt. Die Holmgurtung wird meist aus einem gezogenen U-Prof gebildet, das zur Erhöhung der örtlichen Festigkeit mit leichten Welle versehen wird. Im „Aerophile“ vom August 1919 sind zahlreiche inte essante Formen gebogener Duraluminiumholme veröffentlicht. Bei der Bréguet-Flugzeug hat man einen einfachen viereckigen Kastenhol aus vollwandigem Aluminiumblech den üblichen Holzformen nach gebildet. Die Wandstärke des verwendeten Duraluminiums beträg im Durchschnitt etwa 1 mm.

Ungefähre Holmgewichte.

Bei den Holmgewichten muß wegen der beschränkten Kon struktionshöhe hinten zwischen Vorder- und Hinterholm unte schieden werden. Aus einer Reihe von ausgeführten Beispiele wurde für Holz folgende Gleichung für Holmfläche und Trägheits moment abgeleitet:

$$\text{Vorderholm} \quad F_H - 6{,}5 = 0{,}1 \cdot J_H$$

$$\text{Hinterholm} \quad F_H - 8 = 0{,}11 \cdot J_H \quad \text{(alle Größen in cm)},$$

oder das Gewicht direkt in Abhängigkeit von dem Trägheitsmomen bei Holz:

$$\text{Vorderholm} \quad \boldsymbol{G_H = 0{,}000070 \cdot J_H + 0{,}00455 \text{ kg/cm}} \quad . \quad . \text{ (130a)}$$

$$\text{Hinterholm} \quad \boldsymbol{G_H = 0{,}000077 \cdot J_H + 0{,}00560 \text{ kg/cm}} \quad . \quad . \text{ (130b)}$$

In Anbetracht der Ungleichmäßigkeit des Holzmaterials, der üblichen Abrundung usw. sind diese Werte nur ganz angenäherte.

Zahlenverhältnisse für ausgeführte Holme.

Die folgenden Beispiele sind den wechselseitigen Veröffentlichungen von deutschen und ausländischen Zeitschriften entnommen. Wegen der Verschiedenheit der Verhältnisse sind wieder Vorder- und Hinterholm getrennt. Die Holme sind nach der Größe des Trägheitsmomentes geordnet. Alle Einheiten sind cm.

Tafel 63.

Flugzeug	J_1	J_2	J cm⁴	F_1	F_2	F cm²	W cm³	$k=\frac{W}{F}$	$\frac{J}{F}=i^2$	$\sqrt{\frac{J}{F}}=i$	$\frac{J}{W}=e$
Vorderholme											
Wasserflugzeug C	—	—	44	17,5	7,2	10,3	12,6	1,22	4,27	2,07	3,05
Albatros C III	66,6	13,3	53,3	22,5	10,0	12,2	17,8	1,46	4,36	2,09	3,0
Normalbeisp. Flz.	111	33,4	77,5	20,8	9,2	11,6	19,0	1,64	6,46	2,54	4,0
Albatros C V	96	14	82	26,4	11,3	15,1	24,8	1,64	5,44	2,33	3,3
Rumpler C 10	—	—	80,7	48,7	26,3	22,4	58,7	2,58	3,60	1,90	4,88
Sopwith Dolphin	116	18	98	27,7	11,4	16,3	28,0	1,72	6,0	2,45	3,5
Einstieler Flz.	171	20	151	32	12,3	19,7	37,7	1,91	7,65	2,77	4,0
Rumpler G 2	—	—	261	36,8	15,3	21,5	49,0	2,28	12,2	3,5	5,3
Friedrichsh. G 3	386	54	332	42	16,4	25,6	63,8	2,5	12,9	3,60	5,2
Halberstadt C 8	—	—	382	—	—	26,3	67,6	2,56	14,5	3,81	5,65
S. S. W. L 1	—	—	768	—	—	31,4	106	3,37	24,4	4,94	7,25
Ago C 4	1145	275	870	70	38	32	124	3,89	27,3	5,22	7,0
Fokker D 7 oben	6640	2550	4090	165	116	149	368	7,6	84,2	9,18	11,1
Hinterholme											
Wasserflugzeug C	—	—	37,0	21	8,1	12,9	16,3	1,26	3,10	1,47	3,5
Albatros C 3	81,2	17,4	63,8	29	14,4	14,6	22	1,51	4,36	2,09	2,9
Sopwith Dolphin	79,4	10,4	69	30,2	10	20,2	24,7	1,22	3,42	1,85	2,8
Normalbeisp. Flz.	137	11	126	39	14,8	24,2	38,0	1,57	5,08	2,26	3,25
Rumpler C 8	—	—	136	48,8	18,6	30,2	44,7	1,48	4,51	2,13	3,05
de Havilland	235	75	160	42,7	26	16,7	39,6	2,36	9,6	3,10	4,05
Albatros C 5	171	10	161	42	13,2	28,8	46	1,6	5,60	2,37	3,5
D. F. W. C	—	—	189	—	—	27,2	41	1,51	6,94	2,64	4,6
Friedrichsh. G 3	292	87	205	53,5	30,1	23,4	51,4	2,2	8,76	2,96	4,0
Einstieler Flz.	239	23,5	215,5	44,8	17,6	27,2	53,8	1,98	7,90	2,82	4,0
Halberstadt C 8	—	—	263	—	—	29,6	56,1	1,90	8,90	2,98	4,7
Halberstadt C 8	—	—	361	—	—	38,4	67,6	1,76	9,4	3,07	5,35
S. S. W. L 1	—	—	590	—	—	34,4	104	3,02	17,1	4,13	5,67
Fokker D 7 unten	973	200	773	85,3	49,0	36,3	123	3,39	21,3	4,63	6,3
V. G. O.	—	—	—	—	—	48,8	193	3,94	—	—	—
Fokker D 7 oben	2560	514	2546	120,8	68,4	52,4	303	5,78	48,6	6,97	8,4
S. S. W. R 8	gespreizt	—	5264	—	—	33,86	365	10,8	155	12,45	14,4

Für einige charakteristische Flugzeugholme, für die in der Zahlentafel die Rechnungswerte mitgeteilt sind, seien in den folgenden Abbildungen die Abmessungen der Holme angegeben.

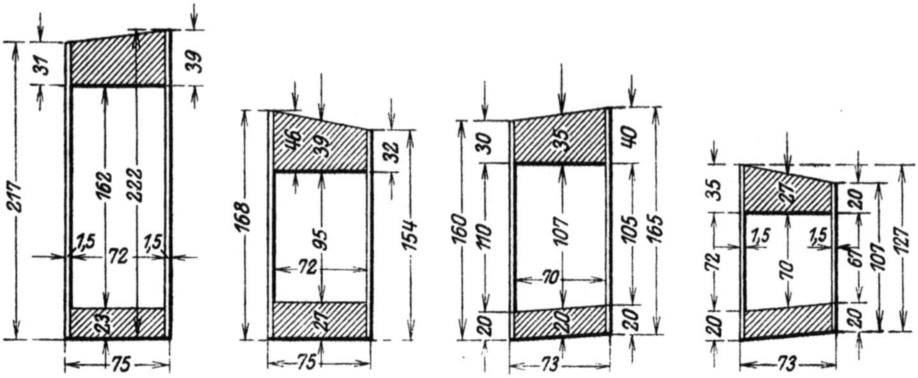

Fig. 115. Fokker D 7.

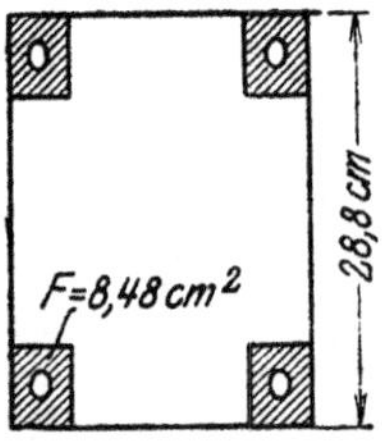

Fig. 116. Siemens R 8.

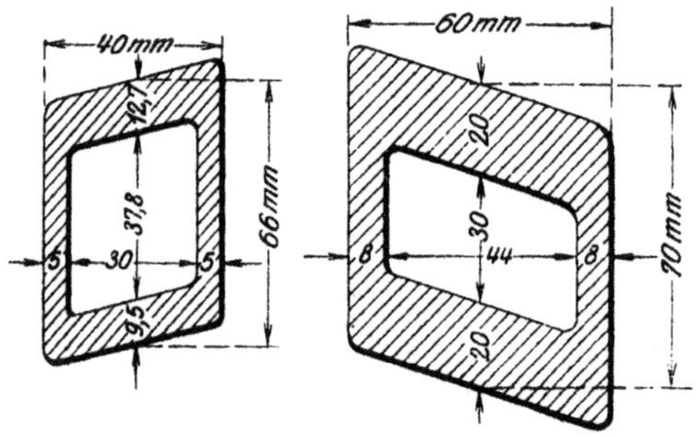

Fig. 117. Albatros C 5.

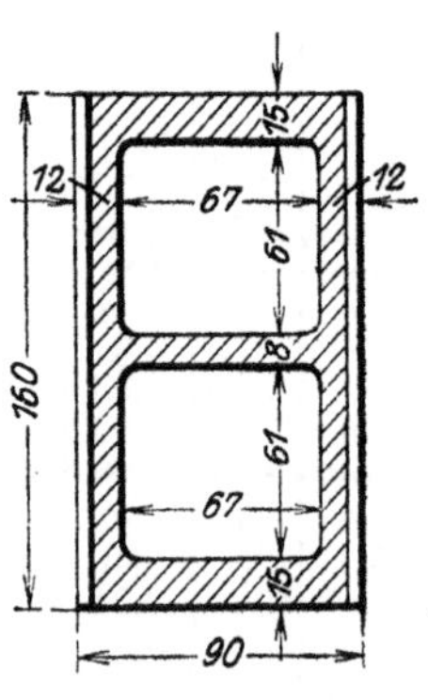

Fig. 118. Staaken R-Flugzeug.

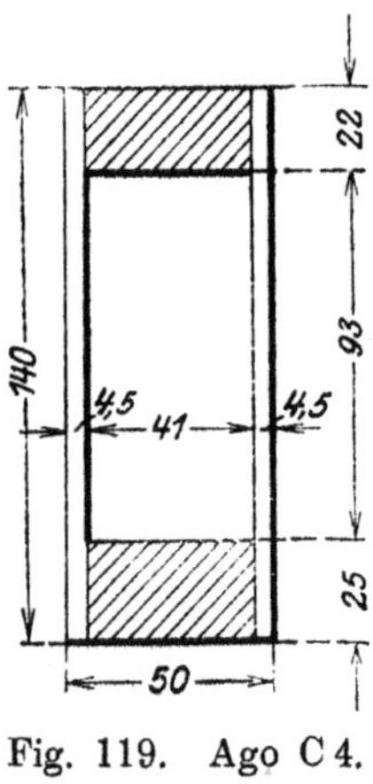

Fig. 119. Ago C 4.

19. Flugzeugstiele.

Die im Flugzeugbau üblichen Stiele liegen fast immer innerhalb des Gültigkeitsbereiches der Eulerschen Gleichung. Lange Stiele werden günstiger aus Holz ausgebildet. Kürzere Stiele können unter Berücksichtigung der Gewichts- und Widerstandsverhältnisse auch ohne Nachteil aus Stahlrohr hergestellt werden. (Siehe hierzu auch die Entwicklungen von Dipl.-Ing. Kirste, „Zeitschrift für Flugtechnik", 1917.) Bei der Verwendung von Holz kommt es in erster Linie darauf an, ein Material mit einer möglichst hohen Elastizitätszahl zu verwenden. Nur durch öfter wiederholte Durchbiegungsmessungen kann man die notwendige Sicherheit für einwandfreies und brauchbares Material erhalten. Bei diesen Versuchen bestimmt man zweckmäßig sogleich die Größe von $E \cdot J$, die in allen Formeln vorkommt und dann unmittelbar in die Euler'sche Gleichung eingesetzt wird. Außerdem ist genau auf zentrischen Anschluß wie beim ganzen Flugzeug zu achten.

Bei der Konstruktion eines Stieles ist die Systemlänge l und die auftretende Knicklast P_K gegeben. Da in den meisten Fällen die Flugzeugfirmen Stielnormalien besitzen, so ist in der folgenden Tafel zur Beurteilung der Güte der verwendeten Konstruktion das Einheitsgewicht in Abhängigkeit von Länge und Knicklast gegeben. Die Tafel enthält auch Breite und Tiefe des Stieles zur Kennzeichnung der Widerstandsverhältnisse. Die angegebenen Knicklasten sind durch Versuche in Adlershof bestimmt, so daß der Wert $E \cdot J$ sich unmittelbar ergibt:

$$E \cdot J_m = P_K \cdot \frac{l^2}{\pi^2}$$

Tafel 64.

	Flugzeug	l cm	P_K kg	G kg	$E \cdot J_m$	Gewicht kg/cm	Profil b t	Material
1.	B. E. (engl.)	188	480	1,82	1,696	0,967	32 ·112	Spruce
2.	„	188	555	1,73	1,961	0,922	33,5·113	„
3.	„	188	1180	3,37	4,170	1,79	45 ·154	„
4.	„	188	1020	3,35	3,605	1,76	46 ·154	„
5.	Ru. G.	243,5	865	4,20	5,130	1,74	38 ·116	Kiefer
6.	„ „	235	1660	4,80	9,166	2,06	37 · 79	Stahlrohr
7.	„ „	235	1570	4,40	8,670	1,87	37 · 79	„
8.	Caudron	155	1030	1,26	2,474	0,818	37 ·102	Hartholz
9.	„	237	240	1,59	1,350	0,675	30 · 86	„
10.	Voisin	145	1630	2,06	3,427	1,42	30 · 30	verkleidetes Stahlrohr
11.	Nieuport	107	2070	1,12	2,369	1,45	34 · 97	Holz
12.	„	153	1400	1,21	3,260	0,79	33 · 82	„
13.	Bréguet	187	1800	3,70	6,24	1,91	44 ·130	
14.	„	189	2070	3,90	6,96	2,06	44 ·130	

Die Zahlenwerte obiger Tafel sind in der Fig. 120 zeichnerisch dargestellt. Außerdem sind in dieser Figur zum Vergleich die Werte für die neuen Stahlrohrnormalien aufgenommen. Letztere Zahlen sind durch kleine Kreise von den anderen Werten der Tafel 64 unterschieden.

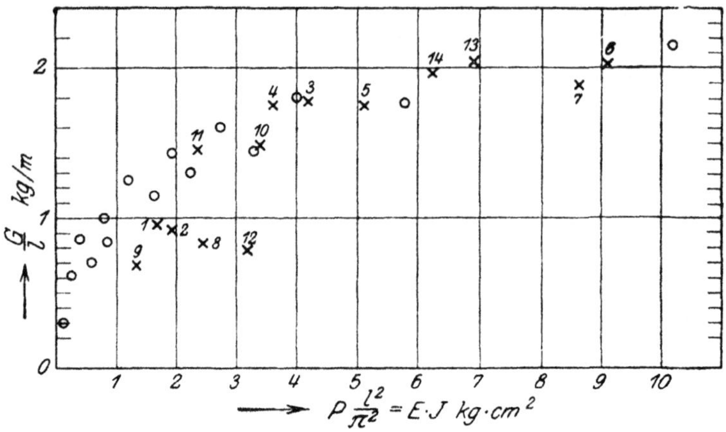

Fig. 120. Stielgewichte.

Da sich aus der Zusammenstellung ein großer Vorteil für zwei Holzstiele von Caudron und Nieuport ergibt, so schließen wir diesen Abschnitt damit, daß wir die beiden Stiele im Maßstab 1 : 2 angeben.

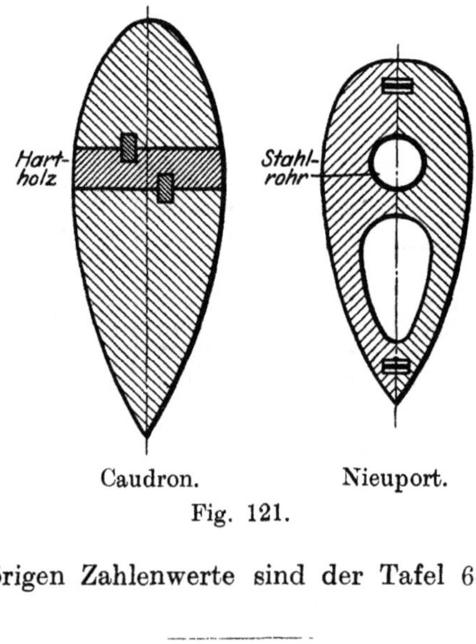

Caudron. Nieuport.

Fig. 121.

Die zugehörigen Zahlenwerte sind der Tafel 64 zu entnehmen.

Dritter Teil.

Betrachtung besonderer Beispiele und neuer Systeme.

Einleitung zum dritten Teil.

In diesem dritten Teil sollen besondere, ausgewählte Beispiele und neue eigenartige Systeme behandelt werden, die von dem besprochenen normalen Aufbau abweichen. Dabei wollen wir von vornherein wieder die Grundlagen betonen. Zunächst ist immer der Auftrieb d. h. das Gewicht, der Widerstand und das Verhältnis von Auftrieb zu Widerstand von grundlegender Bedeutung. Alle statischen Fragen müssen von diesem Gesichtspunkte aus betrachtet werden. **In dieser Verbindung von der Festigkeitslehre mit der Aerodynamik liegt das Besondere der Flugzeugstatik.** Es sind deshalb im folgenden manche Betrachtungen und Rechnungen durchgeführt, die Statik und Aerodynamik verknüpfen.

Um ein anderes Beispiel zu gebrauchen: Bei dem Bau von Kuppeln hat sich die Scheibenkuppel als günstige Lösung herausentwickelt. Sie durchschneidet den Innenraum nicht und führt trotzdem zu erträglichen Konstruktionen. In ähnlicher Weise kann man die Ersparung von Gewicht und Widerstand als Leitmotiv für den Entwurf von Raumfachwerken im Flugzeugbau bezeichnen.

Als unterscheidend für den Aufbau der Flugzeugzelle können verschiedene Hauptgesichtspunkte in Betracht kommen.

In erster Linie gibt die Art und Weise, wie die senkrechten Luft- und Massenkräfte aufgenommen werden, eine unterscheidende Einteilung. Entweder werden:

a) Einfache biegungsfeste Balken, wie z. B. bei dem Fokker- oder Siemens-Schirmflugzeug oder

b) Systeme mit steifen Ecken oder

c) wie meist üblich, Raumfachwerke mit Diagonalen

verwendet.

In jedem Falle werden die großen, senkrechten Luftkräfte entweder durch die Biegungsfestigkeit des Balkens, die steifen Ecken oder die Diagonalen übertragen. (Die Aufnahme der wagrechten Kräfte im Innern des Flügels bietet keine besondere Schwierigkeit und auch kein Unterscheidungsmerkmal.)

Eine zweite, allgemeine Unterscheidung kann danach getroffen werden, ob der *Aufbau des Flugzeugs statisch bestimmt oder statisch unbestimmt* ausgeführt ist. Bei uns wird im allgemeinen der statisch unbestimmten Form der Vorzug gegeben, hauptsächlich vielleicht deshalb, weil die fabrikatorische Herstellung im Betrieb manchmal nicht völlig zuverlässig genug erscheint, oder weil bei den stark wandernden Luftkräften statisch unbestimmte Konstruktionen tatsächlich einen besseren Ausgleich der Beanspruchungen schaffen. In Amerika sollte 1916 nach einer Vorschrift nur der statisch bestimmte Bau zugelassen werden (siehe I. Teil, Seite 96).

An dritter Stelle kann man nach zwei Hauptgesichtspunkten unterscheiden: Entweder es wird versucht, möglichst an *Widerstand zu sparen*, um dadurch hauptsächlich schnelle Flugzeuge zu erhalten, oder es wird versucht, mit dem *Gewicht* möglichst herunterzugehen, um die Steigfähigkeit der Flugzeuge in erster Linie zu vergrößern. In den meisten Fällen wird eine Ersparnis von Gewicht nur durch größeren Widerstand erreichbar sein. Auch umgekehrt läßt sich der geringere schädliche Widerstand, z. B. eines freitragenden Eindeckers, nur durch eine schwerere Flügelkonstruktion erkaufen.

Es sind im folgenden drei Abschnitte unterschieden:

Zuerst werden in Nr. 1 ÷ 9 *interessante, ausgeführte Flugzeuge* von verschiedenen statischen Gesichtspunkten aus betrachtet.

Dann werden unter Nr. 10 ÷ 16 allgemein *besondere Systeme* und Teile davon besprochen.

In der Betrachtung von *neuen Konstruktionsgesichtspunkten* und noch nicht ausgeführten Systemen findet der dritte Teil von Nr. 17 ÷ 21 schließlich seinen Abschluß.

Wenn auch im folgenden eine Reihe interessanter Systeme betrachtet werden, die im Laufe des Krieges entstanden sind, so ist doch festzustellen, daß seit 1914 die Entwicklung des Flugzeugbaues in der Hauptsache wenig grundsätzlich Neues, sondern nur Verfeinerungen und Weiterentwicklungen gebracht hat.

Ganz überragende und bedeutende Vorteile wird in Zukunft wohl weder die Statik noch die Aerodynamik aus dem Flugzeug herausholen können. Behält man den Drachenflieger bei, so ist heute von der Entwicklung des Motors und der Luftschraube vielleicht noch am meisten zu erwarten. —

Zahlenmäßige Betrachtung über den Einfluß der Verspannungen und der schädlichen Widerstände auf die Geschwindigkeit.

Bevor wir zu Einzelbetrachtungen übergehen, wollen wir den Einfluß von Kabeln und sonstigen Gliedern, die dem Luftwiderstand ausgesetzt sind, zahlenmäßig überschläglich verfolgen. Diese Betrachtung wird uns zusammen mit der Betrachtung des Fluggewichtes im zweiten Teil eine Grundlage und einen besseren Einblick für die Beurteilung der nachher besprochenen Systeme liefern.

Im folgenden soll das Beispiel einer Geschwindigkeitsrechnung durchgerechnet werden, unter der freilich nicht ohne weiteres durchführbaren Annahme, daß alle Kabel und schädlichen Widerstände einmal vollständig in Rechnung gestellt werden und daß sie ein anderes Mal ohne Änderung des übrigen Zellengewichtes teilweise vermindert werden können.

Für gewöhnliche Kabel ohne tropfenförmige Verkleidung nimmt man einen Widerstandsbeiwert c_w' von 1,0 bis 1,1 an. Hierüber liegen genügend Versuche vor. Widerstände, die jedoch durch das Schwingen von längeren Kabeln entstehen, lassen sich nicht ohne weiteres rechnerisch erfassen. Auch darüber, ob die weiter auseinanderliegenden Stiele und Kabel in den beiden Haupttragwänden eines Doppeldeckers, die im allgemeinen hintereinander stehen, dadurch geringeren Widerstand haben, fehlen noch bestimmte Versuche.

Die bereits im zweiten Teile, Seite 189 verwendete, allgemeine Gleichung 102 der Geschwindigkeit v lautet:

$$v^4 - A \cdot v^2 - B \cdot v + C = 0$$

In dieser Gleichung bedeuten wie oben die Konstanten:

$$A = \frac{2 \cdot G \cdot 2\,g \cdot h}{\mathfrak{R} \cdot F \cdot \gamma} \qquad B = \frac{p \cdot N_e \cdot \eta \cdot 75 \cdot 2\,g}{\mathfrak{R} \cdot F \cdot \gamma}$$

$$C = \frac{G^2 \cdot (2\,g)^2 (1 + p\,d)}{F^2 \cdot (\gamma)^2 \cdot \mathfrak{R}} \qquad \mathfrak{R} = h^2 + p\,(e + f)$$

Die Bedeutung der einzelnen Werte ist bereits am Anfang des zweiten Teiles, Seite 190, dargelegt.

Uns interessieren hier besonders die schädlichen Widerstände. Es bedeutet e den Beiwert der schädlichen Widerstände, bezogen auf die Gesamtflügelfläche. Dieser Wert wird durch eine besondere Rechnung ermittelt, deren Genauigkeit freilich noch nicht ganz in dem gewünschten Maße entwickelt ist. Für die einzelnen Teile des Flugzeugs wie Kabel, Streben, Motor, Kühler, Auspufftopf, Rumpf, Schwimmer, Fahrgestell, Seiten- und Höhenruder werden die einzelnen Widerstände gebildet, indem man einen für jeden Teil verschiedenen Widerstandsbeiwert c_w' mit der zugehörigen Widerstandsfläche F' des betrachteten Gliedes vervielfacht. Schließlich wird die Summe aller dieser Produkte angeschrieben und durch die Gesamtflügelfläche F geteilt.

Vergleichende Berechnungen an ausgeführten Flugzeugen haben ergeben, daß dieser Wert

$$e = c_w'' = \frac{\Sigma c_w' \cdot F'}{F}$$

mit zunehmender Größe des Flugzeugs kleiner wird. Es ergibt sich etwa:

bei ein- und zweisitzigen Flugzeugen	$e = 0{,}035$
bei Großflugzeugen	$e = 0{,}025$ bis $0{,}03$
bei Riesenflugzeugen	$e = 0{,}020$ bis $0{,}025$.

Für erste Berechnungen sind diese Mittelwerte brauchbar. Sie gelten zunächst nur für die normal verspannte Zelle. — Daß der schädliche Widerstand bei Riesenflugzeugen ganz allgemein verhältnismäßig kleiner wird, kann folgende Betrachtung zeigen: Ein Riesenflugzeug mit beispielsweise 20 mal so großem Gewicht wie ein Einsitzer braucht in keinem Falle einen Rumpf, dessen Hauptspant 20 mal so groß ist, und dessen Luftwiderstand damit auch auf das Zwanzigfache gestiegen wäre. Oder ein Kabel von der zwanzigfachen Bruchlast hat keinen 20 mal so großen Durchmesser wie ein anderes, das nur den zwanzigsten Teil dieser Bruchlast aufnehmen kann. Außerdem kommt man für sehr dicke Kabel in günstigere Bereiche von Reynold'schen Zahlen. Aus diesen Gründen und da der schädliche Widerstand immer auf die ganze Flugfläche bezogen wird, erklärt es sich, daß z. B. der Sechsstieler-Dreidecker von Caproni gute Leistungen hatte.

Betrachten wir nur den schädlichen Widerstand e als veränderlich, so ergibt sich zwischen dem schädlichen Widerstand und der Geschwindigkeit v des Flugzeugs aus Gleichung (102) folgende Beziehung:

$$v^4 [h^2 + p(e+f)] - A_1 \cdot v^2 - B_1 \cdot v + C_1 = 0 \quad . \quad . \quad (131)$$

hierin ist

$$A_1 = \frac{A}{\mathfrak{N}}$$

$$B_1 = \frac{B}{\mathfrak{N}}$$

$$C_1 = \frac{C}{\mathfrak{N}}$$

Die veränderliche Größe e kommt also nur einmal im ersten Glied vor.

Den Einfluß einer Änderung der schädlichen Widerstände auf die Geschwindigkeit ermitteln wir, wenn wir die obige Gleichung differenzieren. Es ergibt sich damit:

$$\Delta v = \Delta e \cdot \frac{v^4 \cdot p}{\mathfrak{N} \cdot 4 v^3 - 2 v A_1 - B_1} \quad \ldots \ldots \ldots \ldots \quad (132)$$

oder

$$\Delta v = \Delta e \cdot \frac{v^4 \cdot p}{4 v^3 [h^2 + p(e+f)] - 4 v \frac{G}{F} \frac{2g}{\gamma} \cdot h - p \cdot \frac{N_e \cdot 75 \cdot \eta}{F} \frac{2g}{\gamma}}$$

Um ein Bild über die Größenordnungen selbst zu bekommen, wollen wir im folgenden zwei Beispiele durchrechnen, und zwar einmal ein seefähiges einmotoriges Wasserflugzeug (das gleiche Beispiel wie im zweiten Teil, Seite 191) und dann einen neueren Einsitzer.

1. Beispiel:

Dem schwerbeladenen seefähigen Wasserflugzeug, auf dessen Grundlage sich ein Typ des Transportflugzeuges für den Frieden entwickeln kann, liegt wie oben zugrunde:

$$N_e = 220 \text{ PS}_e \text{ (Benz)},$$
$$F = 70{,}8 \text{ m}^2,$$
$$G = 2200 \text{ kg},$$
$$\eta = 0{,}74 \text{ v. H.}$$

Flügelprofil Nr. 146 der technichen Berichte

$$\frac{\gamma}{2g} = \frac{1}{16}, \qquad \frac{G}{N_e} = 10 \text{ kg/PS}_e, \qquad \frac{G}{F} = 31{,}3 \text{ kg/m}^2.$$

Damit werden die Hilfswerte nach Gleichung:

$$\left.\begin{aligned} d &= 0{,}0685 \\ e &= 0{,}0234 \end{aligned}\right\} \text{ aus besonderer Rechnung,}$$

$$\left.\begin{aligned} p &= 7{,}98 \\ f &= 0{,}018 \\ h &= 0{,}22 \end{aligned}\right\} \text{ nach Seite 191.}$$

Die Konstanten der angeschriebenen Hauptgleichung erhalten dann die Zahlenwerte:

$$A = 576{,}4$$
$$B = 58\,080$$
$$C = 1\,004\,400$$
$$\mathfrak{N} = 0{,}3788$$

Die Bestimmungsgleichung wird damit:

$$v^4 - 576 \cdot v^2 - 58\,080\, v + 1\,004\,400 = 0$$

Oder für die Auflösung besser:

$$v^2 - 576 - \frac{58\,080}{v} + \frac{1\,004\,400}{v^2} = 0$$

Durch Versuchsrechnung gewinnt man unter Benutzung einer Quadratentafel daraus die Lösung:

$$v = \mathbf{37{,}56}\ \text{m/sek} \quad \text{oder} \quad 135{,}2\ \text{km/st}.$$

Weiter unten werden andere Werte e in die Rechnung einbezogen. —

Als zweites Beispiel untersuchen wir einen neueren Einsitzer, dem wir folgende Werte zugrunde legen:

$$N_e = 166\ \text{PS}_e\ \text{(Merc.)},$$
$$F = 21\ \text{m}^2,$$
$$G = 910\ \text{kg},$$
$$\eta = 0{,}74\ \text{v. H.}$$

und Flügelprofil Nr. 146 der technischen Berichte

$$\frac{\gamma}{2g} = \frac{1}{16}, \qquad \frac{G}{N_e} = 5{,}47\ \text{kg/PS}_e, \qquad \frac{G}{F} = 43{,}3\ \text{kg/m}^2.$$

Damit werden die Hilfswerte von oben:

$$d = 0{,}05$$
$$e = 0{,}022\ \text{(Kleinstwert!)},$$
$$\left.\begin{array}{l} p = 7{,}98 \\ f = 0{,}018 \\ h = 0{,}22 \end{array}\right\} \text{wie beim ersten Beispiel.}$$

Die Bedingungsgleichung wird nach einiger Zwischenrechnung wie oben:

$$v^3 - 864 \cdot v - 151\,500 + \frac{1\,882\,000}{v} = 0$$

Hieraus ergibt sich durch Versuch die Lösung:

$$v = \mathbf{54{,}72}\ \text{m/sek} \quad \text{oder} \quad \cong 197\ \text{km/st}.$$

Dieser Wert wird deshalb so hoch, da zunächst der kleinste Wert für die schädlichen Widerstände e eingesetzt ist.

Da der Wert der schädlichen Widerstände e nach anderen Vergleichsrechnungen zwischen 0,022 und 0,042 sich bewegt, so soll auf dieselbe Art, wie oben ausgeführt, die Geschwindigkeit noch für

$$e = 0{,}032 \quad \text{und} \quad e = 0{,}042$$

berechnet werden. Alle übrigen Festwerte bleiben dabei ungeändert.

Dem Werte $e = 0{,}032$ entspricht nach einiger Zwischenrechnung die Gleichung:

$$v^3 - 710 \cdot v - 124\,200 + \frac{1\,546\,000}{v} = 0$$

mit der Lösung:

$$v = \mathbf{50{,}68}\ \text{m/sek} = \sim 182\ \text{km/st}.$$

Dem Werte $e = 0{,}042$ entspricht die Gleichung:

$$v^3 - 601\,v - 105\,500 + \frac{1\,311\,000}{v} = 0$$

und die Lösung

$$v = 47{,}25 \text{ m/sek} \cong 169{,}7 \text{ km/st}.$$

Wenn man in gleicher Weise für das 1. Beispiel die Rechnung mit verschiedenen Werten von e unter Beibehaltung der übrigen Festwerte durchführt, so ergibt sich für:

$$\begin{aligned} e &= 0{,}0234 & v &= 37{,}56 \text{ m/sek} \\ e &= 0{,}02574 & v &= 36{,}7 \text{ m/sek} \\ e &= 0{,}032 & v &= 34{,}62 \text{ m/sek} \\ e &= 0{,}042 & v &= 31{,}84 \text{ m/sek} \end{aligned}$$

Die Ergebnisse sind in der folgenden Fig. 122 dargestellt.

Es ergibt sich ein fast geradliniger Verlauf und für das schnellere Flugzeug ein größerer Einfluß der schädlichen Widerstände, wie für das langsamere Flugzeug, wie ja auch von vornherein und nach Gleichung (131) zu erwarten war.

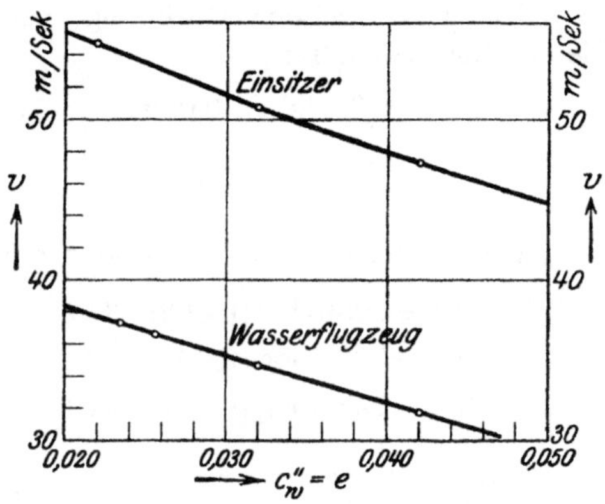

Fig. 122. Abhängigkeit der Geschwindigkeit vom schädlichen Widerstand.

Da die Geschwindigkeit sich etwa geradlinig mit den schädlichen Widerständen ändert, so kann man als Mittelwert annehmen:

Eine Änderung des Beiwertes der schädlichen Widerstände e um 0,0025 bedingt bei schnellen Flugzeugen eine Geschwindigkeitsänderung von einem Meter in der Sekunde. Bei langsamen Flugzeugen entspricht eine Änderung des Beiwertes um 0,0020 einer Geschwindigkeitsänderung von einem Meter in der Sekunde.

Eine allzu weitgehende Verallgemeinerung dieser Ergebnisse wäre jedoch nicht richtig, solange nicht durch größere Versuchsreihen bessere Unterlagen gewonnen sind.

Einfluß der schädlichen Widerstände auf die Gipfelhöhe.

Wir wollen das gleiche Beispiel des soeben behandelten Wasserflugzeuges für die gleichen angenommenen Änderungen des Wertes e untersuchen. In der Gleichung (100) des zweiten Teiles für die Gipfelhöhe kommt der Wert e nur in dem Ausdruck

$$\left(\frac{c_a^3}{c_w^2}\right)_{max} = \left[\frac{c_a^3}{(c_w' + e + d \cdot c_a^2)^2}\right]_{max}$$

vor. Die verschiedenen Werte e sind dabei zu dem Widerstandsbeiwert c_w' des Flügelprofils, der um die gegenseitige Beeinflussung der Flügel $d \cdot c_a^2$ vermehrt ist, hinzuzuzählen. Der dann gebildete Wert c_w^2 wird in den Wert c_a^3 dividiert und der Größtwert dieses Ausdruckes für die weitere Rechnung benutzt. Die ausgeführte Zahlenrechnung zeigt, daß auch bei verschiedenen Werten e der Größtwert stets bei ungefähr demselben Auftriebsbeiwert, d. h. bei demselben Anstellwinkel auftritt.

Die zahlenmäßige Rechnung, die wir hier übergehen wollen liefert für $c_a = 0{,}94$:

$c_w'' = e =$	0,0234	0,032	0,042
$\frac{c_a^3}{c_w^2}{}_{max} =$	34,5	30,5	27,1

Diese Werte eingesetzt, ergibt die Gipfelhöhe:

$$H_1 = 7280 \cdot \log[0{,}0625 \cdot 34{,}5] = 7280 \cdot 3{,}35 = 2440 \text{ m}$$
$$H_2 = 7280 \cdot \log[0{,}0625 \cdot 30{,}5] = 7280 \cdot 2{,}81 = 2050 \text{ m}$$
$$H_3 = 7280 \cdot \log[0{,}0625 \cdot 27{,}1] = 7280 \cdot 2{,}38 = 1730 \text{ m}$$

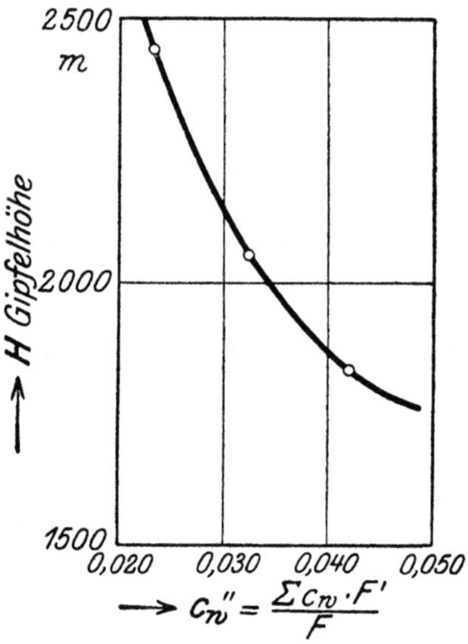

Fig. 123. Abhängigkeit der Gipfelhöhe vom schädlichen Widerstand.

Diese Gipfelhöhen sind auf der nebenstehenden Fig. 123 dargestellt. Es zeigt sich ein recht bedeutender Einfluß der schädlichen Widerstände auf die Gipfelhöhe, der größer ist wie der vorher behandelte Einfluß auf die Geschwindigkeit. Diese Ergebnisse sind durch Versuchsflüge mit Fokker D 7 bestätigt. Einer oft geringen kaum beobachtbaren Geschwindigkeitsänderung stand immer eine beträchtliche Änderung der Steigzeit bis 5000 m gegenüber, wenn das Flugzeug mit oder ohne Stiele und Kabel geflogen wurde.

A.

1. Der Aufbau eines Ago C-Flugzeuges (Ago C IV).

(Eine gute Beschreibung des Flugzeuges siehe „Flight" Nr. 468 vom 13. Dezember 1917.)

Selbst die Engländer haben die Eigenheiten des Aufbaues besonders anerkannt. In der Tat: das Ago-Flugzeug ist ein gutes Beispiel der folgerichtigen Anwendung der Theorie des Fachwerkes für einen besonderen Fall im Flugzeugbau (s. Fig. 124).

Das Fachwerk enthält nur notwendige Stäbe. Die Verspannungen in der Ebene der Tiefenkreuze außen sind hier im Aufbau des Fachwerkes nicht wie sonst überzählige, sondern notwendige Glieder. Zur Verminderung des Luftwiderstandes werden die Kabel und Stiele, die bei der normalen Zelle mit den vorderen Holmen das ebene Fachwerk der vorderen Tragwand bilden, weggelassen. Der Nachweis der ausreichenden Stäbezahl ergibt sich in gleicher Weise wie auf Seite 105 im ersten Teil dieser Abhandlung.

Der Aufbau des Flugzeuges bringt es mit sich, daß das Gesichts- und Schußfeld für den hinteren Beobachter durch Wegfallen der vorderen Verspannung und des Stieles in der Mitte wesentlich verbessert wird. Außerdem sind die beiden Stiele der hinteren Tragwand ungefähr derart angeordnet, daß sie in einer Geraden von dem Beobachter aus liegen, also auch möglichst wenig seitliches Gesichtsfeld wegnehmen. Das Flügelprofil stellt im allgemeinen für den Vorderholm eine verhältnismäßig große Konstruktionshöhe zur Verfügung, kommt dagegen an der Stelle des Hinterholms meist nur schwer mit der verfügbaren Höhe aus. Die gewählte Anordnung, die gerade in der vorderen Tragwand einen senkrechten Stiel wegläßt, die hintere Tragwand aber noch einmal unterteilt, muß deshalb als zweckmäßig angesehen werden. —

Berechnung der Änderung des Anstellwinkels unter dem Einfluß der Luftkräfte bei dem Ago C 4.

Bei diesem statisch bestimmten Fachwerk ist die Berechnung der Änderung des Anstellwinkels infolge der Beanspruchung und Dehnung der Stäbe verhältnismäßig einfach.

Zunächst sei die Annahme zugrunde gelegt, daß die Flügelzelle auf dem Rumpf starr gelagert ist. Nicht nur wegen der Nachgiebigkeit des Rumpfaufbaues, sondern auch wegen der Werkstattausführung der Anschlußbeschläge ist die zutreffende Berechnung der Nachgiebigkeit des Rumpfes meist recht schwer. Genaue Durchbiegungsmessungen bei der Sandbelastung des Flugzeuges

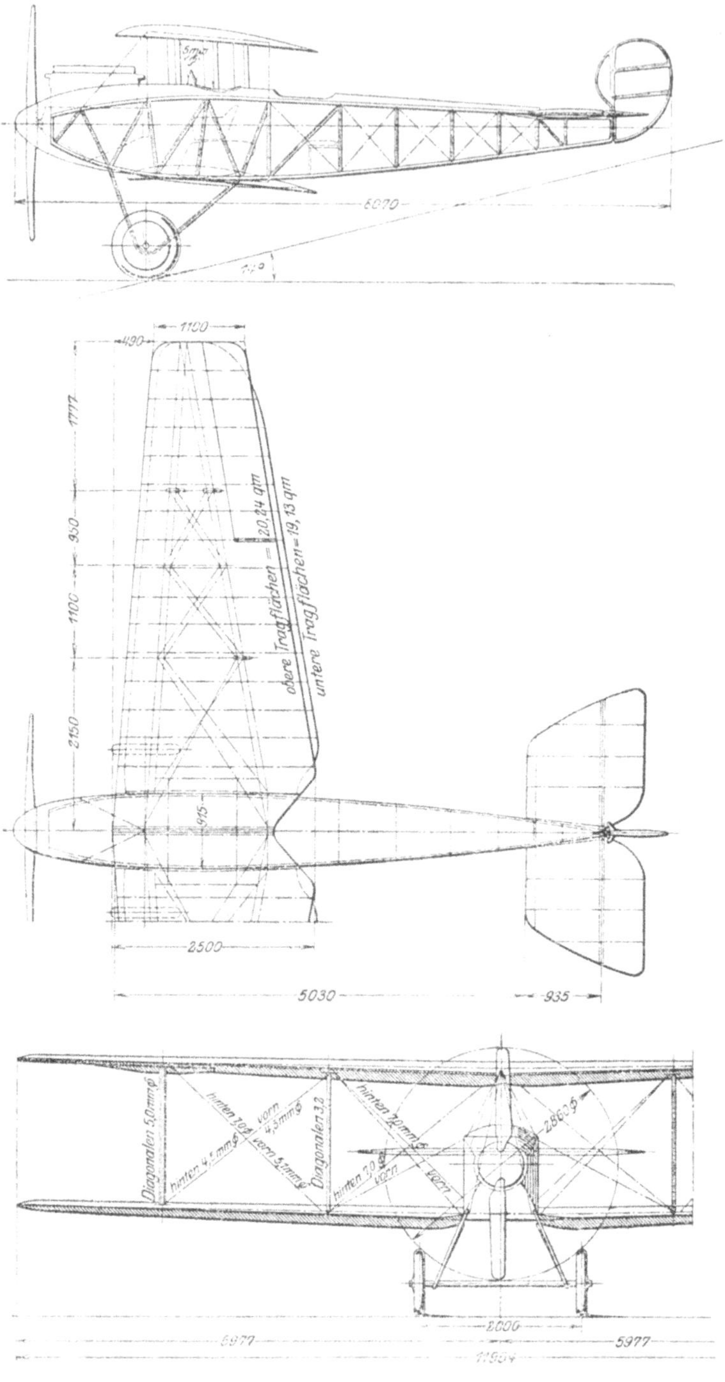
1100
490
1777
950
1100
2150
obere Tragflächen = 20,24 qm
untere Tragflächen = 19,13 qm
2500
5030
935
Diagonalen 5,0 mm φ
Diagonalen 3,2
2000
5977
5977

Fig. 124.

könnten einige Mittelwerte geben. Bei statisch bestimmtem Zellenaufbau ist, wie schon im ersten Teil dargelegt, die Steifigkeit des Rumpfes weit mehr nötig wie bei einem statisch unbestimmten System.

Nach Seite 81 des ersten Teiles ist es im Flugzeugbau erlaubt, gegenüber der großen Längenänderung der Kabel die Deformation der Stiele und Holme zu vernachlässigen. Mit derselben Annäherung wird der Rumpf hier als starrer Körper angesehen.

Bei der Durchführung der Berechnung für den A-Fall soll halbe Bruchlast, das ist ein Lastvielfaches von 2 bei C-Flugzeugen, zugrunde gelegt werden, da dieses etwa im Fluge wirklich vorkommt.

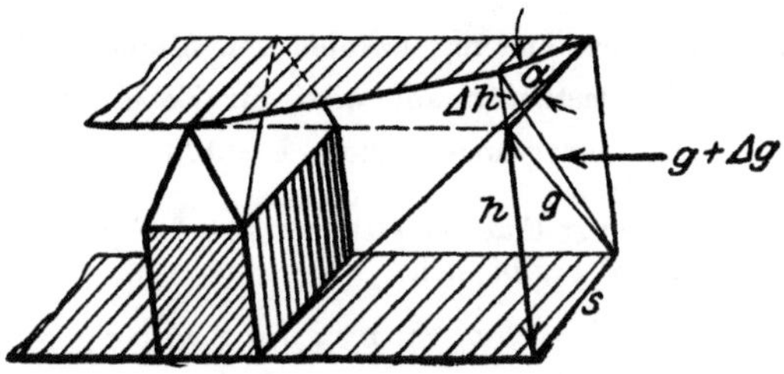

Fig. 125.

Aus nebenstehender Fig. 125 erkennt man, daß hier die Veränderung des Anstellwinkels α von der Verlängerung des Tiefenkreuzes g allein abhängig ist. Mit einer Dehnung des Haupttragkabels hinten hebt sich die ganze Zelle außen, sowohl vorn wie hinten, und die V-Form wird größer. Die berechnete Winkeländerung gilt über dem Tiefenkreuz außen. Für andere Holmstellen muß bei starrem Spannturm dieser Wert noch mit dem Verhältnis der Holmlängen multipliziert werden. Für das ganze Flugzeug kann man als Mittelwert also die Hälfte des bei dem Tiefenkreuz errechneten Wertes annehmen. Es läßt sich die Beziehung aufstellen:

$$\Delta\alpha = \frac{\Delta h}{s}\,.$$

dabei ist

$$\Delta h = \Delta g \cdot \frac{g}{h}$$

Dies ergibt sich aus dem rechtwinkligen Dreieck des Tiefenkreuzes, wenn man bildet:

$$(h + \Delta h)^2 + s^2 = (g + \Delta g)^2$$

$$h^2 + (\Delta h)^2 + 2 \cdot h \cdot \Delta h + s^2 = g^2 + 2 \cdot \Delta g \cdot g + (\Delta g)^2$$

und rechts und links $(\Delta h)^2$ und $(\Delta g)^2$ als verschwindende Größen zweiter Ordnung unberücksichtigt läßt.

Damit wird wie oben:

$$\Delta h = \Delta g \cdot \frac{g}{h}$$

oder

$$\Delta \alpha = \Delta g \cdot \frac{g}{s \cdot h}, \quad \text{da} \quad \Delta g = \frac{(P_{ov} + P_{uv}) \cdot g}{E \cdot F_g}$$

Es ergibt sich schließlich die Änderung des Anstellwinkels:

$$\Delta \alpha = \frac{g^2 \cdot (P_{ov} + P_{uv})}{s \cdot h \cdot E \cdot F_g} \quad \ldots \ldots \ldots \quad (133)$$

In diesen Ausdruck wollen wir jetzt die Zahlenwerte einsetzen:

Für das Tiefenkreuzkabel von 5 mm Stärke ist $F = 0{,}142$ cm².
Die Elastizitätszahl wird für Kabel angenommen $E = 1\,290\,000$ kg/cm².
Die Abmessungen sind: $h = 173$ cm, $g = 180$ cm, $s = 48$ cm.

Bei einer Flächenbelastung von 33 kg/m² und einem Flügeleinheitsgewicht von 5 kg/m² ergibt sich:

$$P_{ov} + P_{uv} = (2 \cdot 1{,}80 \cdot 2{,}70) \cdot 2 \cdot 27 = 540 \text{ kg}.$$

Damit wird:

$$\Delta \alpha = \frac{17{,}5}{1334} = 0{,}0127$$

oder im Winkelmaß ausgedrückt:

$$\Delta \alpha = 0^\circ 45'$$

Die Änderung ist also verhältnismäßig klein. —

Gegenbeispiel.

Zu welchen Anordnungen man aber andererseits gelangen kann, wenn man mehr „empirisch“ bei der Wahl des Aufbaues vorgeht, zeigt ein bekanntes C-Flugzeug, das im Anfang des Krieges entstanden ist. Dieser Einstieler hatte statt der notwendigen zwei Kabel (wie sich aus den Entwicklungen von Seite 105 ergibt) auf einer Seite tatsächlich sechs Kabel, die dem Luftstrom ausgesetzt waren. Außer den vier Kabeln der Normalverspannung war in der Ebene des Unterflügels noch ein Stirnkabel vorgesehen. Schließlich wurde während der Durchführung der Festigkeitsprüfung noch ein zweites Schrägkabel vom Rumpf zur Zelle hinten oben eingezogen, was bei entsprechender richtiger Bemessung der anderen Haupttragkabel und der Holme nicht notwendig gewesen wäre. —

2. Die Kreuzverspannung eines älteren L.V.G.-Flugzeuges.

Um ein größeres Schußfeld für den Beobachter zu gewinnen, wurde bei einem älteren L.V.G.-Flugzeug, das noch vor dem Kriege erbaut wurde, im inneren Feld der Zelle eine Kreuzverspannung angeordnet[1]). Bei der praktischen Verwendung zeigten sich indessen elastische Deformationen und Änderungen des Einstellwinkels der Flügelsehne, die teilweise zu unangenehmen Störungen der aerodynamischen Eigenschaften des Flugzeuges führen können.

Im folgenden sollen diese Änderungen für das angeführte Beispiel betrachtet werden.

Es soll berechnet werden, um wieviel der innere Fachwerksknotenpunkt vorn oben, der in Fig. 127 mit 2 bezeichnet ist, infolge Einwirkung der Belastungseinheit in die Höhe rückt, und zwar bei normaler Verspannung, halber und ganzer Kreuzverspannung, mit und ohne Tiefenkreuz.

Die Verschiebung des Punktes 2 infolge einer Last 1 (siehe Fig. 126) wird berechnet nach der Formel:

$$\delta_{22} = \Sigma S_a^{\,2} \cdot \varrho$$

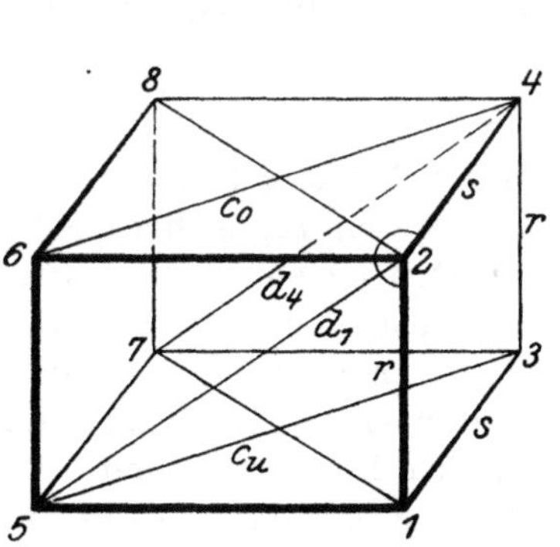

Fig. 126. Normalverspannung.

Die Holme können dabei als starr vernachlässigt werden. Da nur das innerste Feld in der betrachteten Art und Weise verspannt ist, so genügt es, den Beitrag der Summe von dem innersten Feld allein anzuschreiben.

Man erkennt, daß in der normal verspannten Zelle (Fig. 126) eine in dem Knotenpunkt 1 oder 2 angreifende senkrechte Last $P = 1$ in der Hauptdiagonale d_1 eine Zugkraft:

$$D_1 = 1 \cdot \frac{d_1}{r}$$

hervorruft. Bei der ungestaffelten Zelle, die wir zunächst betrachten, ergeben sich keine weiteren Kräfte in anderen Gliedern des Raumfachwerkes, außer in dem zugehörigen Vorderholm.

---

[1]) Bei einem leichten Doppeldecker von Albatros (L.D.D.) und später bei einem Rumpler-C-Flugzeug wurde ebenfalls die Kreuzverspannung verwendet.

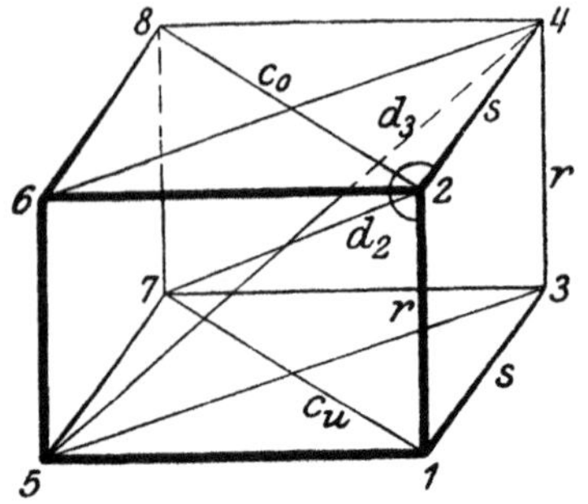

Fig. 127. Kreuzverspannung.

Bei der Anordnung der Kreuzverspannung (siehe Fig. 127) ruft die gleiche Kraft in der Diagonale d_2 vom Knotenpunkt 2 bis 7 die Spannkraft hervor:

$$D_2 = 1 \cdot \frac{d_2}{r}$$

oder durch d_1 ausgedrückt:

$$D_2 = \frac{\sqrt{d_1^2 + s^2}}{r} \cdot 1$$

Es ergibt sich somit, daß die Summe $\Sigma S_a^2 \cdot \varrho$ um den Betrag $\frac{s^2}{r^2} \cdot \varrho$ bei der Kreuzverspannung größer wird wie bei der Normalverspannung.

Außerdem entstehen bei der Kreuzverspannung durch die senkrechte Last allein noch in der oberen wagrechten Scheibe Diagonalkräfte, die als Zug von der Größe

$$C = 1 \cdot \frac{c}{r}$$

in Erscheinung treten.

Wären zur selben Zeit an den vorderen und hinteren Knotenpunkten gleich große Kräfte wirksam, so würden sich die Teilkräfte des Zuges oben gegenseitig aufheben. Dieser Fall tritt jedoch im allgemeinen nicht ein oder liefert wenigstens nicht die größten Spannungen. Im Hauptbelastungsfall C bedingen die Knotenlasten an den Punkten 1 und 2, auch wenn die äußere Kraft nur senkrecht nach unten wirkt, nicht nur ein Nachgeben der vorderen Fachwerkscheibe nach unten, sondern auch der unteren wagrechten Scheibe nach hinten. An den hinteren Knoten 3 und 4, bei denen im C-Fall nach oben gerichtete Kräfte angreifen, ergibt sich in gleicher Weise nicht nur eine Deformation nach oben, sondern auch nach vorne. Das ganze Fachwerk wird also auf Verdrehung beansprucht (siehe Fig. 128 rechts). Die Folge davon ist, daß im Gegensatz zur Deformation bei der Normalverspannung die Entfernung zwischen den Knotenpunkten 1 und 4 sich nur wenig ändert. Bei der Normalverspannung folgt aber aus der größer werdenden Entfernung der Knoten 1 und 4 die Größe der statisch Unbestimmten im Tiefenkreuzkabel und damit die Entlastung der vorderen Scheibe von unten nach oben entgegengesetzt den wirkenden äußeren Kräften. Wird das Fachwerk dagegen nach der Kreuzverspannung ausgeführt, so ergibt sich nicht nur an und für sich eine größere Deformation, sondern infolge des geringeren Kräfteausgleiches durch die statisch Unbestimmte werden die Beanspruchungen und damit die Deformationen nochmals größer.

Man erkennt aus dieser Betrachtung, daß auch das Stirnkabel, das in dem ausgeführten Flugzeug vom Punkte 4 nach dem Rumpf vorne geführt ist, für den Hauptbelastungsfall C im Sturzflug wenig nützen kann, da der Punkt 4 sich gerade nach vorne bewegen will. Eine Bewegung, die dieses Kabel nicht verhindert. Das Fachwerk ist also für den C-Fall wenig geeignet. Die Beweglichkeit des ganzen Systems wurde jedoch in dem vorliegenden Fall noch dadurch vergrößert, daß der Rumpf vielleicht auch nicht dermaßen starr zusammengebaut war, um den notwendigen Halt zu geben. Die Stärke des Haupttragkabels hinten mit 5 mm ist im Vergleich zu anderen, ähnlichen Flugzeugen auch nicht allzu reichlich. —

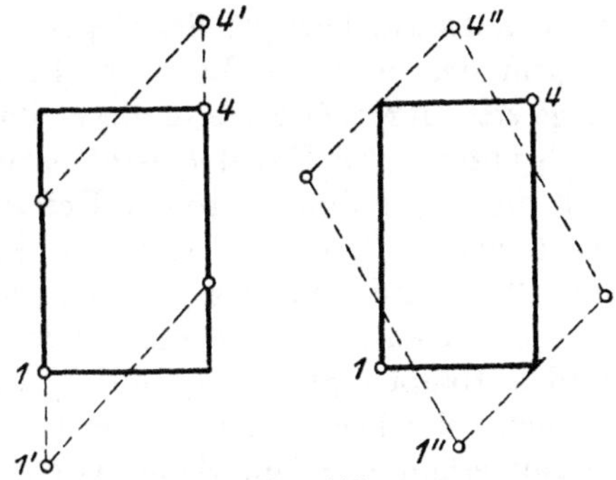

Fig. 128.

3. Fachwerkaufbau mit nur einem gelenkigen Stiel außen.

Nach einem Vorschlag der Pfalz-Flugzeugwerke, Speier, sollte zur Verringerung der Luftwiderstände das sonst normal verspannte Flugzeug nur einen gelenkig angeschlossenen Außenstiel erhalten. Bei der üblichen Bezeichnung wäre das System als Einhalbstieler anzusehen. Für den Aufbau des Fachwerks ist es notwendig, die Innenstiele von Knoten 1 ÷ 3 und Knoten 2 ÷ 4, auf denen der Hauptflugzeugstiel oben und unten aufsitzt, biegungsfest auszubilden. Das ganze Fachwerk ist nach untenstehender Fig. 129 aufgebaut.

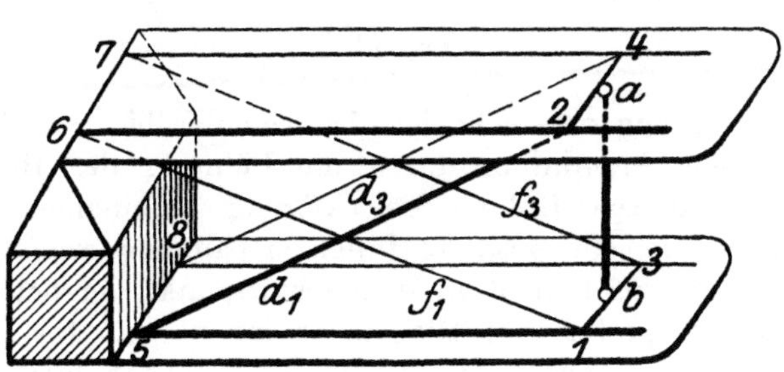

Fig. 129.

Es ist besonders zu beachten, daß im Gegensatz zu anderen Fachwerken beim Angriff einer nach oben gerichteten Last am Knotenpunkte 1 der Punkt 3 sich nach abwärts und der Punkt 1 sich nach aufwärts bewegt; das Gegenkabel f_3 wird also gespannt. Beim Angriff der normalen Last am Punkte 2 von unten nach oben bewegt sich in gleicher Weise dieser Punkt 2 nach oben und der Punkt 4 nach unten. Das Kabel d_1 wird beansprucht. Es ist also anzunehmen, daß diese Anordnung größere Deformationen wie ein normales Fachwerk zeigt. Besondere statische Vorteile sind bei dieser Trennung der Ober- und Unterholme vorn nicht zu erkennen.

Im A-Fall können die beiden Holme eines Flügels und die beiden Haupttragkabel d_1 und d_3 ziemlich gleichmäßig beansprucht werden. Es liegt dann keine besondere Beanspruchung vor. Im B-Fall erhält der Unterholm vorne Druck.

Ebenso im C-Fall, wo auch der Hinterholm oben stärkeren Druck erhält. Der Druck wird durch die gewählte Stielkonstruktion wesentlich größer, da bei der Wirkung der Last am Hebelarm außen und bei der Aufnahme der Kraft auf der anderen Seite des Hebelarmes doppelt so große Kräfte wie im normalen Fall durch den einfachen Stiel übertragen werden.

Siemens-Steffen-Kampfflugzeug.

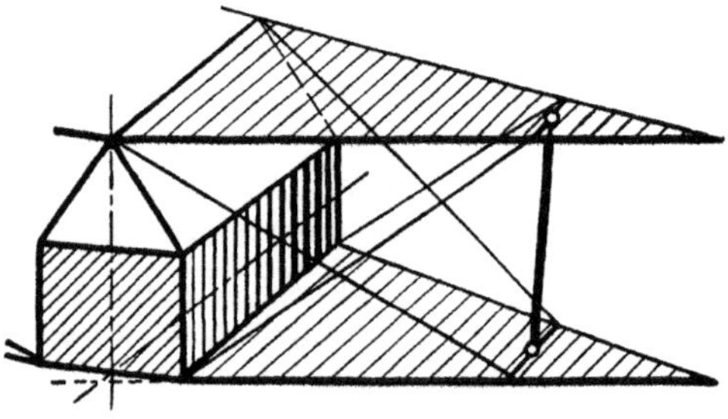

Fig. 130.

Dieses Flugzeug unterscheidet sich von der bis jetzt besprochenen allgemeinen Anordnung durch die Führung der Holme. Bei jedem Flügel, dessen Holme dreieckförmig aufeinander zulaufen, kann ohne weiteres die gesamte Innenverspannung wegfallen, auch wenn der äußere Stiel nicht in dem Schnittpunkt der beiden Holme angreift. Das Wegfallen der Diagonalen innen kann für die Unterbringung eines Benzinbehälters und des Tragflächenkühlers im Flügel von Bedeutung sein.

Das spitze Zulaufen des Flügelumrisses hat nach Modellversuchen sicher keine aerodynamischen Nachteile. Schwierigkeiten macht nur die Herstellung der Rippen, da sämtliche Rippen hier verschieden ausgeführt werden müssen. In neuerer Zeit findet man sich jedoch damit ab. Man hat sogar für parallel laufende Holme an den verschiedenen Stellen verschiedene Rippen gebaut, die bei großen Biegungskräften der Beanspruchung und der wechselnden Höhe der Holme entsprechen. Vom statischen Gesichtspunkte aus ergeben die spitz zusammenlaufenden Holme bei diesem System einen gewissen Vorteil gegenüber der bisher beschriebenen Anordnung insofern, als der Hebelarm der Knotenlasten, welcher eine Vergrößerung der Stielkraft bei ungleichmäßig verteilter Last bedingt, kleiner wird. Die Biegungsbeanspruchungen werden für den dreieckigen Flügelaufbau kleiner wie bei der rechteckigen Form gleichen Inhaltes. Für die Flugeigenschaften bedeuten die zulaufenden Flügel deshalb einen Vorteil, weil der Hebelarm der tragenden Luftkräfte, auf Flugzeugmitte bezogen, kleiner wird.

Aus den gleichen Gründen hat wohl Baumann beim V.G.O. und bei Staaken den Grundriß seiner *R*-Flugzeugfläche nicht rechteckig gewählt.

Betrachtung der Wirkung des Außenstieles bei Pfalz D 3.

Auch dieses Pfalz-Flugzeug kommt in diesem Abschnitt in Betracht, da der Hauptstiel auf einem steifen Innenstiel unten aufsitzt und die Kabel außerhalb dieser Befestigungspunkte angreifen.

Nach den Veröffentlichungen in ausländischen Zeitschriften hat der Stielanschluß dieses Flugzeuges folgende Längenmaße der Fig. 131.

Der Stiel ist demnach als einfacher Portalrahmen derart ausgebildet, daß in ähnlicher Weise, wie in dem vorher betrachteten Vorschlag, die Angriffspunkte *a* und *d* der Haupttragkabel außerhalb der Stielbefestigungspunkte *b* und *c* liegen. Der am Oberflügel gelenkig angeschlossene Rahmen stützt sich auf einen biegungsfesten Balken, der zwischen beiden Holmen angeordnet ist.

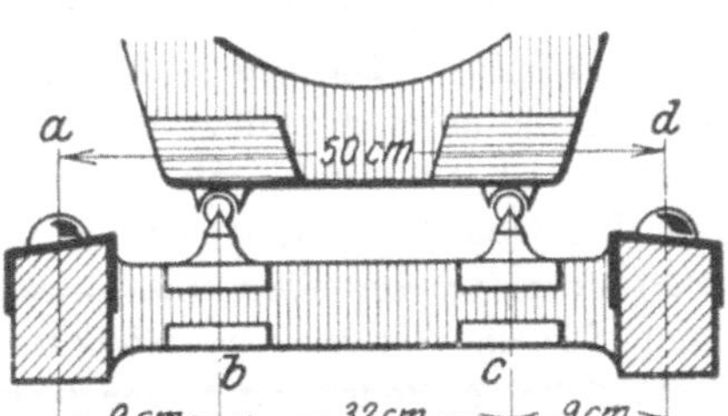

Fig. 131.

Die Deformationen des Raumfachwerks sind in diesem Falle geringer, wie in dem oben betrachteten Falle, da durch die getroffene Anordnung eines Stieles mit zwei Auflagern bei der Belastung eines Knotenpunktes der Fall eines Balkens auf drei Lagern vorliegt. —

4. Der Sopwith-Zweisitzer.

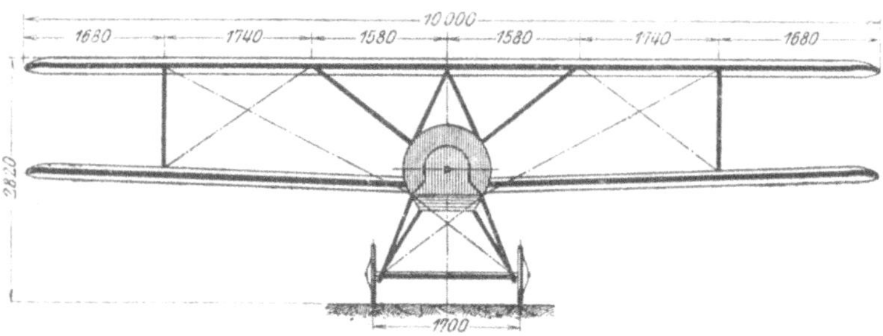

Fig. 132.

Dieses Flugzeug kann als eine statisch gut durchdachte Konstruktion angesehen werden. Zahlenmäßig kommt dies in den günstigen Gewichtsverhältnissen der Flügel zum Ausdruck. Bei einem Gesamtgewicht des Flugzeugs von $G = 989$ kg, einem Flügelgewicht von $G_F = 115$ kg und einer Flügelfläche von $F = 32$ m² ergibt sich ein Einheitsflügelgewicht von $\frac{G_F}{F} = 3{,}6$ kg/m² und ein Gewichtsverhältnis von $\frac{G_F}{G} = 0{,}116$. Diese Zahlen sind äußerst günstig. Sie werden nur von ganz wenigen ausgeführten Flugzeugen erreicht.

Der Sopwith-Zweisitzer unterscheidet sich wesentlich von den bekannten Bauarten gleicher Entstehungszeit dadurch, daß er im Unterholm ein außenliegendes Gelenk besitzt. Der Unterholm ist in Flugzeugmitte als starrer Balken durch den Rumpf hindurchgeführt und ragt auf jeder Seite um etwa 58 cm über die Rumpfseiten hinaus. Das so aufgebaute Fachwerk erfährt durch Druck im Unterholm eine andere Beanspruchung, wie eine Ausführung ohne Gelenk, ist aber auch diesen Kräften in gleicher Weise gewachsen. Nur bei Oberdruck und bei der Rückenlage des Flugzeuges wirken die Luftkräfte von oben und erzeugen dabei in dem vorderen Unterholm Druck. Gegen die Sicherheit der gewählten Anordnung bestehen keine Bedenken. Der Gelenkträger ist allgemein in Nr. 19, Seite 352, untersucht. Dort sind gerade für die hier vorliegende einfache Anordnung die Berechnungsgrundlagen entwickelt.

Wie aus Fig. 132 ersichtlich ist, hat das Flugzeug folgende Abmessungen:

Spannweite oben und unten 10 m;
Flügelabstand: am Stiel 1,28 m, am Rumpf 1,40 m;
ganze Breite des Baldachins zweimal 1,58 m = 3,16 m;
Länge des überstehenden Holmendes oben 1,68 m;
Flügeltiefe 1,60 m; Staffelung 0,72 m.

Besonders wichtig ist das Sopwith-Flugzeug wegen der Ausbildung seines Mittelstückes. In einem weit überkragenden ausladenden Baldachin ist in der Mitte noch ein Spannturm eingebaut, der zusammen mit dem großen überstehenden Ende die Knicklängen der Oberholme wesentlich verkleinert. Die freie Spannweite des unteren Holmes wird durch das überstehende Ende vom Rumpfe her verkürzt. Dem Erbauer lag eine Aufgabe vor, die zwischen dem einfachen Einstieler und dem Zweistieler lag. Ein gewöhnlicher Einstieler wäre wohl zu schwer geworden. Ein gewöhnlicher Zweistieler hätte wohl zu viel Widerstand ergeben.

Dieselbe Anordnung mit außenliegendem Unterholmanschluß wurde später, 1918, von Dipl.-Ing. Cl. Dornier, Lindau, bei einem Wasserflugzeug von 200 PS. in Duraluminium ausgeführt.

Das Gelenk im Unterholm entspricht gewissermaßen dem Ausleger oben, so daß der Außenstiel senkrecht stehen kann, und vom Ober- und Unterholm etwa gleichviel Feldweite abschneidet. Würde man kein Holmgelenk anordnen, so wäre es bei der Ausbildung des Baldachins besser, den Außenstiel schräg zu setzen, wie es bei neueren C-Flugzeugen mit Recht geschehen ist. —

5. Der Nieuport-Eineinhalbdecker.

Jagdeinsitzer.

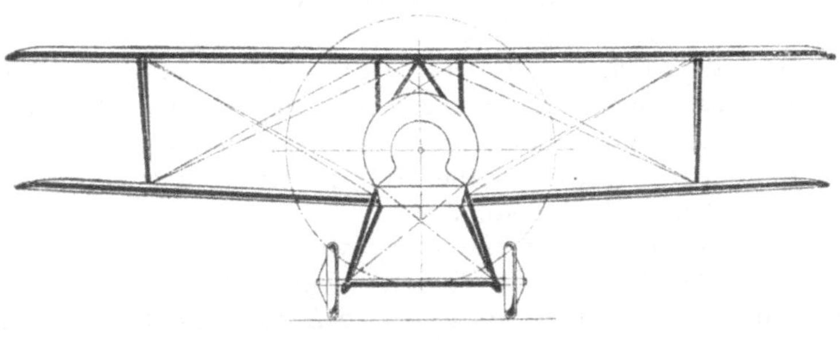

Fig. 133.

In statischer Beziehung ist der Nieuport-Eineinhalbdecker besonders interessant. Das räumliche Fachwerk hat unten nur einen Holm. Dieser wird bei den verschiedenen Lagen des Druckmittelpunktes in der Flugrichtung außer auf Biegung auch auf Verdrehung beansprucht. Bei Rückenflug und Oberdruck sogar auf Verdrehung, Druck und Biegung gleichzeitig. Für diesen Fall sind allgemeine Formeln bis heute wohl kaum aufgestellt. Diese Anordnung von nur einem Holm unten ist durch die aerodynamisch geforderte kleine, untere Flügelfläche bedingt. Bei seinem ersten Erscheinen war die Verkleinerung des unteren Flügels und die Annäherung zum Eindecker das wesentlich Neue. Es ist eines von den ersten Flugzeugen, die sich in großen Serien bewährt haben, und die von der üblichen normalen Zellenanordnung abweichen.

Das räumliche Fachwerk stellt die einfachste Form des räumlichen Prismenfachwerks dar. Es besteht zunächst aus einer starren wagrechten Scheibe, die durch den innen dreimal unterteilten Oberflügel dargestellt ist. An diese starre Scheibe schließt sich eine zweite Scheibe an, die durch den Hinterholm oben, den unteren Holm und die Haupt- und Gegendiagonale dieser Ebene gebildet wird. Zu dieser Scheibe gehört der hintere Hauptstiel. Durch das Einfügen des vorderen Hauptstiels mit Diagonale wird das Fachwerk in seinem Aufbau starr geschlossen.

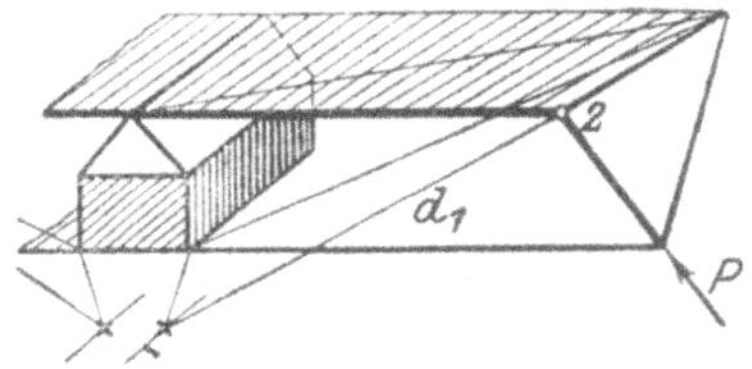

Fig. 134.

Daß das Kabel d_1 nötig ist, ergibt sich nach Fig. 134 dadurch, daß der Punkt 2 ohne dieses Kabel für den gezeichneten Lastangriff von P nicht festgelegt wäre.

Das Raumfachwerk ist in seinem Aufbau nicht vollständig schußsicher.

Bei Verletzungen des unteren Holmes auf einer Seite wird der ganze untere Flügel zusammenbrechen. Außerdem hat sich gezeigt, daß der einholmige Flügel leichter in Schwingungen gerät wie der Flügel mit zweiholmigem Aufbau. Der obere Flügel wird zwar bei normaler Last nicht zusammenbrechen, aber wegen Störung der aerodynamischen Verhältnisse kann das Flugzeug, das nur auf der einen Seite noch einen unteren Flügel besitzt, das Gleichgewicht verlieren und zu Schaden kommen.

Bei Verletzung eines Haupttragkabels ist das ganze Flugzeug gefährdet. Die französische Bauart steht hier im Gegensatz zur englischen. Diese verlangt durchaus, daß bei Wegfall eines Haupttragkabels das Fachwerk in seinem Aufbau nicht bedroht wird.

Die Anordnung des einen Unterholms mit dem schmalen Flügel ist aerodynamisch als günstig zu bezeichnen. Da der obere Flügel tiefer ist wie bei einem entsprechenden Doppeldecker mit breitem Unterflügel, so ist weiterhin auch die Möglichkeit gegeben, eine größere Konstruktionshöhe besonders für den Hinterholm oben anzuwenden.

Der eine Unterholm ist vom Gesichtspunkte der Gewichtsersparnis aus günstig. Es ist ganz allgemein zur Aufnahme einer Kraft besser, ein starkes Glied, als zwei schwächere Glieder anzuwenden. Das Fachwerk mit nur einem Unterholm ohne weitere Sicherheitsglieder

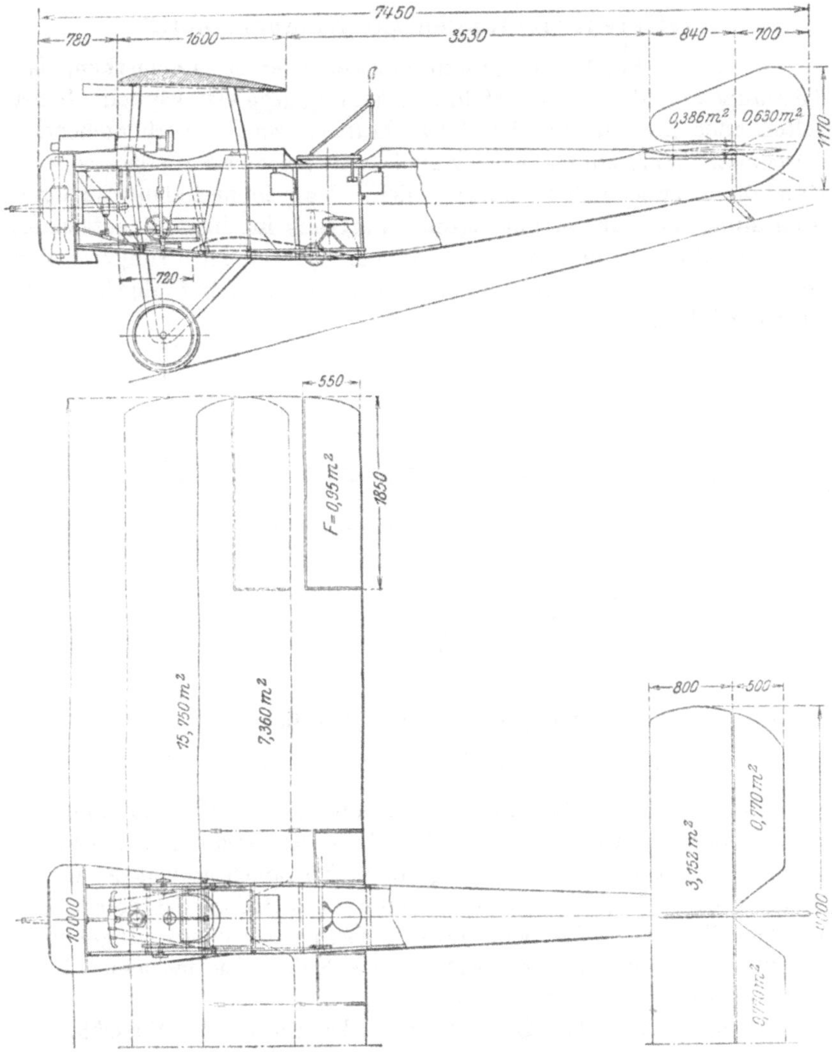

Fig. 135. Nieuport-Zweisitzer.

hat jedoch viele Bedenken im praktischen Betrieb, so daß Nieuport selbst mit seiner erfolgreichen Type 28 schließlich wieder zu der normal aufgebauten Zelle zurückgekehrt ist.

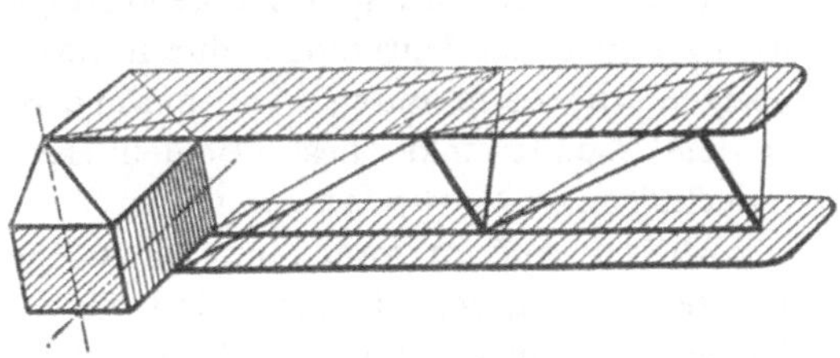

Fig. 136. Zweistielige Nieuport-Zelle.

Weiterentwicklungen zur Nieuport-Zelle.

Zu dem in Fig. 136 dargestellten Zweistieler ist zu bemerken, daß die Haupttragkabel im Innenfeld zweckmäßig gespreizt werden. Sonst gelten auch hier die gleichen Betrachtungen wie im vorhergehenden Abschnitt. Will man statt der Kabel steife Stiele verwenden, so wird man diese zweckmäßig schräg stellen. Man kommt dann zu einer Anordnung, die für ein mittelgroßes Flugzeug in Fig. 137 gezeichnet ist. Der Avro Spider ist nach diesem System im Frühjahr 1918 gebaut. Auch Aviatik hat ein ähnliches Flugzeug mit abgebogenem Oberflügel hergestellt. —

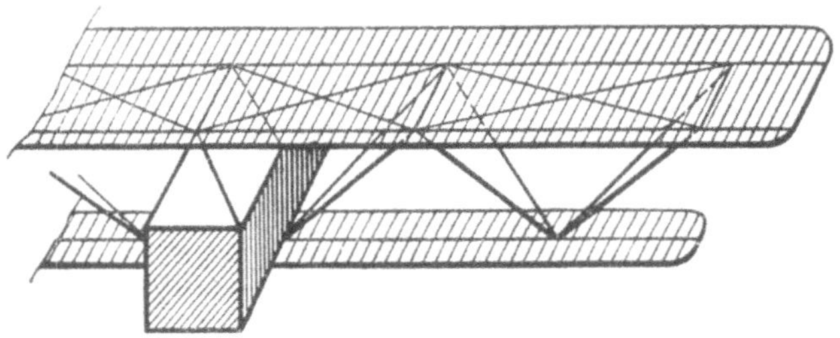

Fig. 137.

6. Verspannungsvorschlag Dorner.

(Eine Weiterentwicklung zur Nieuport-Zelle.)

Der Nieuport-Eineinhalbdecker mit einem auf Verdrehung beanspruchten Unterholm hat, wie dargelegt, den Nachteil, daß er nicht schußsicher ist und daß bei der geringen Torsionsfestigkeit des Unterholms größere Deformationen eintreten. Der Aufbau ist derart, daß bei Ausfall eines Stieles oder des Unterholms der untere Flügel nicht standhält. Auch bei dem Wegfall eines Kabels ist das ganze Fachwerk in seinem Aufbau gestört.

Demgegenüber hat Herr Dorner-Hannover den Vorschlag gemacht:

Unter Beibehaltung des oberen Flügels und des dreieckförmigen Stieles den einen Unterholm durch zwei schief laufende Holme zu ersetzen, die dann unten eine starre Scheibe miteinander bilden. In dem Schnittpunkt dieser beiden Holme greift der ursprüngliche dreieckförmige Nieuport-Stiel an.

Diesen Aufbau kann man sich auch aus der normalen Zelle dadurch entstanden denken, daß man die beiden hintereinanderliegenden Hauptstiele in der Ebene der Tiefenkreuzverspannung, wo sie eine starre Scheibe bilden, an ihrem unteren Ende zusammenführt und dann auch die vorher parallelen Unterholme ebenfalls zu einem Dreieck vereinigt.

Diese Ableitung aus der normalen Zelle zeigt, daß die neue Anordnung tatsächlich schußsicher ist, d. h. daß in ihrem Aufbau eine Ebene zuviel ausgesteift ist. Die obere Ebene bleibt in beiden

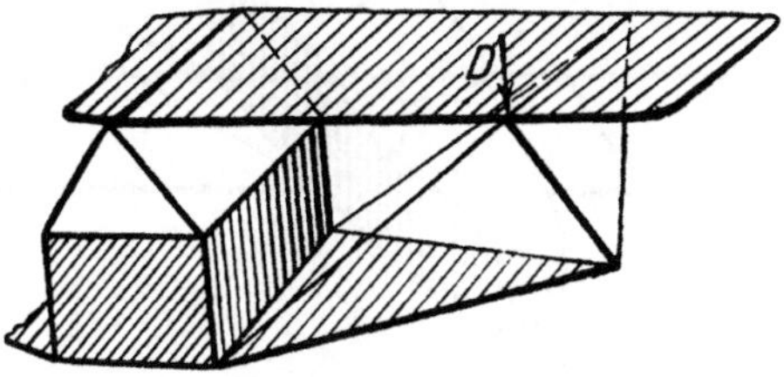

Fig. 138.

Systemen unverändert. Die untere Ebene ist eine starre Scheibe geworden. Die Ebene der Tiefenkreuzverspannung ist ebenfalls eine starre Scheibe, wenn auch die beiden Stiele zusammengezogen werden. Es folgt hieraus, daß in gleicher Weise wie bei der normal aufgebauten Zelle eine Hauptdiagonale genügt, um die Bewegung der Zelle von unten nach oben zu verhindern.

Beim Ausfall des vorderen Stieles ist für den Fall des Oberdrucks wie bei der normalen Zelle der Aufbau nicht genügend. Der obere Vorderholm wird nach unten klappen.

Der Dreieckstiel steht vorteilhaft ungefähr in Richtung der Kraft für den Belastungsfall B und D. Das heißt vorne etwa 1 : 5 und hinten 1 : 3 geneigt.

Die Deformationen werden wohl etwas größer wie bei der normalen Zelle.

Der praktische Hauptnachteil besteht darin, daß sämtliche Rippen des unteren Flügels verschieden lang sind und verschieden ausgeführt werden müssen. Jede Rippe wird von dem Holm an einer anderen Stelle geschnitten.

Während bei dem Nieuport nur der eine Unterholm auf Druck beansprucht wird, werden hier bei Oberdruck beide Unterholme gedrückt. Ihr Anteil an der ganzen Druckkraft wäre genau genommen als statisch unbestimmtes System zu berechnen. Auf jeden Fall wird ein Stab, der auf Knickung dimensioniert wird, leichter ausfallen wie zwei Stäbe, von denen jeder doch mehr als die halbe Druckkraft aufzunehmen hat.

Gegenüber einer normal aufgebauten Zelle verbleibt somit bei dem recht interessanten Vorschlag der geringere Luftwiderstand des Dreieckstiels und der geringere Flächeninhalt des unteren Flügels. —

7. Vereinfachung des Zellenaufbaues.

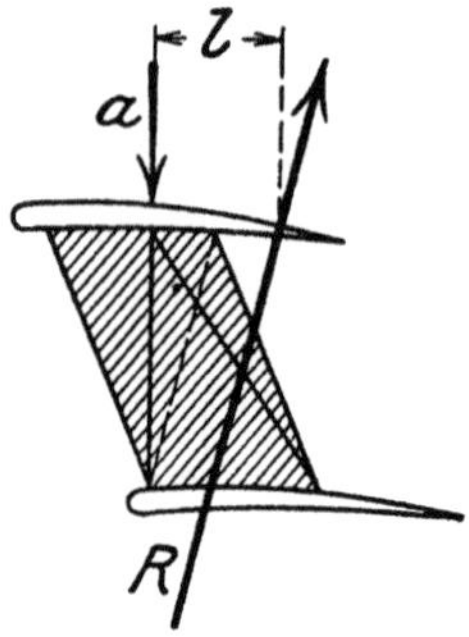

Fig. 139.

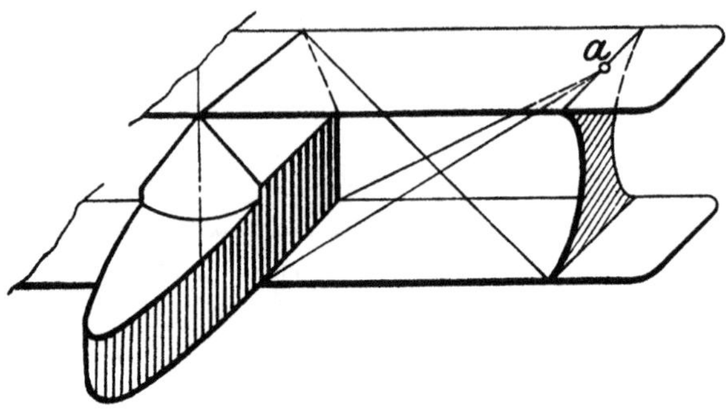

Fig. 140.

In vielen Fällen wird das Flugzeug stärker gestaffelt, um eine bessere Sicht oder um günstigere aerodynamische Verhältnisse bei kleinem Flügelabstand zu erreichen. Will man nun eine normal gebaute Zelle stärker staffeln, so werden die Kräfte im Hinterholm groß, und wegen der dort beschränkten Konstruktionshöhe wird das Gewicht der Holme noch unverhältnismäßig größer (siehe hierzu die Betrachtungen auf Seite 65). Dieser Nachteil wird hier vermieden, wenn die beiden Haupttragkabel nicht an den Holmen selbst, sondern in der Mitte eines biegungsfesten Innenstieles angreifen. Die Ebene der Tiefenkreuzkabel ist hier als starre Scheibe ausgeführt. Die Festigkeit des ganzen Aufbaues ist durchaus an die starre Ausführung des Hauptstieles gebunden. Dieser Vorschlag ist unseres Wissens zuerst von Herrn Ing. Zeno Diemer gemacht worden.

Betrachtet man eine beliebig gerichtete Kraft R in der Ebene des Flächenstieles, Fig. 139 u. 140, so ist es stets möglich, sie in eine Teilkraft durch den oberen Aufhängungspunkt a und in eine zweite Teilkraft in die Richtung der unteren Flügelebene zu zerlegen. Die erste Teilkraft wird als Zug von den beiden Haupttragkabeln allein aufgenommen, solange sie in ihrer Richtung zwischen den beiden Kabeln bleibt. Fällt sie aus diesen Richtungen heraus, so müßte entweder eines der Haupttragkabel starr sein, um den entstehenden Druck aufzunehmen, oder die Ebene des Oberflügels nimmt, wie wir im folgenden sehen, die fehlende Teilkraft auf. Es ist deshalb im Entwurf günstig, die Kabel am Rumpf möglichst weit auseinanderzuspreizen.

Die Richtigkeit des Aufbaues kann man noch in anderer Weise erkennen: Liegt die Belastung des oberen Flügels um den Betrag l (Fig. 139) hinter dem oberen Aufhängepunkt a, so wird am Aufhängepunkt die Last P übertragen, und außerdem ist noch das Moment $R' \cdot l$ von dem ganzen Raumfachwerk aufzunehmen. Dies geschieht durch die untere Scheibe und durch eines der Haupttragkabel, das zusammen mit dem Holm imstande ist, eine von vorn nach hinten gerichtete Kraft aufzunehmen.

Für den Hauptbelastungsfall A ist es nicht günstig, wenn die äußere Kraft bis vor den Aufhängepunkt wandert, da ein umgekehrt wirkendes Moment nur durch die Steifigkeit des Außenstielers aufgenommen wird.

Die betrachtete Anordnung ist nur eine Zwischenstufe zu der weiteren Vereinfachung des folgenden Abschnittes. —

Weiterentwicklung: Die einfachste Form der verspannten Doppeldeckerzelle.

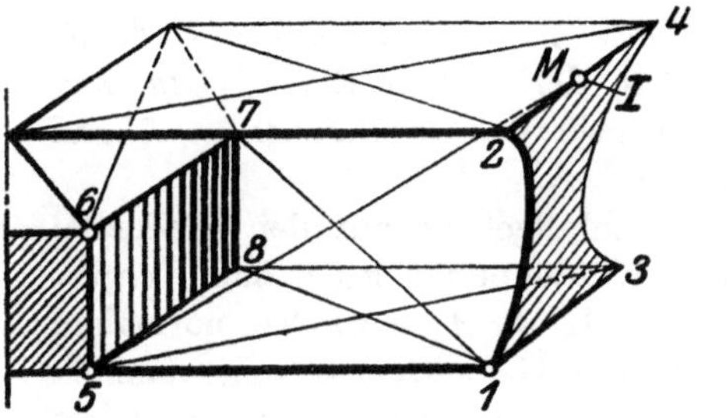

Fig. 141.

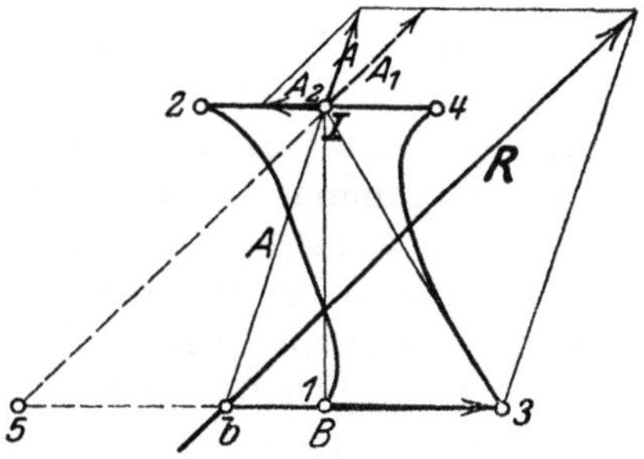

Fig. 142.

Das dargestellte System läßt sich aus dem vorhergegangenen leicht ableiten. Der Innenstiel $2 \div 4$ ist hier wiederum biegungsfest.

Um den Nachweis zu liefern, daß die in Fig. 141 und 142 gezeichnete Zelle mit dem Hauptkabelanschluß in I starr ist, sei eine beliebig gerichtete Kraft R, die in der Ebene der starren Außenstielscheibe liegt, betrachtet. In dem unteren Flügel ist stets eine starre Fachwerkscheibe vorhanden. Man kann die Kraft R in ihrem Schnittpunkt b mit dem Unterflügel stets in zwei Teilkräfte A und B zerlegen, von denen die eine in die untere Flügelebene fällt und die andere durch den oberen Gelenkpunkt I geht. Die Kraft in der unteren Flügelebene wird ohne weiteres durch die starre Scheibe unten aufgenommen. Schließt sich an dem Knotenpunkt I ein beliebig gerichtetes Kabel an, etwa $I \div 5$, so kann man die Kraft A, die durch den Gelenkpunkt geht, immer in zwei Teilkräfte zerlegen, von denen die eine A_2 im oberen Flügel selbst liegt und die andere A_1 in die Richtung dieses Kabels fällt.

In gleicher Weise kann man für eine beliebig gerichtete Kraft, die in umgekehrter Richtung auf das Fachwerk wirkt, den Nachweis der einfachen und bestimmten Lastaufnahme führen.

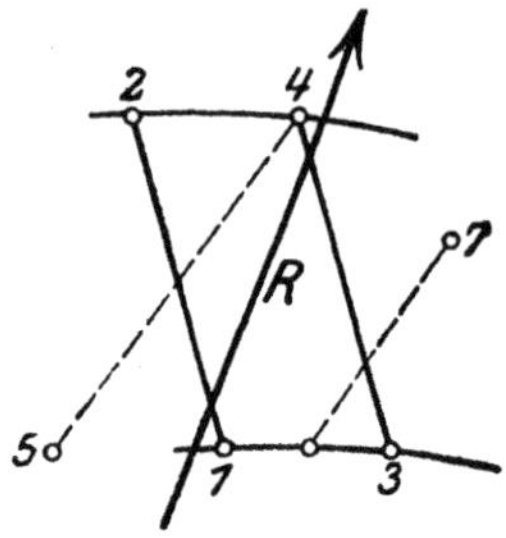

Fig. 143.

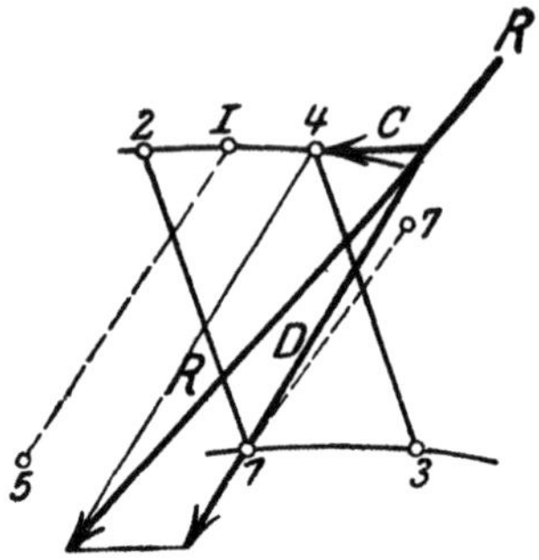

Fig. 144.

Die Kraft wird in gleicher Weise in zwei Teilkräfte D durch den unteren Gelenkpunkt 1 und C in der starren Ebene oben zerlegt. Die Kraft D wiederum beansprucht das Gegenkabel 1 ÷ 7 und die Verspannung der unteren Ebene.

Daß man auch das untere Anschlußgelenk auf den Innenstiel oder z. B. das obere Gelenk in den Knotenpunkt legen kann, ergibt keine besondere Schwierigkeit. Die Kraft A wird bei normalem Tiefenkreuz von den beiden Streben des Tiefenkreuzes aufgenommen und diese müssen ihrerseits als Zug oder Druck weitergeleitet werden.

Die Lage der Gelenkpunkte bedingt natürlich die Kräfteverteilung in den Holmen und Kabeln der Zelle.

Man wird etwa so vorgehen, daß man die ganzen äußeren Kräfte aller vier Fälle ihrer Größe und Richtung nach aufträgt und innen ausgleichend die Lage der Punktes M annimmt.

Erfolgreiche Anwendungen dieser Art stellen unter anderen der Rumpler-Einsitzer und neuere Flugzeuge von Herrn Dorner, Hannover, dar. —

8. Flugzeug mit Pyramidenstiel (Spinne).

Die Zellenverspannung mit Pyramidenstiel, wie sie von Brandenburg und in Deutsch-Österreich mit Erfolg ausgeführt wurde, ergibt sich aus einem Fachwerk mit Kreuzverspannung dadurch, daß die über das Kreuz verlaufenden räumlichen Diagonalen starr ausgebildet werden und die äußeren senkrechten Hauptstiele des Flugzeuges, als nunmehr überflüssig, wegfallen.

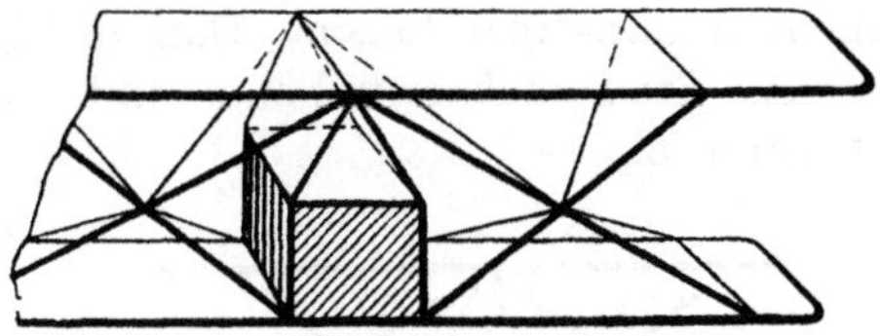

Fig. 145.

Das K. D.-Flugzeug der Österreicher hat auf einer Seite acht Einzelstiele, die gelenkig an ein gemeinsames Mittelstück angeschlossen sind. Die ganze Anordnung ist nur für kleinere Flugzeuge empfehlenswert. Die Innenverspannung muß dabei freilich stärker ausgeführt werden als sonst wohl nötig.

Vom statischen Gesichtspunkte aus ergeben sich zwei Hauptvorteile:

1. Die Stiellängen sind verhältnismäßig kurz und durch den mittleren Knotenpunkt für Knicken unterteilt.

2. Die Längskraft des Oberholmes ist nur ungefähr halb so groß, wie bei normal aufgebauten Flugzeugen, da die Knotenlasten des unteren Flügels außen durch die schrägen Stiele unmittelbar nach dem Rumpf hingeleitet werden und nicht mit der Biegung durch die Querbelastung zugleich in dem oberen Holm zur Wirkung kommen. Die Unterholme sind bei gewöhnlicher Belastung auf Zug und Biegung wohl etwas besser ausgenutzt.

Für die Ersparung von Widerstand könnte man sich von der Anordnung vielleicht einen geringen Vorteil deshalb versprechen, weil die Luft außerhalb des Pyramidenstieles zwischen den Flächen weniger gehindert als bei normaler Verspannung durchfließen kann. Bei ausgeführten Flugzeugen stellten sich jedoch später an dem überstehenden Holmende oben Schwingungen ein, die noch einen weiteren Stiel außen nötig machten. Mit dieser Anordnung wurde aber der Widerstand zu groß und der charakteristische Vorteil des Systems ging verloren. Weitere Flugzeuge mit dieser Anordnung wurden meines Wissens nicht mehr hergestellt, obwohl durch andere Holmquerschnitte die Schwingungen wohl hätten behoben oder doch sehr vermindert werden können.

Weiterbildung von Flugzeugen mit Pyramidenstielen.

Bei allen diesen in Fig. 146 bis 149 dargestellten Flugzeugen liegt der Schnittpunkt a der Streben räumlich zwischen beiden Holmen in der Mitte der Zelle. Wenn auch augenblicklich derartige Flugzeuge nicht weiter ausgeführt wurden, so läßt doch die unter Nr. 12 dargelegte Widerstandsberechnung erwarten, daß auch hier die Widerstände der steifen Stiele im Vergleich zur normalen Zelle nicht ungünstiger liegen. Daß in Fig. 148 der unsymmetrische, wagrechte Stiel auch zwischen *b* und *c* hätte eingezogen werden können, leuchtet ein. —

Fig. 146.

Fig. 147.

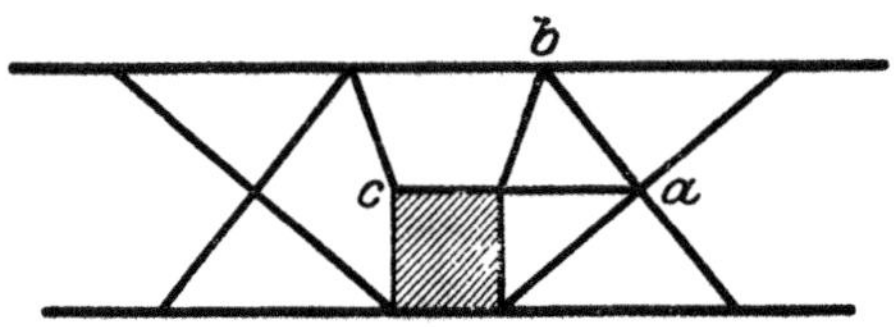

Fig. 148.

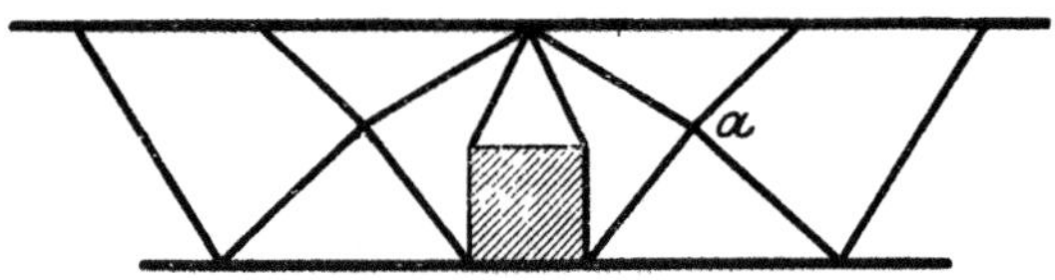

Fig. 149.

9. L. V. G. Kampfeinsitzer.

Aus dem Verspannungsschema des soeben betrachteten Brandenburg-Flugzeuges mit Pyramidenstiel geht das von L. V. G. für ihren Einsitzer benutzte hervor. An Stelle des einen Knotenpunktes in Zellenmitte wurden zwei Knotenpunkte *a* und *b* in den beiden Haupttragwänden geschaffen.

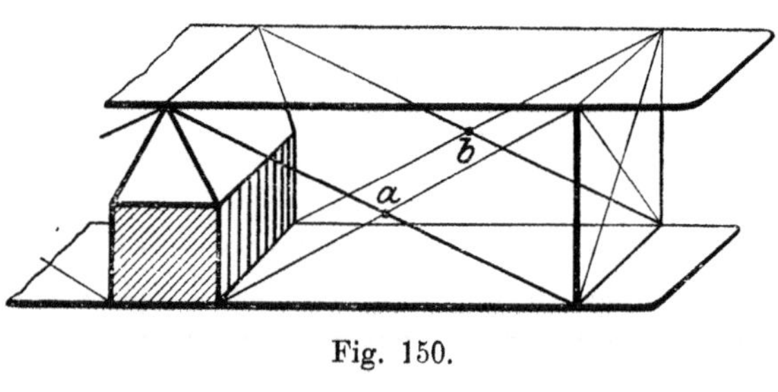

Fig. 150.

Die Gegendiagonalen sind jetzt steife Stiele. Die Hauptdiagonalen dagegen sind als schwache Kabel ausgebildet, die nur die Knicklängen der schrägen Stiele unterteilen. Der äußere senkrechte Hauptstiel ist in diesem Falle wieder notwendig, um den oberen Flügel zu halten. Das Fachwerk kann also als Mittelding zwischen Normalzelle und Flugzeug mit Pyramidenstiel angesehen werden. Die Knotenlasten von außen werden durch die schrägen Druckstreben nach Flugzeugmitte vollständig übertragen. Im Gegensatz zu dem Brandenburg-Flugzeug werden hier nicht nur die unteren, sondern auch die oberen Knotenlasten durch die schrägen Stiele nach innen geführt. Es entsteht also durch senkrechte Luftkräfte von unten kein Druck in den Holmen. Der Vorteil der ganzen Anordnung besteht im wesentlichen darin, daß im allgemeinen keine oder recht geringe Druckkräfte in den Holmen mit Biegung gleichzeitig auftreten.

Damit sei die Betrachtung besonderer ausgeführter Flugzeuge abgeschlossen. —

B.

10. Der Dreidecker.

Wie in der Abhandlung von Everling über die Vergrößerung der Flugzeuge in den „Technischen Berichten" zahlenmäßig an einer großen Reihe von Flugzeugen dargelegt, wächst der Anteil des Flügelgewichtes bei großen Flugzeugen immer schneller. Je größer die aus aerodynamischen Gründen bedingte Spannweite wird, desto größer muß das Eigengewicht der verspannten Zelle werden, wenn man die üblichen Verhältnisse von Spannweite, Flügeltiefe und Flügelabstand beibehält. Bei ganz großen Flugzeugen ist deshalb entweder der Drei- und Mehrdecker oder die Tandemanordnung der Flügel die einzige Möglichkeit zur Vermeidung großer Flügelgewichte. In gleicher Weise, wie es im Brückenbau eine bestimmte größte Spannweite gibt, für die eine Brücke nur noch ihr Eigengewicht tragen kann, so gibt es auch eine größte Spannweite der Flugzeuge, bis zu welcher der Doppeldecker zunächst unzweckmäßig und dann nicht mehr ausführbar ist.

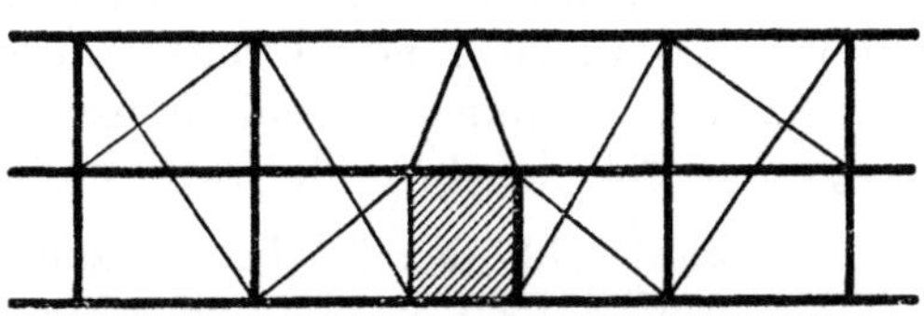

Fig. 151. Zweckmäßige Verspannung.

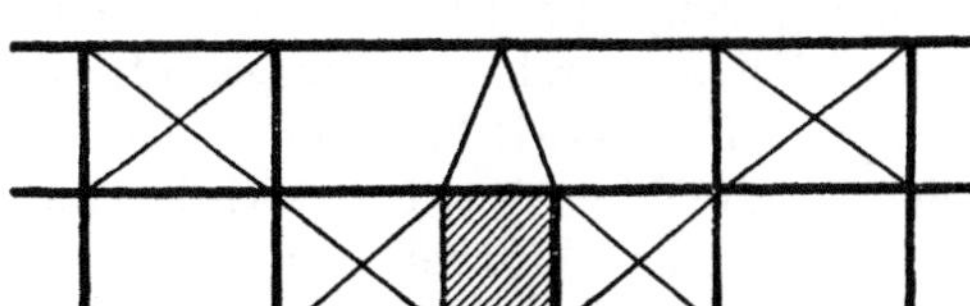

Fig. 152. Unzweckmäßige Verspannung.

Daß der Dreidecker leichter werden kann wie eine entsprechende

Zweideckerkonstruktion, ergeben in Deutschland ausgeführte große Flugzeuge und bewährte ausländische Konstruktionen, wie z. B. der erfolgreiche Caproni-Dreidecker.

Es ist freilich zu beachten, daß der Vorteil der großen Konstruktionshöhe auch ausgenutzt wird. Die Hauptverspannung muß über des mittlere Verdeck hinweg vom Oberflügel nach dem Unterflügel geführt werden. In Fig. 151 ist die zweckmäßige Verspannung dargestellt. Die in Fig. 152 dargestellte Verspannung nutzt die Vorteile der großen Konstruktionshöhe nicht aus und ergibt deshalb größere Holmgewichte wie der Doppeldecker (siehe hierzu zweiter Teil, Seite 241).

Vom aerodynamischen Gesichtspunkte aus hat der Dreidecker vor dem Doppeldecker zunächst den Nachteil einer größeren gegenseitigen Beeinflussung der Flügel. Vorzüge sind seine bei ähnlichen Verhältnissen geringere Flügeltiefe. Zunächst wird das Seitenverhältnis, d. i. das Verhältnis von Spannweite zur Flügeltiefe, größer. Hieraus ergibt sich ein besserer aerodynamischer Wirkungsgrad der Flügelfläche. Außerdem bedingen weniger tiefe Flügel eine geringere Wanderung des Druckmittelpunktes. Da bei Verwendung desselben Profils die Wanderung des Druckmittelpunktes auf 100 bezogen dieselbe ist, so wird sie, absolut gemessen, bei weniger tiefen Flügeln kleiner. Es ergibt sich daraus ein kleineres Drehmoment und ein angenehmeres Fliegen.

Aus einem normalen Zweidecker kann man den Dreidecker, um den Übergang anschaulich darzustellen, auf verschiedene Art entstanden denken.

a) Man verkürzt die große Spannweite des Doppeldeckers außen. Der Flächeninhalt der Flügel soll nicht verkleinert werden. Das abgetrennte Flächenstück wird deshalb oberhalb des ursprünglichen Zweideckers zu einer neuen Fläche wieder zusammengestellt. Dieser Anschauung entspricht beispielsweise eine Bauart mit drei freitragenden Flügeln ohne alle Stiele und Verspannungen.

b) Man wählt den Flächenabstand, d. h. die Konstruktionshöhe im Fachwerksaufbau eines Zweideckers, zur Verringerung der Längskräfte in den Holmen recht groß. Die Stiele werden dadurch verhältnismäßig lang und schwer. Sie können dann zweckmäßig in der Mitte noch einmal durch eine wagrechte Verspannung gehalten werden. (Bei den Sikorski-R-Flugzeugen ist der Stiel zweimal abgefangen.) Diese wagrechte Absteifung wird schließlich verkleidet und als ein kleiner mittlerer Flügel zum Tragen mit herangezogen. Die Auffassung ist hierbei die gleiche wie bei einem Nieuport-Doppeldecker, dessen kleinere untere Tragfläche als Verkleidung der Tragkonstruktionen für den oberen Flügel angesehen werden kann. Die Nieuport-Flugzeuge stehen deshalb dem Eindecker näher wie dem Doppeldecker.

Wir wollen im folgenden die Druckkräfte in dem oberen Flügel eines Dreideckers mit den Druckkräften eines Doppeldeckers vergleichen. Die Druckkräfte in den Holmen sind in erster Linie für den Materialaufwand in der Zelle maßgebend.

Ganz allgemein, ohne auf die Einzelheit des Aufbaues einzugehen, lassen sich beim Dreidecker unter der Voraussetzung von gleicher Flügeltiefe wie beim Doppeldecker, zentraler Motorenanlage und gleichtiefen Ober- und Unterflügel folgende zwei statische Vorteile feststellen:

1. Aus Gründen des Luftwiderstandes macht man wegen der gegenseitigen Beeinflussung der Druckzone des oberen Flügels und der Saugzone des nächsten darunter liegenden Flügels den Abstand (h) zweier Flügel etwa gleich der Flügeltiefe (t).

(Bei ausgeführten Flugzeugen schwankt dieses Verhältnis $h : t$, wie in dem zweiten Teil, Tafel 56 gezeigt, etwa zwischen 0,7 als Kleinstwert und 1,3 als Größtwert. Der praktische Mittelwert liegt aber bei 0,96.)

Dann ergibt sich beim Dreidecker für die Entfernung des oberen und unteren Flügels voneinander etwa die doppelte Konstruktionshöhe wie beim Doppeldecker. Die Flugzeugzelle kann nun zur Durchführung eines allgemeinen Vergleiches als ein in Flugzeugmitte eingespannter Balken aufgefaßt werden.

Dann ist allgemein die Stabkraft S im Oberholm:

$$S_m = \frac{M_m}{h_m}$$

(Das Moment der äußeren Kräfte M_m geteilt durch die Bauhöhe, wie ein Ritterscher Schnitt zeigt.)

Da h_m im Fall Dreidecker $= 2\,h_m$ des Doppeldeckers ist, so folgt für gleiche Momente der Beitrag zur Holmkraft:

$$S_{Dreidecker} = \tfrac{1}{2}\,S_{Doppeldecker}$$

Die Längskräfte ergeben sich aus diesem Grunde für die Oberholme (die Diagonalen greifen unter entsprechend steilerem Winkel an) als halb so groß wie beim Doppeldecker[1]).

---

[1]) Das mit großer Konstruktionshöhe schneller wachsende Gewicht der Diagonalen und Vertikalen z. B. im Brückenbau verlangt im Flugzeugbau nicht in gleicher Weise eine Begrenzung der Bauhöhe, wie sonst in der Technik. Vergleichsweise käme eine Brücke mit mehreren Fahrbahnen übereinander in Betracht.

2. Nicht nur der Hebelarm der entgegenwirkenden inneren Stabkräfte vom Momentendrehpunkt aus wird beim Dreidecker größer, sondern es wird auch der Hebelarm und damit das Moment der äußeren Luftkräfte selbst, bezogen auf die Mitte des Flugzeuges, wegen Verringerung der Spannweite kleiner.

Wenn das Gesamtgewicht des verglichenen Doppeldeckers und Dreideckers dasselbe bleibt und damit in beiden Fällen die Fluglast, das ist die Summe der Querbelastungen, auf den Holmen, dieselbe ist, so wird bei dem Doppeldecker das Moment der Luftkräfte auf einer Seite bei einer halben Spannweite $\frac{b_2}{2}$ und einer Fluglast $\frac{Q}{2}$ auf einer Seite des Flugzeuges:

$$M_2 = \frac{Q}{2} \cdot \frac{b_2}{4} = \frac{Q \cdot b_2}{8}$$

Der Zeiger 2 bezieht sich im folgenden stets auf den Doppeldecker, der Zeiger 3 auf den Dreidecker.

Betrachtet man beide Holme zunächst zusammen, so ergibt sich, wenn p die Einheitsbelastung auf den laufenden Meter beider Holme ist, wegen der Holme unten und oben beim Zweidecker:

$$\frac{Q}{2} = \frac{2\, b_2 \cdot p}{2} \quad \text{oder} \quad b_2 = \frac{Q}{2 \cdot p}$$

mithin

$$M_2 = \frac{Q}{8} \cdot \frac{Q}{2 \cdot p}$$

$$M_2 = \frac{Q^2}{16 \cdot p} \quad \ldots\ldots\ldots\ldots \quad (134\,\text{a})$$

Beim Dreidecker findet man durch die gleiche, einfache Betrachtung:

$$M_3 = \frac{Q \cdot b_3}{2 \cdot 4}$$

$$\frac{Q}{2} = \frac{3 \cdot b_3 \cdot p}{2} \quad \text{oder} \quad b_3 = \frac{Q}{3 \cdot p}$$

mithin

$$M_3 = \frac{Q}{8} \cdot \frac{Q}{3 \cdot p}$$

$$M_3 = \frac{Q^2}{24 \cdot p} \quad \ldots\ldots\ldots\ldots \quad (134\,\text{b})$$

Bei dieser Betrachtung ist der Einfachheit halber die Querbelastung der Luftkräfte als gleichmäßig über die ganze Flügelspannweite verteilt angenommen worden. Eine Lastabnahme außen macht die Vergleiche weniger übersichtlich und ändert das Ergebnis dieser statischen Berechnung nur unwesentlich zugunsten des Dreideckers. Außerdem ist gleiche Flügeltiefe zugrunde gelegt. Bei ungleicher Flügeltiefe findet man die unter 3. im folgenden dargelegten Beziehungen.

Vereinigt man beide Einflüsse, so ergibt sich für die Holmkraft des Doppeldeckers:

$$S_{2m} = \frac{M_{2m}}{h_{2m}} = \frac{Q^2}{16 \cdot p \cdot h}$$

für die Holmkraft des Dreideckers:

$$S_{3m} = \frac{M_{3m}}{h_{3m}} = \frac{Q^2}{24 \cdot p \cdot 2 \cdot h}$$

Das Verhältnis der Stabkräfte wird:

$$\frac{S_{Doppeldecker}}{S_{Dreidecker}} = \frac{24 \cdot 2}{16} = \frac{3}{1}$$

Die Holmkräfte von Zwei- und Dreideckern verhalten sich also wie drei zu eins.

Die Bedeutung der Verkleinerung der Holmkräfte ist wegen des großen Einflusses der Knicksicherheit und wegen des Anteils der Längskraft an dem Biegungsmoment des Holmes nicht unwichtig. Bei dem Seitenverhältnis des betrachteten Falles ist der Dreidecker statisch günstiger. Dies kann jedoch praktisch nicht ausgenutzt werden, da das angenommene Verhältnis aerodynamisch für den Dreidecker zu ungünstig ist. Vergleichweise haben auch bewährte Doppeldecker kleinere Seitenverhältnisse wie entsprechende Eindecker.

3. Wird nicht mit gleicher Flügeltiefe, sondern für beide Flugzeuge mit dem gleichen Verhältnis von Spannweite b zu Flügeltiefe t gerechnet, so ergibt sich mit der Bezeichnung:

$$c = \frac{t_2}{b_2} = \frac{t_3}{b_3}$$

und

$$k = \frac{h_2}{t_2} = \frac{h_3}{2 \cdot t_3}$$

bei gleicher Fluglast Q und bei gleicher Einheitsbelastung (Flächenbelastung) p für 1 m^2 der Flügel. (Hierbei bedeutet h den Flügelabstand und x den Abstand der Mittelkraft auf den Flügel von Flugzeugmitte.)

Zweidecker:	Dreidecker:
$S_2 = \frac{Q}{2} \cdot \frac{x_2}{h_2}$	$S_3 = \frac{Q}{2} \cdot \frac{x_3}{h_3}$
$x_2 = \frac{b_2}{4}$	$x_3 = \frac{b_3}{4}$
$h_2 = k \cdot t_2$	$h_3 = 2\,k \cdot t_3$
$S_2 = \frac{Q}{8} \cdot \frac{b_2}{k \cdot t_2}$	$S_3 = \frac{Q}{16} \cdot \frac{b_3}{k \cdot t_3}$
$\frac{b_2}{t_2} = c$	$\frac{b_3}{t_3} = c$
$S_2 = \frac{Q}{8} \cdot \frac{c}{k}$	$S_3 = \frac{Q}{16} \cdot \frac{c}{k}$

$$S_2 = 2\,S_3$$

Wenn somit auch im allgemeinen die Stabkräfte beim Dreidecker halb so groß werden wie beim Doppeldecker und auch die Querbelastung in dem zweiten Falle beim Dreidecker kleiner wird, so steht dem auf der anderen Seite eine Vermehrung der Holmzahl von 4 auf 6 gegenüber.

Immerhin verbleiben noch weitere Vorteile für den Dreidecker:

1. Der Rumpf und die Ruder können entsprechend der geringeren Druckpunktswanderung bei den schmäleren Flügeln kleiner und leichter werden.

2. Auch die Rippen, die im Durchschnitt 20 v. H. des Flügelgewichtes ausmachen, werden wegen ihrer geringeren „Spannweite", d. h. Tiefe, leichter. Insbesondere bei einholmigem Bau wird an Innenverspannung und Beschlägen gespart.

3. Wenn bei dem Dreidecker die Verwendung nur eines Stieles in der Tiefenrichtung möglich ist, dann bedeutet dies auch einen Vorteil. —

11. Fachwerk mit schrägen, steifen Diagonalen ohne Gegenkabel.

Will man in dem Fachwerk mit Diagonalen keine Gegenkabel ausführen, so muß man die Hauptdiagonalen steif bauen.

Auch aus besonderen konstruktiven Gründen kann die Ausbildung von steifen Diagonalen nötig sein. Bei dem Wassergroßflugzeug von Gotha sind z. B. die seitlichen Motore der Führung von Haupt- und Gegenkabel im innersten Feld im Wege. Es ist deshalb dort innen eine steife Diagonale angeordnet (vgl. Fig. 207).

Im folgenden soll an einem allgemeinen Beispiel zunächst der Widerstand bei steifen Stielen und bei Kabeln untersucht werden. Dann soll die Änderung des Gewichtes betrachtet werden, um schließlich beide Einflüsse zu vereinigen.

Es wird jedoch darauf hingewiesen, daß die elastischen und stark dehnbaren Kabel bei der Landung und bei plötzlichen Stößen und Böen im Gegensatz zu den Stielen eine große Formänderungsarbeit aufnehmen können. Hierauf hat schon Prof. A. Baumann besonders aufmerksam gemacht. Bei vollkommen starrem Aufbau wird deshalb im allgemeinen leichter ein plötzlicher Bruch eintreten.

Die Entscheidung der Frage, ob das mit Kabeln verspannte Flugzeug oder das Flugzeug mit steifen Stielen in bezug auf Widerstand, Gewicht oder beides günstiger ist, läßt sich in voller Allgemeinheit rechnerisch nicht durchführen. Abgesehen von der Unsicherheit der Beiwerte ist stets eine recht große Zahl von verschiedenartigen Konstruktionen möglich, so daß das grundsätzliche Bild jedesmal verändert wird. Man braucht nur daran zu denken, welche Unterschiede eine Verspannung etwa des Spadsystems oder die verschiedenen Möglichkeiten der Baldachine und der Anordnung und Zahl der Stiele und anderes bedingen.

In dem folgenden Beispiel wollen wir deshalb ein mittleres Flugzeug von etwa 11 m Spannweite zugrunde legen, das einen ausladenden Baldachin und eine solche Größe haben soll, daß die in der folgenden Figur gezeichnete Anordnung brauchbar erscheint.

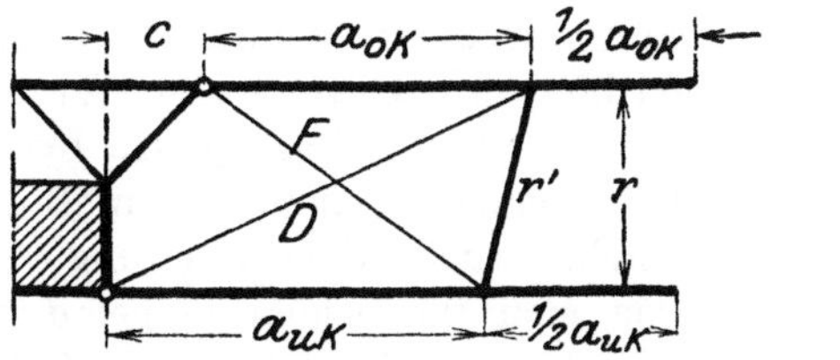

Fig. 153. Anordnung mit Kabeln.

Dabei wird außerdem zugrunde gelegt:

Die Länge des überstehenden Endes sei der Hälfte des benachbarten Holmfeldes gleich.

Die Querbelastung oben und unten wird der Einfachheit halber als gleich angenommen.

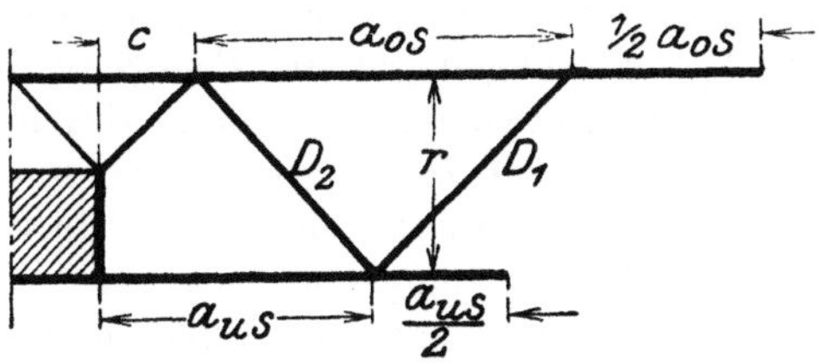

Fig. 154. Anordnung mit steifen Stielen.

Beide Flugzeuge sollen ohne größere V-Form ausgeführt sein. Ferner ist angenommen, daß die

Belastung des Oberdruckes 0,7 der Normalbelastung von unten betrage.

Ein wagrechtes Abfangen der steifen Stiele gegen Ausknicken soll nicht vorgesehen werden. Die Stielneigung soll bei dem äußersten Stiel entsprechend dem kleineren Oberdruck etwas flacher sein wie bei dem inneren.

Die allgemeine Berechnung hat jedoch folgenden Nachteil bzw. Schönheitsfehler. Wenn man für die Abhängigkeit der Stielbreiten von dem Trägheitsmoment und für die Abhängigkeit der Kabeldurchmesser von den Kabelkräften allgemeine Gleichungen einführt, so wird man stets bei gewissen Kräften bestimmte Kabeldurchmesser und Stielbreiten errechnen, die zwischen die üblichen, durch die Normung festgelegten und üblichen Werte zu liegen kommen. Man rechnet also z. B. zu günstig, da in dem wirklichen Flugzeug statt einer errechneten Stielbreite von beispielsweise 3,3 cm in der Ausführung die normale Stielbreite von 3,5 cm verwendet werden muß.

I.

Wir wollen zunächst bei dem mit Kabeln verspannten Flugzeug Fig. 153 allgemeine Formeln für den Widerstand anschreiben. Wir nehmen die Querbelastung p, die Baldachinbreite außerhalb des Rumpfes c, die Systemhöhe r und die Feldweite unten für das verspannte Flugzeug a_{u_K} als veränderlich an.

Bei der Ausrechnung der allgemeinen Formeln werden nachher von diesen vier Veränderlichen der Baldachin c und die Querbelastung p mit üblichen Mittelwerten als konstant angesehen, so daß dann später nur die Systemhöhe und die Feldweite unten als Veränderliche bleiben. Diese beiden Werte werden dann innerhalb gewisser Grenzen, für die das ganze System Vorteile verspricht, ausgerechnet. Genauer genommen müßte mit der Veränderung der Fachwerkhöhe auch die Änderung der Gleitzahl berücksichtigt werden, da sich die beiden Flügel dann mehr oder weniger beeinflussen. Es können im folgenden deshalb nur die beiden Systeme mit jedesmal gleicher Höhe genau einander gegenübergestellt werden.

Um eine Vergleichsgrundlage für beide Flugzeuge zu haben, werden alle Veränderungen auf die Feldweite des Flugzeugs mit Kabeln bezogen. Beide Systeme sind dann durch die Bedingung verknüpft, daß die Summen der Holmlängen oben und unten einander gleich sind.

Bevor wir an die eigentliche Rechnung herangehen, ist es notwendig, die Abhängigkeit des Trägheitsmomentes der Stiele von der Stielbreite und ebenso die Abhängigkeit des Kabeldurchmessers von der Kabelkraft in eine Gleichung zu fassen.

1. Stiele.

Wenn wir Mittelwert für normale Stahlstiele zugrunde legen, so ist die Gleichung:

$$J_{St} = 0{,}12 \cdot b^3 \; (cm) \quad . \; . \; . \; . \; . \; . \; . \; . \quad (135)$$

mit recht guter Annäherung für gewöhnliche Stielbreiten von 1 bis 4 cm erfüllt, wie folgende Tafel 65 zeigt:

Tafel 65.

Stielbreite b	Trägheitsmoment vorhanden J	Trägheitsmoment errechnet J
1,0 cm	0,06 cm^4	0,12 cm^4
1,5 „	0,31 „	0,405 „
2,0 „	0,83 „	0,96 „
2,5 „	1,6 „	1,67 „
3,0 „	2,9 „	3,25 „
3,5 „	4,8 „	5,15 „
4,0 „	8,2 „	7,70 „

2. Kabel.

Für die Kabel läßt sich theoretisch eine quadratische Abhängigkeit von Durchmesser und Kabelkraft annehmen, wenn man eine gleiche zulässige Beanspruchung und vollen Querschnitt voraussetzt. In Wirklichkeit wird die gesuchte Abhängigkeit besser durch eine gerade Linie dargestellt. Innerhalb der Verwendungsgrenzen gilt folgende Gleichung:

$$S = (b - 0{,}21) \cdot 8340 \quad (\text{kg, cm})$$

oder

$$b = \frac{S}{8340} + 0{,}21 \quad . \; . \; . \; . \; . \; . \; . \; . \; . \; . \quad (136)$$

Diese Gleichung gilt für 800 ÷ 3500 kg Kabelkraft.

Tafel 66.

Durchmesser b	Kabelkraft S vorhanden	Kabelkraft S errechnet
0,30 cm	800 kg	750 kg
0,39 „	1500 „	1580 „
0,45 „	2000 „	2000 „
0,50 „	2400 „	2420 „
0,56 „	3000 „	2920 „
0,63 „	3600 „	3500 „
0,72 „	4800 „	4250 „

a) Flugzeug mit Kabeln.

Der Widerstand der veränderlichen Teile setzt sich aus drei Beiträgen zusammen: dem Stiel r' außen, dem Haupttragkabel d und dem Gegenkabel f. Wenn wir den Widerstandsbeiwert der unverkleideten Kabel $c_{w_K} = 1$ und den Widerstandsbeiwert für tropfenförmige Stiele mit $c_{w_{St}} = 0{,}15$ ansetzen (Dieser Widerstandsbeiwert für Stiele ist deshalb recht ungünstig eingesetzt, da die folgende Rechnung immer noch günstigere Werte für das Flugzeug mit steifen Stielen ergibt. Bei den von Sopwith verwendeten Stielen ergaben in Göttingen ausgeführte Messungen Widerstandsbeiwerte, die nur den zehnten Teil davon betragen. Soweit bekannt, stellen diese Stiele von Sopwith aber auch die aerodynamisch besten Formen dar.), so ergibt sich der Widerstand wie auf Seite 265.

$$q \cdot W_K = \Phi\, d_K \cdot d_K \cdot c_{w_K} + \Phi\, f_K \cdot f_K \cdot c_{w_K} + \Phi\, r_1' \cdot r' \cdot c_{w_{St}}$$

Unter Benutzung der oben angegebenen Beziehungen zwischen Kabeldurchmesser und Kabelkraft wird für die beiden ersten Glieder und für den Stiel bei Verwendung der Eulerschen Formel und der oben angeschriebenen Beziehungen zwischen Trägheitsmoment und Stielbreite

$$b = \sqrt[3]{\frac{P \cdot l^2}{\pi^2 \cdot E \cdot 0{,}12}} \quad \ldots\ldots\ldots \quad (136\,\text{a})$$

$$q \cdot W_K = \left(\frac{D_K}{8340} + 0{,}21\right) d_K + \left(\frac{F_K}{8340} + 0{,}21\right) f_K + \sqrt[3]{\frac{R \cdot r'^2}{0{,}12 \cdot \pi^2 \cdot E}} \cdot 0{,}15 \cdot r'$$

In dieser Gleichung wird jetzt die Kraft des Haupt- und Gegenkabels allgemein durch die Querbelastung p und die Systemlängen ausgedrückt.

Mit

$$D_K = \frac{9}{8} \cdot p \cdot (a_{u_K} + a_{o_K}) \cdot \frac{d_K}{r}$$

$$F_K = \frac{9}{8} \cdot p \cdot 0{,}7\,(a_{u_K} + a_{o_K}) \frac{f_K}{r}$$

$$R = \frac{9}{8} \cdot p \cdot a_{u_K} \cdot \frac{r'}{r} \quad \ldots\ldots\ldots\ldots \quad (137)$$

und den Längen

$$d_K = \sqrt{r^2 + \left(a_{u_K} + \frac{c}{3}\right)^2}$$

$$f_K = \sqrt{r^2 + (a_{u_K} - c)^2}$$

$$r' = \sqrt{r^2 + \left(\frac{c}{3}\right)^2}$$

ergibt sich nach einiger Umformung wegen der gleichen Spannweite:

$$a_{u_K} + a_{o_K} = 2\left(a_{u_K} - \frac{c}{3}\right)$$

$$q \cdot W_K = \frac{\left(a_{u_K} - \frac{c}{3}\right)}{2190 \cdot r}\left(r^2 + a_{u_K}^2 + 0{,}476 \cdot c^2 - 0{,}43 \cdot c \cdot a_{u_K}\right) \cdot p$$

$$+ 0{,}21\left[\sqrt{r^2 + \left(a_{u_K} + \frac{c}{3}\right)^2} + \sqrt{r^2 + (a_{u_K} - c)^2}\right]$$

$$+ \frac{0{,}15\left(r^2 + \frac{c}{3}\right)^2}{\sqrt[3]{\frac{8}{9} \cdot \frac{0{,}2}{p} \cdot \pi^2 \cdot E}} \sqrt[3]{\frac{a_{u_K}}{r}} \quad \ldots \ldots \ldots \ldots \quad (138)$$

Diese Gleichung enthält noch vier Veränderliche, von denen wir zwei Werte festlegen wollen, um nicht zu allgemein zu werden. Mit den Werten $c = 120$ cm und $p = 2$ kg/cm wird:

$$q \cdot W = \frac{a_{u_K} - 40}{2190 \cdot r}\left(r^2 + a_{u_K}^2 + 6850 - 52\, a_{u_K}\right)$$

$$+ 0{,}21\left[\sqrt{r^2 + (a_{u_K} + 40)^2} + \sqrt{r^2 + (a_{u_K} - 120)^2}\right]$$

$$+ \frac{1}{695}\left[r^2 + \left(\frac{c}{3}\right)^2\right] \sqrt[3]{a_{u_K} : r} \quad \ldots \ldots \quad (138\,\text{a})$$

Es ergibt sich nach einiger Zwischenrechnung die endgültige Gleichung, die wir für folgende Zahlen auswerten wollen. Wir setzen $a_{u_K} = 210$, 270 und 330 cm und ordnen jedem Werte eine Systemhöhe von $r = 100$, 135 und 170 cm zu. Nach einiger Zwischenrechnung, die wir hier übergehen, folgen die Werte:

$a_{u_K} = 210$ cm	$r = 100$ cm	$q \cdot W_K = 183$ kg
	$r = 135$ „	$= 193$ „
	$r = 170$ „	$= 212$ „
$a_{u_K} = 270$ cm	$r = 100$ „	$q \cdot W_K = 294$ „
	$r = 135$ „	$= 278$ „
	$r = 170$ „	$= 287$ „
$a_{u_K} = 330$ cm	$r = 100$ „	$q \cdot W_K = 441$ „
	$r = 135$ „	$= 399$ „
	$r = 170$ „	$= 393$ „

Diese Werte sind als Kurvenschar in der folgenden Fig. 155 dargestellt. Es ergibt sich, daß bei kleineren Flugzeugen mit Kabeln der zusätzliche Widerstand mit wachsender Systemhöhe zunimmt, daß er für mittlere Flugzeuge von der Systemhöhe fast unabhängig ist und erst bei größeren Flugzeugen mit der Systemhöhe etwas abnimmt.

Außerdem ergibt die folgende Rechnung, daß der ganze Widerstand bei den gewählten Verhältnissen bei der Verwendung von Kabeln größer ist wie bei der Verwendung von steifen Stielen.

b) Flugzeug mit steifen Stielen.

Wenn wir die in Fig. 154 dargestellte Anordnung zugrunde legen und für die Vergrößerung stets $a_{o_S} = a_{u_S}$ setzen, so ergeben sich die Längen der beiden Stiele:

$$d_{1_S} = \sqrt{r^2 + c^2},$$

$$d_{2_S} = \sqrt{r^2 + \left(a_{u_K} - \frac{4}{3}c\right)^2}$$

Die Stielkräfte selbst werden:

$$D_{1_S} = \frac{9}{8} \cdot 0{,}7 \cdot p \cdot \left(a_{u_K} - \frac{c}{3}\right) \frac{\sqrt{r^2 + c^2}}{r}$$

$$D_{2_S} = \frac{9}{8} \cdot p \cdot 2\left(a_{u_K} - \frac{c}{3}\right) \frac{\sqrt{r^2 + \left(a_{u_K} - \frac{4}{3}c\right)^2}}{r} \quad . \; . \quad (139)$$

Die gleiche Betrachtung wie oben ergibt für den Widerstand

$$q \cdot W_S = d_{1S} \cdot \Phi\, d_{1S} \cdot c_{w_S} + d_{2S} \cdot \Phi\, d_{2S} \cdot c_{w_S}$$

Hierbei ist q der Staudruck. Setzt man für eine mittlere Luftdichte $\frac{\gamma}{2g} = \frac{1}{16}$ und $v = 40$ m/sek oder 144 km/st, so erhält man $q = 100$.

Die im folgenden ausgerechneten Werte ergeben also durch 100 dividiert den Widerstand der betrachteten Anordnung in kg an.

Setzt man hierin die Stielbreite nach der schon verwendeten Gleichung (135):

$$b = \sqrt[3]{\frac{J}{0{,}12}} = \sqrt[3]{\frac{P \cdot l^2}{\pi^2 \cdot E \cdot 0{,}12}}$$

ein, so ergibt sich:

$$q \cdot W_S = \sqrt[3]{\frac{D_{1S} \cdot d_{1S}^2}{\pi^2 \cdot E \cdot 0{,}12}} \cdot d_{1S} \cdot 0{,}15 + \sqrt[3]{\frac{D_{2S} \cdot d_{2S}^2}{\pi^2 \cdot E \cdot 0{,}12}} \, d_{2S} \cdot 0{,}15 \; . \; . \; (140)$$

Nach einiger Zwischenrechnung folgt die allgemeine Gleichung

$$q \cdot W_S = 0{,}15 \sqrt[3]{\frac{9 \cdot p \left(a_{u_K} - \frac{c}{3}\right)}{8 \cdot \pi^2 \cdot E \cdot r \cdot 0{,}12}} \cdot \left\{0{,}888\,(r^2 + c^2) + 1{,}26 \left[r^2 + \left(a_{u_K} - \frac{4}{3} \cdot c\right)^2\right]\right\}$$

Setzt man hierin wiederum

$$c = 120 \text{ cm}, \quad p = 2 \text{ kg/cm} \quad \text{und} \quad E = 2150000 \text{ kg/cm}^2,$$

so findet man schließlich:

$$q \cdot W_S = \frac{1}{695} \sqrt[3]{\frac{a_{u_K} - 40}{r}} \cdot \{0{,}888\,(r^2 + 14400) + 1{,}26\,[r^2 + (a_{u_K} - 160)^2]\} \; . \; . \; (140\text{a})$$

Diese Gleichung wird für dieselben Längen wie bei dem ersten mit Kabeln verspannten Flugzeug ausgewertet.

Es ergibt sich dann:

$a_{u_K} = 210$ cm	$r = 100$ cm	$q \cdot W_S = 66$ kg
	$= 135$ „	$= 89$ „
	$= 170$ „	$= 114$ „
$a_{u_K} = 270$ cm	$r = 100$ „	$q \cdot W_S = 94$ „
	$= 135$ „	$= 116$ „
	$= 170$ „	$= 144$ „
$a_{u_K} = 330$ cm	$r = 100$ „	$q \cdot W_S = 145$ „
	$= 135$ „	$= 164$ „
	$= 170$ „	$= 191$ „

Diese Ergebnisse sind in der folgenden Figur dargestellt. Es zeigt sich, daß die Widerstände bei dieser Anordnung kleiner sind, aber sich auch wesentlich mehr wie vorher mit den Hauptabmessungen ändern. Mit zunehmender Systemhöhe und mit zunehmender Spannweite wächst der Widerstand stets und zwar mit der Systemhöhe schneller. Auf die erwähnte Unsicherheit der Rechnung sei nochmals hingewiesen. Aber erst eine

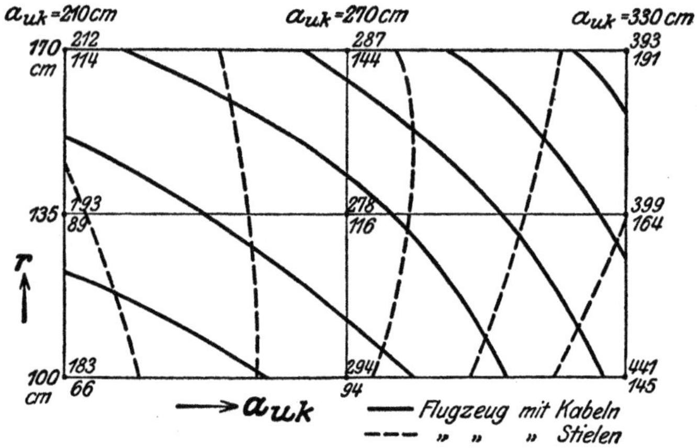

Fig. 155. Vergleich der Widerstände.

Vergrößerung in der Annahme des Widerstandsbeiwertes c_w' für die Stiele auf das Doppelte würde einen mehr gleichen Widerstand der beiden Systeme bedingen.

II.

Vergleich der Gewichte.

Wir verwenden die im zweiten Teil unter Nr. 15 abgeleiteten Beziehungen (122) und (123) für die Gewichte von Stielen (G_{St}) und Kabeln (G_K).

Es ist

$$G_K = \frac{S}{2100000}$$

und

$$G_{St} = \sqrt[3]{\frac{P \cdot l^2}{\pi^2 \cdot E \cdot 400000}}$$

Das Gewicht folgt hieraus in kg, wenn wir alle Werte in kg und cm ausdrücken.

1. Das Flugzeug mit Kabeln.

Unter Verwendung der oben angegebenen Ausdrücke für die Längen und Kräfte der Stäbe ergibt sich das Gewicht aus den drei

Beiträgen:

$$G_K = d_K \cdot G_d + f_K \cdot G_f + r' \cdot G_r'$$

$$G_K = \frac{d_K^2 \cdot 9 \cdot p\left(a_{u_K} + a_{o_K}\right)}{2100000 \cdot 8 \cdot r} + \frac{f_K^2 \cdot 9 \cdot 0{,}7 \cdot p \cdot \left(a_{u_K} + a_{o_K}\right)}{2100000 \cdot 8 \cdot r}$$

$$+ r'^2 \sqrt[3]{\frac{9 \cdot p \cdot a_{u_K}}{8 \cdot r \cdot \pi^2 \cdot E \cdot 400000}} \quad . \; . \; . \; . \; . \; . \; . \; . \; . \; . \; (141)$$

Durch Einsetzen der Festwerte für c und p wie oben folgt nach einiger Zwischenrechnung:

$$G_K = [r^2 + (a_{u_K} + 40)^2] \frac{a_{u_K} - 40}{466000 \cdot r} + [r^2 + (a_{u_K} - 120)^2] \frac{a_{u_K} - 40}{665000 \cdot r}$$

$$+ \frac{(r^2 + 1600)}{15870} \sqrt[3]{\frac{a_{u_K}}{r}} \quad . \; . \; . \; . \; . \; . \; . \; . \; . \; . \; . \; . \; . \; . \; . \; . \; (141\,a)$$

Die Auswertung für die drei Stiellängen und die drei Holmlängen liefert folgende Gewichte:

$a_{u_K} = 210$ cm	$r = 100$ cm	$G_K = 1{,}26$ kg
	$= 135$ „	$= 1{,}70$ „
	$= 170$ „	$= 2{,}33$ „
$a_{u_K} = 270$ cm	$r = 100$ „	$G_K = 1{,}65$ „
	$= 155$ „	$= 2{,}33$ „
	$= 170$ „	$= 2{,}71$ „
$a_{u_K} = 330$ cm	$r = 100$ „	$G_K = 2{,}24$ „
	$= 135$ „	$= 2{,}87$ „
	$= 170$ „	$= 3{,}19$ „

2. Das Flugzeug mit steifen Stielen.

Hier ergibt sich in der gleichen Weise das Gewicht:

$$G_{St} = d_{1s} \cdot \sqrt[3]{\frac{D_1 \cdot d_1^2}{\pi^2 \cdot E \cdot 400000}} + d_{2s} \cdot \sqrt[3]{\frac{D_2 \cdot d_2^2}{\pi^2 \cdot E \cdot 400000}} \; . \; . \; . \; (142)$$

Oder nach einiger Zwischenrechnung:

$$G_{St} = \frac{1}{14000} \sqrt[3]{\frac{a_{u_K} - 40}{r}} \, .$$

$$\cdot \{0{,}888\,(r^2 + 14400) + 1{,}26\,[r^2 + (a_{u_K} - 160)^2]\} \; . \; . \; . \; (142\,a)$$

Diese Formel unterscheidet sich aber nur durch den Beiwert von der oben Seite 321 entwickelten Widerstandsformel. Zur Auswertung brauchen wir also nur die bereits errechneten Werte mit dem Verhältnis

$$G_{St} = q \cdot W_S \cdot \frac{69,5}{1400}$$

zu vervielfachen. Damit folgt:

$a_{u_K} = 210$ cm	$r = 100$ cm	$G_{St} = 3,26$ kg
	$= 135$ "	$= 4,41$ "
	$= 170$ "	$= 5,65$ "
$a_{u_K} = 270$ cm	$r = 100$ "	$G_{St} = 4,65$ "
	$= 135$ "	$= 5,74$ "
	$= 170$ "	$= 7,14$ "
$a_{u_K} = 330$ cm	$r = 100$ "	$G_{St} = 7,17$ "
	$= 135$ "	$= 8,12$ "
	$= 170$ "	$= 9,45$ "

Die Gewichte der betrachteten Glieder bei Stielen sind im allgemeinen etwa dreimal größer wie die Gewichte bei Kabeln.

Um aber Widerstand und Gewicht gleichzeitig zu werten, nehmen wir an, daß entsprechend einer Gleitzahl des Flugzeuges 1 kg Widerstand einem Auftriebsverlust von z. B. 6 kg entsprechen soll. Wir müssen also die in beiden Fällen errechneten Widerstände mit sechs multiplizieren und das so erhaltene Gewicht zu dem Eigengewicht der Konstruktion hinzufügen. Auf diese Weise ergibt sich trotz des größeren Stielgewichtes ein Vorteil zugunsten der Stielkonstruktion, der auf der folgenden Tafel und in der zeichnerischen Darstellung zum Ausdruck kommt. In der Fig. 155 und 156 sind die Linien gleichen Gewichtes interpoliert. Die entwickelte Rechnung ist mehr überschläglich und macht auf Exaktheit keinen Anspruch. —

Zusammenstellung.

1. Flugzeug mit Kabeln.

		Widerstandsgewicht		Eigengewicht		Zusammen
$a_{u_K} = 210$ cm	$r = 100$ cm	$G_K = 10,98$	+	$1,26$	=	$12,24$ kg
	$= 135$ "	$= 11,58$	+	$1,70$	=	$13,28$ "
	$= 170$ "	$= 12,72$	+	$2,33$	=	$15,05$ "
$a_{u_K} = 270$ cm	$r = 100$ "	$G_K = 17,60$	+	$1,65$	=	$19,25$ "
	$= 135$ "	$= 16,65$	+	$2,33$	=	$18,98$ "
	$= 170$ "	$= 17,20$	+	$2,71$	=	$19,91$ "
$a_{u_K} = 330$ cm	$r = 100$ "	$G_K = 26,46$	+	$2,24$	=	$28,70$ "
	$= 135$ "	$= 23,94$	+	$2,87$	=	$26,81$ "
	$= 170$ "	$= 23,58$	+	$3,19$	=	$26,77$ "

2. Flugzeug mit Stielen.

			Widerstands-gewicht		Eigen-gewicht		Zu-sammen
$a_{u_K} = 210$ cm	$r = 100$ cm	$G_{St} =$	3,96	+	3,26	=	7,22 kg
	$= 135$ „	$=$	5,34	+	4,41	=	9,75 „
	$= 170$ „	$=$	6,85	+	5,65	=	12,50 „
$a_{u_K} = 270$ cm	$r = 100$ „	$G_{St} =$	5,65	+	4,65	=	10,30 „
	$= 135$ „	$=$	6,96	+	5,74	=	12,70 „
	$= 170$ „	$=$	8,65	+	7,14	=	15,79 „
$a_{u_K} = 330$ cm	$= 100$ „	$G_{St} =$	8,70	+	7,17	=	15,87 „
	$= 135$ „	$=$	9,85	+	8,12	=	17,97 „
	$= 170$ „	$=$	11,45	+	9,45	=	20,90 „

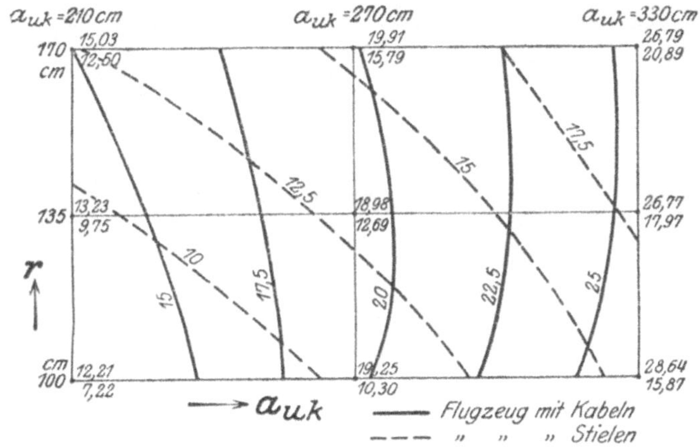

Fig. 156. Gesamtvergleich der Widerstände und Gewichte.

Beispiel: Das Knollersche Flugzeug.

Das Flugzeug ist nach folgender Figur mit steifen Stielen aufgebaut.

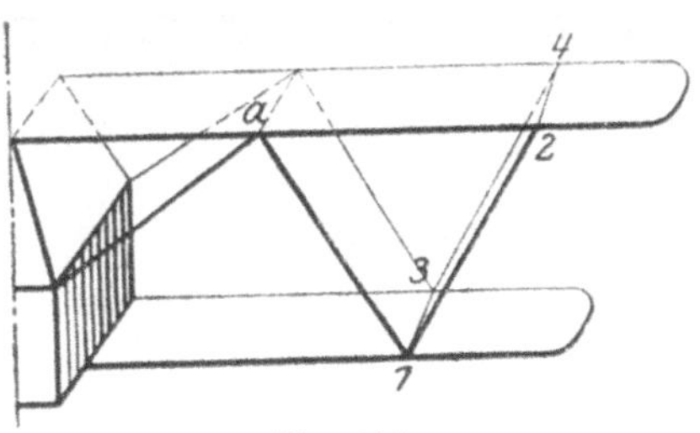

Fig. 157.

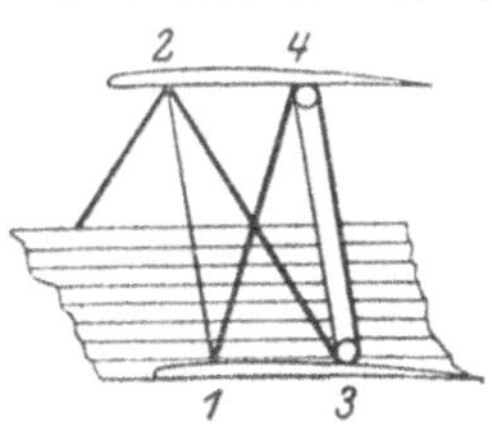

Fig. 158.

Statisch ist besonders bemerkenswert, daß bei der Ausbildung der Stielanschlüsse versucht wurde, die Stiele seitlich, nach der Achse ihres kleinsten Trägheitsmomentes einzuspannen. Bei deutschen Landflugzeugen hat man während des Krieges meist auf eine derartige seitliche Einspannung verzichtet, um bei der Überführung mit der Bahn den oberen Flügel der Zelle an den unteren heranklappen zu können, ohne die Stiele herauszunehmen. In diesem Falle können die Stiele nur in der Richtung von vorne nach hinten eingespannt werden. In der seitlichen Richtung aber, in welcher

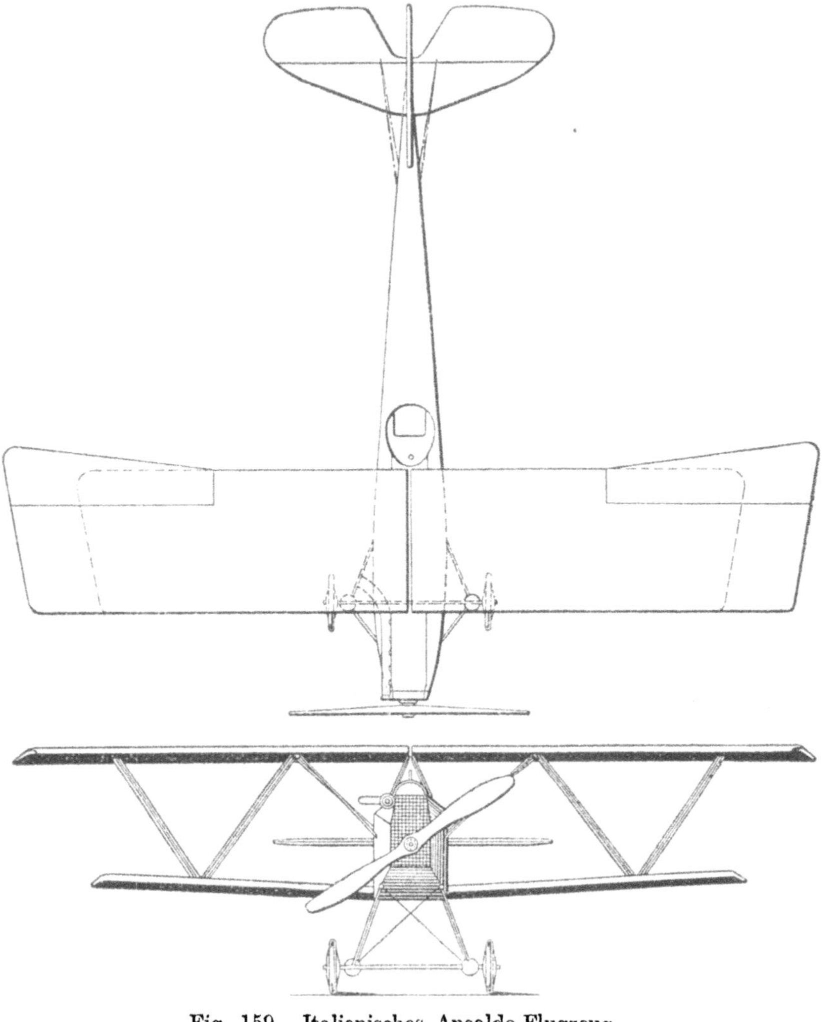

Fig. 159. Italienisches Ansaldo-Flugzeug.

die Einspannung wegen des kleinen Stiel-Trägheitsmomentes am meisten Zweck hätte, ist dann eine Einspannung nicht möglich.

Der erste kürzere Stiel dieses Flugzeugs liegt nicht in der Ebene der Normalverspannung, d. h. in der Ebene der anderen schrägen Stiele, sondern geht räumlich vorne vom Rumpfe aus. Diese Anordnung ist immer ein Vorteil, weil dadurch der räumliche Balken des Zellenfachwerks eine breitere Auflage bekommt. Ist man jedoch gezwungen, für den Fußpunkt der Strebe den hinteren Motorspant besonders zu verstärken, so verbleibt kaum ein Vorteil.

Bei der ersten Ausführung dieser Flugzeuge war zur Erreichung einer guten Sicht eine starke Staffelung vorgesehen. Außerdem waren im äußeren Querfeld 1, 2, 3, 4 zuerst keine Tiefenkreuzverspannungen vorhanden. Mit Hilfe eines Meßdrahtes, der von den oben bezeichneten Punkten 1 nach 4, 3 und 2 (siehe Fig. 158) gespannt wurde, stellte man jedoch bei den ersten Flügen starke Deformationen des Fachwerks fest. Daraufhin wurden Tiefenkreuze eingezogen. —

Der italienische Kampfeinsitzer von Gio Ansaldo in Borzoli ist ebenfalls mit starren Stielen, ohne Kabel, ausgeführt worden. Auch hat dieselbe Firma Wasserflugzeuge nach dem gleichen System gebaut. Man rühmt diesen gut entwickelten italienischen Flugzeugen große Geschwindigkeit nach.

Auch Morane Saulnier hatte mit seinem Parasol (120 PS le Rhône), der in gleicher Weise wie der neuere Pfalz-Parasol mit steifen, einmal abgefangenen Stielen aufgebaut war, Erfolge. —

12. Raumfachwerk mit Gerbergelenken.

Außer der Anordnung von Gerbergelenken in den Holmen kann man auch Gerbergelenke in dem ganzen Raumfachwerk anordnen. Bedingung ist dabei, daß der Flügelaufbau auf einer Seite einen Balken darstellt, der starr eingespannt und wenigstens noch einmal unterstützt ist. Die starre Einspannung ist bei den meisten Flugzeugen ohne weiteres gegeben. Die außerdem notwendige einmalige Unterstützung außen kann z. B. bei Wasserflugzeugen durch ein Abfangen des Fachwerks nach den Schwimmern zu erreicht werden. Da jedoch für Oberdruck das gleiche Abfangen meist nicht möglich sein wird, so müssen die Gelenke so ausgebildet werden, daß sie sich nur nach der einen Seite öffnen, d. h. für Oberdruck nicht als Gelenke wirken. Im Eisenbau sind entsprechende Gelenkanordnungen öfter schon von der Maschinenfabrik Augsburg-Nürnberg, Werk Gustavsburg, ausgeführt worden.

Für größere Konstruktionen, Mehrdecker, Riesenflugzeuge und auch bei Wasserflugzeugen werden besondere Anordnungen, die eine zweite Unterstützung ermöglichen, nicht ausgeschlossen sein.

Für kleine Flugzeuge kommt die in Frage stehende Anordnung kaum in Betracht, da sich hier nur selten die Möglichkeit zu einer zweiten Unterstützung bietet.

Es wird wohl genügen, wenn wir hier auf die Dissertation von Schröder, „Gerbersysteme als Raumfachwerke" hinweisen (Braunschweig 1910). —

13. Fachwerksysteme mit Holmunterteilung zur Verringerung der Knicklängen (Spadsystem).

Holme und Stiele in einem Flugzeug nehmen als Knickstäbe nach der Eulerschen Formel etwa mit dem Quadrat der Länge in ihren Abmessungen zu. Es kann deshalb oft wichtig sein, die freie Knicklänge zu unterteilen.

Am bekanntesten ist das von Spad bei seinem Einsitzer angewandte System. Es lag dort eine Feldweite l vor, die für einen Einstieler zu groß erschien und auf der anderen Seite für einen normalen Zweistieler nicht groß genug war. Das angewandte System ist also als Zwischenfall anzusehen. Die genaue statische Behandlung ist von Herrn Struve in den „Technischen Berichten", Bd. II, Seite 303, durchgeführt. Spad erreicht hierbei den doppelten Zweck, die Knicklänge der Zwischenstiele und der Holme gleichzeitig zu verringern.

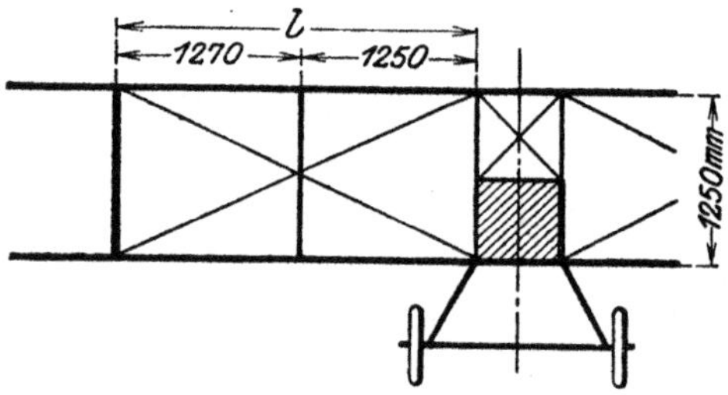

Fig. 160. Spadsystem.

In ähnlicher Weise, wie man die Flugzeugstiele durch einen wagrechten Draht in der Mitte abgefangen hat, wurden früher insbesondere bei französischen Flugzeugen die Holme im Feld nach Fig. 161 abgefangen.

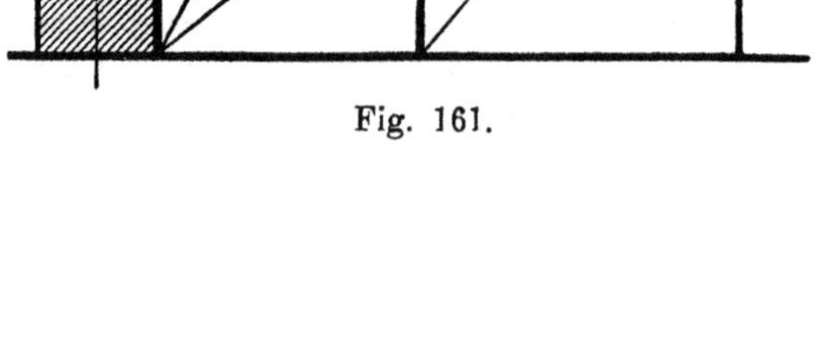

Fig. 161.

Bei der Verwendung solcher Anordnungen muß in Erwägung gezogen werden, ob der Auftriebsverlust infolge des Widerstandes der **Fangkabel** nicht größer ist wie der in den Holmen tatsächlich erzielte Gewichtsgewinn.

Eine derartige Vergleichsberechnung wäre ähnlich durchzuführen wie unter Punkt 11 auf Seite 314. Im besonderen aber muß berücksichtigt werden, ob die Holme durch alle Fangkabel in gleicher Weise auch tatsächlich entlastet werden. Es kann nämlich vorkommen, daß auch bei Unterdruck die elastische Linie des durchlaufenden Holmes nach unten, also entgegengesetzt der Querbelastung sich durchbiegt, so daß die schlaffen Kabel nicht in Tätigkeit treten und auch die Knicksicherheit des Holmes als Ganzes nicht erhöht wird. Bei Oberdruck fallen die Zwischenknoten dann völlig aus.

Bei Flugzeugen mit steifen Stielen könnte man ein Abfangen der Knicklänge oben und unten nach folgender Fig. 162 vornehmen. Es ist aber bei allen diesen Konstruktionen immer nachzurechnen, ob der Gewichtsgewinn auch wirklich größer ist, wie der Auftriebsverlust infolge des größeren Widerstandes.

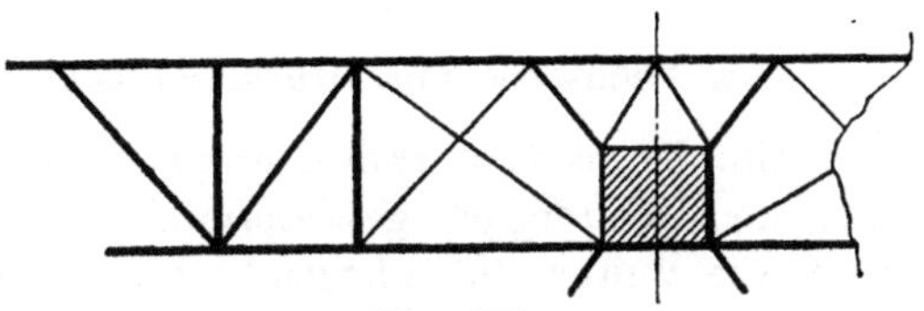

Fig. 162.

Bei den vor einiger Zeit recht wichtig gewordenen **Wassereindeckern** handelt es sich oft darum (siehe Fig. 163), die untere Strebe *a—b*, die beim Landen größere Druckkräfte erhält, noch einmal abzufangen. Die in Fig. 163 dargestellte Anordnung ist völlig einwandfrei. Der Punkt *c* ist an das Dreiecksystem des Hauptfachwerks angeschlossen.

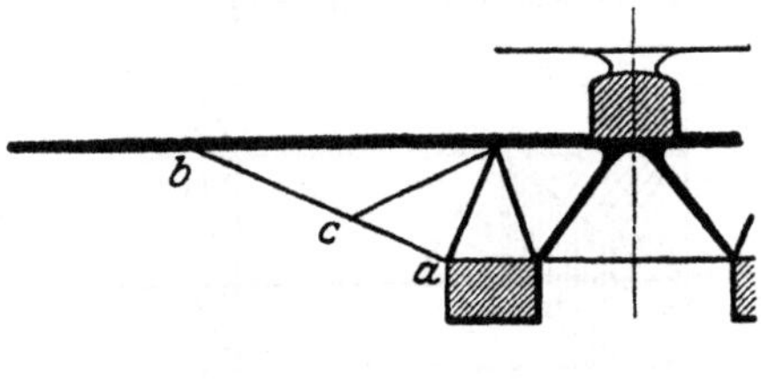

Fig. 163.

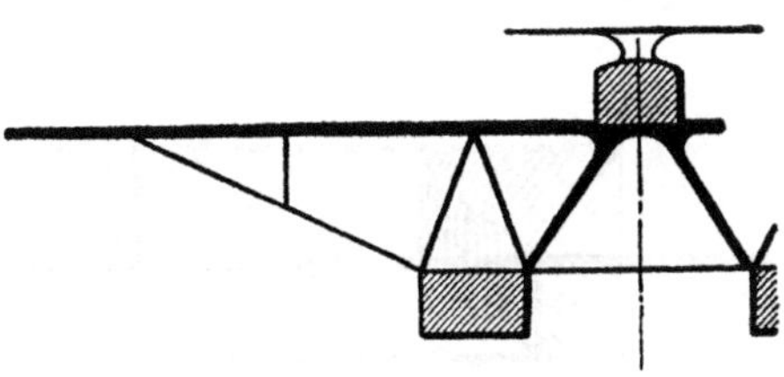

Fig. 164.

Die in Fig. 164 dargestellte Anordnung kann dagegen den Stiel unten nur dann auf Knicken halten, wenn der Holm selbst genügend steif ausgebildet ist. Seine elastischen Durchbiegungen dürfen kein nennenswertes Ausbiegen des schrägen Stieles unten bedingen.

Auf die Betrachtung der vielen vor dem Krieg üblichen verspannten Eindeckersysteme einzugehen, erscheint nicht nötig, da diese Verspannungsarten wohl kaum mehr zur Anwendung kommen.

In diesem Zusammenhang soll die Frage der Stielzahl kurz berührt werden. Innerhalb gewisser Grenzen, die ohne weiteres durch die Anschauung gegeben sind, ist es meist gleichgültig, ob man z. B. einen Dreistieler mit größerem Widerstand und geringerem Eigengewicht oder einen Zweistieler mit geringerem Widerstand und größerem Gewicht anordnet. Wie die Beispiele von Pfalz D·8 und eines bewährten zwei- und dreistieligen Friedrichshafener Wasserflugzeugs zeigen, sind die Leistungen in beiden Fällen annähernd die gleichen. Ich weiß zwar, daß ich damit den Widerspruch von Freunden einer geringen Stielzahl errege. Kleine Stielzahl sieht recht neuzeitlich aus, aber die angeführten Beispiele sprechen zunächst für meine Ansicht. —

14. Fachwerk mit Druckstiel vom Rumpf zum Unterdeck.

Ein Druckstiel vom Rumpf zum Unterdeck stellt zusammen mit dem Untergurt gewissermaßen einen Auslegerträger dar, an dem die weiter außenliegende Zelle angehängt ist. Es wird also ein Teil der freien Länge des eingespannten Fachwerkbalkens gespart.

Die Sicherheit des ganzen Aufbaues hängt freilich dann an der Festigkeit eines Druckgliedes. Bei Anordnung dieses Stabes vorn und hinten (wie in Fig. 165) kommen Bedenken wegen Schußsicherheit nicht so sehr in Betracht. Man muß sich immer klar machen, daß es stets möglich ist, dieses Glied fest genug zu konstruieren, sobald die Beanspruchungen genau ermittelt sind. Die ganze Anordnung entspricht sinngemäß einem umgekehrten Baldachin (vgl. Fig. 91).

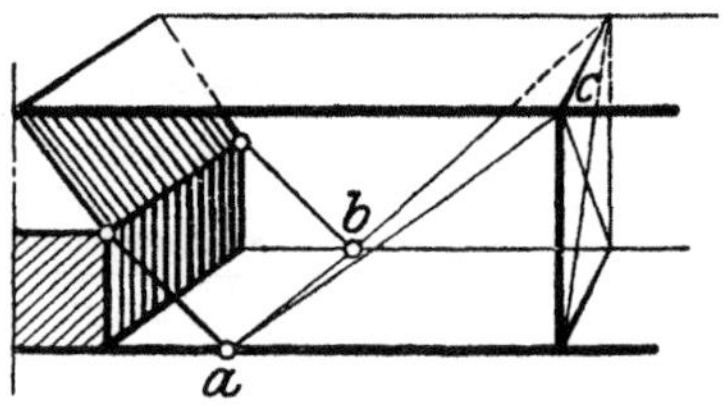

Fig. 165.

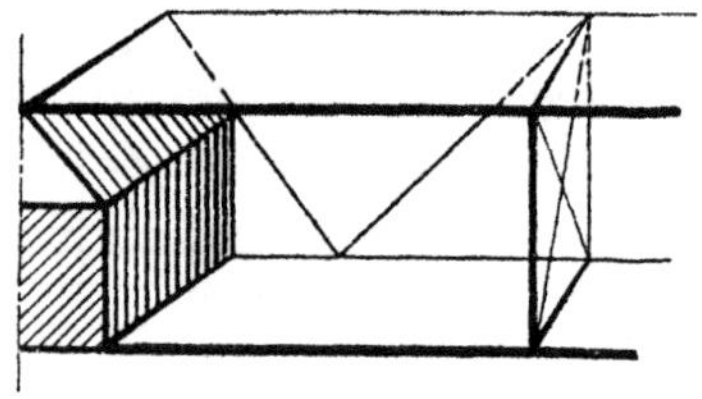
Fig. 166.

Größere Landflugzeuge werden dieses System bei einiger Rumpfhöhe an der Seite überall dort anwenden, wo große von dem Fahrgestell außen beim Landen übertragene Kräfte unmittelbar nach dem Rumpf überführt werden sollen.

Auch bei seefähigen Wasserflugzeugen ist diese Anordnung des Druckstiels unten von großer Bedeutung und von Friedrichshafen und Sablatnig öfter ausgeführt. Die von den Schwimmerstreben übertragenen Kräfte sind bei seefähigen Maschinen meist wesentlich größer als bei Landflugzeugen. Es hat deshalb gerade bei solchen seefähigen Flugzeugen der betrachtete Druckstiel Zweck. Die Haupttragkabel der Zelle greifen dann zweckmäßig auch an den Punkten *a* und *b* an (Fig. 165), um die für die Landung nötigen Querschnitte auch für die geringeren Beanspruchungen des Fluges auszunutzen. Bildet das Schwimmergestell für sich ein tragfähiges Fachwerk, so tritt statische Unbestimmtheit ein, die nach den entwickelten Gesichtspunkten die Seefähigkeit meist erhöht.

Bei dem bewährten Großflugzeug der A. E. G. G·IV wurde nach Fig. 167 dieses System noch weiter entwickelt (vgl. auch Seite 245).

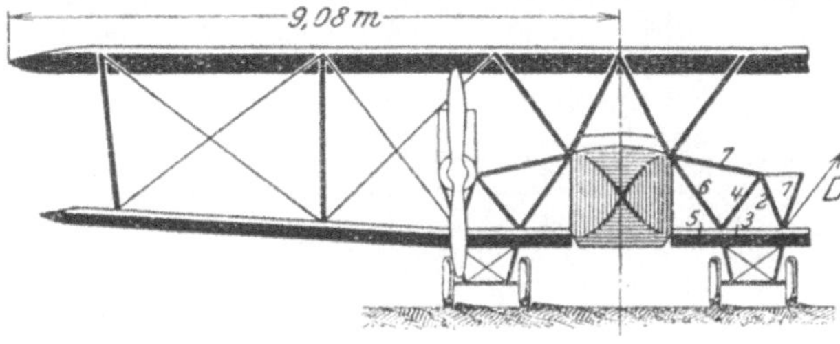

Fig. 167. A. E. G. G. 4.

Der Auslegerträger ist nicht mehr wie bei G·III aus zwei Stäben gebildet, sondern umfaßt die sieben hervorgehobenen Stäbe bis zum Motor. Der Kabelzug D_1, welcher der senkrechten Belastung der außenliegenden Zelle entspricht, wird zwar von dem Auslegerfachwerk mit einer geringeren Konstruktionshöhe aufgenommen, aber diese Stäbe müssen für den Einbau des Motors, an dem ja doch die ganze Zelle hängt, schon entsprechend stärker sein. Auch für die dreistielige Zelle der G·IV und G·V hat die A. E. G. das gleiche System angewandt.

In Fig. 166 ist das unter Nr. 1 beschriebene Ago-System für die Anwendung dieses Falles gezeichnet. Als besonderer Vorteil ist noch das bessere Gesichts- und Schußfeld hervorzuheben. —

15. Überragender Oberflügel mit Brücke über dem Oberdeck oder mit druckfester Schrägstrebe außen.

Unter den Besonderheiten im Aufbau der verspannten Fachwerkzelle fällt schließlich noch der überragende Oberflügel auf. Besonders in Frankreich war diese Bauart einige Zeit üblich. Ein älterer Farman benutzte als Wasserflugzeug die in Fig. 168 dargestellte Anordnung.

Fig. 168. Farman, Wasserflugzeug.

In Deutschland hat sich diese Bauart meines Wissens nur bei dem Sablatnig-Wasserflugzeug mit 150 PS. Benz bewährt.

Später wurden auch Caudron G 6, Letord-Dreisitzer, Moineau und das zweimotorige Curtissboot nach dieser Art gebaut. Am bekanntesten ist das in Fig. 169 dargestellte Handley Page-Großflugzeug.

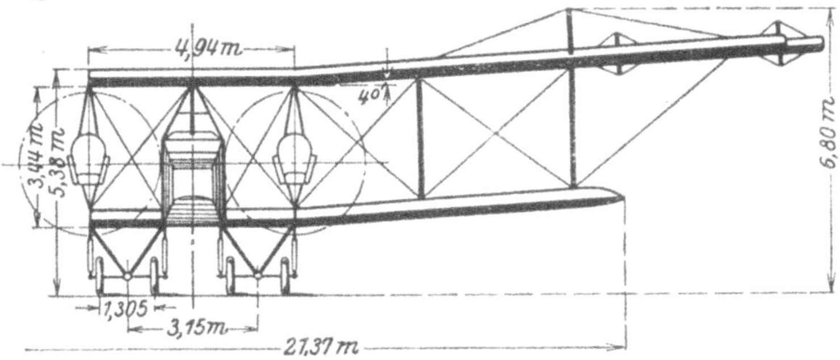

Fig. 169. Handley Page, Großflugzeug.

Aber auch Handley Page ist bei seinen neueren Ausführungen wieder zu der Normalzelle mit gleicher Spannweite oben und unten zurückgekehrt. Die schweren steifen Schrägstiele außen oder die Brücke über dem Oberdeck und die größere Spannweite scheinen die aerodynamischen Vorteile des großen, weniger durch den unteren gestörten Oberflügels aufzuwiegen. —

16. Verspannungslose Flugzeuge.

I. Eindecker.

In der Entwicklung des Flugzeugbaus wurde der Eindecker, der früher allein das Feld behauptete, 1914 vollständig durch den Doppeldecker verdrängt. Die Hauptgründe dafür waren:

1. das in der Ausführung um 10 ÷ 30 v. H. höhere Gewicht der älteren Eindecker gegenüber den späteren Doppeldeckern;

2. der große Stirnwiderstand der Brücke oder der sonstigen Kabel und Tragkonstruktionen dieser Eindecker.

Erst in neuerer Zeit haben sich die Eindecker als verspannungslose kleinere und große Eindecker bei Landflugzeugen und als nach den Schwimmern einfach abgesteifte größere und ganz große Wasserflugzeuge bewährt. Letztere kommen unter diesem Punkt nicht in Betracht, da sie ihrem Fachwerkaufbau nach die statische Grundlage des Doppeldeckers: den Fachwerkbalken, benutzen (siehe auch Seite 281 u. 309). In Deutschland wurden schon 1916 von den Nationalflugzeugwerken Johannistal in Holz und von Junkers-Dessau in Metall die ersten derartigen neuen Flugzeuge gebaut, die als die Vorläufer zu dem später 1918 bewährten Junkers-Fokker-Ein- und -Zweidecker angesehen werden können. In dem Wettkampf des Krieges konnte von den verspannungslosen Eindeckern eigentlich nur der Brandenburg-Eindecker seine Überlegenheit länger beweisen. Die anderen kamen meist zu spät.

Bei allen Eindeckern ist die Torsionsfestigkeit des Flügels im C-Fall von der größten Bedeutung. Es kommt darauf an, mit der verhältnismäßig niedrigen zur Verfügung stehenden Konstruktionshöhe die oft weit ausladende Eindeckerfläche genügend steif und torsionsfest zu bauen. Meist wird es nötig sein, an einzelnen Stellen des Holmes, an denen die größten Momente auftreten, höhere Holme und Rippen anzuordnen.

Man kann bei den verspannungslosen Eindeckern folgende Konstruktionsarten unterscheiden:

1. Aufbau mit zwei normalen Holmen, die über Flugzeugmitte durchlaufen;

2. Aufbau mit recht vielen Holmen im Flügel;

3. Aufbau ohne Holme. Tragende Haut.

Da die Haut des Flügels als Oberfläche für den Abfluß der Luft immer vorhanden sein muß, so wird es gewissermaßen als Idealkonstruktion anzusehen sein, diese doch notwendige Haut gleichzeitig als tragendes Glied auszubilden. Es sind hierbei versteifte Duraluminium- und Blechkonstruktionen zu erwägen, wie sie bei neueren Flugzeugen schon für Rumpf und Boote ausgeführt wurden. Prof. Dr. Junkers hat unseres Wissens bei seinem Flugzeug diese Bauart zuerst angewandt. Aber auch in Holz lassen sich diese Konstruktionen durchführen, vielleicht sogar leichter. Für die Knickfestigkeit der tragenden Haut liegen dann ähnliche Verhältnisse vor, wie sie Pietzker in seinem Buch „Festigkeit der Schiffe“ beschrieben hat. Man wird eine Plattenbreite von $50 \div 100\,\delta$ unversteift lassen können, wobei δ die Plattendicke bezeichnet.

Bei der Verwendung von vielen Holmen durch Junkers wurden diese möglichst an die Außenhaut des dicken Flügels herangerückt und durch ein System von Diagonalstäben miteinander in Verbindung gebracht. Die Holme wirken in diesem Falle als Gurtungen verschiedener Balken, die durch Diagonalstäbe derart miteinander zu einer Platte verbunden sind, daß die Überlastung eines Gliedes leicht durch die Mitwirkung benachbarter Glieder ausgeglichen wird.

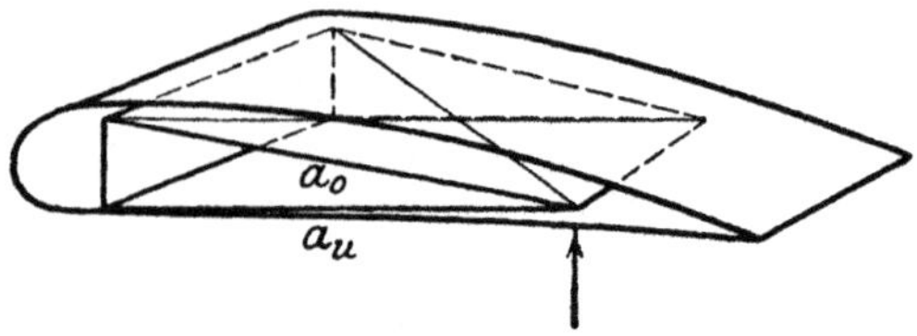

Fig. 170.

Bei Verwendung von sogenannten Kaulquappenprofilen, die für den Vorderholm eine übermäßig große Konstruktionshöhe zur Verfügung haben, könnte es möglich sein, eine Anordnung nach nebenstehender Fig. 170 vorzusehen, so daß ein räumliches Fachwerk im Flügel selbst untergebracht wird. Kräfte, die am Hinterholm angreifen, werden also nicht durch Biegung aufgenommen, sondern durch die beiden Stäbe a_o und a_u auf das räumliche Fachwerk übertragen. Der Hinterholm wird dann nur zum kleinen Teile als biegungsfester Träger verwendet.

Die Unterschiede von neueren deutschen und französischen Profile zeigen folgende Figuren, die dem „Aèrophile“ entnommen sind.

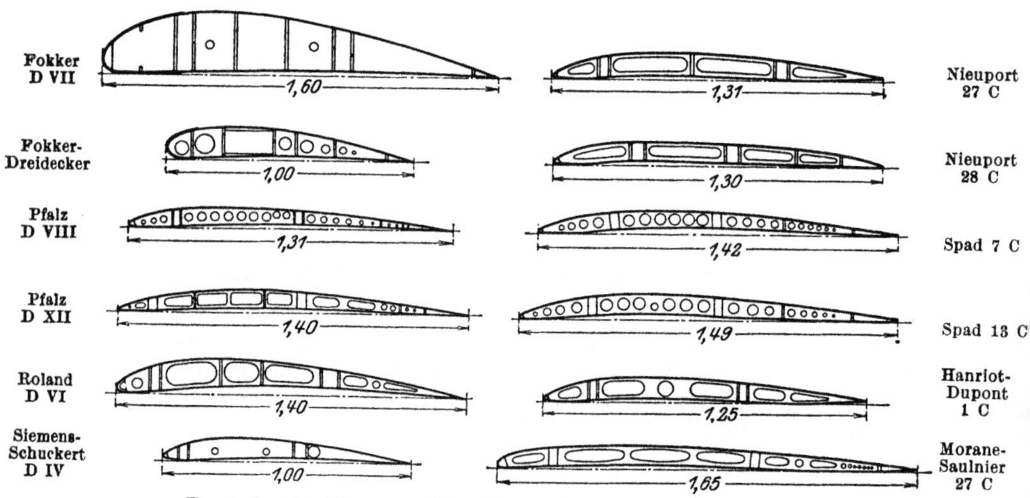

Deutsche Profile. Fig. 171. Französische Profile.

II. Verspannungsloser Doppeldecker.

Für kleinere Flugzeuge kann diese Bauart als recht erfolgreich angesehen werden. Es ist dann möglich, unter Verwendung von dickeren Profilen ohne zu große Spannweite das Eigengewicht der freitragenden Flügel noch in erträglichen Grenzen zu halten und an schädlichem Widerstand erheblich zu sparen.

Solange es bei diesen kleineren Flugzeugen auf Wendigkeit ankommt, kann der Doppeldecker mit seiner geringeren Spannweite dem Eindecker überlegen sein.

Die Erfahrung hat gezeigt, daß hierbei außer den hohen Profilen auch die Anordnung eines Torsionsstiels wesentlich ist. Dieser Stiel hat aber nicht wie bei der normalen Zelle die Aufgabe, die Knotenlasten von dem unteren Flügel auf den oberen zu übertragen. Er dient nur dazu, bei Überbelastungen und stärkeren Deformationen des einen Flügels die Biegungsfestigkeit des anderen zur Lastaufnahme mit heranzuziehen. Besonders beim Sturzflug im C-Fall wird der untere Flügel wesentlich stärker beansprucht wie der obere. Wenn dieser nämlich beginnt, sich durch das auftretende Moment zu verwinden, so wird durch diesen Torsionsstiel der gering beanspruchte obere Flügel den unteren an der völligen Verdrehung hindern und somit entlasten.

Von Bedeutung ist auch, daß hier ohne wesentlichen Materialaufwand der Flügelabstand hinreichend groß gemacht werden kann.

Derartige Flugzeuge wurden in Deutschland von einer Reihe von Firmen hergestellt. Die von Fokker gewählte Holmausbildung ist unter Nr. 18 auf Seite 278 des zweiten Teiles mit den Abmessungen angegeben.

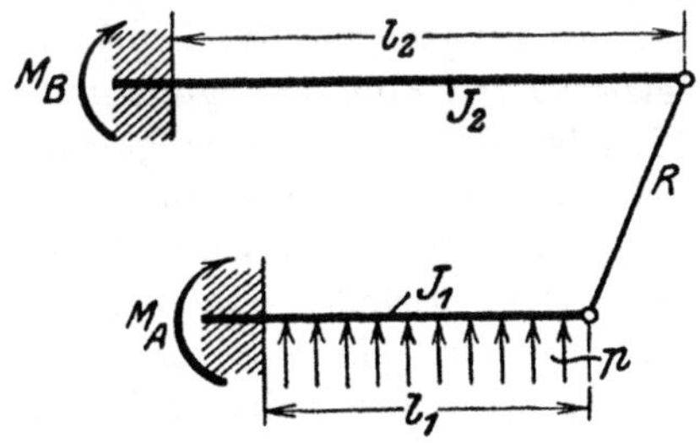

Fig. 172.

Die Berechnung nach Bleich: „Formeln und Tabellen für den Eisenbau" ergibt für den in Fig. 172 gezeichneten Belastungsfall die angeschriebenen Momente.

$$M_A = \frac{p\, l_1^2}{8}(4 - 3 \cdot \nu)$$

$$M_B = \frac{3\, p \cdot l_1 \cdot l_2}{8} \cdot \nu$$

wobei:

$$\nu = \frac{1}{1 + \frac{J_1}{J_2}\left(\frac{l_2}{l_1}\right)^3}$$

Für genauere Rechnungen mit verschiedenen Querbelastungen kann sich die Anwendung des „Castigliano" mit R als Unbestimmten oder eines der auf Seite 340ff. für den Rahmen dargestellten Verfahren empfehlen.

Eine andere Flugzeugbauart mit vielen Holmen und flachen Profilen war in Deutsch-Österreich versucht worden.

III. Verspannungsloser Dreidecker.

Bei dem ersten Erscheinen des nach diesem System aufgebauten Fokker-Dreideckers wurden englische Stimmen laut, welche dieses Flugzeug als einen Nachbau des englischen Sopwith-Dreideckers bezeichneten. Dies ist durchaus unrichtig. Das Sopwith-Flugzeug nutzt mit seiner vom oberen Flügel bis zum unteren durchgehenden Verspannung die Vorteile der größeren Konstruktionshöhe aus, während bei dem freitragenden Fokker-Dreidecker nur das aus der kleineren Flügeltiefe und Spannweite sich ergebende geringere Biegungsmoment gerade für den Dreidecker als statisch günstig angesehen werden kann.

Auch bei dem verspannungslosen Dreidecker ist ein Außenstiel aus den gleichen Gründen wie beim Zweidecker erforderlich. Der Stiel wird dann auch noch durch die mittlere Fläche auf Biegung (von vorn nach hinten) beansprucht. Dieselbe Beanspruchung des Stieles tritt bei einer verspannten Bauart ein; nur daß dann die Druckkraft im Stiel wesentlich größer ist. Es wurden Flugversuche bei der Flugzeugmeisterei mit und ohne Torsionsstiel ausgeführt. Bei letzterer Anordnung zeigten sich größere Verwindungen des untersten Flügels. Große Geschwindigkeitsunterschiede wurden nicht beobachtet. Dagegen war das Flugzeug auf Querruder empfindlicher.

Im allgemeinen wird ein Dreidecker dieser Art, wenn er nicht wesentlich kleinere Spannweite wie ein Doppeldecker hat, nicht so günstig sein wie ein verspannungsloser Doppeldecker, da er den Hauptvorteil der größeren Konstruktionshöhe nicht voll ausnutzt. —

C.

17. Biegungsfeste Systeme ohne Diagonalen mit steifen Ecken (Rahmenträger).

Um den Kabelwiderstand zu vermeiden, wurden die beschriebenen Zweidecker gebaut, die als eingespannte biegungsfeste Balken keine Verspannungen besitzen. Der gelenkig angeschlossene Torsionsstiel leitet uns von diesem zu anderen Systemen über, die ebenfalls nicht verspannt sind.

Es soll das System eines Doppeldeckers untersucht werden, das als biegungsfester Rahmen ohne Verspannung gebaut ist. Die Ausführung von Flugzeugen dieser Bauart ist bis jetzt nicht bekannt geworden. (Bildet man die Stielebene als volle Seitenfläche aus, so erhält man das von Prof. Prandtl empfohlene System eines Kastendrachens. In diesem Falle erscheint die vorgeschlagene Bauart vielleicht nicht ungeeignet.)

Man kann folgende drei Hauptfälle unterscheiden:

Fig. 173.

Fig. 174

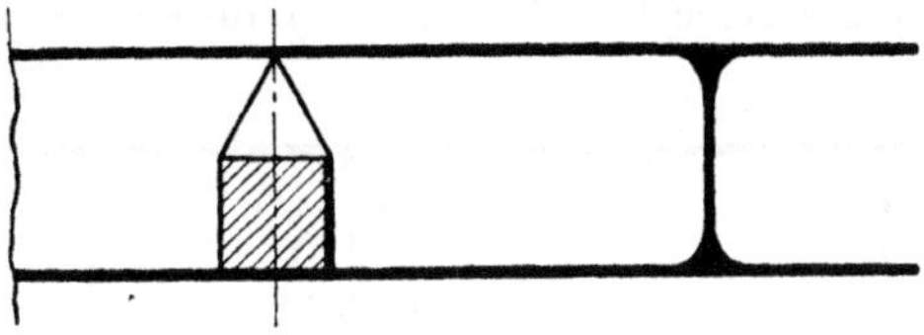

Fig. 175.

1. Der Rahmen ist als Halbportal gelenkig in Flugzeugmitte angeschlossen (Fig. 173).

2. Der Rahmen ist als geschlossener Rahmen in Flugzeugmitte oben und unten eingespannt (Fig. 174).

3. Der Rahmen ist in Flugzeugmitte nur unten eingespannt. Der Holm geht oben durch (Fig. 175).

Jeden dieser Hauptfälle kann man wieder mit einem oder mit zwei Außenstielen hintereinander ausführen. Ebenso kann man auch Mehrdecker in Betracht ziehen. — Im allgemeinen muß betont werden: Bei geringer Holmhöhe für die Schenkel des biegungsfesten Rahmens wird das System wenig starr. Es kommt deshalb für flache Profile und große Feldweiten überhaupt nicht in Betracht.

Die steifen Knotenpunkte an den Enden der Stiele zusammen mit der biegungsfesten Ausführung der Holme und Stiele bedingen die Unverschieblichkeit des Fachwerkes gegen senkrechte Kräfte. Die Steifigkeit der Knotenpunkte ersetzt die Diagonale, die man sich gewissermaßen als in die Ecke des steifen Knotens zurückgewandert vorstellen kann. Vom Standpunkte der Festigkeitslehre allein ist es nicht zweckmäßig, den Dreiecksaufbau mit Diagonalen durch steife Ecken zu ersetzen. Immerhin muß man hier bedenken, daß der Luftwiderstand reichlich kleiner wird.

Für größere Flugzeuge kann man in der gleichen Art auch mehr wie einen Stiel außen anordnen.

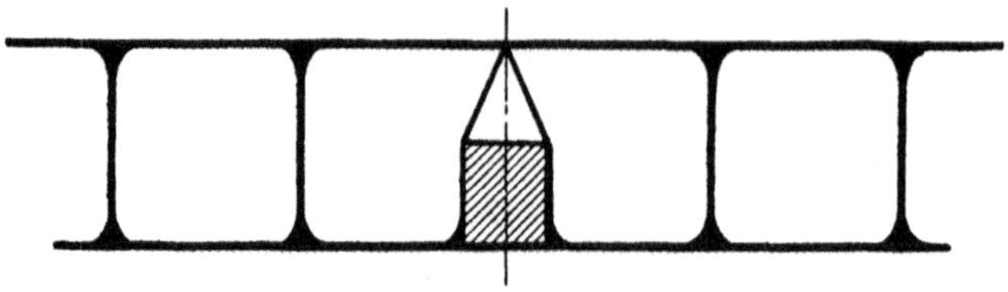

Fig. 176.

Wenn dabei gerade in größeren Konstruktionen die gesamten Biegungsmomente im inneren Teil der Zelle zu groß werden, so wird man zweckmäßig eine Anordnung nach Fig. 177 vorsehen. Dieser Zwischenfall erscheint nicht unzweckmäßig.

Der umgekehrte nach Fig. 178 liefert eine andere Beanspruchung.

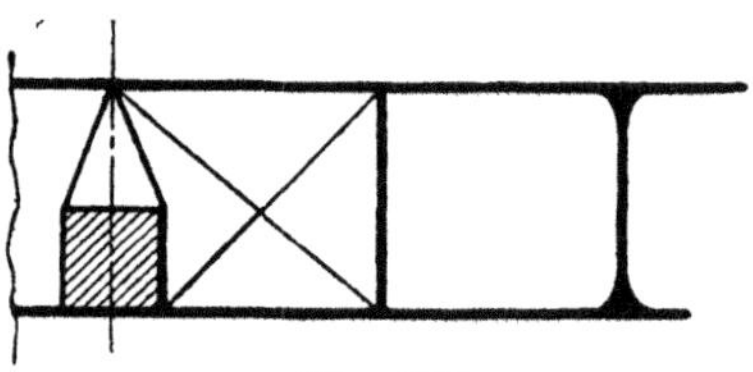

Fig. 177.

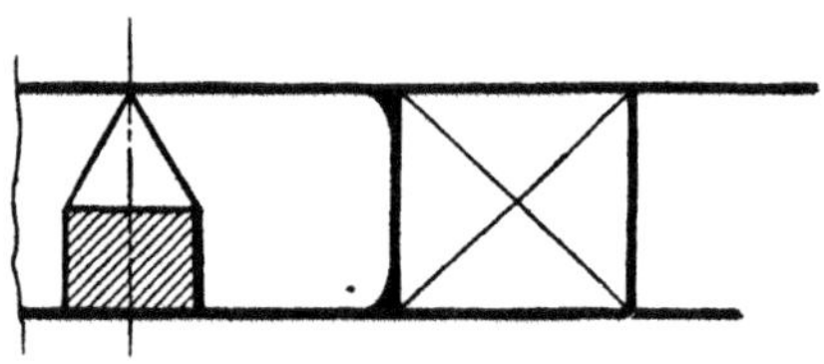

Fig. 178.

Für die Berechnung gelten folgende Entwicklungen:

1. Der gelenkig angeschlossene Rahmen.

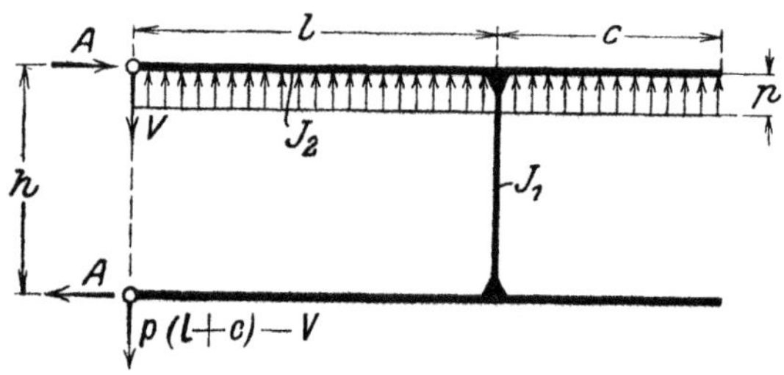

Fig. 179.

Dieses System ist einfach statisch unbestimmt. Für eine Belastung eines Holmes allein wird der Stützendruck:

$$V = p \cdot l \left(\frac{11}{24} \frac{J_1}{J_2} \cdot \frac{l}{h} + \frac{3}{4}\right) \cdot \nu + p \cdot c \left(\frac{1}{2} - \frac{c}{4\,l} \cdot \nu\right) \quad . \quad . \quad (143)$$

wobei

$$\nu = \frac{1}{1 + \frac{2}{3} \cdot \frac{l}{h} \cdot \frac{J_1}{J_2}} \qquad \text{und} \qquad A = \frac{p \cdot l^2}{2 \cdot h}$$

Das zweite Glied in der Gleichung (143) berücksichtigt den Beitrag des überstehenden Endes.

Im Flugzeugbau liegt aber immer eine gleichzeitige Belastung beider Flügel vor. Unter Benutzung der in Fig. 180 angeschriebenen Bezeichnungen wird bei gleicher Querbelastung oben und unten aus Symmetriegründen der vorher statisch unbestimmte Druck $V = p \cdot l$. In Stielmitte tritt ein Momentennullpunkt auf.

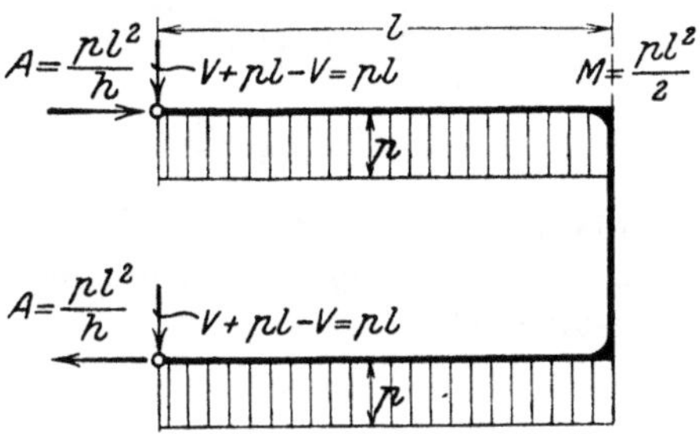

Fig. 180.

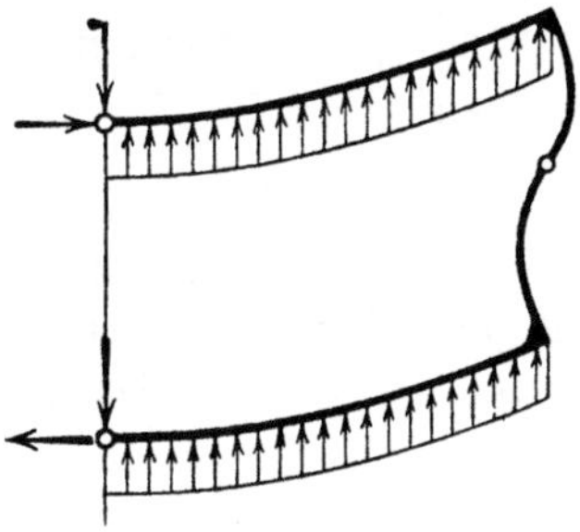

Fig. 181.

Wir wollen in diesem Zusammenhang kurz untersuchen, welche Stielstellung das kleinste Moment an dem starren Stielanschlußpunkt hervorruft.

Bezeichnen wir die Gesamtlänge, d. h. die halbe Spannweite, mit l und mit x die Entfernung des Stieles von Flugzeugmitte, so ergibt sich außen das Moment

$$M_{au\beta en} = p \cdot x \cdot l + p\,\frac{(l-x)^2}{2} - p\,\frac{x^2}{2}$$

oder

$$M = \frac{p\,l^2}{2}$$

d. h. aber, das größte Moment ist unabhängig von der Stellung des Stieles. Ob der Stiel in Flugzeugmitte als Spannturm steht und die Flügel auf beiden Seiten frei tragen, oder ob der Stiel ganz außen steht, die Größe des Momentes bleibt die gleiche. —

2. Der eingespannte Rahmen ist wesentlich wichtiger als die gelenkige Ausbildung.

Bei den gleichen Voraussetzungen wie bei dem unter 1. behandelten Falle ergibt sich wiederum der gleiche Stützendruck oben wie unten und ein Momentennullpunkt in Stielmitte. Bezeichnet man

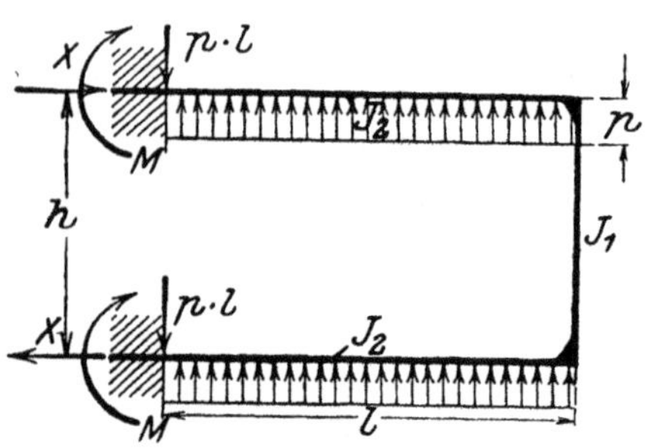

Fig. 182.

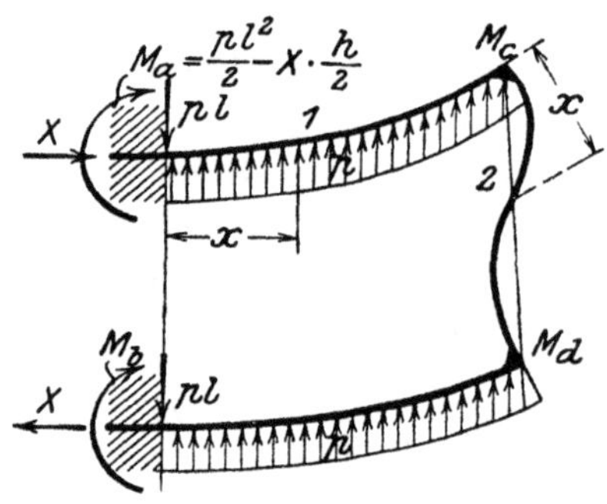

Fig. 183.

die von dem dreifach statisch unbestimmten System bei Symmetrie noch als einzige Unbekannte verbleibende wagrechte Auflagerkraft mit X, so wird das Einspannungsmoment:

$$M = \frac{p\,l^2}{2} - X \cdot \frac{h}{2}$$

Die Größe von X ermittelt man zweckmäßig nach dem Verfahren von Castigliano (siehe auch „Hütte" III, Seite 182 und Müller-Breslau, Graphische Statik II und III).

Für den Holm gilt:

$$M_2 = + p \cdot l \cdot x - \frac{p\,l^2}{2} + X \cdot \frac{h}{2} - \frac{p\,x^2}{2} \qquad \frac{\delta M_1}{\delta X} = \frac{h}{2}$$

Für den Stiel ist:

$$M_1 = + X \frac{h}{2} - X \cdot x \qquad \frac{\delta M_2}{\delta X} = \frac{h}{2} - x$$

also

$$\frac{\delta A}{\delta X} = 1 \cdot \int\limits_{x=0}^{x=l} \frac{M_2}{E_2\,J_2}\,\frac{\delta M_2}{\delta X}\,d\,x + \int\limits_{x=0}^{x=\frac{h}{2}} \frac{M_1}{E_1\,J_1}\,\frac{\delta M_1}{\delta X} \cdot d\,x = 0$$

$$\frac{1}{J_2}\int\left(+ p\,l \cdot x - p\,\frac{l^2}{2} + X \cdot \frac{h}{2} - \frac{p\,x^2}{2}\right)\frac{h}{2} \cdot d\,x + \frac{1}{J_1}\int\left(\frac{h}{2} - x\right)^2 \cdot X \cdot d\,x = 0$$

$$\frac{h}{J_2 \cdot 2}\left[p\,l\,\frac{x^2}{2} - p\,\frac{l^2}{2} \cdot x + X \cdot \frac{h}{2} \cdot x - \frac{p\,x^3}{6}\right]_{\substack{x=0\\x=l}} + \frac{X}{J_1}\left[\frac{h}{2} - x\right]^3_{\substack{x=0\\x=\frac{h}{2}}} \cdot \frac{1}{3} = 0$$

$$\frac{h}{2 \cdot J_2}\left[+X \cdot \frac{h \cdot l}{2} - p\frac{l^3}{6}\right] + \frac{X}{J_1}\frac{h^3}{24} = 0$$

$$X = \frac{p \cdot \frac{l^3}{3 \cdot J_2}}{\frac{h \cdot l}{J_2} + \frac{h^2}{J_1 \cdot 6}} \quad \ldots \ldots \ldots \ldots \quad (144)$$

Zu dem gleichen Ergebnis kommt man, wenn man die gewählte statisch unbestimmte Größe beibehält und nach der Formel:

$$X = P_m \frac{\delta_{ma}}{\delta_{aa}}$$

vorgeht.

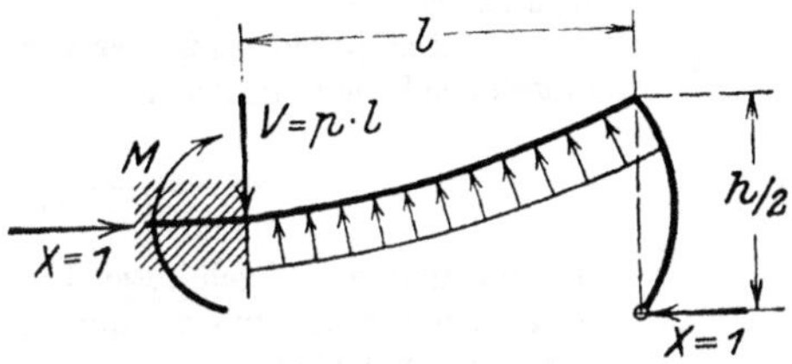

Fig. 184.

Es wird:

$$\delta_{ma} = \int M_o\, M_a \cdot d\,x = \frac{1}{E\,J_2}\int \frac{h}{2} \cdot \frac{x^2}{2} \cdot p \cdot dx = \frac{1}{E\,J_2} \cdot \frac{h \cdot l^3}{2\ 6} \cdot p$$

$$\delta_{aa} = \int M_a^2 \cdot d\,x = \int \frac{1 \cdot x \cdot x \cdot d\,x}{E\,J_1} + \int \frac{h}{2} \cdot \frac{h}{2} \cdot \frac{dx}{E\,J_2} = \frac{h^3}{24\,E\,J_1} + \frac{l \cdot h^2}{4\,E\,J_2}$$

Daraus

$$X = \frac{\frac{l^3}{J_2 \cdot 3}\,p}{\frac{h^2}{6 \cdot J_1} + \frac{l \cdot h}{J_2}}$$

wie oben.

Schließlich sollen noch die von Vianello und auch in dem „Taschenbuch des Bauingenieurs“ fertig entwickelten Formeln für den steifen eingespannten Rahmen verwendet werden. Mit der Bezeichnung:

$$\varphi = \frac{l}{h} \cdot \frac{J_1}{J_2}$$

wird aus Symmetriegründen nach Fig. 182 und 183

$$V = -W = q \cdot l$$

der Auflagerdruck

$$X = -\frac{W \cdot l}{h} \frac{2\varphi}{1+6\varphi}$$

das Einspannungsmoment innen

$$M_i = -\frac{W \cdot l}{2} \frac{1+4\varphi}{1+6\varphi}$$

das Biegungsmoment außen an der steifen Ecke

$$M_A = W \cdot l \cdot \frac{\varphi}{1+6\varphi}$$

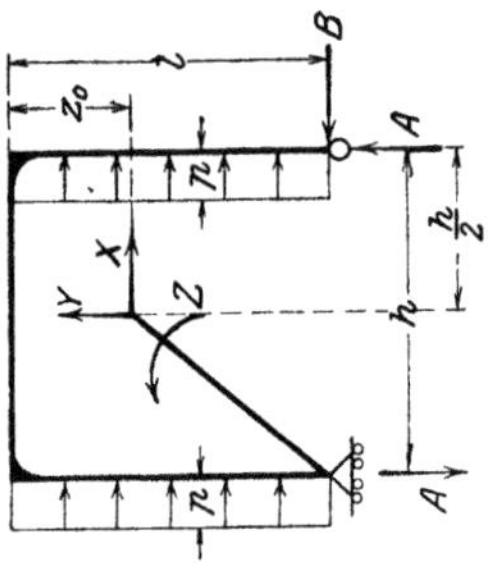

Fig. 185.

Müller-Breslau hat in seinen „neueren Methoden der Festigkeitslehre" Seite 127 eine Berechnungsart für den steifen Rahmen angegeben, die wir ihrer Einfachheit halber auf unser Beispiel anwenden wollen.

Unter Verwendung der von Müller-Breslau angeschriebenen Bezeichnungen

$$Z_o = \frac{l \cdot l'}{h + 2l'}$$

und mit den dort abgeleiteten Trägheitsmomenten T_x und T_y des Stabzuges werden die drei statisch unbestimmten Größen

1. $$X = \frac{\mathfrak{S}_x}{T_x} = \frac{Z_o \cdot p \cdot l^2 \cdot h + \left(Z_o - \frac{l}{3}\right) p\, l^3 \frac{J_1}{J_2}}{\frac{l \cdot Z_o}{3}(2h + l')}$$

$$= p\,l \frac{\frac{3}{3} l \cdot \frac{J_1}{J_2} \cdot l \left(h + l \frac{J_1}{J_2}\right) - \frac{l^2}{3} \frac{J_1}{J_2}\left(h + 2l \frac{J_1}{J_2}\right)}{\frac{l^2 \cdot l}{3} \cdot \frac{J_1}{J_2}\left(2h + l \frac{J_1}{J_2}\right)} = p \cdot l$$

wie ja aus Symmetriegründen sich auch direkt anschreiben ließ.

2. In ähnlicher Weise wird für die zweite Unbestimmte

$$Y = \frac{\mathfrak{S}_y}{T_y} = \frac{p \frac{l^3 h}{2} \frac{J_1}{J_2} - p\, l^3 \frac{h}{6} \frac{J_1}{J_2} + \frac{1}{6} h^2 \cdot \frac{p\, l^2}{2}}{\frac{h^2}{12}\left(h + 6 \cdot l \frac{J_1}{J_2}\right)} = \frac{p\, h^2}{l} \frac{\left(1 + 4 \frac{l}{h} \frac{J_1}{J_2}\right)}{\left(1 + 6 \frac{l}{h} \frac{J_1}{J_2}\right)}$$

3. Für das Moment ergibt sich

$$Z = \frac{\Sigma \frac{J_c}{J} F_o}{G} = \frac{p\, l^2 \cdot h + \frac{J_1}{J_2} p\, l^3}{h + 2l \frac{J_1}{J_2}} = p\, l^2 \frac{1 + \frac{h}{l} \cdot \frac{J_1}{J_2}}{1 + 2 \frac{h}{l} \frac{J_1}{J_2}}$$

Mit Hilfe dieser drei statisch unbestimmten Größen kann man nun sämtliche Momente des Systems berechnen und gewinnt die gleichen Ergebnisse wie oben

Bei größeren Systemen erhält man Flugzeuge, die an den bekannten Vierendeel- oder Steifrahmenträger erinnern. Die genaue Berechnung wird sicher am besten nach dem von Prof. L. Mann in der Festschrift für Müller-Breslau entwickelten Verfahren durchgeführt. Bei überschläglichen Berechnungen kann man wohl ein Gelenk in Stielmitte annehmen. Dadurch und durch Berücksichtigung der Symmetrie wird der Grad der statischen Unbestimmtheit oft sehr herabgesetzt. Im allgemeinen liefert jedes neu hinzukommende steife Rahmenfeld drei weitere statisch unbestimmte Größen.

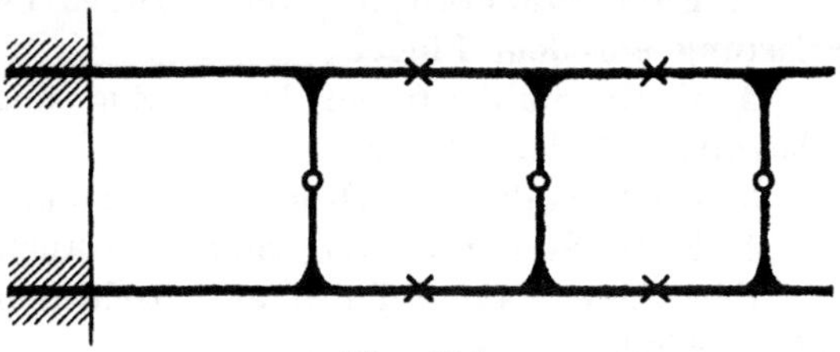

Fig. 186.

Mit einer weiteren, weniger guten Annäherung kann man auch noch in den mit x bezeichneten Punkten Gelenke annehmen. —

18. Flugzeugfachwerk mit Bogenholm statt Balkenholm.

Das gleichzeitige Wirken von Quer- und Längskräften legt den Gedanken nahe, einen Aufbau der Holme in Form von Kettenlinien oder allgemein in Biegungslinien zu untersuchen. Meines Wissens sind derartige Holme bis jetzt noch nicht verwendet.

Aus dem Bau von großen Gasbehältern ist folgender Fall bekannt: Dadurch, daß man einem Meridian der Wasserschale die Form einer Seilkurve gibt, entstehen aus dem Wasserdruck keine Biegungsspannungen in der Schale, sondern nur Längskräfte. Die Materialersparnis ist dort so groß, daß man die Schwierigkeit in der Herstellung doppelt gekrümmter eiserner Bleche dafür in Kauf nimmt.

Derselbe Fall, auf das Flugzeug angewandt, ergibt Holme nach der Biegelinie, für die man etwa folgende Hauptbelastungsfälle unterscheiden könnte.

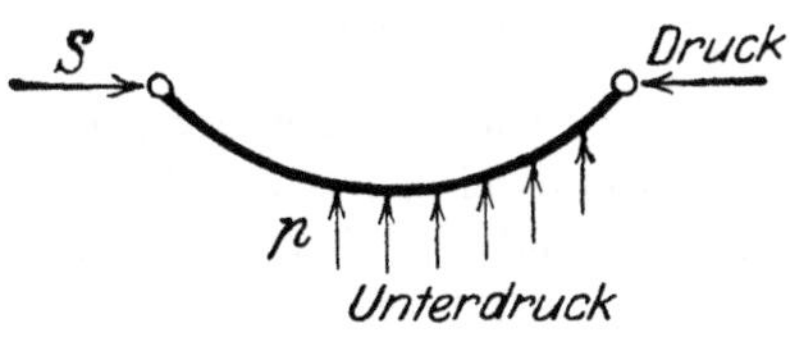

Fig. 187a.

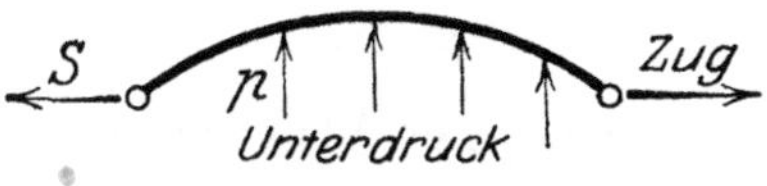

Fig. 187b.

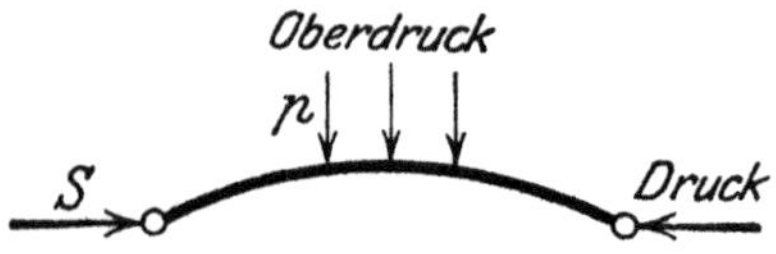

Fig. 187c.

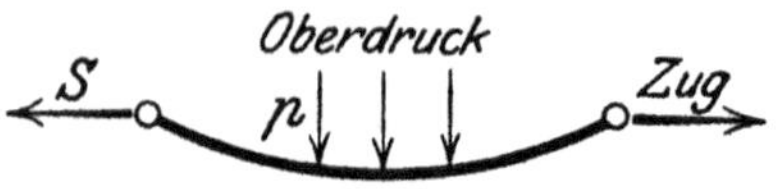

Fig. 187d.

1. Fall: Stabkraft im Holm: Druck und Unterdruck als Querbelastung auf dem Flügel.

2. Fall: Stabkraft im Holm: Zug und Unterdruck als Querbelastung auf dem Flügel.

3. Fall: Stabkraft: Druck und Oberdruck als Querbelastung.

4. Fall: Stabkraft: Zug und Oberdruck als Querbelastung.

Für diese vier Fälle sind verschiedene Ausführungsarten zu unterscheiden. —

a) Es soll zunächst angenommen werden, daß nur ein einfacher, beiderseits gelenkig angeschlossener Holmstab in Betracht kommt. Dieser Fall tritt beispielsweise bei einem einfachen Baldachin auf, an den die Außenflügel rechts und links angeschlossen sind. Es gelten für diesen Fall obige vier Figg. 187a bis 187d, welche die jedesmal notwendige Bogenform des Holmes darstellen.

Der Belastungsfall 1 ist dabei am wichtigsten und kommt am meisten vor.

b) Bei einem überstehenden Ende innerhalb des Flügelfachwerks (vergleiche hierzu Seite 355 dieses Teiles) ergibt sich die Bogenform nach Fig. 188 u. 189. Es ist ebenso wie vorher Zug- und Druckkraft sowie die verschiedene Richtung der Querbelastung zu unterscheiden.

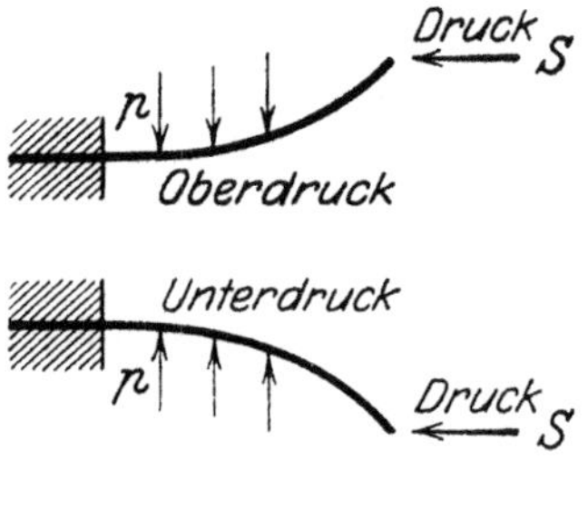

Fig. 188.

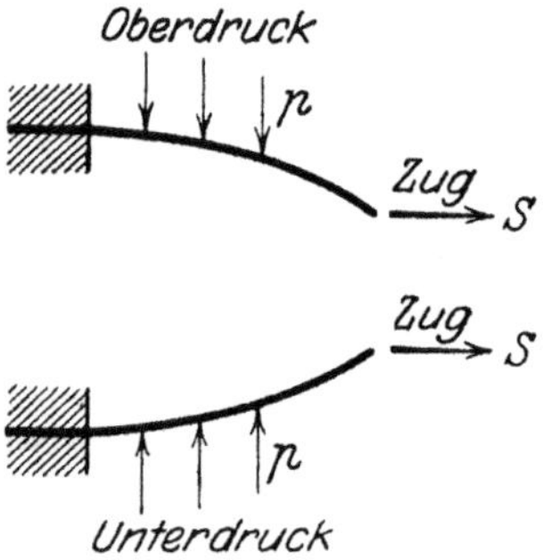

Fig. 189.

c) Schließlich bleibt noch zu untersuchen, wie ein durchlaufender Bogenholm beispielsweise bei einem Zweistieler als Bogenträger anzuordnen ist, und welche Momente dabei auftreten. Auch exzentrischer Anschluß und das System eines Gerberträgers wäre in diesem Zusammenhang zu betrachten.

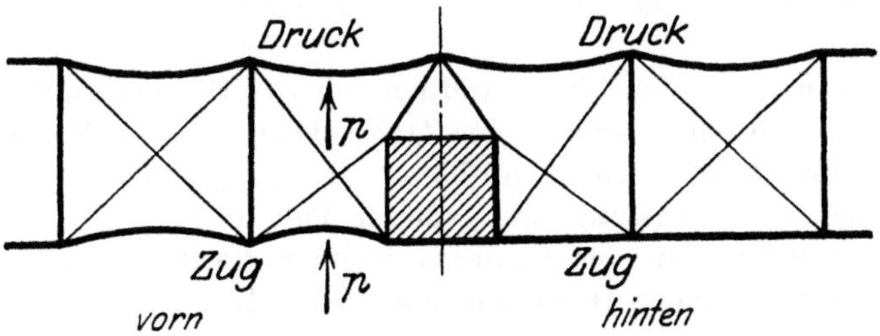

Fig. 190.

Die Bogenform ist also immer derart, daß die Verschiebung der Knotenpunkte infolge der Querbelastung p entgegengesetzt gerichtet und etwa gleich ist der Verschiebung der Knotenpunkte infolge der Stabkräfte S. Je größer die Druckkraft im Stabe wird, desto kleiner ist im allgemeinen der Bogenpfeil vorzusehen. Die Anwendung von größeren Pfeilhöhen ist erwünscht, damit das System statisch klarer und der Einfluß der weiter unten behandelten zweiten Durchbiegung kleiner wird.

Aerodynamische Bedenken gegen die Ausführung eines Bogens bestehen nicht. Die Saug- und Druckseite eines verwendeten Flügelprofils wird durch die geringe Biegung der Holme wenig geändert. Außerdem ist in den meisten Fällen die notwendige Pfeilhöhe des Bogens derart gering, daß es immer Mittel genug gibt, um einen Ausgleich für die etwa geänderte Stabilität zu schaffen. Es ist sogar manchmal möglich, noch völlig innerhalb von geradeliegenden, genügend hohen Rippen den flachen Bogen der Holme einzufügen.

Auch die werkstattmäßige Herstellung der gebogenen Holme ist in Holz oder Metall mit den heutigen Mitteln ohne größeren Aufwand von Material und Arbeit durchzuführen.

Der Zweck der ganzen Anordnung ist wie bei einem Zweigelenkbogen der, durch die Druckkraft im Holm an dem Pfeil der vorgesehenen Durchbiegung ein Moment $f \cdot X_a$ hervorzurufen, das dem Biegungsmoment der Querbelastung entgegenwirkt. Bei der großen Nachgiebigkeit der üblichen Flugzeugholme muß der Einfluß der Durchbiegung des Holmes selbst auf den Bogenschub berücksichtigt werden. Diese Tatsache macht die Rechnung weniger einfach.

Des weiteren ist zu beachten, welchen Einfluß die Nachgiebigkeit der Lager, d. i. hier die Dehnung der Haupttragkabel, auf die Festigkeit der ganzen Konstruktion hat. Bei bedeutenden Unterschieden in den einzelnen aufeinander folgenden Feldweiten eines Flugzeuges ergeben sich aus der Kabeldehnung größere Unstetigkeiten in der Biegungslinie der durchlaufenden Holme.

Außerdem ist die Frage der Knicksicherheit besonders zu betrachten.

Auch muß berücksichtigt werden, ob die Biegungsmomente gegebenenfalls durch Aufhören der Querbelastung beim Weiterwirken der Längskraft oder durch Aufhören der Längskraft beim Weiterwirken der Querbelastung (wenn dieser Fall möglich ist) wesentlich geändert werden. In den vorderen Holmen oben und unten kann sich bei verschiedenen Hauptbelastungsfällen die Richtung der Längskraft ändern und der Zug in Druck übergehen. In den meisten Fällen ändert sich damit aber auch der Richtungssinn der Querbelastung. Tritt dieser Fall nicht ein, so ist die Anwendung eines Bogenholmes nicht von Vorteil.

Wir wollen zunächst an einem einfachen, aber ausführlichen Beispiel das Wesentliche dieser Konstruktion zeigen, um den eintretenden Unterschied in der Beanspruchung verfolgen zu können.

Als Annäherung und um ein Bild für die Größenverhältnisse zu bekommen, soll im folgenden zunächst ein Beispiel für die gewöhnlichen Annahmen bei Quer- und Längskraft eines biegungsfesten Balkens und eines Zweigelenkbogens durchgeführt werden.

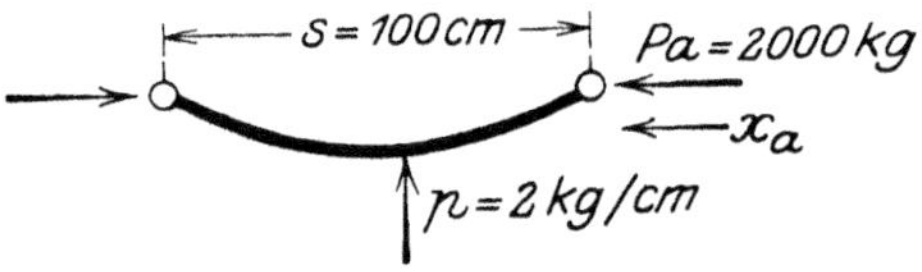

Fig. 191.

1. Biegungsfester gerader Balken.

Wir legen folgende Festwerte zugrunde:

$P_a = 2000$ kg (Bruchlast).

$p = 2$ kg/cm (bei vervielfachter Last).

$E = 100\,000$ kg/cm² (Holz).

$J = 40$ cm⁴, $W = 11$ cm³, $F = 8$ cm².

$s = 100$ cm $= l$.

$$k^2 = \frac{40 \quad 100\,000}{2000} = 2000 \text{ cm}^2, \qquad k = 44{,}72 \text{ cm}$$

$p \cdot k^2 = 4000$ kg cm.

$$P_E = \frac{\pi^2}{l^2} \cdot E \cdot J = \frac{10 \cdot 100000 \cdot 40}{100 \cdot 100} = 4000 \text{ kg}$$

$\mathfrak{S} = 4000 : 2000 =$ zweifach bei vervielfachter Last.

Da das größte Moment aus Symmetriegründen in der Mitte auftritt, ist $x = \frac{s}{2} = 50$ cm, $\frac{x}{k} = 1{,}118 = 64^0$ und $\cos\frac{x}{k} = 0{,}438$.

Das größte Moment wird also nach Seite 118 und Gleichung Nr. 49 des ersten Teiles:

$$M_{max} = \frac{p k^2}{\cos \frac{x}{k}} - p k^2 = 4000 \left(\frac{1}{0{,}438} - 1\right) = 5130 \text{ kg} \cdot \text{cm}$$

Die größte Beanspruchung:

$$\sigma = \frac{5130}{11} + \frac{2000}{8} = 466 + 250 = 716 \text{ kg cm}^2.$$

Der Holzholm ist also vollkommen ausgenutzt. Die Durchbiegung f in der Mitte ergibt sich nach der Formel zu:

$$f = \frac{1}{P_A}\left(M_{max} - \frac{p l^2}{8}\right) \quad \ldots \ldots \ldots \ldots \ldots \ldots \quad (145)$$

$$f = \frac{1}{2000}\left(5130 - \frac{2 \cdot 10000}{8}\right) = \frac{2630}{2000} = 1{,}315 \text{ cm}$$

2. Zweigelenkbogen.

Unter Zugrundelegung derselben Festwerte wie für den betrachteten Balken ergibt sich für den Zweigelenkbogen, dessen Pfeilhöhe f wir vorläufig noch offen lassen wollen, bei einem Parabelbogen mit der Gleichung:

$$y = \frac{4 f}{l^2}(l - x) x \quad \ldots \ldots \ldots \quad (146)$$

die Bestimmungsgleichung für den Horizontalschub:

$$\delta_a = 0 = \delta_{ma} - \delta_{aa}(X_a + P_a)$$

Die Gesamtverschiebung δ kann näherungsweise als einfache Summe des Einflusses der äußeren Lasten und der Längskraft dargestellt werden. Die Längskraft P_a ist dabei nicht wie X_a durch die Querbelastung des Bogens hervorgerufen, sondern als äußere Kraft von der Flugzeugzelle her völlig unabhängig vom Bogen.

Da bei dem parabelförmigen Zweigelenkbogen:

$$X_a + P_a = \frac{p l^2}{8 f} \quad \ldots \ldots \ldots \quad (147)$$

so folgt das Moment in der Mitte:

$$M_{Mitte} = M_0 - (X_a + P_a) \cdot f = M_0 - \frac{p l^2}{8} = 0$$

also in dieser ersten groben Näherung unabhängig von dem Biegungspfeil f. Die angeschriebene Gleichung ist deshalb ungenau, da sie bei der gleichzeitigen Wirkung von Längs- und Querbelastung eine nicht vorhandene Proportionalität annimmt.

Um die in unserem Beispiel auftretenden Größenordnungen zu ermitteln, wollen wir noch die Verschiebung der Lager δ_{ma} und δ_{aa} zahlenmäßig errechnen.

Es ist

$$\delta_{aa} = \frac{1}{E\cdot J}\cdot\int y^2\,dx = \frac{8\cdot f^2\cdot l}{15\cdot E\cdot J}$$

auf unser Zahlenbeispiel angewendet:

$$\delta_{aa} = \frac{8\cdot f^2\cdot 100}{15\cdot 100000\cdot 40} = \frac{8}{600000}f^2$$

Weiter ergibt sich

$$\delta_{ma} = \int M_o\cdot M_a\cdot\frac{1}{E\cdot J}\cdot dx = \frac{f\cdot l^3\cdot p}{15\cdot E\cdot J}$$

In unserem Beispiel

$$\delta_{ma} = \frac{100^3\cdot 2\cdot f}{15\cdot 40\cdot 100000} = \frac{2}{60}f$$

Diese beiden Zahlenwerte, zur Nachprüfung der Berechnung von $X_a + P_a$ benutzt, ergeben $X_a + P_a = \frac{\delta_{ma}}{\delta_{aa}}$

$$X_a + P_a = \frac{2\cdot f\cdot 600000}{60\cdot 8\cdot f^2} = \frac{2500}{f}\,\text{kg} = \frac{p l^2}{8 f}\,\text{kg}$$

Wir wollen noch die Durchbiegung des Zweigelenkbogens in der Mitte berechnen:

Nach der Formel

$$\delta_{Mitte} = \delta_{om} - X_a\cdot\delta_{am}$$

wird δ_{om} wie beim einfachen Balken gleich $\frac{5\cdot l^4\cdot p}{384\cdot E\cdot J}$. Der Wert δ_{am} ergibt sich

$$\delta_{ma} = \int\frac{M_o\,M_a\,dx}{EJ} = \frac{1}{E\cdot J}\int\frac{4f}{l^2}(l-x)\,x\cdot\frac{x}{2}\cdot dx$$

Nach Ausführung der Integration und unter Berücksichtigung der Grenzen wird schließlich:

$$\delta_{ma} = \frac{4\cdot f}{E\cdot J\cdot l^2}\left[l\frac{x^3}{3} - \frac{x^4}{4}\right]_0^{\frac{l}{2}}$$

oder

$$\delta_{ma} = \frac{3}{16}f\cdot\frac{l^3}{EJ}$$

Führt man noch ein:

$$P + X_a = \frac{p l^2}{8 f}$$

so ergibt sich die Gesamtdurchbiegung in der Mitte:

$$\delta = \frac{p\cdot l^4}{E\cdot J}\left(\frac{5}{384} - \frac{3}{128}\right) = -\frac{4}{384}\frac{p\cdot l^4}{E\cdot J}$$

Auf unser Beispiel angewendet, folgt der Zahlenwert:

$$\delta = \frac{4\cdot 2\cdot 100^4}{384\cdot 100000\cdot 40} = \mathbf{0{,}52\ cm}$$

Durchführung der genauen Berechnung.

Der Gedankengang und die theoretischen Grundlagen zu der folgenden Berechnung sind von Müller-Breslau in dem zweiten

Band seiner „Graphischen Statik", zweiter Teil, Seite 397 und folgende, gegeben. Die entwickelten Formeln unterscheiden sich, je nachdem eine Veränderung des vorhandenen Pfeiles der Durchbiegung nach unten oder nach oben stattfindet, d. h. ob eine Vergrößerung oder eine Verkleinerung der Durchbiegung auftritt. Bei einer Durchbiegung des Bogens nach unten tritt hauptsächlich an Stelle der Funktion $\sin\frac{x}{k}$ und $\cos\frac{x}{k}$ der Wert $e^{\frac{x}{k}}$ und $e^{-\frac{x}{k}}$

Nach Durchführung der gleichen Berechnungen, wie sie Müller-Breslau entwickelt und unter Benutzung der gleichen Bezeichnungen, ergibt sich die Änderung der vorhandenen Durchbiegung Δy, wenn man abweichend mit

$$w = \frac{p}{H + P_a} - \frac{8f}{l^2} \quad \ldots\ldots\ldots \quad (148)$$

bezeichnet:

$$\Delta y = C_1 \cdot \sin\frac{x}{k} + C_2 \cdot \cos\frac{x}{k} + \frac{x \cdot (l - x)}{2} \cdot w - k^2 \cdot w \quad . \quad (149)$$

Das Moment wird an der Stelle x:

$$M_x = (H + P_a)\left[C_1 \cdot \sin\frac{x}{k} + C_2 \cdot \cos\frac{x}{k} - k^2 \cdot w\right] \quad . \; . \quad (150)$$

Durch die Grenzbedingungen $M = 0$ für $x = 0$ und $x = l$ oder $\Delta y = 0$ für $x = 0$ und $x = l$ ergeben sich die Werte der beiden Integrations-Konstanten:

1. $C_2 = k^2 \cdot w$ 2. $C_1 \cdot \sin\frac{l}{k} + C_2 \cdot \cos\frac{l}{k} = k^2 \cdot w$

$$C_1 = \frac{1 - \cos\frac{l}{k}}{\sin\frac{l}{k}} \cdot k^2 \cdot w$$

Hier kann man aus der Dehnung der Kabel auch andere Grenzbedingungen einführen.

Aus den Elastizitätsbedingungen folgt die von Müller-Breslau abgeleitete Gleichung zur Bestimmung der Unbekannten $X_a + P_a$, die sich in unserem Falle aus dem unbekannten Bogenschub und der bekannten gegebenen Längskraft zusammensetzt: $\int \Delta s \cdot \frac{ds}{dx} = \frac{8f}{l^2}\int \Delta y \cdot dx$

$$\frac{(H + P_a)\, l^3}{E \cdot F \cdot 8 f^2} = \int C_1 \cdot \sin\frac{x}{k}\, dx + \int C_2 \cdot \cos\frac{x}{k} \cdot dx + \int \frac{x(l - x)}{2}\, w\, dx - \int k^2 \cdot w\, dx \quad . \; . \quad (151\,\mathrm{a})$$

oder nach Einführung der Grenzen und Integration:

$$\frac{(H+P_a)\,l^3}{E\cdot F\cdot 8\,f^2} = -C_1\cdot k\left(\cos\frac{l}{k}-1\right)+C_2\cdot k\cdot\sin\frac{l}{k}$$

$$+\frac{w}{2}\,l^3\left(\frac{1}{2}-\frac{1}{3}\right)-k^2\cdot w\cdot l \quad \ldots \quad (151\,\mathrm{b})$$

Die endgültige Gleichung wird also mit:

$$k^2=\frac{E\cdot J}{H+P_a} \quad \ldots\ldots\ldots \quad (152\,\mathrm{a})$$

$$\frac{l^3\cdot J}{k^2\cdot F\cdot 8\cdot f\cdot w}=-2\cot\!g\,\frac{l}{k}\cdot k^3+\frac{l^3}{12}-k^2\cdot l \quad \ldots \quad (152\,\mathrm{b})$$

Dies ist eine in der Unbekannten $H+P_a$ transzendente Gleichung, deren einfache Auflösung nicht möglich ist. Es besteht bei der gleichzeitigen Wirkung von Quer- und Längskraft keine Proportionalität zwischen Kraft und Spannung.

Bevor wir jedoch an die zahlenmäßige Behandlung und an Näherungswerte herantreten, wollen wir noch die Gleichung für das Biegungsmoment anschreiben.

Durch Einsetzen der gefundenen Werte in Gleichung (150) ergibt sich:

$$M_x=E\cdot J\cdot w\left[\frac{\sin\frac{x}{k}}{\sin\frac{l}{k}}\left(1-\cos\frac{l}{k}\right)-\left(1-\cos\frac{x}{k}\right)\right] \quad \ldots \quad (153)$$

Zur Berechnung von M ist also in der Hauptsache nur der Wert w erforderlich.

Bei der zahlenmäßigen Behandlung der Aufgabe liegt die Schwierigkeit in der Bestimmung des Wertes w, der sich als Unterschied von zwei sehr großen Zahlen ergibt. Der Wert X_a+P_a ist in der ersten Näherung gleich $\frac{p\,l^2}{8\cdot f}$. Genauer gerechnet wird er immer etwas größer sein als dieser Ausdruck.

Für die im Flugzeugbau üblichen Verhältnisse geht man am besten so vor, daß man w aus der Näherungsformel:

$$w=-\frac{J\cdot l^2}{F\cdot k^4\cdot 8\cdot f} \quad \ldots\ldots\ldots \quad (154)$$

berechnet, dann den genaueren Wert von $(H+P_a)$ ermittelt, den Wert w für Momente nun selbst genauer berechnet und schließli h durch Versuche die oben angeschriebene transzendente Gleichung (152b) für $(H+P_a)$ auflöst.

Wenn wir zum Vergleich die Zahlenwerte unseres ersten Beispiels zugrunde legen und außerdem $f=3{,}5$ cm ansetzen, so ergeben sich mit den Hilfswerten $\frac{p\,l^2}{8f}=\frac{2500}{3{,}5}=715$ kg erhöht auf 725 kg als erste Näherung für X_a+P_a

zunächst die nicht von den letzten Stellenzahlen von $H + P_a$ abhängigen Werte:

$$k = 74{,}3$$
$$k^2 = 5\,520$$
$$k^3 = 406\,000$$
$$l : k = 1{,}35$$
$$\operatorname{cotg} \frac{l}{k} = 0{,}228$$

Die übrigen Werte sind dieselben wie bei dem Beispiel des Balkenholms, Seite 346, $f = 3{,}5$ cm und schließlich angenähert

$$w = -\frac{40 \cdot 100^2}{8 \cdot 5520^2 \cdot 8 \cdot 3{,}5} = -\frac{1}{17\,500} = -0{,}000\,057\,2\,.$$

Die genaue transzendente Gleichung wird befriedigt durch den Wert

$$X_a + P_a = \mathbf{527{,}7\ kg}\,,$$

was einem genauen Wert

$$w = \frac{2}{527{,}7} - \frac{8 \cdot 3{,}5}{100^2} = 0{,}002\,748\,4 - 0{,}002\,800 = -0{,}000\,051\,6$$

entspricht. Dieser Wert wurde durch Versuchsrechnung gefunden.

Unter Benutzung der Hilfswerte

$$\sin \frac{l}{k} = 0{,}975 \qquad \cos \frac{l}{k} = 0{,}222 \qquad 1 - \cos \frac{l}{k} = 0{,}778$$

werden die Momente nach Gleichung (153)

$$M_x = 206{,}2 \left(\sin \frac{x}{k} \cdot 0{,}898 - 1 + \cos \frac{x}{k} \right)$$

Für die Punkte $x = 12{,}5$; $25{,}0$; $37{,}5$ und $50{,}0$ cm ergeben sich die recht kleinen Momente, deren Berechnung für die Zwecke des Flugzeugbaus bei diesem einfachen Fall wohl unterbleiben kann:

$x = 0$ cm,	12,5,	25,0,	37,5,	50 cm,
$x = 0 \cdot l : 8$,	$1 \cdot l : 8$,	$2\,l : 8$,	$3\,l : 8$,	$4\,l : 8$,
$M_x = 0$ kg·cm,	28,1,	49,5,	64,	70 kg·cm.

Die Durchbiegung in der Mitte folgt durch Einsetzung der Zahlenwerte nach Seite 349 mit $C_1 = 0{,}255$; $C_2 = 0{,}283$

$$\Delta y = 0{,}255 \cdot 0{,}623 + 0{,}283 \cdot 0{,}781 + 0{,}221 = \mathbf{0{,}590\ cm}\,.$$

Es zeigt sich also, daß die Durchbiegung bei dieser genaueren Berechnung um einiges größer wird wie für die angenäherte Berechnung des Zweigelenkbogens.

Der Vorteil der neuen Anordnung ergibt sich aus den Momenten, die wesentlich kleiner sind wie bei dem Balkenholm. Der äußerste Kleinstwert für das Trägheitsmoment der Holme ist durch die Eulersche Knicksicherheit bestimmt. Für Ausführungen im Flugzeugbau wird man jedoch Belastungsprüfungen mit Sandlasten bei den ersten Anwendungen des Bogenholms nicht entbehren können.

Die Berechnung für die unter b) und c) beschriebenen Fälle sind in derselben Weise durchzuführen wie hier für den einfachen Fall eines beiderseits gelenkig gelagerten flachen Bogens gezeigt.

Ob es im Flugzeugbau immer möglich sein wird, derart ausführliche Rechnungen anzuwenden, bleibt dahingestellt.

Die Zukunft muß lehren, ob auf diesem Wege erfolgreiche Konstruktionen möglich sind. —

19. Das Fachwerk mit Gerbergelenkholmen.

Gelenke in den Feldern der biegungsfesten Holme wurden, soweit bekannt, zuerst bei dem Albatros-Großflugzeug von Dipl.-Ing. G. Madelung, dann bei A. E. G.-Flugzeugen (das Gelenk liegt 20 cm vom Knotenpunkt der G. 4 weg) und später in weiterem Maße bei den englischen Flugzeugen Sopwith und Martinsyde angeordnet. (Siehe hierzu Seite 298 dieser Abhandlung.)

Es soll hier untersucht werden:

Welche Vor- und Nachteile die Holme mit Gerbergelenken gegenüber durchlaufenden Holmen im Flugzeugbau haben,

wieviel Gelenke bei einem Flugzeug angeordnet werden können,

wo diese am zweckmäßigsten liegen,

wie solche Holme mit Gerbergelenken zu berechnen und

welche Besonderheiten bei der Gelenkausbildung zu beachten sind.

Vorteile der Gerbergelenke.

1. Der Aufbau des Fachwerks wird in bezug auf die Holme statisch bestimmt. Die Kräfteübertragung wird eindeutig, einfach zu berechnen und von den oft bedeutenden und unsicheren Stützensenkungen, d. h. den Dehnungen der Tragkabel, unabhängig.

Die Dehnungen der Kabel im Flugzeug sind derartig beträchtlich, daß bei der Berechnung der statisch unbestimmten Größen in den Tiefenkreuzen, wie in dem ersten Teil, Seite 80, dargelegt, die Berücksichtigung der Kabeldehnung allein in der Durchführung der statisch unbestimmten Berechnung genügt. Es wurde deshalb auch bereits von Baumann vorgeschlagen, die Holme in Erwartung einer bestimmten Kabeldehnung vorher derart nach unten zu verspannen, daß die Holmknotenpunkte beim Eintritt der Belastung wieder eine gerade Linie bilden[1]).

2. Durch die Anordnung der Gerbergelenke, zusammen mit der entlastenden Wirkung der überstehenden Enden hat es der Flugzeugbauer in der Hand, die Biegungsmomente der Holme an einzelnen Punkten innerhalb gewisser Grenzen beliebig groß zu wählen. Dies kommt bei beschränkter Bauhöhe und bei der Notwendigkeit, etwa gerade vorliegende Flügelprofile zu verwenden, in Betracht. Es kann z. B. erwünscht sein, bei einem zweimotorigen Flugzeug

[1]) Schon durch das Vorspannen werden nach Seite 273 bei den üblichen exzentrischen Anschlüssen große Momente in den Holmen erzeugt. Bis heute wird trotzdem noch bei manchen Firmen das scharfe Vorspannen der Kabel für günstig gehalten.

das Flügelprofil im Bereiche des Luftschraubenstrahls möglichst flach zu halten.

3. Das Abrüsten des Flugzeugs ist leichter möglich, wenn man Gelenke an Stelle von durchlaufenden Holmen anwendet. Auch das Verschicken mit der Bahn wird durch Gelenke wesentlich erleichtert. —

Nachteile der Gerbergelenke.

1. Die Gelenkausbildung erfordert Gewicht und Arbeit. Es ist immerhin möglich, daß an den Beschlägen der Gelenke eine gewisse Unsicherheit in der Ausführung gegenüber einheitlich durchlaufenden Holmen eintritt.

2. Die Durchbiegung der Holme und damit der Einfluß des Biegungsmomentes der Längskraft am Hebelarm der Durchbiegung wird bei Gerbergelenken meist größer. Der durchlaufende Balken hat ganz allgemein geringere Durchbiegungen wie der statisch bestimmte Gerberträger. Die besondere Anordnung und Lage der Gerbergelenke für geringste Durchbiegung hat Dr.-Ing. Th. Schwarz im „Eisenbau" behandelt. Freilich ist dort die gleichzeitige Wirkung von Längskräften neben der Querbelastung nicht berücksichtigt.

3. Liegen Gelenke im ersten Feld des Unterholmes, so ist bei Fahrgestellbrüchen die Wiederherstellung des mit dem Rumpfe starr verbundenen, beschädigten Holmteiles oft schwierig.

4. In der Biegungslinie entsteht an dem Gelenk eine Unstetigkeit, ein Knick, der den Verlauf der Luftströmung seitlich aber kaum beeinflussen könnte.

Anordnung und Zahl der Gelenke.

Die übliche Theorie des Fachwerks nimmt zwar in jedem Knotenpunkt ein Gelenk an. In dem amerikanischen Brückenbau und bei neueren Holzbauweisen ist es deshalb Brauch, wirkliche Gelenke mit Bolzen und Augenstäben auch dort auszuführen, wo in der Berechnung Gelenke angenommen wurden. Bei uns werden im Brückenbau alle Fachwerkstäbe starr miteinander vernietet.

Ebenso wurden bis jetzt im Flugzeugbau nur wenig Gelenke ausgeführt außer bei kleinen Maschinen in Flugzeugmitte oder bei großen Flugzeugen zum Anschluß des Mittelstücks. Es ist deshalb der Oberholm eines Einstielers mit Spannturm ohne Mittelgelenk als Balken über drei Stützen anzusehen, bei einem Zweistieler als Balken auf fünf Stützen (vgl. Fig. 193 und 195).

Hat der Einstieler statt des Spannturms einen Baldachin in der Mitte, so ist sein durchgehender Oberholm ein Balken auf vier Stützen. Es ist deshalb möglich, bei dem Einstieler mit Baldachin zwei Gelenke und bei einem Zweistieler mit Spannturm drei Gelenke im Oberholm anzuordnen (siehe Fig. 192 und 193).

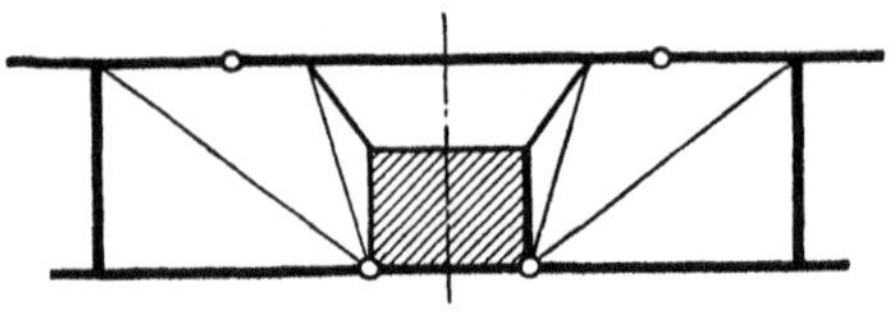

Fig. 192.

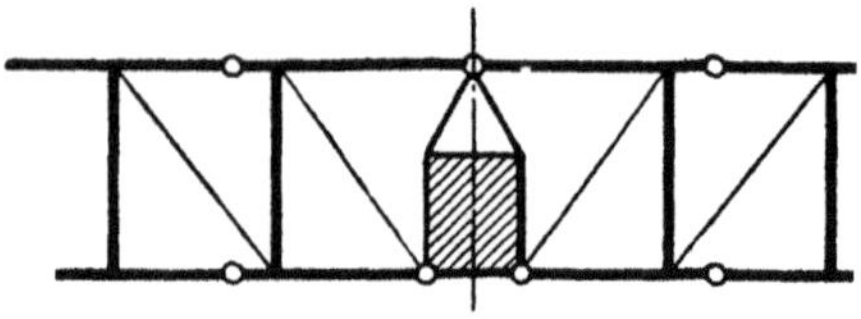

Fig. 193.

In dem Unterholm können bei einem Einstieler keine Gelenke angeordnet werden, wenn ein gelenkiger Anschluß des Unterholms am Rumpf vorgesehen ist. Ist der Holm dagegen am Rumpfe fest eingespannt oder, was in der Wirkung dasselbe ist, von der einen Seite nach der anderen durchgeführt, so können bei dem Einstieler ein Gelenk auf einer Seite und bei dem Zweistieler zwei Gelenke auf einer Seite angeordnet werden. Außer den Gelenken an dem Punkt 2 der Fig. 195 dürfen nicht etwa auch noch in dem Punkt 3 Gelenke vorgesehen werden.

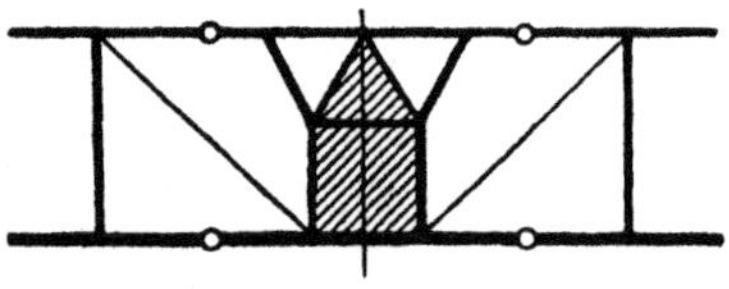

Fig. 194.

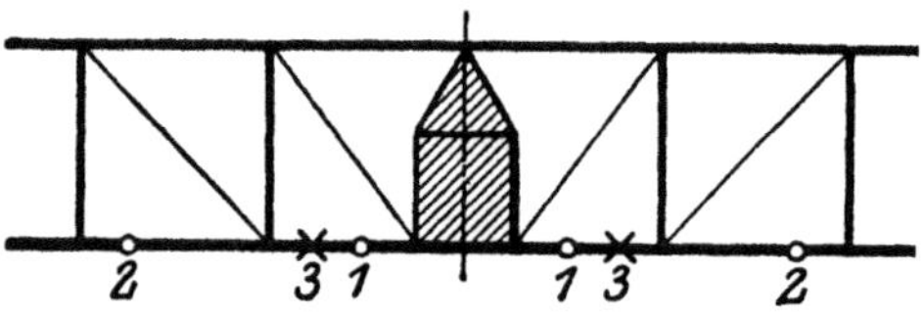

Fig. 195.

Die Unbeweglichkeit im statischen Aufbau bei Unterdruck kann man wie folgt erkennen:

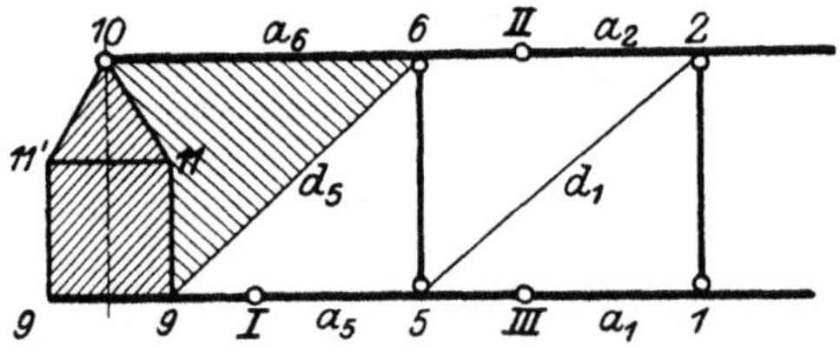

Fig. 196.

Man kann in Fig. 196 das Stück des eingespannten Unterholmes bis zu dem Gelenk I als Teil der starren Scheibe des Rumpfes ansehen. Die Grundscheibe soll mit den Zahlen $9' \div 11' \div 10 \div 11 \div 9 \div \mathrm{I}$ bezeichnet werden. An diese erste Scheibe wird dann für Lasten von unten mit Hilfe des Haupttragkabels d_5 und des Holmstabes a_6 der Punkt 6 starr angeschlossen, über den wiederum der Oberholm biegungsfest bis zum Gelenk II hinweggeführt wird, so daß auch das Gelenk II zu dieser starren Scheibe gehört. Auf diese Weise entsteht die Scheibe $9' \div 11' \div 10 \div 6 \div \mathrm{II} \div 9 \div \mathrm{I}$.

Der Punkt 5 wird weiterhin durch den inneren Stiel und den Unterholmstab a_5 angeschlossen. Alle andern Punkte des Fachwerkes schließen sich in gleicher Weise an den so gewonnenen Punkt II an. Der Punkt II und III wird dann ebenso wie vorher das überstehende Ende des eingespannten Holmes als Teil der starren Scheibe angesehen.

Will man auch unsymmetrische Anordnungen zulassen, so sind bei einem Zweistieler außer der vorher gezeigten Art noch folgende zwei Ausführungen möglich (Fig. 197 und 198).

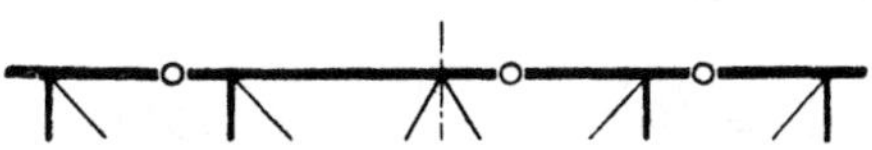

Fig. 197.

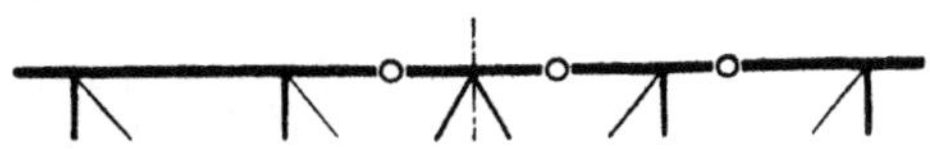

Fig. 198.

Der Gerberbalken im Flugzeugbau unterscheidet sich aber von dem gewöhnlichen Gerberträger dadurch, daß er **nie zwei Gelenke in einem Feld** zuläßt. Wegen der gleichzeitigen Wirkung der Längskräfte wäre sonst das ganze Fachwerksystem in seinem Aufbau bedroht. Es ist also die folgende Anordnung **nicht** möglich.

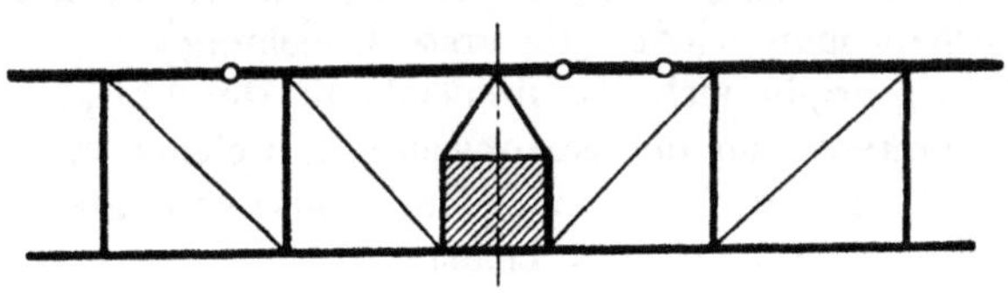

Fig. 199.

Bis jetzt hat man Gelenke immer nur in nächster Nähe der Knotenpunkte angeordnet. Bei steifen Holmen wird man wohl in Zukunft weitergehen können. —

Durchführung der Berechnung für einen einfachen Fall der Gelenkanordnung.

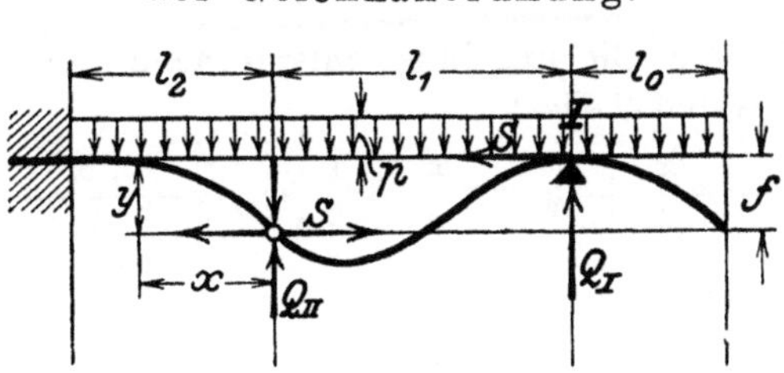

Fig. 200.

Die Aufstellung der Gleichgewichtsbedingungen ergibt mit den angeschriebenen Bezeichnungen:

1. Summe $V = 0$

$$Q_I + Q_{II} - p(l_0 + l_1) = 0 \quad \ldots \ldots \quad (155)$$

2. Moment im Gelenkpunkt $= 0$

$$S \cdot f + Q_I \cdot l_1 - \frac{p}{2}(l_0 + l_1)^2 = 0 \quad \ldots \ldots \quad (156)$$

3. Aufstellung des Momentes im Punkte I.

$$S \cdot f + p\frac{l_1^2}{2} - Q_{II} \cdot l_1 = \frac{p\, l_0^2}{2} \quad \ldots \ldots \quad (157)$$

oder

$$Q_I = Q_{0I} - \frac{S \cdot f}{l_1} \qquad Q_{II} = Q_{0II} + \frac{S \cdot f}{l_1}$$

d. h. die Stützenwiderstände sind die gleichen wie beim einfachen Balken, vermehrt um einen Beitrag infolge des Momentes $S \cdot f$, der aber meist recht klein ist.

(Durch Zusammenfassung der beiden letzten Gleichungen (156) und (157) erhält man wieder die erste Gleichung.)

Der Wert f ergibt sich von links als die Durchbiegung eines eingespannten Balkens von der Spannweite l_2, welcher mit der gleichmäßigen Belastung p und an einem Ende mit der wagrechten Kraft S und der senkrechten Kraft Q_{II} belastet ist.

Sobald dann f bekannt ist, kann der äußere Balkenteil berechnet werden.

Durch Integration der allgemeinen Gleichung:

$$\frac{E \cdot J}{\varrho} = -M_x,$$

die hier lautet:

$$k^2 \cdot y'' + y = -\frac{1}{S}\left(Q_{II} \cdot x + p\frac{x^2}{2}\right) \quad \ldots \ldots \quad (158)$$

ergibt sich für die Biegungslinie entsprechend dem Vorgehen auf Seite 116 des ersten Teiles:

$$y = C_1 \cdot \cos\frac{x}{k} + C_2 \cdot \sin\frac{x}{k} - \frac{1}{S}\left(Q_{II} \cdot x + \frac{p\,x^2}{2} - p\,k^2\right) \,. \quad (158\text{a})$$

Das Moment ist dann:

$$M_x = S\left(C_1 \cdot \cos\frac{x}{k} + C_2 \cdot \sin\frac{x}{k}\right) + p\,k^2 \quad \ldots \ldots \quad (159)$$

Hierbei sind die Hilfsgrößen:

$$C_1 = -\frac{p\,k^2}{S}$$

$$C_2 = \frac{Q_{II}\cdot k + p\cdot s\cdot k - p\,k^2\cdot\sin\frac{s}{k}}{S\cdot\cos\frac{s}{k}}$$

Die Durchbiegung f ergibt sich schließlich:

$$f = C_1\cdot\cos\frac{s}{k} + C_2\cdot\sin\frac{s}{k} - \frac{1}{S}\left(Q_{II}\cdot s + \frac{p\cdot s^2}{2} - p\,k^2\right)\,.\,.\;(160)$$

oder

$$f = -\cos\frac{s}{k}\cdot\frac{p\,k^2}{S} + \frac{\operatorname{tg}\frac{s}{k}}{S}\left(Q_{II}\cdot k + p\,s\,k - p\,k^2\cdot\sin\frac{s}{k}\right) - \frac{1}{S}\left(Q_{II}\cdot s + \frac{p\,s^2}{2} - p\,k^2\right)$$

Diese Formeln unterscheiden sich von den oben Seite 122 angeschriebenen durch das Hinzukommen von Q_{II}. Da aber Q_{II} sowohl in der Gleichung für f wie in der allgemeinen Gleichung vorkommt, so ergibt die Verbindung beider Gleichungen nach einiger Zwischenrechnung mit $s = l_2$:

$$Q_{II} = -\frac{p\cdot\left[l_1^2 - l_0^2 - l_2^2 + 2\,k^2 - 2\,k^2\cdot\cos\frac{l_2}{k} + 2\operatorname{tg}\frac{l_2}{k}\cdot\left(l_2\cdot k - k^2\sin\frac{l_2}{k}\right)\right]}{2\cdot\left(l_1 + l_2 - \operatorname{tg}\frac{s}{k}\cdot k\right)}\quad(161)$$

In gleicher Weise läßt sich auch Q_I und f selbst ausdrücken. In den meisten Fällen ist ein derartiges Vorgehen jedoch nicht nötig, wie folgendes Zahlenbeispiel zeigt:

Wir legen folgende Festwerte zugrunde:

$p = 2$ kg/cm , $E = 110000$ kg/cm², $J = 100$ cm⁴,
$l_0 = 150$ cm , $l_1 = 300$ cm , $l_2 = 50$ cm $= s$,
$S = 1600$ kg .

Diese Werte in obige Gleichungen eingesetzt, ergibt zahlenmäßig:

$$k^2 = \frac{110000\cdot 100}{1600} = 6880\ \text{cm}^2,\qquad k = 82{,}95\ \text{cm}\,,$$

$$l_2 : k = 50 : 82{,}95 = 0{,}603 = 34^0\,33'\,,$$

$$\sin(l_2 : k) = 0{,}567\qquad \cos(l_2 : k) = 0{,}823\qquad \operatorname{tg}(l_2 : k) = 0{,}69$$

und damit

$$Q_{II} = \frac{67\,700}{292,9} = \mathbf{231\ kg}$$

und

$$C_1 = -\frac{2 \cdot 6880}{1600} = -8,60$$

$$C_2 = \frac{19\,050 + 8295 - 7800}{1316} = 14,85$$

$$f = -8,6 \cdot 0,823 + 14,85 \cdot 0,567 - \frac{1}{1600}(11\,500 + 2500 - 13\,760)$$

$$f = -7,08 + 8,43 - 0,15 = \mathbf{1,20\ cm}$$

Die unmittelbare Berechnung von Q_{II} hätte ergeben:

$$Q_{II} = \frac{90\,000 - 22\,500}{300} = \frac{67\,500}{300} = \mathbf{225\ kg}$$

$$Q_I = 900 - 225 = \mathbf{675\ kg}$$

ohne Berücksichtigung von f.

Die Unterschiede sind also gering.

20. Getrenntes Biegungs- und Knickgefüge der Holme.

Der Grundgedanke dieser Anordnung geht meines Wissens auf Prof. A. Baumann zurück. Ob Holme dieser Art je ausgeführt wurden, ist nicht bekannt geworden.

Die üblichen Flugzeugholme werden, wie in dem ersten Teil ganz ausführlich dargelegt, gleichzeitig von Quer- und Längskräften beansprucht. Die Längskräfte wirken dabei im besonderen noch an dem Pfeil der von den Querkräften hervorgerufenen Durchbiegungen, wie auch Seite 162 erwähnt. Dieses Moment von Längskraft am Pfeil der Durchbiegung hat in den meisten Fällen eines einfachen Holmes einen sehr großen Anteil an den Gesamtspannungen. Durch Trennung des einen Holmes in zwei besondere Holme, einen für Biegung und einen für Knickung, wird dieser Teil der Beanspruchungen zu Null.

Im Brückenbau ist es einer der Hauptgrundsätze für den Entwurf, Glieder, die gleichzeitig auf Druck und Biegung beansprucht werden, nach Möglichkeit zu vermeiden. Es werden meist Zwischenträger eingeschaltet, welche die Lasten erst in den Knotenpunkten des Fachwerkes abgeben, so daß getrennt nur Biegungs-, Zug- und Druckstäbe entstehen.

Im folgenden werden untersucht:

1. Getrenntes Biegungs- und Knickungsgefüge mit Gelenken in den Fachwerksknotenpunkten.

Betrachtung des Gewichtes der Holme

a) bei reinem Druck;

b) bei Gültigkeit der Tetmajerschen Formel;

c) bei Gültigkeit der Eulerschen Formel.

Als Beispiele werden ausgeführte Holme in Holz und Stahl betrachtet.

2. Besondere Anordnungen in den beiden Systemen:

a) Einspannung des Knickstabes;

b) exzentrisch angreifende Längskräfte;

c) Fangkabel, Gelenke und exzentrische Anschlüsse in dem Biegungsgefüge. —

Die Gesamtbeanspruchung eines Holmes, der gleichzeitig auf Biegung und Längskraft beansprucht wird, kann in drei Anteile zerlegt werden:

1. Den Anteil der Längskraft S, der als reine Druckspannung den Querschnitt des Holmes beansprucht.

2. Den Anteil der Querbelastung p auf den laufenden Zentimeter Holm. Diese Querbelastung der Luftkräfte ruft zunächst eine Biegungsbeanspruchung hervor wie bei einem einfachen Balken, der nicht durch Längskraft beansprucht wird.

3. Durch das gleichzeitige Wirken von Längskraft und biegenden Kräften kommt zu diesen Beanspruchungen noch ein dritter Teil: Infolge der Durchbiegung des Holmes wirkt die Längskraft nicht nur als Druckspannung, sondern an dem Hebelsarm der Durchbiegung auch als Moment und ruft Biegungsbeanspruchungen im Holm hervor.

Wir können also die Gesamtbeanspruchungen anschreiben:

$$\sigma = \sigma_b + \sigma_l + \sigma_{bl}$$

wo σ_b den Anteil der Einzelbelastung als Biegungsspannung, σ_l den Anteil der Längskraft als Druckspannung und σ_{bl} die Biegungsspannung infolge der Längskraft bedeutet.

Lassen wir die Aufgabe des Holmes, die Biegungs- und Längskräfte aufzunehmen, durch zwei getrennte Holme erfüllen, so wird der dritte Anteil gleich Null, da der „Knickholm“ jetzt keine Durchbiegung infolge der Querbelastung mehr erfährt.

a) Reine Druckfestigkeit. Die Stäbe seien so kurz und die Kraft so klein, daß keine Knickfestigkeit, sondern nur reine Druckspannung in Frage kommt. Dieser Fall wird wohl selten eintreten. Bei ihm ist aber für jede Querbelastung und für jedes Trägheitsmoment die getrennte Bauweise gegenüber der einholmigen vorzuziehen. Der Anteil der Längskraft am Biegungsmoment fällt immer weg, ohne daß dadurch etwa für Knicksicherheit ein größerer Materialaufwand erforderlich wird.

Durch die konstruktive Ausbildung der Knotenpunkte und Gelenke kommt die getrennte Bauweise freilich etwas in Nachteil. Außerdem wird bei jeder Ausführung ein gewisser Zuschlag gegenüber dem nackten Rechnungsergebnis zu machen sein. Dieser Zuschlag ist offenbar bei der getrennten Bauweise zweimal erforderlich und deshalb etwas größer.

b) Das Knickgefüge liege innerhalb des Geltungsbereiches der Tetmajerschen Formel. Für Holz hat Tetmajer folgende Formel aufgestellt:

$$\sigma_K = \frac{P_K}{F} = 293\left(1 - 0{,}006\,62\,\frac{l}{i}\right) = 293 - 1{,}94\,\frac{l}{i} \quad . \; . \; (162\,\mathrm{a})$$

Mit den Grenzen $1{,}8 > \frac{l}{i} > 80$.

Da ihr aber offenbar gewöhnliches Bauholz mit einer Druckfestigkeit von etwa 300 kg/cm² zugrunde liegt, und da das im Flugzeugbau verwendete Holz wesentlich besser ist, so wären hier weitere Versuche erforderlich. Inzwischen wollen wir die folgende Formel annehmen:

$$\sigma_K = 500 - 3{,}3\,\frac{l}{i} \quad . \; . \; . \; . \; . \; . \; . \; . \; . \; (162\,\mathrm{b})$$

Die getrennte Ausführung ist offenbar besser, wenn für die Holmquerschnittsflächen folgende Beziehung besteht:

$$F_1 \geqq F_2$$

Der Zeiger 1 bezieht sich auf einen Holm, der Zeiger 2 auf zwei Holme. Diese Flächen wollen wir entsprechend den einzelnen Belastungsteilen zerlegen:

$$F_{11} + F_{12} + F_{13} \geqq F_{21} + F_{22}$$

$$\frac{S}{\sigma} + \frac{S \cdot y}{\sigma \cdot k_1} + \frac{M}{\sigma \cdot k_1} \geqq \frac{S}{500 - 3{,}3\,\frac{l}{i_2}} + \frac{M}{\sigma \cdot k_2} \quad . \; . \; . \; (163\,\mathrm{a})$$

Nehmen wir nun in erster Näherung an, daß in beiden Fällen der Kernradius k, d. h. das Verhältnis von Widerstandsmoment zur Fläche, der gleiche sei, so folgt:

$$\frac{k + y}{\sigma \cdot k} \geqq \frac{1}{500 - 3{,}3\,\frac{l}{i}}$$

Die Formel läßt sich noch zusammenziehen:

$$\frac{l}{i} \geqq 150 - \frac{\sigma \cdot k}{3{,}3\,(k+y)} \quad \ldots\ldots\ldots \quad (163\,\text{b})$$

Diese Gleichung sagt aus, daß zu jedem $\frac{l}{i}$ Werte σ, k und y gehören, bei dem die beiden Bauarten etwa gleich günstig sind.

Nehmen wir als Beispiel an, $l:i$ sei 76, so kann die Forderung selbst für nicht zu kleine Durchbiegungen y erfüllt werden. Denn k bewegt sich für gewöhnliche Querschnitte zwischen 1,3 und 6,0 cm (vgl. S. 277).

c) Das Knickgefüge liege im Bereich der Eulerschen Gleichung. Wir wollen wieder die Flächeninhalte der Holmquerschnitte einander gegenüberstellen. (Die einholmige Ausführung ist mit dem Zeiger 1, die zweiholmige Ausführung mit dem Zeiger 2 versehen.)

Die letztere Ausführung ist offenbar besser, wenn

$$F_1 \geqq F_2 \quad \text{oder} \quad \frac{M_0 + S \cdot y_1}{k_1 \cdot \sigma} + \frac{S}{\sigma} \geqq \frac{M_0}{\sigma \cdot k_2} + \frac{S \cdot l^2}{\pi^2 \cdot E \cdot i_2^{\,2}} \quad \ldots \quad (164\,\text{a})$$

oder

$$\frac{y_1}{k_1 \cdot \sigma} + \frac{1}{\sigma} \geqq \frac{l^2}{\pi^2 \cdot E \cdot i_2^{\,2}} - \frac{M_0\,(k_2 - k_1)}{\sigma \cdot S \cdot k_1 \cdot k_2}$$

oder

$$\frac{y_1}{k_1} + 1 \geqq \frac{l^2 \cdot \sigma}{\pi^2 \cdot E \cdot i_2^{\,2}} - \frac{M_0\,(k_2 - k_1)}{S \cdot k_1 \cdot k_2} \quad \ldots\ldots \quad (164\,\text{b})$$

Diese Bedingung ist nicht so einfach wie bei der Geltung der Tetmajerschen Formel. In den meisten Fällen kann man k_1 nicht gleich k_2 annehmen. Man kommt dann mit der direkten Vergleichsrechnung oft schneller zum Ziel.

Die folgenden Beispiele ergeben für die Ausführung meist keinen ausgesprochenen Vorteil für die eine oder andere Bauweise.

Erstes Beispiel.

Um den großen Einfluß der Längskräfte am Hebelarm der Durchbiegung darzulegen, seien zunächst die Zahlen für die Beanspruchung eines Stahlholmes des A. E. G.-Großflugzeugs (im äußersten Feld) angeschrieben. Der Biegungsanteil der Längskraft wird in diesem Falle freilich größer wie sonst, da sich Stahlrohrholme bei gleicher Sicherheit wesentlich mehr durchbiegen wie Holzholme. Es ergibt sich bei einem Rohr von 50/1,5 mm mit $J = 6{,}78$ cm^4, $W = 2{,}71$ cm^3, $F = 2{,}29$ cm^2, bei einer Längskraft $S = 890$ kg, einer Querbelastung von $q = 2{,}04$ kg/cm, einer Balkenlänge von $l = 320$ cm und einer größten dort errechneten Durchbiegung $y = 24{,}1$ cm an der Stelle $\mathfrak{x} = 192$ cm die Gesamtbeanspruchung:

	Biegungsanteil		Längskraftanteil		Biegungsanteil der Längskraft
14390 kg/cm² =	$\frac{16500}{2,71}$	+	$\frac{890}{2,29}$	+	$\frac{21400}{2,71}$ kg/cm²
14390 kg/cm² =	6090	+	390	+	7910 kg/cm²

oder auf Hundert bezogen

$$100\,\% = 42{,}3\,\% + 2{,}7\,\% + 55{,}0\,\%.$$

Durch Wegfall des letzten Teilbetrages von 7910 kg/cm² gingen die Spannungen von 14390 kg/cm² auf 6480 kg/cm² herunter. Dies kommt einer Verkleinerung auf ein Halb der Gesamtspannung gleich.

Für einen anderen Stab desselben ausgeführten Beispiels ergeben sich die Zahlen:

$$12030 = 4130 + 1380 + 6520 \text{ kg/cm}^2,$$

oder auf Hundert bezogen

$$100\,\% = 34{,}3\,\% + 11{,}5\,\% + 54{,}2\,\%$$

Der Anteil der Längskraft am Biegungsmoment ist also auch hier und in anderen Stäben noch recht hoch.

Zweites Beispiel.

Als Beispiel eines Holzholmes wollen wir die Verhältnisse eines bewährten C-Flugzeuges ausführlich anschreiben und zwar für den Oberholm hinten in Flugzeugmitte.

a) Bei dem gemeinsamen auf Knickung und Biegung gleichzeitig beanspruchten Holm ergibt sich:

die Längskraft $S = 1050$ kg;

die Querbelastung $p = 1{,}57$ kg/cm;

das Moment aus Biegung allein $\sim \frac{1{,}57 \cdot 265^2}{10} = 11\,000$ kg·cm;

das Größtmoment nach den verallgemeinerten Clapeyronschen Gleichungen

$$M = (400 - 39)\,41 = 14\,700 \text{ kg}\cdot\text{cm}$$

Es liegen folgende Abmessungen zu Grunde: Bei $l = 256$ cm ist

das Widerstandsmoment $W = 41$ cm³;

die Querschnittsfläche $F_t = 27{,}2$ cm² ;

das vorhandene Trägheitsmoment für die Holmhöhe von 9,2 cm

$$J = 41{,}0 \cdot 4{,}6 = 189 \text{ cm}^4;$$

die Entfernung der äußersten Holmfaser vom Schwerpunkt $e = 4{,}6$ cm;

der Trägheitsradius $i^2 = 6{,}94$ cm², $i = 2{,}64$ cm;

der Kernradius $k = 1{,}51$ cm.

Damit werden die Beanspruchungen

σ_b (Biegungsspannung)	$= \frac{11\,000}{41}$	= 269 kg/cm²
σ_d (Druckspannung)	$= \frac{1050}{27{,}2}$	= 39 „
σ_{db} (Biegungsanteil der Längskraft)	$= \frac{1050 \cdot 3{,}6}{41}$	= 92 „
σ_t (Gesamtspannung)	=	400 kg/cm²

b) Legt man getrennte Holme für Knickung und Biegung zugrunde, so ergibt sich:

1. Knickholm. Das erforderliche Trägheitsmoment wird

$$J_{erf.} = \frac{1050 \cdot 265^2}{9{,}86 \cdot 100\,000} = 75 \text{ cm}^4$$

mit einem Trägheitsradius $i^2 = 6{,}1$, $i = 2{,}47$ cm und einer Querschnittsfläche $\boldsymbol{F = 12{,}3}$ **cm²**.

2. Für den Biegungsholm ist bei der gleichen Beanspruchung das notwendige Widerstandsmoment $W = \frac{11\,000}{400} = 27{,}6 \text{ cm}^3$. Bei gleicher Konstruktionshöhe des Holmes wie bei der Ausführung eines Holmes ergibt sich folgender Querschnitt:

$$W = \frac{2{,}7 \cdot 9{,}2^3 - 1{,}9 \cdot 6{,}6^3}{6 \cdot 9{,}2} = 28{,}1 \text{ cm}^3$$

Die Querschnittsfläche ist dabei

$$F = 9{,}2 \cdot 2{,}7 + 1{,}9 \cdot 6{,}6 = \mathbf{12{,}3\ cm^2}$$

mit einem Kernradius

$$k = \frac{28{,}1}{12{,}3} = 2{,}28 \text{ cm}.$$

Die Gesamtfläche für die beiden getrennten Holme wird somit

$$F_{t_2} = 12{,}3 + 12{,}3 = \mathbf{24{,}6\ cm^2}$$

gegenüber einer Querschnittsfläche des gemeinsamen Holmes von

$$F_1 = \mathbf{27{,}2\ cm^2}$$

Es ergibt sich also ein geringer Vorteil zugunsten der getrennten Holme, der jedoch durch den notwendigen Mehraufwand an Beschlägen und sonstigen Einzelteilen aufgehoben werden dürfte.

Die Kernradien sind in beiden Fällen nicht gleich. —

Wesentlich verändert wird die ganze Sachlage, wenn man für das Knickungsgefüge nicht mehr den zweiten Fall nach Euler und für das Biegungsgefüge nicht den einfachen frei aufliegenden Balken zugrunde legt.

Es kommt darauf an, die Knicksicherheit des Knickstabes etwa durch Einspannung zu erhöhen. Wie dies bei den besonderen Fällen des Flugzeugbaues etwa mit durchlaufenden Balken möglich ist, kann dem Konstrukteur überlassen bleiben.

Auf eine besondere Anordnung soll noch hingewiesen werden, über die auch noch weitere klärende Versuche anzustellen wären.

Die Anordnung einer besonderen Exzentrizität der Holmkraft ist in Fig. 201 dargestellt.

Fig. 201.

Die Knicksicherheit ist allgemein wesentlich durch die Form der möglichen elastischen Linie bedingt. Wenn es tatsächlich in der gezeichneten Anordnung mit exzentrischem Lastangriff nicht möglich ist, daß der Stab ohne Wendepunkt ausknickt, so wäre damit der angestrebte Zweck ohne besonderen Aufwand auch bei einem einzelnen Feld erreicht.

Daß auch der Biegungsträger durch Gelenke, Fangkabel oder durch Bogenform wesentlich erleichtert werden kann, ist nach dem unter Nr. 18 auf Seite 343 und Seite 352 Gesagten einleuchtend. Der Hinweis wird wohl genügen. —

21. Anordnung von mehr als zwei Holmen in einem Flügel.

Mehr als 2 Holme werden verwendet:

1. Zur Entlastung der Rippen, zur Unterteilung der mittleren Stützweite der Rippen ohne Aufnahme von Längskräften.
2. Als Glieder des Raumfachwerkes zur gleichzeitigen Aufnahme von Längskräften im Fachwerk.

Bei der einholmigen Bauweise fehlt ein gewisses Sicherheitsglied im Vergleich zu der zweiholmigen Bauweise. Öfters wurden dabei gefährliche Schwingungen beobachtet. Ob diese Schwingungen jedoch mehr den Rippen oder den Holmen zuzuschreiben sind, bleibe dahingestellt. Es sei daran erinnert, daß die meisten alten Tauben drei Holme hatten. Erst im Laufe der Entwicklung ist man zum zweiholmigen Bau übergegangen.

Bei der Anordnung von drei oder mehr Holmen im Flügel ist in erster Linie an einen dritten Hauptholm zwischen den beiden ursprünglichen Holmen gedacht. Eine Reihe von Flugzeugen, wie z. B. Albatros, Spad und die Riesenflugzeuge von Staaken wurden dagegen mit noch einem dritten leichten Windholm nahe bei dem hinteren langen Rippenende ausgeführt (siehe hierzu Seite 237 des zweiten Teiles).

In einer normal gebauten Zelle mit zwei Haupttragwänden sei ein Zwischenholm zwischen den beiden normalen Holmen derart angeordnet, daß an den Hauptknotenpunkten des Fachwerkes steife Innenstiele vorhanden sind. Der Zwischenholm kann dann seine Lasten dort abgeben. Diese Konstruktion wird meist nur bei größeren Flugzeugen mit Nutzen angewendet. Die Rippen sind dann imstande, durch ihre Einspannung auf den beiden anderen Holmen die Biegung des dritten Holms wesentlich zu entlasten. Die Plattenwirkung der Flügelfläche kommt dann noch mehr wie schon bei dem zweiholmigen Flügel zur Geltung. Bereits bei kleineren Flugzeugen ohne Zwischenholm zeigte sich, bei den Sandbelastungsprüfungen meist eine größere Festigkeit als die Berechnung ergab. Bei genügend steifen Rippen und bei einiger Konstruktionshöhe der Rippen wird in diesem Falle die Entlastung durch die Einspannung wesentlich größer sein.

Anordnungen, bei denen zu dem dritten Holm auch ein drittes Haupttragkabel der Verspannung gehört, sind bis jetzt nicht bekannt geworden. In Österreich hat man dagegen den Flügelaufbau mit sehr vielen Holmen versucht, bei dem die Rippen dann nur noch eine untergeordnete Rolle spielen.

Die Anordnung von mehreren Holmen kann noch für den Fall zweckmäßig sein, daß man bei großen Flächentiefen zur Erleichterung der Überführung mit der Bahn den Flügel in seiner Längsrichtung unterteilt. Soweit bekannt, ist eine derartige Anordnung noch nicht ausgeführt. Es erscheint aber wohl möglich, z. B. den Hinterholm aus zwei in der Länge getrennten Teilen herzustellen, die nachher miteinander gekuppelt werden. —

22. Mittenverspannung zur Erreichung einer guten Bewegungsfreiheit für den Führer.

1. Gekreuzte Kabel in Flugzeugmitte über dem Rumpf wurden oft für die Sicht- und Bewegungsfreiheit des Führers als störend empfunden. Albatros hat deshalb folgende Anordnung nach Fig. 202 getroffen.

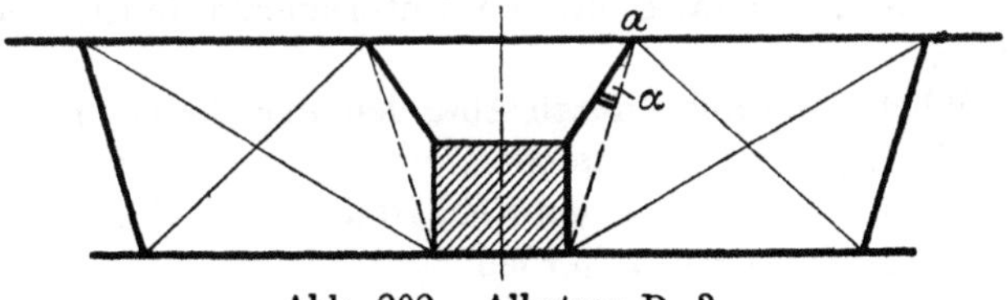

Abb. 202. Albatros D. 3.

Diese Verspannung ist bei steilen Winkeln von Baldachinstrebe und Hilfskabel nicht ganz einwandfrei. Die unverschieblich feste Lage des Punktes a hängt von der Größe des Winkels α ab. Soll sie wirklich ihren Zweck bei unsymmetrischer Belastung des Flugzeuges erfüllen, so erfordert sie zum wenigsten recht starke Kabel.

Fokker hat deshalb wohl steife Stiele für die im Wesen gleiche Anordnung bei seinem D. 7 und D. 8 gewählt und den vorderen Holm durch eine Pyramide von drei räumlich geführten Stäben festgehalten.

Statt der 3 Fachwerkstäbe ist es auch möglich, einen trompetenförmigen, bei dem Rumpf starr eingespannten Stiel anzuordnen.

2. Bei einem C-Flugzeug hat Aviatik zuerst folgende Anordnungen getroffen (Fig. 203).

Daß dieses Fachwerk bei unsymmetrischen Lasten noch genügend

Stäbe besitzt, läßt sich am einfachsten dadurch nachweisen, daß man unsymmetrisch z. B. an dem rechten Knotenpunkt unten eine Kraft P angreifen läßt und die Stabkräfte bestimmt. Es ergibt sich, daß hier tatsächlich die sonst übliche Auskreuzung vor dem Führersitz in der Mitte wegfallen kann.

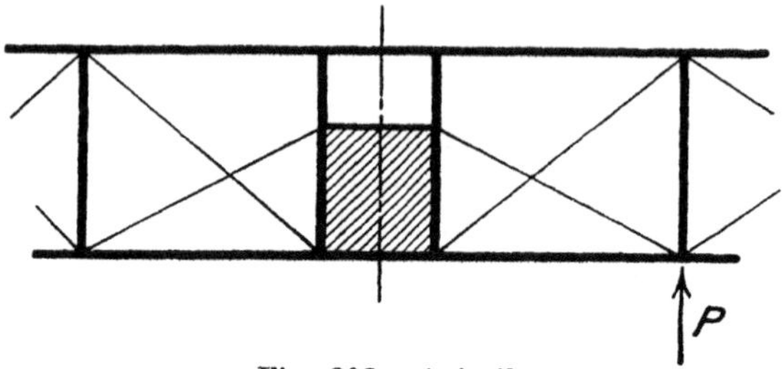

Fig. 203. Aviatik.

Dieses von Aviatik, Leipzig, zum ersten Male bei ihren C-Flugzeug angewendete System hat den Vorteil, daß jegliche störende Diagonalverspannung zwischen dem Führer in Wegfall kommt. Dafür greifen die Gegendiagonalen des Raumfachwerkes an dem Rumpfe selbst und nicht an dem oberen Flügel an. Die Konstruktionshöhe, die bei Oberdruck die Längskräfte in den Unterholmen innen bedingt, ist also kleiner.

Die übliche Methode, durch Abzählen der Stäbe die notwendige Stäbezahl des Systems festzustellen, versagt hier, da bei unsymmetrischer Belastung in dem einen Feld Haupt- und Gegenkabel gleichzeitig auf Zug beansprucht werden.

Für die Gleichgewichtsbedingungen genügt es, daß der Kräfteplan auch bei einseitiger Belastung sich schließt, wie aus der Fig. 205 hervorgeht.

Im folgenden soll für ein Groß-Flugzeug die bis jetzt übliche Anordnung mit Auskreuzung im Mittelfeld durch die betrachtete Verspannung ersetzt werden. Gleichzeitig wird außer dem Gewicht auch die Änderung des Widerstandes zahlenmäßig betrachtet.

Änderung der Verspannung der Mittelzelle eines Großflugzeuges.

Wie der folgende Kräfteplan für die Mittelzelle eines Großflugzeuges zeigt, soll statt des Gegenkabels (1), das vom Motorbock unten nach dem Oberholm geht und statt der dort anschließenden Diagonalverspannung über dem Rumpf (3) in Flugzeugmitte, das Kabel (2) eingeführt werden, das von dem Motorbock unten unmittelbar an dem Rumpfe angreift.

Die Kräfte werden dadurch in dem neueingezogenen Kabel (2) größer. Der Luftwiderstand der ganzen Anordnung wird jedoch um den Widerstandsunterschied beider Kabel (1) u. (2) und um den ursprünglichen Widerstand der Diagonalen (3) in Flugzeugmitte kleiner.

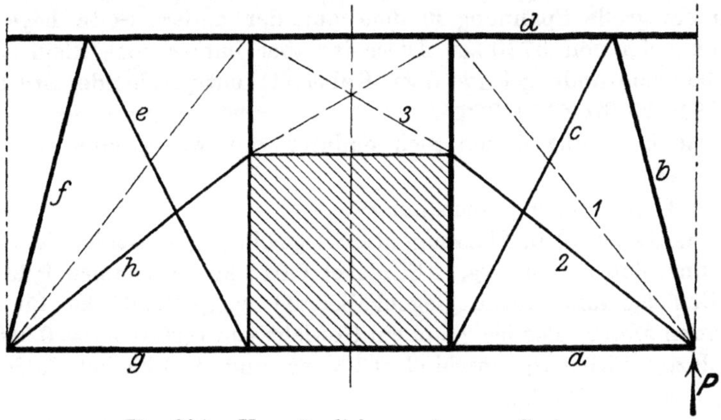

Fig. 204. Ursprüngliches und neues System.

Das Kabel (1) war in dem Beispiel 5,6 mm stark ausgeführt, was einer Bruchlast von 3000 kg und einer Knotenlast $P = 2100$ kg entsprach. Aus dem Kräfteplan Fig. 206 ergibt sich für die neue Richtung des Kabels (2) unter Zugrundelegung derselben Knotenlast wie für Kabel (1) eine Zugspannung in Kabel (2) von 3910 kg. Zur Ausführung sind zwei Kabel 4,5 mm stark vorgesehen mit einer zulässigen Bruchlast von 4000 kg.

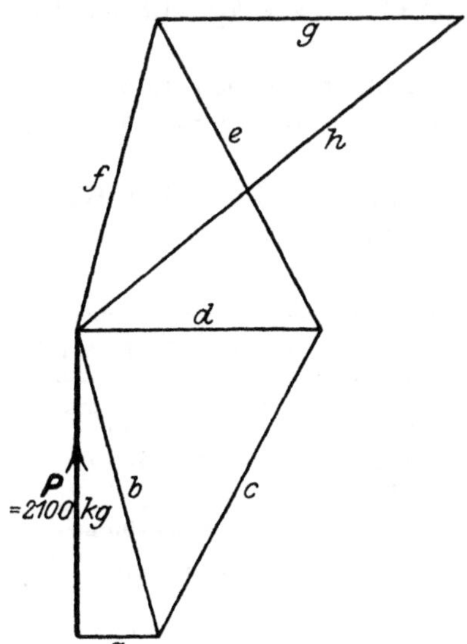

Fig. 205. Kräfteplan, unsymmetrische Belastung.

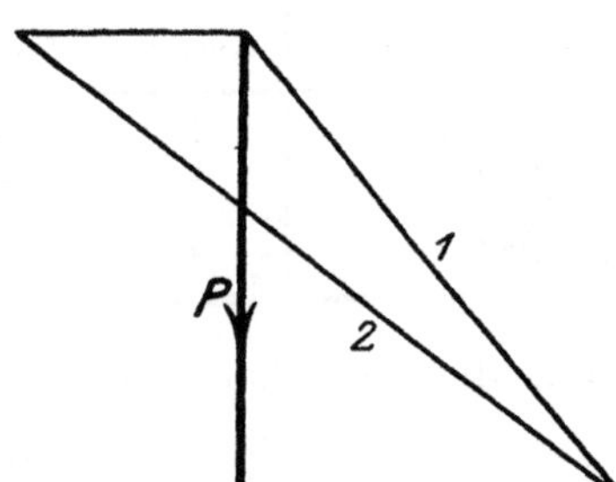

Fig. 206. Kraftplan, Kabelkräfte der neuen und ursprünglichen Anordnung.

Daß bei unsymmetrischen Lastangriff die gewählte Fachwerksanordnung noch stabil ist, zeigt der zweite Kräfteplan. Er ist für eine Knotenlast $P = 2100$ kg gezeichnet, welche der Bruchlast der ursprünglichen Hauptkabel entsprechen würde. Es ergibt sich eine besonders große Spannung in dem auf der andern Seite liegenden Gegenkabel h von 3720 kg. Diese ist aber immer noch kleiner, wie die oben zugrunde gelegte dem Kabel (1) entsprechende Bruchlast von 3910 kg bzw. 4000 kg.

Das Gewicht ändert sich dadurch nur wenig und zwar folgendermaßen:

1.) Ursprüngliche Anordnung:

Das Kabel (3) in Flugzeugmitte wiegt ohne Spannschloß 0,113 kg, 1 Spannschloß = 0,095 kg, 1 Schäckel 0,015 kg, **zusammen 0,223 kg.**

Das 5,6 mm starke Gegenkabel (1) wiegt 0,205 kg für den laufenden Meter, also bei 2,5 m ein Gewicht von $0{,}205 \cdot 2{,}5 = 0{,}510$ kg. Das dazugehörige Spannschloß 0,270 kg und 1 Schäckel 0,080 kg, zusammen = 0,860 kg.

Für eine Seite und eine Ebene also: $0{,}860 + 0{,}223 =$ **1,083 kg.**

2.) Das Gewicht des neuen Kabels ergibt sich: zwei Kabel 4,5 ⌀ = 1 m zu 0,085 kg bei 2 m Länge $2 \cdot 2 \cdot 0{,}085 = 0{,}330$ kg, dazu zwei Spannschlösser zu 0,144 kg $= 2 \cdot 0{,}144 = 0{,}288$ kg, also ein Gesamtgewicht von **0,618 kg.**

Es verbleibt also ein kleiner Gewichtsunterschied $1{,}08 - 0{,}62 = 0{,}46$ kg auf einer Seite und vorn. Für das ganze Flugzeug $\Delta G = 4 \cdot 0{,}46$ kg = **1,85 kg.**

Bedeutender ist der Widerstandsunterschied. Der Widerstand der ursprünglichen Anordnung errechnet sich:

Tafel 67.

Bezeichnung	Anzahl	Länge	⌀	Beiwert	Widerstand
Kabel (3)	2	132	0,35	1	95 cm²
Spannschloß	2	18	1,1	1	40 „
Kabel (1)	1	242	0,56	1	135 „
Spannschloß	1	18	1,6	1	30 „
					0,0300 m²

Für die neue Anordnung ergibt sich ein Widerstand von:

Tafel 68.

Bezeichnung	Anzahl	Länge	⌀	Beiwert	Widerstand
Kabel (2)	1	182	0,45	1,5	122 cm²
Spannschloß	1	18	1,6	1	39 „
					0,0152 m²

Es bleibt also für den Widerstandsunterschied:

$$\Delta F_S = 0{,}030 - 0.015 = 0{,}015 \text{ m}^2$$

Diesem Unterschied der Widerstandsflächen entspricht ein Widerstand in kg von $W = q \cdot \Delta F_S$

wenn wir für 140 km Geschwindigkeit wie oben einen Staudruck von $q = 100$ annehmen: $W = 0{,}0150 \cdot 100 = 1{,}5$ kg

Auf das ganze Flugzeug bezogen ein Widerstandsunterschied von $4 \cdot 1{,}5 = 6$ kg.

Nimmt man im allgemeinen an, daß 1 kg Widerstand 6 kg Auftrieb entsprechen, so ergibt sich ein Gewichtsgewinn von $6 \cdot 6 =$ **36 kg.**

Zusammenfassend zeigt dieses Beispiel, daß die neue Anordnung fast dasselbe Gewicht wie die alte Anordnung ergibt, daß aber der Widerstand kleiner geworden ist, so daß rechnungsmäßig die Zuladung des Flugzeugs um rund 36 kg erhöht werden kann. — Die vorgeschlagene Ausführung war jedoch wegen des Durchgangs im Rumpf unmöglich, da die Zugkräfte des Kabels (2) in einem Rumpf mit oberem freien Durchgang nur schwer aufgenommen werden können. Das errechnete Ergebnis ist zwar zahlenmäßig nicht von großer Bedeutung. Es soll nur zeigen, wie eine solche Aufgabe, in der Statik und Aerodynamik ineinandergreifen, durchzuführen ist.

3.) Das gezeichnete System für das Mittelstück eines Torpedo-Großflugzeuges von Gotha ($W \cdot D \cdot 11$) hebt die Beweglichkeit des oberen Feldes über den Rumpf dadurch auf, wenn das Fachwerk unter dem Rumpf zwischen den Schwimmern durch ein nicht eingezeichnetes wagrechtes Kabel noch einmal geschlossen wird.

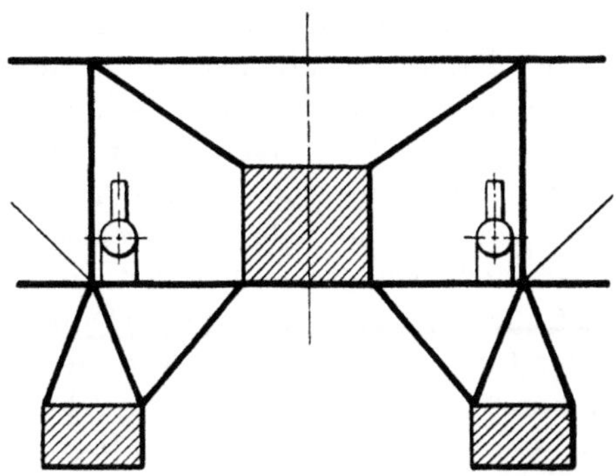

Fig. 207. System Gotha Wasser-Großflugzeug.

Durch Abzählen oder nach den auf Seite 99 entwickelten Methoden kann man die ausreichende Stäbezahl des Aufbaues leicht feststellen. —

Schlußwort.

Der Flugzeugbau steht noch immer im Zeichen einer lebhaften Entwicklung. Auch heute noch verdrängen neue Erfolge schnell und oft alte, überlieferte Anschauungen. Von einer normalisierten Festlegung ist man noch weit entfernt. Flugzeuge, die als Weltform und als endgültige Typen angesehen werden könnten, sind sicher noch nicht erreicht. Auch die vorliegende Flugzeugstatik ist von diesem Gesichtspunkte aus zu betrachten. Sie ist auf dem Boden der gegenwärtigen Entwicklung entstanden und wird in den vorliegenden Formen mit der Weiterentwicklung des Flugzeugbaues ihre Berechtigung verlieren. Möge sie dazu beitragen, diese Entwicklung zu beschleunigen.

Auf zwei Punkte soll jedoch abschließend noch hingewiesen werden.

Der erste betrifft die Wichtigkeit von Flugversuchen für die Weiterentwicklung des Flugzeugbaues. Nur systematische Versuche und hauptsächlich wieder solche an dem großen, wirklich ausgeführten Flugzeug geben uns die Unterlagen, um all die Mittel, welche die Statik der Baukonstruktionen schon lange geschaffen hat, voll und ganz auszunutzen. In dem vorliegenden Buche sind öfters Hinweise gegeben, wo noch Grundlagen fehlen und in welcher Richtung neue Versuche anzustellen sind. Alle Feinheiten der Rechnung kommen nicht zur Geltung und jede Weiterentwicklung in der Genauigkeit des Festigkeitsnachweises hat keinen Sinn, wenn nicht Hand in Hand mit ihr die Verbesserung der Grundlagen fortschreitet. Es kommt in erster Linie darauf an, die gesamten aerodynamischen Verhältnisse und daraus alle einzelnen Kräftewirkungen, die im Fluge auftreten können, bei den verschiedenen Flugzuständen möglichst genau zu erfassen. Vor allen Dingen ist es notwendig, zu wissen, innerhalb welcher äußersten Grenzen die Lasten bei dem Flugzeug sich ändern und von welchen Bedingungen diese Grenzen abhängen. Nur durch gleichzeitige Messung aller Versuchsdaten bei Versuchen über Geschwindigkeit, Steigzeiten und Gipfelhöhe und besonders bei

Gleitversuchen ist es möglich, mit den verschiedenen Änderungen von Gewicht, Motorleistung, Luftdichte und schädlichen Widerständen genügende Angaben für umfassende und ausgleichende Rechnungen zu erhalten. Dann wird auf dem Wege des systematischen Versuches der Flugzeugbau aus der Hand der phantasiebegabten Erfinder heraus in die Hand der planmäßig fortschreitenden und berechnenden Ingenieure übergehen. Die Zeit wird in kurzem kommen — und sie ist vielleicht schon da —, wo wie sonst in der Technik auch die Entwicklung des Flugzeugbaues nur durch planmäßige Berechnung weitergebracht wird. Es gibt überall eine Grenze in der Entwicklung, über die hinaus das intuitive Greifen keinen glücklichen Erfolg mehr zeitigt, wo nur noch der auf wissenschaftlicher Grundlage beruhende tiefere Einblick weiterführen kann. Dazu sind aber in weit größerem Maße als bisher Versuche nötig.

Für das Zweite hoffe ich in der vorliegenden Arbeit das Interesse der Statiker aus dem Brückenbau oder dem Eisenhochbau für das neue weite Gebiet des Flugzeugbaues angeregt zu haben. Nur durch die Mitarbeit vieler Kräfte kann die für die Entwicklung notwendige Gesamtarbeit geleistet werden. Die Gebiete der Statik des Brückenbaues und des Hochbaues sind heute durch jahrelange Tätigkeit in der Hauptsache erschöpft. Aber gerade im Flugzeugbau, wo so sehr viele Möglichkeiten der Konstruktion ineinander greifen, bleibt noch viel zu tun. Nach meiner Auffassung müßte der Bauingenieur auf diesem aufbauenden Gebiete mehr wie bisher dem Maschinenbauer an die Seite treten, um sich mit seinem mehr mathematischen Rüstzeug in der Weiterentwicklung des Flugzeugbaues den gebührenden Einfluß zu sichern. —

Bücherverzeichnis für die drei Teile.

A.

1. Müller-Breslau, Die graphische Statik der Baukonstruktionen Leipzig 1901.
2. — Die neueren Methoden der Festigkeitslehre. 4. Auflage. Kroener, Leipzig 1913.
3. Reißner, Beanspruchung und Sicherheit von Flugzeugen. Jahrbuch der wissenschaftlichen Gesellschaft I, 1912/13.
4. — Jahrbuch der wissenschaftlichen Gesellschaft für Luftfahrt 1916, Festigkeitsberechnung der Holme von Flugzeugen.
5. Cowley und Lewy, Proceedings of the Royal Society. London 1918 und 1919. Critical loading of struts.
6. Bendemann, Hütte I, Mechanik luftförmiger Körper, Seite 330, 22. Auflage.
7. Schlink, Statik der Raumfachwerke. Teubner 1907.
8. Baumann, Die mechanischen Grundlagen des Flugzeugbaues. Oldenbourg, München 1913.
9. Arthur Judge, A. R. C. S., The Design of Aeroplanes. Whittaker, London 1916.
10. Foeppl, Das Fachwerk im Raume. Leipzig 1892.
11. Rethingg, Österreichische Flugzeitschrift, 1916, Über eine Anwendung der Statik im Flugzeugbau.
12. Schwengler, Die Statik im Flugzeugbau. Karl Schmidt, Berlin 1917.
13. Everling, Die Vergrößerung der Flugzeuge. Technische Berichte der Flugzeugmeisterei II und III.
14. Henneberg, Über die Bildungsgesetze der Fachwerke. Zeitschrift für Architektur und Ingenieurwesen. Hannoversche Zeitschrift 1913, Seite 567.
15. Müller-Breslau, Zentralblatt der Bauverwaltung 1919, Seite 13, Knickung und Biegung.
16. — Technische Berichte der Flugzeugmeisterei II, Nr. 3, 1918. Beitrag zur Berechnung der Flügelholme.
17. — Zeitschrift für Flugtechnik und Motorluftschiffahrt 1918 Berechnung von Tragflächenholmen.
18. Pietzker, Festigkeit der Schiffe. Mittler & Sohn, Berlin 1914
19. Schröder, Gerbersysteme als Raumfachwerke. Dissertation. Braunschweig 1910.
20. Egerer, Neue Methoden der Berechnung ebener und räumiger Fachwerke Springer, Berlin 1909.
21. Krais, Die Hölzer. Gewerbliche Materialienkunde. 1910.

22. Löchner, Brückenträger als räumliche Gebilde. Ziemsen 1913.
23. Mises, Graphische Statik räumlicher Kräftesysteme. Zeitschrift für Mathematik und Physik 1917, 3. Heft. Leipzig, Teubner.
24. Vianello, Der Eisenbau. Oldenbourg, Berlin.
25 The R. F. A. Method of Estimating Stresses in Wings. Flight. Oktober 1913.
26. Low, The rational Design of Aeroplanes. Aeronautical Journal, April 1914.
27. Ogilvie, Tests on Wing Spars. Flight. Juli 1913.
28. Madelung und Heimann, Die Beanspruchung der Flügelrippen. Technische Berichte der Flugzeugmeisterei I, Seite 81.
29. W. Hoff, Seilkraftmessungen. Technische Berichte der Flugzeugmeisterei I, Seite 61.
30 Tafeln der Flugzeugmeisterei über die Werte ν und χ zur Berechnung des durchlaufenden Balkens bei Knickung und Biegung.
31. R Eisenlohr, Die feindlichen Kampfflugzeuge. Klassings Sammlung. Berlin 1918.

B

1. Skopik, Wie baut und berechnet man ein Flugzeug? Karl Schmidt, Berlin.
2. Eiffel, Neue Untersuchungen über den Luftwiderstand und den Flug 1. und 2. Lieferung mit Tafeln, 1914. Übersetzt von Dr. Huth — Der Luftwiderstand und der Flug, 1912.
3 Anacker, Praxis des Flugzeugbaues I. Karl Schmidt, Berlin 1918.
4. Judge, The Properties of aero-foiles and aerodynamic bodies. Whittaker, London 1917.
5. Huth, Luftfahrzeugbau.
6 Voelker, Philipp, Die Beziehungen zwischen den Auflagerbedingungen und Stabkräften beim ebenen und räumlichen Fachwerk.
7. Wieghardt, Zur Statik der Fachwerke mit schlaffen Diagonalen. Zentralblatt der Bauverwaltung 1904, Seite 390.
8. Kiefer, Über Kräfte in der Ebene und im Raume. Schweizer Bauzeitung 1909.
9 Zeitschriften mit wissenschaftlichen Abhandlungen:
   a) Technische Berichte der Flugzeugmeisterei. T. B. Berlin.
   b) Zeitschrift für Flugtechnik und Motorluftschiffahrt. Berlin.
   c) Flugsport. Frankfurt a. M.
   d) Illustrierte Flugwelt. Leipzig.
   e) Österreichische Flugzeitschrift. Wien.
   f) Flight; Aeronautics; Flying; Aeroplane; Aircraft.
   g) l'Aérophile. La guerre aérienne.

Sachen- und Namenverzeichnis.

(Die Zahlen bedeuten Seitenzahlen.)